《可再生能源工程》编委会

主　　编：刘荣厚　（上海交通大学）

副 主 编：张全国　（河南农业大学）

林　聪　（中国农业大学）

姚兴佳　（沈阳工业大学）

参编人员：（以姓氏笔画为序）

王宇欣　（中国农业大学）

王艳锦　（河南农业大学）

牛卫生　（沈阳农业大学）

兰　青　（云南师范大学）

朱锡锋　（中国科学技术大学）

梅晓岩　（辽宁农业管理干部学院）

盛奎川　（浙江大学）

前　言

能源是经济和社会发展的重要物质基础。工业革命以来，世界能源消耗剧增，煤炭、石油、天然气等化石能源资源消耗迅速，生态环境不断恶化，特别是温室气体排放导致日益严峻的全球气候变化，人类社会的可持续发展受到严重威胁。随着经济的发展和人民生活水平的提高，我国的能源需求将快速增长，能源、环境和经济三者间的矛盾也将更加突出。能源生产和消费革命关乎发展与民生，因此，从根本上解决我国的能源问题，不断满足经济和社会发展的需要，保护环境，实现可持续发展，除大力提高能源效率外，加快开发利用可再生能源也势在必行。可再生能源是指在自然界中可以不断再生、永续利用、取之不尽、用之不竭的资源，它对环境无害或危害极小，而且资源分布广泛，适宜就地开发利用。《中华人民共和国可再生能源法》已由中华人民共和国第十届全国人民代表大会常务委员会第十四次会议于 2005 年 2 月 28 日通过，自 2006 年 1 月 1 日起施行。《中华人民共和国可再生能源法》指出：本法所称可再生能源，是指风能、太阳能、水能、生物质能、地热能、海洋能等非化石能源。随着科学的进步和可再生能源技术的不断发展，可再生能源技术具有极大的潜在市场，将成为世界，特别是我国发展多元化清洁能源战略的重要组成部分。

本教材全面系统地阐述了可再生能源技术的原理、工艺、设备及其应用，主要包括可再生能源技术的含义与能源分类和可再生能源的利用情况，太阳与地球的空间关系，太阳辐射，太阳能电池的基本原理及太阳能光伏发电系统的组成，太阳能热水器的类型及系统，太阳能集热器的构造及工作原理，太阳能热储存，太阳房的原理、类型、评价指标及实例，太阳能干燥原理及物料干燥特性，太阳能干燥装置的分类和特点，太阳能温室技术，生物质燃料的化学与物理特性，生物质的直接燃烧技术，生物质压缩成型技术，生物质热裂解的概念及机制，生物质热裂解液化技术的工艺流程，生物质热裂解制取生物油装置及产物的特性与应用，生物质气化技术的原理、分类，生物质气化系统的设计及应用案例分析，沼气发酵的基本过程、工艺条件、工艺类型，水压式沼气池的构造与工作原理，沼气、沼液、沼渣的利用，乙醇的性质和发酵机制，糖质原料制取乙醇工艺，淀粉质原料糖化及乙醇连续发酵的工艺技术，木质纤维素类原料水解工艺技术，乙醇蒸馏的原理及工艺，生物质制氢的基本原理、工艺类型及装置，生物柴油技术，风能的基本知识，风力机的结构及工作原理，风轮的基本理论，风能的应用，水能资源及水电站，地热资源及利用，海洋能技术，以期能对我国可再生能源的教学、研究、开发、推广、应用和管理产生有益的影响。

本教材主编为刘荣厚，副主编为张全国、林聪、姚兴佳，由王宇欣、王艳锦、牛卫生、兰青、朱锡锋、梅晓岩、盛奎川参与编写。其中，刘荣厚编写第一章、第六章；张全国编写第十章；林聪编写第八章；姚兴佳编写第十一章；王宇欣编写第四章；王艳锦编写第十二章；牛卫生编写第二章的第一节至第三节；兰青编写第二章的第四节和第三章；朱锡锋编写第七章；梅晓岩编写第九章；盛奎川编写第五章；最后由刘荣厚教授统稿。本书在编写过程中，参考了大量国内外有关资料，在此表示深深的谢意。很多研究生对本教材的编写给予了热情帮助，在此表示诚挚的谢意。科学出版社的编辑对本书的编写给予了热情指导，在此表示感谢。

由于书中内容涉及面广，且编者水平有限，书中难免存在不足之处，欢迎读者批评指正。

编　者

2015 年 6 月 10 日

目　　录

前言
第一章　绪论 …………………………………………………………1
第一节　可再生能源的含义与能源分类 ……………………………1
一、可再生能源的含义 ……………………………………………1
二、能源分类 ………………………………………………………1
第二节　可再生能源的利用状况 ……………………………………4
一、太阳能的利用状况 ……………………………………………4
二、生物质能转换技术的类型及利用状况 ………………………5
三、风能的利用状况 ………………………………………………13
四、水能、地热能及海洋能的利用状况 …………………………15
五、开发可再生能源的意义 ………………………………………16
第二章　太阳辐射及太阳能光伏发电系统 …………………………18
第一节　太阳与地球的空间关系 ……………………………………18
一、地理位置坐标 …………………………………………………18
二、天球坐标系与太阳的位置 ……………………………………18
三、地球的运动 ……………………………………………………20
四、太阳位置的角度计算 …………………………………………21
五、斜面上的太阳照射时间 ………………………………………23
第二节　太阳辐射 ……………………………………………………25
一、太阳常数 ………………………………………………………25
二、大气质量 ………………………………………………………26
三、太阳辐射在大气中的衰减 ……………………………………26
四、到达地面上的太阳辐射强度 …………………………………27
第三节　太阳辐射的测量 ……………………………………………29
一、辐射的测量方法 ………………………………………………30
二、太阳辐射测量的仪表 …………………………………………31
三、太阳辐射数据的几种用法 ……………………………………33
四、从太阳总辐射估算直射辐射和散射辐射 ……………………33
五、斜面上的太阳辐射估算公式 …………………………………35
第四节　太阳能光伏发电系统 ………………………………………36
一、太阳能电池的基本原理 ………………………………………36
二、太阳能电池的分类 ……………………………………………39

三、太阳能光伏发电系统的构成 …… 41
第三章　太阳能热水器及太阳能热储存 …… 42
第一节　太阳能集热器的分类 …… 42
一、按传热工质的类型分类 …… 42
二、按进入采光口的太阳辐射是否改变方向分类 …… 43
三、按是否跟踪太阳分类 …… 43
四、按是否有真空空间分类 …… 43
五、按工作温度范围分类 …… 43
六、其他分类方式 …… 44
第二节　太阳能热水器的类型及系统 …… 45
一、太阳能热水器的类型 …… 45
二、家用太阳能热水器 …… 46
三、太阳能热水系统 …… 48
第三节　平板型太阳能集热器 …… 50
一、平板型太阳能集热器的基本结构 …… 50
二、平板型集热器的技术要求 …… 52
第四节　真空管太阳能集热器 …… 52
一、全玻璃真空管集热器 …… 54
二、热管式真空管集热器 …… 55
第五节　太阳能热储存 …… 57
一、概述 …… 57
二、太阳能热储存的分类及一般要求 …… 58
三、太阳能显热储存 …… 60
四、太阳能潜热储存 …… 64
五、化学反应热储存 …… 65
六、总结 …… 65
第四章　太阳房、太阳能干燥及太阳能温室 …… 66
第一节　太阳房的原理与类型 …… 66
一、太阳房概述 …… 66
二、太阳房的原理 …… 66
三、太阳房的类型 …… 67
四、太阳房评价指标 …… 72
五、太阳房实例 …… 74
六、太阳房存在的问题及应用前景 …… 75
第二节　太阳能干燥 …… 76
一、太阳能干燥技术概述 …… 76
二、太阳能干燥原理及物料干燥特性 …… 76
三、太阳能干燥装置的分类和特点 …… 79
第三节　太阳能温室 …… 81

一、太阳能温室的分类 ……81
二、塑料大棚 ……82
三、日光温室 ……82
第五章 生物质的直接燃烧与压缩成型技术 ……85
第一节 生物质燃料的特性 ……85
一、生物质燃料的成分与化学特性 ……85
二、生物质燃料的物理性质 ……89
三、秸秆与薪柴 ……91
第二节 生物质燃烧技术 ……92
一、生物质的燃烧过程与要素 ……92
二、省柴灶 ……94
三、生物质燃烧发电/热电联产 ……96
第三节 生物质压缩成型技术 ……96
一、生物质成型工艺及影响因素 ……96
二、生物质压缩成型设备 ……101
三、生物质成型燃料的特性及应用 ……105
第六章 生物质热裂解技术 ……110
第一节 生物质热裂解的概念及机制 ……110
一、生物质热裂解的概念 ……110
二、生物质热裂解反应机制 ……110
第二节 生物质热裂解液化技术的工艺流程及反应器类型 ……113
一、生物质热裂解工艺类型 ……113
二、生物质热裂解液化技术的工艺流程 ……114
三、生物质热裂解液化反应器的类型 ……114
四、影响生物质热裂解过程及产物组成的因素 ……115
五、生物质快速热裂解液化技术研究及开发现状 ……117
第三节 生物质热裂解制取生物油装置 ……118
一、流化床反应器生物质快速热裂解制取生物油装置 ……118
二、旋转锥反应器生物质闪速热裂解液化装置 ……126
第四节 生物质热裂解产物的特性 ……128
一、生物油的特性 ……128
二、生物油的精制 ……131
三、不可冷凝气体与生物炭的特性 ……133
第五节 生物质热裂解产物的应用 ……134
一、生物油应用概述 ……134
二、生物油用于燃烧 ……134
三、生物油用于涡轮机发电 ……134
四、生物油作为柴油机代用燃料 ……135
五、生物油制取化学品 ……135

六、生物油作为脱硫、脱硝剂 …… 135
七、生物油制取黏合剂 …… 135
八、不可冷凝气体的应用 …… 135
九、生物炭的应用 …… 136
第七章　生物质气化技术 …… 137
第一节　生物质气化技术原理 …… 137
一、气化基本原理 …… 137
二、气化反应动力学 …… 138
三、气化反应平衡分析 …… 141
第二节　生物质气化技术分类 …… 143
一、按气化压力进行分类 …… 143
二、按气化温度进行分类 …… 143
三、按气化剂进行分类 …… 143
四、按加热方式进行分类 …… 145
五、按气化炉结构进行分类 …… 145
六、气化主要影响因素 …… 149
第三节　生物质气化系统的设计 …… 149
一、气化主要评价参数 …… 149
二、生物质气化系统的构成 …… 151
三、气化炉设计计算举例 …… 151
第四节　生物质气化技术应用案例分析 …… 152
一、生物质气化集中供气 …… 152
二、生物质气化发电 …… 154
第八章　沼气技术 …… 157
第一节　沼气发酵的基本过程 …… 157
一、什么是沼气发酵 …… 157
二、沼气发酵过程的产酸阶段 …… 157
三、沼气发酵过程的产甲烷阶段 …… 161
四、产酸菌与产甲烷菌之间的相互关系 …… 164
五、产酸与产甲烷的速度平衡 …… 165
第二节　沼气发酵的工艺条件 …… 166
一、严格的厌氧环境 …… 166
二、温度 …… 166
三、pH …… 168
四、接种物 …… 169
五、沼气发酵原料 …… 171
六、搅拌 …… 176
七、沼气发酵添加剂和抑制剂 …… 177
第三节　沼气发酵工艺类型 …… 178

一、按发酵温度划分 …… 179
二、按投料方式划分 …… 180
三、按发酵阶段划分 …… 182
四、按发酵级差划分 …… 183
五、按发酵料液浓度划分 …… 184
六、按料液流动方式划分 …… 185
七、按厌氧消化器的分类划分 …… 185
八、厌氧消化器类别 …… 187
第四节 水压式沼气池和分离储气浮罩沼气池的构造及工作原理 …… 192
一、水压式沼气池 …… 192
二、分离储气浮罩沼气池 …… 193
第五节 沼气、沼液、沼渣的利用 …… 194
一、沼气的成分及其物理性质 …… 194
二、沼气的利用 …… 195
三、沼气发酵残留物的性质 …… 196
四、沼肥的利用技术 …… 198
第九章 燃料乙醇的生产技术 …… 199
第一节 乙醇的性质和发酵机制 …… 199
一、乙醇的性质 …… 199
二、乙醇的发酵机制 …… 200
三、乙醇发酵过程 …… 201
四、乙醇发酵副产物 …… 202
第二节 糖质原料制取乙醇工艺 …… 202
一、糖质原料预处理 …… 202
二、糖质原料乙醇发酵技术 …… 208
三、酵母培养工艺技术 …… 211
四、糖质原料乙醇发酵副产物的处理与利用 …… 213
第三节 淀粉质原料糖化及乙醇连续发酵的工艺技术 …… 214
一、淀粉糖化机制 …… 214
二、薯类原料糖化工艺 …… 215
三、谷类原料糖化工艺 …… 216
四、淀粉质原料乙醇连续发酵的工艺 …… 218
第四节 木质纤维素类原料水解工艺技术 …… 218
一、木质纤维素水解机制 …… 218
二、木质纤维素原料预处理工艺 …… 220
三、木质纤维素稀酸水解工艺技术 …… 223
四、木质纤维素浓酸水解工艺技术 …… 223
五、木质纤维素酶水解技术 …… 224
第五节 乙醇蒸馏的原理及工艺 …… 225

一、乙醇蒸馏的基本原理 …… 225
二、乙醇蒸馏的工艺 …… 226
第十章　生物质制氢及生物柴油技术 …… 228
第一节　生物质制氢技术 …… 228
一、氢的性质与氢能利用 …… 228
二、生物质制氢的基本原理 …… 232
三、生物质制氢的特点 …… 236
四、生物质制氢的工艺类型 …… 237
五、生物质制氢装置 …… 242
第二节　生物柴油技术 …… 245
一、生物柴油技术概述 …… 245
二、生物柴油生产技术 …… 250
第十一章　风能工程 …… 252
第一节　风能的基本知识 …… 252
一、风的形成 …… 252
二、风力等级 …… 256
三、风的物理特性 …… 257
四、风能可利用区的划分 …… 261
第二节　风力机的结构及工作原理 …… 261
一、风力机的分类 …… 261
二、叶片 …… 263
三、轮毂 …… 266
四、风轮 …… 266
第三节　风轮的基本理论 …… 270
一、贝兹极限 …… 270
二、旋转尾流模型 …… 272
三、叶素-动量定理 …… 274
四、风力机转矩计算流程 …… 277
第四节　风能的应用 …… 278
一、风力发电 …… 278
二、风力提水 …… 281
三、风力制热 …… 282
第十二章　水能、地热能及海洋能技术 …… 283
第一节　水能 …… 283
一、概述 …… 283
二、水能资源 …… 284
三、水电站 …… 284
第二节　地热能 …… 291
一、概述 …… 291

二、地热资源 ······ 292
三、地热能利用 ······ 294
四、地热开发对环境的影响 ······ 302
第三节　海洋能 ······ 303
一、概述 ······ 303
二、各种海洋能的定义 ······ 304
参考文献 ······ 306

1

第一章　绪　　论

第一节　可再生能源的含义与能源分类

一、可再生能源的含义

（一）能源的定义

能源是指可以从其获得能量（如热、光、动力等）的资源。

（二）可再生能源的含义

1. 联合国会议提出的可再生能源的含义

1981 年 8 月 10～21 日，联合国在肯尼亚首都内罗毕召开了“联合国新能源和可再生能源会议”，提出的新能源和可再生能源的含义为：以新技术和新材料为基础，使传统的可再生能源得到现代化的开发与利用，用取之不尽、周而复始的可再生能源来不断取代资源有限、对环境有污染的化石能源，重点在于开发太阳能、风能、生物质能、海洋能、地热能和氢能等。所以它是能源领域的高新技术，新的和可再生的是一个完整的含义，在英文中缩写为 NRSE，即 new and renewable sources of energy，在中国则习惯地简称为“新能源”或“可再生能源”。在我国，新能源与可再生能源是指除常规能源和大型水力发电之外的生物质能、风能、太阳能、小水电、海洋能、地热能、氢能等能源资源。

2. 根据能源的使用消耗提出的可再生能源的含义

可再生能源是指在自然界中不会随本身的转化或人类的利用而日益减少并有规律地得到补充（再生）的能源，如太阳能、风能、水能、生物质能等。

3. 《中华人民共和国可再生能源法》中指出的可再生能源的含义

《中华人民共和国可再生能源法》已由中华人民共和国第十届全国人民代表大会常务委员会第十四次会议于 2005 年 2 月 28 日通过，自 2006 年 1 月 1 日起施行。

《中华人民共和国可再生能源法》指出：本法所称可再生能源，是指风能、太阳能、水能、生物质能、地热能、海洋能等非化石能源。

水力发电对本法的适用，由国务院能源主管部门规定，报国务院批准。

通过低效率炉灶直接燃烧方式利用秸秆、薪柴、粪便等，不适用本法。

二、能 源 分 类

地球上可开发利用的能源种类是很多的，为了了解各种能源的特点，找出开发利用它们的规律，可以将它们从不同的角度进行分类。

（一）按能源的来源分类

按能源的来源进行分类，能源可分为三大类。

1. 来自太阳的能源

来自太阳的能源，或称为来自地球以外天体的能源。太阳能除了被人们直接利用光和热外，还是地球上许多种能源的主要来源。目前，人类所需能量的绝大部分都直接或间接地来源于太阳能。各种植物通过光合作用，把太阳能转变成化学能，在植物体内储存下来，这部分能量为人类和动物界的生存提供了能源。地球上的煤炭、石油、天然气等矿物燃料（也称化石燃料），是由古代埋在地下的动植物经过漫长的地质年代形成的。所以矿物燃料实质上是由古代生物固定下来的太阳能。另外，风能、水能和海洋波浪能等，也都是由太阳能转换得来的。

2. 地球本身蕴藏的能源

这类能源主要指地热能和原子核能，它们都存在于地球本身。

（1）地热能。地球是一个大热库，地球内部储存的地热资源异常丰富，从地下喷出地面的温泉和火山爆发喷出的岩浆，都是地热的表现。按目前的钻井技术，可以达到地下10km的深度，估计在这个深度内地热总量相当于世界能源全年消费量的400多万倍。

（2）原子核能。它是指某些物质在进行人工控制的原子核反应时放出来的能量。现在许多国家建设的原子能发电站（核电站），就是使用铀原子裂变时放出来的能量。原子核聚变放出的能量更多，如能充分利用海洋里的氘和氚进行核聚变反应，由其提供的聚变能量足够人类亿万年使用。

3. 地球和月球、太阳等天体之间有规律的运动及相对位置的变化所形成的能源

这类能源是指由于天体之间引力使海水涨落形成的潮汐能。和上面两类能源相比，这一类能源的数量不大。

（二）按能源形成的条件分类

按能源形成的条件进行分类，能源可分为两大类。

1. 一次能源

一次能源是指在自然界中现成存在、没有经过加工或转换的能源，如煤炭、石油、天然气、水能、太阳能、风能和柴草等。

2. 二次能源

由一次能源经过加工、转换的能源产品如电力、煤气、石油制品、蒸汽、焦炭等，一般通称为二次能源。

（三）按能源的使用消耗分类

按能源的使用消耗进行分类，能源可分为两大类。

1. 可再生能源

可再生能源是指在自然界中不会随本身的转化或人类的利用而日益减少并有规律地得到补充（再生）的能源，如太阳能、风能、水能、生物质能等。

2. 不可再生能源

不可再生能源是指经过亿万年形成、使用后逐渐减少、短期内无法恢复的能源，如石油、煤炭、天然气、核燃料等。

（四）按能源利用的技术状况分类

按能源利用的技术状况进行分类，能源可分为两大类。

1. 常规能源

常规能源是指在一定历史时期和科学技术水平下，已经被人们广泛应用的能源，如煤炭、石油、天然气、电力等。

2. 新能源

新能源则是指对许多古老的能源采用先进的方法加以广泛利用，以及月新发展的先进技术而得以利用的能源，如太阳能、风能、生物质能、水能、地热能及原子核能等。

（五）按使用性能分类

按使用性能进行分类，能源可分为两大类。

1. 燃料能源

通常称为燃料的煤炭、石油、天然气、生物质、煤气、沼气、乙醇、氢及核燃料等为燃料能源。

2. 非燃料能源

太阳能、水能、风能、地热能、电力等则为非燃料能源。

（六）按在经济流通领域中的地位分类

按在经济流通领域中的地位进行分类，能源可分为两大类。

1. 商品能源

商品能源是指进入市场、在国内或国际市场上进行买卖的能源，如煤炭、石油及其制品、天然气、电力、焦炭等。

2. 非商品能源

非商品能源是指那些一般不通过市场进行买卖的能源，如秸秆、薪柴、牲畜粪便等。某些非商品能源虽在当地市场上有买卖，但规模很小，国家也未将其列入正式商品，仍称为非商品能源。

人类在生产和生活中需要各种形式的能，其中用量最大的是热能、机械能和电能。上述自然界中存在的能源，人们可以用各种方式将其转化为所需要的能。目前绝大多数能源是转化为热或动力直接利用，或者通过动力机械转化为机械能或电能使用。图 1-1 表示出目前各种主要能源的转换和利用情况。最上面一排表示各种能源，如天然气、石油、煤炭、生物质及由其转化生成的固体、液体、气体燃料，从水中产生的氢等。除一部分作为化工原料使用外，绝大部分都在各种燃烧装置（如锅炉、内燃机等）中通过燃烧，把化学能转化为热能。核能则经过反应堆转化为热能。此外，还可以从地热、太阳能等直接得到热能。热能除了直接使用外，还可以通过热机转化为机械能。水力可以通过水轮机、风力可以通过风力机转化为机械能。使用光电池或燃料电池，可以直接从太阳能或化学能得到电能，但目前绝大部分电能主要还是通过机械能转化而来的。通过电动机或电炉等装置，电又可以很方便地转化为机械能或热能。最终，用户（包括生产和生活）可以得到热能、机械能和电能的供应。

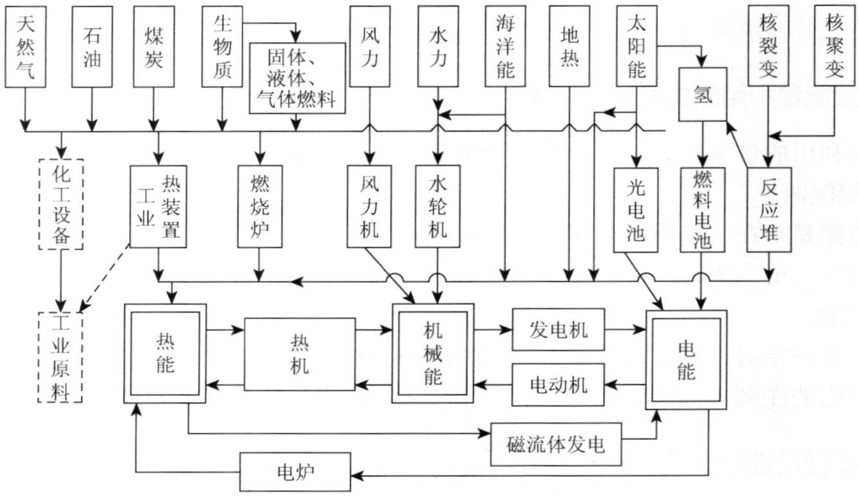

图 1-1 目前各种主要能源的转换和利用情况

第二节 可再生能源的利用状况

一、太阳能的利用状况

（一）太阳辐射能

太阳是一个巨大的火球，它以光辐射的形式每秒向太空发射 3.8×10^{20}MW（兆瓦）的能量，相当于每秒烧掉 1.32×10^{16}t 标准煤放出的能量，有 1/22 亿投射到地球上，太阳光被大气层反射、吸收之后还有 70%透射到地面上，尽管如此，地球上一年中接收到的太阳能仍然高达 1.8×10^{18}kW·h，每年地球获得的总能量比目前地球耗费的能量还多。

（二）太阳能的特点

太阳能作为一种可再生能源，与常规能源如化石燃料（煤炭、石油、天然气）及核燃料相比有以下特点。

1. 太阳能的广泛性

太阳能到处皆是，就地可用，取之不尽，用之不竭，对于山区、沙漠、海岛等偏僻地区，其优越性更明显，人们只要一次性投资建好发电设备后，平均的维持费用远比其他能源要小。

2. 太阳能的清洁性

利用太阳能作为能源，没有废气、废料，不污染环境，因此太阳能称为清洁的能源。

3. 太阳能的分散性

太阳辐射尽管遍及全球，但每单位面积上的入射功率很小，因此要得到较大的功率，就必须有较大的受光面积，这就使设备的材料、结构、占用土地的费用增加，从而影响了推广应用。

4. 太阳能的间歇性

太阳的高度角一日内及一年内在不断变化，加之气候、季节的变化影响，太阳能的可用量很不稳定，随机性很大，利用太阳能发电时除并网发电外，一般情况下必须备有相当容量的储能设备如蓄电池等，这不仅增加了设备及维持的费用，而且也限制了功率规模。

（三）太阳能的利用方式

太阳能利用的 3 种基本能量转换方式为：①光化学转换；②光热转换；③光电转换。

最常见的光化学转换便是植物的光合作用，光合作用是把二氧化碳和水在阳光照射下，借助植物叶绿素，吸收光能转化为碳水化合物的过程。这个化学反应可表示如下。

$$6CO_2 + 6H_2O \xrightarrow[\text{叶绿素}]{\text{阳光}} C_6H_{12}O_6 + 6O_2$$

太阳能的光热转换是指通过反射、吸收或其他方式收集太阳辐射能，使之转换为热能并加以利用。由于生产和生活中，热能的消耗量所占比例很大，因此热利用是当前太阳能利用的重要方面。目前，我国逐步推广应用的太阳能热利用形式和范围如下。

（1）太阳能热水器：供水浴、采暖、空调等多种用途。

（2）太阳能采暖房：利用太阳能进行供暖。

（3）太阳能烹调器：制作太阳灶、太阳箱蒸煮、烘烤食物。

（4）太阳能干燥装置：用于干燥各类农畜产品及药材、木材等物料。

（5）太阳能温室和地膜：为早春、晚秋和冬季提供植物生长的条件，用于种花、育苗等多种用途。

（6）太阳能蒸发器：将海水淡化或对不净的水进行清洁。

（7）太阳能水泵：利用太阳能驱动水泵取水用于生活和农业生产。

（8）太阳能制冷：吸收太阳能作热源进行制冷用于冷藏。

（9）太阳能热机：利用太阳能驱动机械作动力用。

（10）太阳炉：聚集太阳能产生高温，用于发电及冶炼金属等用途。

（11）太阳池：用以收集太阳能的装置。

光电转换就是太阳的光能直接转换为电能，太阳能电池就是目前常见的一种直接将太阳辐射转换成电能的半导体器件。光电转换效率，因材料而不同，一般约为 10%，仅作为小功率的特殊电源。目前太阳能电池已在灯塔、航标、微波中继站、电围栏、铁路信号、无线电话、电视差转、电视接收、无人气象站、金属阴极保护，以及电子玩具、计算器、电子表等方面广为应用，随着技术的发展和材料价格的降低，太阳能电池必将向较大功率的应用方面发展。

二、生物质能转换技术的类型及利用状况

（一）生物质能的概念

生物质（biomass）是自然界中有生命的、可以生长的各种有机物质，包括动植物和微生物。生物质能是由太阳能转化而来的以化学能形式储藏在生物质中的能量。《中华人民共和国可再生能源法》将生物质能的含义解释为：生物质能是指利用自然界的植物、粪便及城乡有机废物转化成的能源。与传统的矿物燃料相比，生物质资源具有明显的特点，即可再生性和无污染性。

生物质的基本来源是绿色植物通过光合作用把水和二氧化碳转化成碳水化合物。因此，绿色植物利用太阳能进行光合作用是维持地球上千百万种生物生存下去的基础，可以通过各种生物质能转换技术把生物质能加以利用。

（二）生物质的种类

通常作为能源的生物质资源种类很多，主要是农作物、油料作物和农业有机剩余物，林木，森林工业残余物。此外，动物的排泄物、江河湖泊的沉积物、农副产品加工后的有机废物和废水、城市生活有机废水及垃圾等都是重要的生物质资源。水生生物质资源比陆生的更为广泛。生物质资源既包括陆生植物，也包括水生植物。地球上有广大的水域，而且不存在陆生资源那样与住宅、粮食等争地的问题。水域费用一般比陆地费用低。水生生物质资源品种繁多，资源量大，领域广阔。

依据来源的不同，将适合于能源利用的生物质分为：农业生物质资源、林业生物质资源、畜禽粪便、生活污水和工业有机废水、城市固体有机废弃物。

1. 农业生物质资源

农业生物质资源是指农作物（包括能源植物）；农业生产过程中的废弃物，如农作物收获时残留在农田内的农作物秸秆（玉米秸秆、高粱秸秆、麦秸、稻秸、豆秸和棉秆等）；农业加工业的废弃物，如农业生产过程中剩余的稻壳等。能源植物泛指用以提供能源的植物，通常包括草本能源作物、油料作物、制取碳氢化合物植物和水生植物等。《中华人民共和国可再生能源法》将能源作物的含义解释为：能源作物是指经专门种植，用以提供能源原料的草本和木本植物。

2. 林业生物质资源

林业生物质资源是指森林生长和林业生产过程中提供的生物质资源，包括薪炭林，在森林抚育和间伐作业中的零散木材、残留的树枝、树叶和木屑等；木材采运和加工过程中的枝丫、木屑、梢头、板皮和截头等；林业副产品的废弃物，如果壳和果核等。

3. 畜禽粪便

畜禽粪便是畜禽排泄物的总称，它是其他形态生物质（主要是粮食、作物秸秆和牧草等）的转化形式，包括畜禽排出的粪便、尿及其与垫草的混合物。我国主要的畜禽包括猪、牛和鸡等，其资源与畜牧业生产有关。根据这些畜禽的品种、体重、粪便排泄量等因素，可估算出畜禽粪便的资源实物量。

4. 生活污水和工业有机废水

生活污水主要有农村和城镇居民生活、商业和服务业的各种排水，如冷却水、洗浴排水、洗衣排水、厨房排水、粪便污水等。工业有机废水主要是乙醇、酿酒、制糖、食品、制药、造纸及屠宰等行业生产过程中排出的废水等，其中都富含有机物。

5. 城市固体有机废弃物

城市固体有机废弃物主要有城镇居民生活垃圾，商业、服务业垃圾等。其组成成分比较复杂，受当地居民平均生活水平、能源消费结构、城镇建设、自然条件、传统习惯及季节变化等因素影响。

（三）生物质资源

生物质资源是可再生的，且产量很大，中国土地面积辽阔，生物质潜在的资源量巨大，但目前的利用率很低。生物质是由植物的光合作用固定于地球上的太阳能，本质上是太阳能的储存形式，只要太阳辐射能存在，绿色植物的光合作用就不会停止，生物质就会将太阳能不断地储存起来，周而复始地循环使生物质资源取之不尽。可是，生物质能远远没有得到有效利用。据统计，每年经光合作用产生的生物质约 1700 亿 t，其能量约相当于世界主要燃料消耗的 10 倍；而作为能源的利用量还不到其总量的 1%。中国生物质能资源相当丰富，中国的生物质资源年产量是美国与加拿大总量的 84%，是欧洲总量的 121%，是非洲的 131%。

（四）生物质能转换技术定义

通常把生物质能通过一定的方法和手段转变成燃料物质的技术称为生物质能转换技术。

（五）生物质能转换技术类型

生物质能转换技术总体可分为直接燃烧技术、生物转换技术、热化学转换技术和其他转换技术 4 种主要类型，生物质能转换技术主要类型如图 1-2 所示。

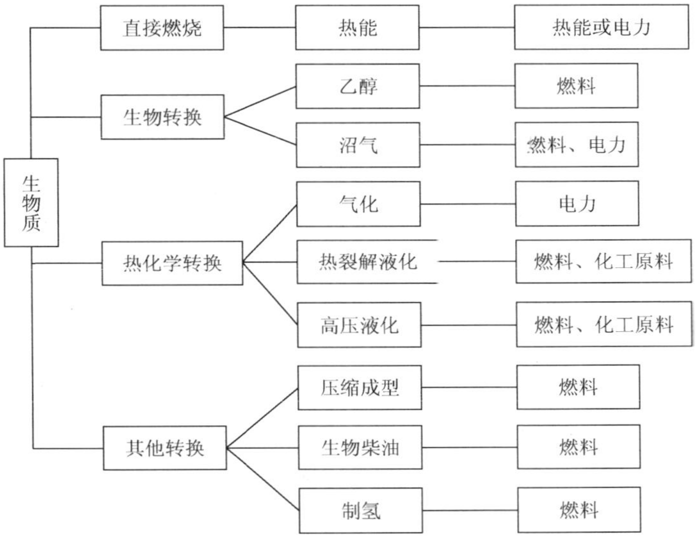

图 1-2　生物质能转换技术主要类型

1. 直接燃烧技术

生物质直接燃烧技术是最普通的生物质能转换技术。所谓直接燃烧就是燃料中的可燃成分和氧化剂（一般为空气中的氧气）发生氧化反应的化学反应过程，在反应过程中强烈放出热量，并使燃烧产物的温度升高。直接燃烧的过程可以简单地表示为

$$\text{有机物质}+O_2 \xrightarrow{\text{直接燃烧}} CO_2+H_2O+\text{热量}$$

可见，此过程实际上是光合作用的逆过程。在燃烧过程中，燃料将储存的化学能转变为热能释放出来。除碳的氧化外，在此过程中还有硫、磷等微量元素的氧化。

直接燃烧的主要目的是取得热量，而燃烧过程产生热量的多少，除因有机物质种类不同而不同外，还与氧气（空气）的供给量有关，即是否使有机物质达到完全氧化。

可以进行直接燃烧的设备形式很多，有普通的炉灶，也有各种锅炉，还有复杂的内燃机（如燃用植物油）等。

2. 生物转换技术

生物转换技术是用微生物发酵方法将生物质能转变成燃料物质的技术，其通式为

$$\text{有机物质} \xrightarrow{\text{微生物发酵}} \text{液体燃料}+CO_2 \quad \text{或} \quad \text{有机物质} \xrightarrow{\text{厌氧微生物发酵}} \text{气体燃料}+CO_2$$

通常产生的液体燃料为乙醇，气体燃料为沼气。

产生乙醇的有机物原料有两类，糖类原料如甘蔗、甜菜、甜高粱等作物的汁液及制糖工业的糖蜜等，可直接发酵成含乙醇的发酵醪液，再经蒸馏便得高浓度的乙醇；淀粉类原料如玉米、甘薯、马铃薯、木薯等，则需先经过蒸煮、糖化，然后再发酵、蒸馏产生乙醇。乙醇可作为燃料及作为汽油添加剂生产车用乙醇汽油，也可制成饮料。

沼气是生物质在严格厌氧条件下经发酵微生物的作用而形成的气体燃料。可用于产生沼气的生物质非常广泛，包括各种秸秆、水生植物、人畜粪便、各种有机废水、污泥等。沼气可直接使用，或将 CO_2 除去，得到甲烷纯度较高的产品。

3. 热化学转换技术

生物质热化学转换技术是指在加热条件下，用热化学手段将生物质能转换成燃料物质的技术。常用的方法有气化法、热裂解法和加压液化法。

气化是指将固体或液体燃料转化为气体燃料的热化学过程。生物质气化就是利用空气中的氧气或含氧物质作气化剂，将固体燃料中的碳氧化生成可燃气体的过程。

生物质热裂解是指生物质在完全没有氧或缺氧条件下热降解，最终生成生物油、木炭和可燃气体的过程。3 种产物的比例取决于热裂解工艺和反应条件。一般地说，低温慢速热裂解（小于 500℃），产物以木炭为主；高温闪速热裂解（650～1100℃），产物以可燃气体为主；中温快速热裂解（500～650℃），产物以生物油为主。如果反应条件合适，可获得原生物质 80%～85%的能量，生物油产率可达 70wt%以上。

生物质加压液化是在较高压力下的热化学转化过程，温度一般低于快速热裂解。该法始于 20 世纪 60 年代，当时美国的 Appell 等将木片、木屑放入 Na_2CO_3 溶液中，用 CO 加压至 28MPa，使原料在 350℃条件下反应，结果得到 40%～50%的液体产物，这就是著名的美国矿业局匹兹堡能源研究中心（Pittsburgh Energy Research Center，PERC）法。近年来，人们不断尝试采用 H_2 加压，使用溶剂（如四氢萘、醇、酮等）及催化剂（如 Co-Mo、Ni-Mo 系加氢催化剂）等手段，使液体产率大幅度提高，甚至可以达 80%以上，液体产物的高位热值可达 25～30MJ/kg，明显高于快速热裂解液化。但是该技术的成本较高。

4. 其他转换技术

生物质压缩成型（biomass briquetting）是指将各类生物质废弃物，如锯末、稻壳、秸秆等，在一定压力作用下（加热或不加热），使原来松散、细碎、无定形的生物质原料压缩成密度较大的棒状、粒状、块状等各种成型燃料。

生物柴油是指以油料作物、野生油料植物和工程微藻等水生植物油脂，以及动物油脂、餐饮油等为原料油，通过酯交换工艺制成的脂肪酸甲酯或脂肪酸乙酯燃料，这种燃料可供内燃机使用。

生物质制氢，包括微生物转换技术制氢、热化学转换技术制氢。其中，微生物转换技术制氢包括光解微生物产氢和厌氧发酵菌有机物产氢。

《中华人民共和国可再生能源法》将生物液体燃料的含义解释为：生物液体燃料是指利用生物质资源生产的甲醇、乙醇和生物柴油等液体燃料。

（六）生物质能的利用状况

1. 生物质直接燃烧与压缩成型技术

1）生物质直接燃烧技术　生物质直接燃烧是将生物质直接作为燃料燃烧，燃烧产生的能量主要用于发电或集中供热。它是最早采用的一种生物质开发利用方式，生物质的燃烧特性不同于化石燃料，它具有产生烟气体积大，发热量低，容易造成不完全燃烧，挥发分燃尽后焦炭颗粒燃烧速度慢等特点。因此，生物质直接燃烧需要良好的设备设计和运用方式，只有从不同种类生物质的燃烧特性出发，才能保证生物质燃烧设备运行的经济性和可靠性，提高生物质开发利用的效率。

目前，生物质直接燃烧技术主要有炉灶燃烧技术、锅炉燃烧技术。其中，按照锅炉燃烧方式的不同，锅炉燃烧技术又可分为流化床锅炉和层燃炉等。从国内外生物质直接燃烧技术的发展状况来看，流化床锅炉对生物质燃料的适应性较好，负荷调节范围较大。由于近些年国家用电日益紧张，利用生物质发电具有广阔的前景。生物质直接燃烧发电是指把生物质原料送入适合生物质燃烧的特定锅炉中直接燃烧，产生蒸汽，带动蒸汽轮机及发电机发电。已开发应用的生物质锅炉种类较多，如木材锅炉、甘蔗渣锅炉、稻壳锅炉、秸秆锅炉等。它的关键技术包括原料预处理，生物质锅炉防腐，提高生物质锅炉的多种原料适用性及燃烧效率、蒸汽轮机效率等。相较于其他如混合发电和气化-余热发电，直接燃烧发电技术较成熟，但在小规模应用情况下蒸汽参数难以提高，只有大规模利用才具有较好的经济性，目前我国主要是引进国外先进技术和设备加以利用。相信随着研究的不断深入和技术的不断发展，利用生物质直接燃烧进行大规模、高效率、低成本发电会成为可能。

2）生物质压缩成型技术　我国生物质能资源非常丰富，但是作为一种散抛型低容重的能源存在形式，生物质能源具有资源分散、能量密度低、容重小、储运不方便等缺点，严重制约了生物质能的大规模应用。所以生物质高品位转换技术的研究便成为人们开发利用生物质能的重点。而近年来对生物质压缩成型技术的改进创新发展，为高效利用农林废弃物、农作物秸秆等重新提供了一条途径。

20 世纪 30 年代，美国就开始研究压缩成型燃料技术，并研制了螺旋式成型机。日本于 20 世纪 50 年代引进成型技术后进行了改进，发展成了日本压缩成型燃料的工业体系，研制出了棒状燃料成型机及相关的燃烧设备。我国从 20 世纪 80 年代开始引进并致力于该项技术的研究。生物质在经过压缩成型之后，其密度、强度和燃烧性能都有了本质的改善，大大提高了生物质作为燃料的品质。其密度通常可达 0.8～1.3kg/m^3，能量密度与中热值煤相当，成型燃料的燃烧特性较成型前有明显改善，且储存、运输、使用方便，干净卫生，可代替矿物能源应用于生产和生活领域。此外，生物质压缩成型主要受温度、压力、成型过程的滞留时间、物料含水率和物料颗粒度等影响。

在这一领域，尽管我国经过 30 多年的发展，已经具有一定的规模，但是还存在一定的问题，如机组可靠性差、维修更换不便、耗能高、投入成本大及规范标准不统一等。相信随着压缩成型技术的成熟，生物质的压缩成型利用会变得更加普遍。

2. 生物质快速热裂解液化技术

生物质快速热裂解液化技术是当今世界可再生能源发展领域中的前沿技术之一。该技术始于 20 世纪 70 年代，北美洲对生物质快速热裂解液化技术的研究较早。在过去的 30 年里，用于生产生物油的热裂解反应器有多种类型，有些反应器已达到中试规模（10kg/h）、示范规模（100kg/h）或商业化规模（200t/d）。例如，荷兰 Twente 大学于 1989～1993 年研制出旋转锥反应器；西班牙的 Union Fenosa 电力公司于 1993 年建立了生物质喂入率为 200kg/h 的热裂解示范厂，其基于加拿大滑铁卢大学流化床反应器技术；1996 年，意大利国家电力公司（ENEL）从加拿大 Ensyn 公司购买一台喂入率为 10t/d 的循环流化床反应器热裂解设备；

荷兰 Twente 大学的生物质技术集团（BTG）于 2000 年研制出喂入率为 200kg/h 的改进型旋转锥反应器；在北美，一些规模达到 200t/d 的快速热裂解商业与示范工厂正在运行。

相比较，我国在这方面的研究起步较晚。自 20 世纪 90 年代初以来，国内许多高校及科研单位开展了生物质热裂解液化技术的研究，取得了较大的研究与开发进展。

3. 生物质气化技术

生物质气化基本原理早在 18 世纪就为人们所知。到了 19 世纪 50 年代，英国伦敦大部分城区都用上了以“民用气化炉”产生的“发生气”为燃料的“气灯”，并形成了生产“民用气化炉”的行业，这种“民用气化炉”所用的气化原料为煤炭和木炭。第二次世界大战期间，由于当时几乎所有的石油燃料都被用于战争，民用燃料匮乏，从而导致生物质气化技术得到迅猛发展，除非洲外的世界各大洲都出现了生物质动力气化系统的应用，仅欧洲一地（尤其是德国）就用车载气化器先后装备了 100 多万部交通运载工具，并形成了与此相配套的一整套技术。那时，以固定床气化为主的生物质气化技术已达到相当完善的程度，所用气化原料主要是木炭和优质硬木。

然而战争结束后，这些在战争应急机制下装载的大量车载气化器又都迅速遭到废弃，人们又转而使用更为便捷的石油燃料。尤其是随着中东地区廉价石油的大量开采，世界几乎所有国家的能源结构都以石油等化石燃料为主，生物质气化技术在较长时期内陷入了停顿状态。1973 年秋季发生的石油危机深刻影响和冲击了世界政治经济格局，西方各主要工业国家都认识到常规能源的不可再生性和分布不均匀性。出于对能源和环境的战略考虑，发达国家纷纷投入大量人力和物力进行可再生能源研究。作为一种重要的新能源技术，生物质气化的研究重新活跃起来，多学科的交叉和渗透使这一技术得到新的发展，气化器除过去的固定床气化器外，还发展了流化床气化器和旋转床气化器等；适用原料也由木炭和优质硬木扩大到几乎所有的干生物质；产生的可燃气不仅用作燃料，还用于发电，其中小型发电系统主要由固定床气化器和内燃机组成，而大中型发电系统一般由流化床气化器和燃气轮机组成，目前已经出现了 18MW 的实验电站。

我国生物质气化技术在 20 世纪 80 年代以后才得到较快发展。20 世纪 80 年代初期，我国研制出由固定床气化器和内燃机组成的气化发电机组，形成了 200kW 稻壳气化发电机组的产品并得到推广；20 世纪 90 年代中期，中国科学院广州能源研究所进行了流化床气化器的研制，并与内燃机结合组成了流化床气化发电系统，使用木屑或稻壳的兆瓦级流化床发电系统已经投入商业运行；山东省科学院能源研究所在“七五”和“八五”期间成功研制出秸秆气化和集中供气系统中的关键设备和成套技术，并率先在国内多个农村地区得到推广和应用。此外，国内其他单位在该领域也做了大量工作。目前，生物质气化技术在我国取得较大的研究与开发进展。

4. 沼气技术

人们发现沼气产生这种现象并加以利用已经有了很长的历史。1776 年，意大利物理学家沃尔塔测出湖泊底部植物体腐烂而产生的气体中含有甲烷。1875 年，俄国学者波波夫首先将河泥加入纤维素物质中，产生出甲烷，并发现了甲烷发酵是一个微生物学的过程。这一发现引起了微生物学家的广泛兴趣，为沼气发酵的应用奠定了基础。1896 年，在英国一个小城市建起了一座沼气池，用来处理生活污水所产生的污泥，所产的沼气用来照明一条街道。1900 年，在印度建造了用人粪作原料的沼气池。1914 年，美国有 75 个城市和许多机构都建造了沼气池。1927 年，德国开始用沼气发电，并用冷却发电机组的热水来加热沼气池。其后，随着对沼气发酵原理认识的深入，沼气池便由开始时的简单化粪池发展到高速消化器（1950年）。1955年，出现了使微生物回流的厌氧接触工艺，使厌氧消化的效率大大提高。1969年，出现了厌氧滤器。1979年，厌氧污泥床研制成功。这些新工艺使可溶性原料在沼气池内发酵时间大大缩短，从原来几十天缩短到一天，甚至几小时。这样就使沼气发酵用于处理污水等工程成为可能，也为沼气生产创造了更好的办法。

我国研究制取沼气的历史也很早。1920年，罗国瑞在广东省汕头市建造生产沼气的沼气池，1929年开设了沼气商号，名为“中国天然气瓦斯灯行”，1930年取得了沼气专利权，其后在全国13个省修建了沼气池，池形与我国目前使用的水压式沼气池基本相似。20世纪50年代末，我国农村办沼气出现了高潮，全国很多省市都修建了沼气池，目的是解决农村炊事用能，收到了一定的成效。但由于科学技术未能跟上，修建的沼气池有的漏气严重，加上缺乏管理，能够坚持使用下来的为数不多。20世纪70年代初，由于农村生活燃料严重短缺，在四川、江苏和河南等省农村又一次掀起了发展沼气的热潮，一度发展到700多万个沼气池，但是由于急于求成，加之资金、建筑材料等不足，土法上马，因陋就简，使得沼气池的平均使用寿命很短，只有3～5年，到20世纪70年代后期，即有大量沼气池报废，这种状况就难免使一些人对沼气技术发生怀疑。1979年5月召开的全国沼气工作会议，认真总结了前一阶段发展沼气工作中的经验教训，提出了重视质量、稳步发展的方针，依靠科学技术，坚持建池质量，重视经济效益，建管并重，稳步发展，并逐步形成以能源、环境保护和生态农业为目标的中国沼气建设模式，从而使中国沼气建设出现了新的转机，走上了稳步、健康发展的道路。目前，中国沼气技术应用迎来了新的发展机遇，突出表现在国家高度重视、建设进度加快、投资力度加大、发展规划出台。沼气工程技术和产品有了新的发展，畜禽场沼气工程实施了污水减量化和资源化的处理技术，使规模化禽畜场沼气发酵负荷降低，降低了工程造价。在大中型沼气工程装备技术方面，机械自动化制罐技术和拼装沼气池罐体的软性搪瓷钢板及拼装技术、自动控制技术都已得到应用，沼气工程消化液的后处理研究进一步加强。沼气主要产品（沼气灶具、灯及配套产品）和工程建设等方面都形成了具有一定规模和信誉的龙头企业，开发了先进的沼气灶具产品。同时带来了先进的管理和经营服务理念，推动了全行业管理、技术和服务意识的创新。与其他农业废弃物能源化的技术相比，厌氧发酵生产沼气技术目前比较成熟，可以实现产业化。例如，北方“四位一体”沼气生态模式已被证明有良好的经济效益，值得推广；南方的“猪、沼、果”生态模式在改善生态环境、缓解能源紧张、增加农民收入和促进新农村建设等方面具有良好的经济、生态和社会效益。与此同时，大量的利用农业废弃物发酵产沼气的基础研究也在进行。实验证明，用6%的NaOH溶液预处理后的稻草高温厌氧发酵，最大日产气量提高61.34%，总产气量提高55.23%，化学需氧量（COD）去除率提高48.72%；对蔬菜废弃物厌氧发酵的可行性及接种物浓度对发酵过程的影响进行的研究表明，用厌氧发酵工艺处理蔬菜废弃物制取沼气是可行的。

沼气是一种可再生能源，它可以作为农村炊事、照明等生活用能，利用农业废弃物制取沼气是农村实现燃气化的一条有效途径。同时，沼气发酵的副产物沼液、沼渣，也有很大的用处，用50%浓度的沼液对草莓进行处理，其果实品质较好，果实固酸比大，维生素C含量高，亚硝酸盐含量低，提高了草莓的品质；添加煤油和洗衣粉的沼液混合物还是一种防治菜青虫的良好杀虫剂。积极发展厌氧发酵制取沼气技术，对缓解中国不断加剧的能源紧张状况，改善农村环境，加速中国新农村建设，提高广大农民的生活水平有重要意义。同时，对沼液、沼渣的合理利用，能减少农作物种植过程化肥农药的使用，对绿色农业的发展有很大的推动作用。

5. 燃料乙醇技术

燃料乙醇的应用由来已久，早在 1908 年，美国福特公司就研制出既能烧油气，又能烧纯乙醇的汽车。第二次世界大战以后，由于中东石油的大量开采，石油价格降低，汽油、柴油便完全取代了包括乙醇在内的内燃机一切代用燃料。20 世纪 70 年代石油危机后，很多国家重新加强了燃料乙醇的开发和利用。目前，燃料乙醇技术已取得较大进展，已有规模化应用的案例。

6. 生物质制氢及生物柴油技术

1）生物质制氢技术　长期以来氢一直被作为重要的化工原料，作为燃料也仅仅用于航空航天等尖端技术领域。随着世界能源与环境问题的突出，氢作为燃料开始转向普通领域。所有气体燃料中，氢是能量密度最大、应用形式最广、使用过程对环境污染最小的燃料气体，它可以直接用作燃料，也可以转化为其他能源形式如电能，是一种重要的载能体能源。氢作为能源使用时具有多方面的优势，被认为将是未来社会能源供给的主要形式，也是“氢能经济”的支撑能源。由此各国政府都将氢能技术列入未来清洁能源发展的优先技术，积极推进氢能开发和实施计划。目前，氢气的生产主要有化学法和生物法两种途径，其中化学法制氢主要包括化石燃料制氢、电解水制氢、生物质气化制氢、太阳能光催化制氢等形式。其中，化石燃料制氢和电解水制氢是目前氢能生产的主要形式，化石燃料制氢占有氢能市场 96%的份额，电解水制氢是高纯氢气需求的主要来源形式，但二者的制氢成本都非常高。生物法制氢研究起步较晚，总体技术还未达到商业化运行水平，却具有成本相对较低、可持续、环境友好等优点。

以生物质为原料的生物质制氢包括微生物转化技术制氢、热化学转化技术制氢等。其中，微生物转化技术制氢包括光合微生物产氢和厌氧微生物产氢等。在生物质制氢技术上，现在也仍然存在很多技术问题需要解决，如筛选产氢率相对高的菌株、设计合理的产氢工艺来提高产氢效率、高效制氢过程、反应器的开发、发酵细菌产氢的稳定性和连续性、混合细菌发酵产氢过程中彼此之间的抑制、发酵末端产物对细菌的反馈抑制等。有机废水存在许多适合光合生物与发酵性细菌共同利用的底物，理论上可以实现在处理废水的同时利用光合细菌和发酵细菌共同制取氢气，来提高产氢的效率。但是，在实际操作过程中发现，混合细菌发酵产氢过程中彼此之间的抑制、发酵末端产物对细菌的反馈抑制等现象的存在，使得效果不明显甚至出现产氢效率偏低的问题。相信随着废水处理技术和现代微生物技术的进一步发展，这些问题将会得到解决。研究资源丰富的海水及工农业废弃物、城市污水、养殖厂废水等可再生资源，同时注重以污染源为原料进行光合产氢的研究，既可降低生产成本又可净化环境。

总体而言，生物制氢技术尚未完全成熟，在大规模应用之前尚需深入研究。研究大多集中在纯细菌和细胞固定化技术上，如产氢菌种的筛选及包埋剂的选择等。在生物发酵制氢方法中，发酵细菌的产氢速率最高，而且对条件要求最低，具有直接应用前景；而光合细菌产氢的速率比藻类快，能量利用率比发酵细菌高，且能将产氢与光能利用、有机物的去除有机地耦合在一起，因而相关研究也最多，也是具有潜在应用前景的一种方法。非光合生物可降解大分子物质产氢，光合细菌可利用多种低分子有机物光合产氢，而蓝细菌和绿藻可光裂解水产氢，依据生态学规律将之有机结合的共产氢技术已引起人们的研究兴趣。混合培养技术和新生物技术的应用，将使生物制氢技术更具有开发潜力。

2）生物柴油技术　生物柴油在近十几年发展很快，尽管其发展历史还不长，但是由于其优越的性能、对环境的友好性和可再生性，已得到世界各国的重视。美国、法国、意大利等相继成立了专门的研究机构，投入了大量的人力物力。我国生物柴油的研究与开发虽然起步较晚，但发展速度很快，在生物柴油资源、加工工艺和设备方面取得了较大的进展。我国生物柴油在产业化方面也已取得重大突破，一些公司相继建成了年产超过万吨生物柴油的生产厂。

三、风能的利用状况

风是由空气流动形成的。风能是指由空气流动所产生的动能，风能的大小取决于风速和空气的密度。风是地球上的一种自然现象，它是由太阳辐射热引起的。太阳照射到地球表面，地球表面各处受热不同，产生温差，从而引起大气的对流运动形成风。据估计，到达地球的太阳能中虽然只有大约2%转化为风能，但其总量仍是十分可观的。全球的风能约为2.74×10^9MW，其中可利用的风能为2×10^7MW，比地球上可开发利用的水能总量还要大10倍。我国可以利用风能的储量为2.53×10^8kW。风能与其他能源相比，有其明显的优点：蕴量巨大、可以再生、分布广泛、没有污染。虽然相对常规能源来说，风能的能量密度较低，但是从人类发展战略高度来看，风能对世界经济、社会和环境持续、协调发展将会起到重要的作用。

人类利用风能的历史可以追溯到公元前，但数千年来，风能技术发展缓慢，没有引起人们足够的重视。自1973年世界石油危机以来，在常规能源（煤炭、石油、天然气等）告急和全球生态环境恶化的双重压力下，风能作为可再生能源的一部分才重新有了长足的发展。风能作为一种无污染和可再生的新能源有着巨大的发展潜力，特别是对沿海岛屿、交通不便的边远山区、地广人稀的草原牧场，以及远离电网和近期内电网还难以到达的农村、边疆，作为解决生产和生活能源的一种可靠途径，有着十分重要的意义。风能是目前最有开发利用前景和技术最成熟的一种新能源和可再生能源之一。20世纪90年代，欧洲风能的发展使得其北海岸沿线国家丹麦、德国、荷兰成为世界风能发电的中心，西班牙紧随其后。我国是一个人口众多、地域辽阔、能源紧缺的发展中国家，对风能的开发利用得到了政府和研究人员的重视，因而虽然中国风电发展起步较晚但发展迅速。据中国可再生能源学会风能专业委员会统计，2014年全国（除台湾地区外）新增安装风电机组13 121台，新增装机容量23 196MW，同比增长44.2%；累计安装风电机组76 241台，累计装机容量114 609MW，同比增长25.4%。

风能的利用主要是以风能作动力和风力发电两种形式，其中又以风力发电为主。沈德昌对我国大型风电机组技术发展情况进行了详细总结，通过对我国大型风电机组发展情况的分析，归纳出我国大型风电机组技术主要呈现如下特点。

（一）水平轴风电机组是主流

水平轴风电机组的应用已近100年。由于水平轴风电机组的风轮具有风能转换效率高、传动轴较短、控制和制动技术成熟、制造成本较低、并网技术可靠等优点，近年来大型并网水平轴风电机组得到快速发展，使大型双馈式和直驱永磁式等水平轴风电机组成为国内大型风电场建设所需的主流机型，并在国内风电场建设中占到100%的市场份额。

（二）垂直轴风电机组有所发展

大型垂直轴风电机组因具有全风向对风、变速装置及发电机可置于风轮下方或地面等优点，近年来相关研究和开发也在不断进行并取得了一定进展，单机试验示范正在进行，在美国已有大型垂直轴风电机组在风电场运行，但我国还无垂直轴风电机组产品在风电场成功应用的先例。

（三）风电机组单机容量持续增大

近年来，国内风电市场中风电机组的单机容量持续增大，2012 年新安装机组的平均单机容量达 1.65MW，2013 年为 1.73MW。2013 年，我国风电场安装的最大风电机组为 6MW。

随着单机容量不断增大和利用效率的提高，国内主流机型已从 2005 年的 750～850kW 增加到 2014 年的 1.5～2.5MW。

（四）变桨变速功率调节技术得到全面应用

由于变桨功率调节方式具有载荷控制平稳、安全高效等优点，近年在大型风电机组上得到广泛应用。结合变桨距技术的应用及电力电子技术的发展，大多数风电机组制造厂商采用了变速恒频技术，并开发出变桨变速风电机组，在风能转换效率上有了进一步完善和提高。从 2012 年起，国内定桨距并网风电机组已停止生产，在全国安装的风电机组全部采用了变桨变速恒频技术。2MW 以上的风电机组大多采用了 3 个独立的电控调桨结构，通过 3 组变速电机和减速箱对桨叶分别进行闭环控制。

（五）低风速地区风电设备研发取得进展

针对我国大多数地区处于低风速的实际情况，国内企业通过技术创新研发出具有针对性的风电机组产品及解决方案，最明显的特征是风轮叶片更长、塔架更高、捕获风能资源更多。以 1.5MW 风电机组为例，2012 年新增机组中，超过 60%为风轮直径 86m 及以上的风电机组，有的 1.5MW 机组甚至采用了直径为 93m 以上的风轮。低速风电机组在我国南部省份的分散式风电场中发挥了较好的作用。

（六）风电场建设和运营的技术水平日益提高

随着投资者对风电场建设前期的评估工作和建成后运行质量越来越高的要求，国外已针对风资源的测试与评估开发出了许多先进测试设备和评估软件，在风电场选址方面已开发出了商业化的应用软件；在风电机组布局及电力输配电系统的设计上也开发出了成熟软件。近来，我国还对风电机组和风电场的短期及长期发电量预测开展研究，取得了进步，预测精确度可达 90%。

（七）恶劣气候环境下风电机组的可靠性受到重视

由于我国北方具有沙尘暴、低温、冰雹、雷暴，东南沿海具有台风、盐雾，西南地区具有高海拔等恶劣气候特点，使风电机组受恶劣气候环境的影响很大，包括增加维护工作量，减少发电量，严重时还导致风电机组损坏。因此，在风电机组设计和运行时，必须具有一定的防范措施，以提高风电机组抵抗恶劣气候环境的能力，减少损失。因此，近年来我国的风电机组研发单位在防风沙、抗低温、防雷击、抗台风、防盐雾等方面着手开发了适应恶劣气候环境的风电机组，以确保风电机组在恶劣气候条件下的风电场能可靠运行，提高发电量。

四、水能、地热能及海洋能的利用状况

（一）水能

水是自然界中一种宝贵的物质，是生命的摇篮。地球上的水不仅孕育了人类和一切生物，还为人类提供了各种资源和文明发展的物质基础。不仅如此，水也是重要的动力资源。水能是指水体的动能、势能和压力能等能量资源，是大自然赋予人类的一种再生、清洁、廉价的能源。水能利用的主要形式是利用水能生产电能，因此水能利用一般指水力发电。

（二）地热能

按照一般观点，地热能（geothermal energy）是指以热能为主要形式储存于地球内部的热量。地热能是来自地球深处的可再生热能，它起于地球的熔融岩浆和放射性物质的衰变。地下水的深处循环和来自极深处的岩浆侵入地壳后，把热量从地下深处带至近表层。地热资源按储存形式可分 4 种类型：一是热水型，即地球浅处（地下 100～4500m）所见到的热水或水蒸气；二是地压地热能，即在某些大型沉积盆地深处（3～6km）存在着高温、高压流体，其中含有大量甲烷气体；三是干热岩地热能，由于特殊地质构造条件造成高温但少水甚至无水的干热岩体；四是岩浆热能，即储存在高温（700～1200℃）熔融岩浆体中的巨大热能。根据地热水的温度，地热能可分为高温型（＞150℃）、中温型（90～150℃）和低温型（＜90℃）三大类，高温地热资源主要用于地热发电，中、低温地热资源主要用于地热直接利用。

随着石油、天然气和煤炭资源可采储量的减少及价格的上涨，世界各国均加大了地热这一绿色可再生能源的勘查和开发利用力度。实际上，不管属于何种地热系统，它们所储存的地热能大多是具有一定温度的地下热水。这些热水埋藏于地下，可达数千米之深，它们主要是由大气降水（雨、雪、冰、雹等）渗入地下，通过漫长的深循环加热，再运移到含水层中而形成的。其形成时间少则几十年，多则成千上万年。因此，地下热水的补给和径流条件要比当地的冷水差得多。一方面，地下热水不易得到补给，与固体矿产类似，用一点就少一点，并非取之不尽、用之不竭；另一方面，随着地热技术的进步，人们将已用过的地下热水（温度比利用前大为降低），采用先进的回灌技术，用钻孔灌入地下，从而加快地下热水的补给速度或增加补给水量，这样就可以延长地热资源的开发利用寿命。从这个意义上讲，地热资源又是一种在某种程度上可以更新的资源。但不管利用何种技术，地热资源的开发利用必须合理有度，否则就会导致资源的枯竭。

（三）海洋能

海洋能是指蕴藏于海水中的各种可再生能源，主要包括潮汐能、波浪能、海流能、海水温差能和盐差能等。海洋能具有如下几个特点：可再生性，由于海水潮汐、海流和波浪等运动周而复始，永不休止；它属于一种洁净能源，无污染；能量多变具有不稳定性，运用起来比较困难；总量巨大，但分布不均，分散，能流密度低，利用效率不高，经济性差。我国海洋能开发已有近 40 年的历史，迄今已建成潮汐电站 8 座。海洋被认为是地球上最后的资源宝库，也称为能量之海。21 世纪，海洋将在为人类提供生存空间、食品、矿物、能源及水资源等方面发挥重要作用，而海洋能源也将扮演重要角色。

五、开发可再生能源的意义

能源是经济社会发展的原动力，也是现代文明的物质基础。因此，安全可靠的能源供应与高效清洁地利用能源是实现社会经济持续发展的基本保证。随着经济的发展，我国在 20 世纪最后的 20 年，能源消费量翻了一番，超过了 14 亿 tce（吨标准煤），成为了世界上第二能源消费大国。能源生产和能源消费引起的环境问题也已成为制约我国实现可持续发展的重大问题之一。在 2000 年的基础上，2020 年 GDP 总量将翻两番，全面实现小康社会，能源问题同过去 20 年相比将会更加突出、更加严峻。因此，如何深刻认识和把握这些问题，并将这些问题置于世界经济发展的格局去加以充分考虑，并在目前决策中以小见大、放眼全局，从近期着眼于长期加以解决，是关系到我国社会经济可持续发展的重大问题。

近年来，随着能源资源与环境保护等领域的科学研究不断深入，社会各界逐渐认识到，发展可再生能源是解决未来能源需求的有效途径。和传统的化石能源相比，可再生能源具有以下诸多优点。这些优点将深刻体现发展可再生能源的必要性和重要实践意义。

（一）可再生能源是人类社会未来能源的根本出路，是化石能源的替代能源

在当今世界的能源结构中，人类所使用的能源主要为石油、天然气和煤炭等化石能源。随着经济的不断发展、人口的不断增加和社会生活的不断提高，未来世界能源消费量预计将以每年 2.7%的速度增长，至 2020 年世界能源消费总量将达到 195 亿 tce。而我国现在所面临的是能源需求量成倍增长的严重挑战。如果 2050 年我国的人口总数为 15 亿左右，届时一次能源的需求量将达到 30 亿～37.5 亿 tce，为目前美国能源消费总量的 1.5～2.0 倍，占届时世界能源消费总量的 16%～22%。

在人类开发利用能源的历史长河中，以石油、天然气和煤炭等化石能源为主的时期，仅是一个不够长远的阶段，而且很可能终将走向枯竭，并被可再生能源所取代。据国际权威机构的预测，2060 年全球新能源和可再生能源的比例，将会发展到占世界能源构成的 50%以上，成为人类社会未来能源的基石、世界能源舞台的主角，可再生能源将成为化石能源的替代能源。

（二）可再生能源清洁环保、污染物排放量少，是与人类赖以生存的地球生存环境相协调的清洁能源

大量化石能源的开发和利用，是造成大气及其他类型环境污染与生态破坏的主要原因之一。如何在开发和利用能源的同时，保护好人类赖以生存的地球生存环境，已成为一个全球性的重大问题。目前，世界各国纷纷采取提高能源效率和调整能源结构的措施，以期解决这一与能源消费密切相关的重大环境问题。我国的能源开发与利用对于环境造成的污染非常严重。我国的煤炭消费量占世界煤炭消费总量的 27%，是全世界少有的以煤炭为主的能源消费大国。我国的 CO_2 排放量，在 1991 年后仅次于美国而居世界第二位。而可再生能源污染物排放很少。因此，可再生能源是保护生态环境的清洁能源，采用可再生能源以逐渐减少和替代化石能源的使用，是保护生态环境、走经济社会可持续发展之路的重大措施。

（三）可再生能源是解决我国部分无电人口供电问题的现实能源

我国是一个人口大国，同时也是一个农业大国，约 60%的人口生活在农村，每年约消耗

4 亿多吨标准煤的能量。截至目前，中国仍有约 2800 万人口没有用上电。由于这些县城、村镇及散居牧户，地处边远，远离电网，用电负荷小而且分散，预计在相当长的时间内难以通过延伸电网实现供电。而这些人口中大多恰好分布在可再生能源资源富集地区，因此，因地制宜地开发利用太阳能、生物质能和风能等可再生能源既可满足这些地区人民的电力需求，又是改善生态环境的一个重要手段。

（四）发展可再生能源是开拓我国新的经济增长点的现实需要

可再生能源的开发利用主要是使用当地资源和人力物力，这对促进地区经济发展具有重要意义，同时快速发展的可再生能源也是一个新的经济增长领域。我国太阳能热水器的成功经验说明，可再生能源可以形成重大产业，在推动经济增长中发挥重要作用。目前国际上，太阳能、风力发电的年增长速度分别达到了 15%和 30%，我国太阳能热水器的年增长速度也达 15%以上，可再生能源已是一个新兴的经济增长领域，发达国家和部分发展中国家把发展可再生能源作为占领未来能源领域制高点的重要战略。

因此，无论是从经济社会走可持续发展之路和保护人类赖以生存的地球生态环境的高度来审视，还是从缓解我国能源短缺的局面来考虑，发展可再生能源均具有十分迫切的必要性和重大的战略意义。

2

第二章　太阳辐射及太阳能光伏发电系统

众所周知，不同的地理位置，不同季节，昼夜，晴阴天，到达地球表面的辐射强度也不同。这些取决于地球与太阳的相对位置，太阳辐射穿过地球大气的路径及大气的状况。因此，在太阳能的利用中，首先要研究和解决这些问题。

第一节　太阳与地球的空间关系

一、地理位置坐标

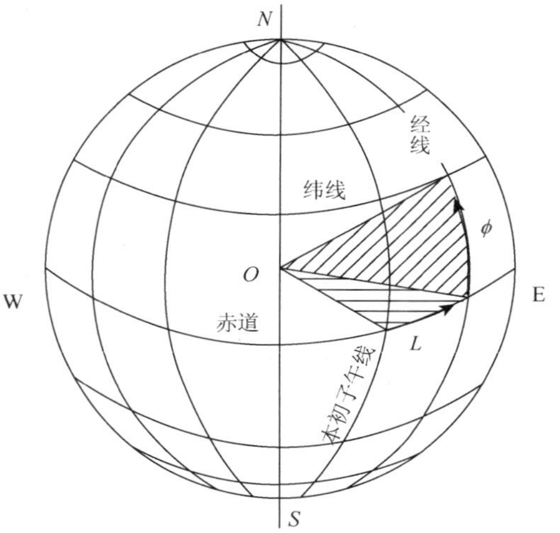

图 2-1　地理坐标系

地球上任意地点的太阳辐照量的多少与它的地理位置有关，任意地点的位置可由地理坐标来确定。地理坐标如图 2-1 所示，通过地球球心 O 且以地轴（NS）为法线方向的平面与地球表面的交线称赤道，它将地球分为南北两半球。通过地球表面任一点平行于赤道的圆称纬度圈。纬线上任一点和地心 O 的连线与赤道面的夹角 ϕ 称纬度。自赤道向北、南两极各分为 90°，分别称为北纬和南纬。通过南北两极且与赤道平面垂直的大圆 L 称经度圈，又称子午线，简称经度。1884 年，国际协议把通过英国伦敦格林尼治天文台的子午线，定为 0°经度线，称本初子午线，此经线向东分 180°为东经（E），向西分 180°为西经（W）。这样地球上任意一点的位置都可以用经度、纬度来表示。

二、天球坐标系与太阳的位置

为了便于确定太阳（或其他天体）与地球间的相对位置，引入天球坐标系。天球是为了方便观测天体而假想的一个正球体，它以观测者为中心，半径为无限长，观测者在地球表面观测到的太阳（或其他天体），就好像在这个无穷大的正球上面，周而复始地运动一样，这个正球体称为天球。天球是无穷大球体，球心 O、观察者所处位置与地心可视为同一质点。用不同方法表示太阳的位置，又分为赤道坐标系和地平坐标系，二者同属天球坐标系。天球坐标系如图 2-2 所示。

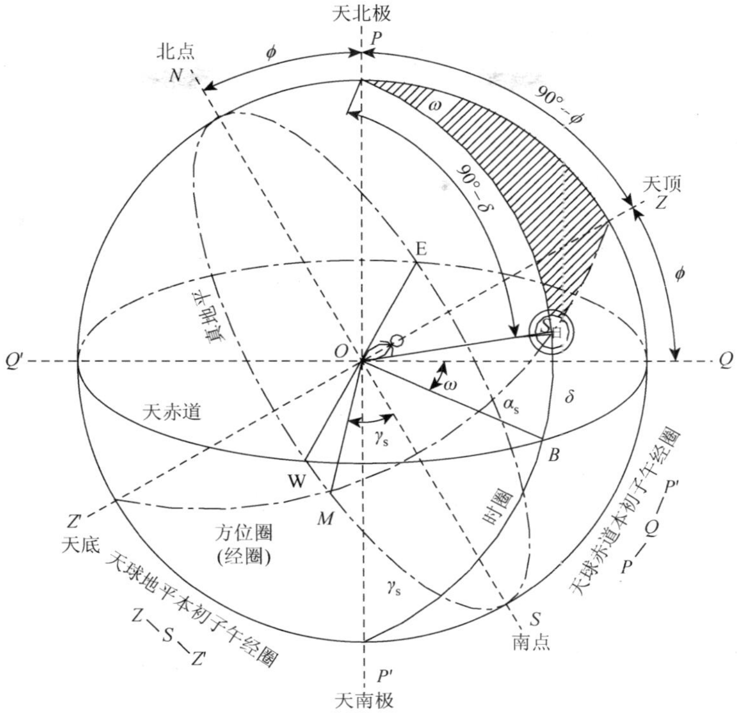

图 2-2　天球坐标系

（一）赤道坐标系

地轴（NS）的无限延长与天球的两个交点 P 和 P' 分别称天北极和天南极，延长线称天轴 PP'。把地球的赤道平面无限伸展，与天球相交于一个大圆 QQ'，QQ' 大圆称天赤道。太阳每天都在平行于天赤道的纬度圈上运行。过天极和太阳位置的半圆称经度圈，它垂直于天赤道并相交于 B 点。正午 12 时，对应的经圈为本初子午经圈 $P-Q-P'$。在赤道坐标系中，天赤道 QQ' 为基本圈，天北极为基本点，天赤道和本初子午经圈在南点附近的交点 Q 为原点。这样，太阳的位置就由两个坐标来确定：第一个坐标是圆弧 $BS_{日}$，称赤纬角，简称赤纬，以 δ 表示。即太阳所在位置 $S_{日}$ 的连心线与天赤道面的夹角，也可以看成太阳的射线与地球赤道面之间的夹角。从天赤道向南天极为负值，从天赤道向北天极为正值。

赤纬角可由 Cooper（1969）的近似公式（2-1）计算。

$$\delta = 23.45°\sin\left(360°\times\frac{284+i}{365}\right) \tag{2-1}$$

式中，i 为一年中的日期序号。

更精确（误差小于 0.035°）的赤纬角计算公式是 Spencer 公式（Spencer，1971）。

$$\begin{aligned}\delta = &(180/\pi)(0.006\,918 - 0.399\,912\cos D + 0.070\,257\sin D - 0.006\,758\cos 2D \\ &+ 0.000\,907\sin 2D - 0.002\,697\cos 3D + 0.001\,48\sin 3D)\end{aligned} \tag{2-2}$$

式中，D 为日角，D=360°(i－1)/365。

在工程计算中，一天中的太阳赤纬角可看成常数，Cooper 公式较为简单，在后面的计算中常采用它来进行计算。

第二个坐标为圆弧 QB，即任意经圈与本初子午经圈的夹角，称为时角 ω。正午时 $\omega=0°$，下午时角为正，上午时角为负。它的数值等于离正午的时间（小时）乘15°，即

$$\omega=15°\left(t_{\text{solar}}-12\right) \tag{2-3}$$

式中，t_{solar} 为太阳时，它是以地球自转周期为依据的时间计量，并且以太阳在正南方向为12点。

太阳时是用在所有太阳角关系中的时间，它与日常使用的标准时间（钟表时间，平太阳时）不一致，通常需要把标准时间通过两种修正转换成太阳时。首先是观察者子午线与当地标准时间子午线之间的经度差的常数修正；其次是考虑地球自转速度的影响（工程计算中精度要求不严格时，这项可忽略）。对于东半球，太阳时可用式（2-4）来计算。

$$\text{太阳时}=\text{标准时间}-4(L_{\text{st-E}}-L_{\text{Loc-E}})+E \tag{2-4}$$

式中，$L_{\text{st-E}}$ 为当地时区标准子午线经度，°；$L_{\text{Loc-E}}$ 为当地经度，°；E 为当天的时间误差（地球自转等的影响），称为时差，单位为分钟，可查相关图表或从式（2-5）计算。我国北京时间以东经 120°为标准子午线经度，$L_{\text{st-E}}$=120°。

$$\begin{aligned}E=229.2(&0.000\,075+0.001\,868\cos D-0.032\,077\sin D\\&-0.014\,615\cos D-0.040\,89\sin 2D)\end{aligned} \tag{2-5}$$

（二）地平坐标系

通过天球的球心作一直线 ZZ'，与观测点的地平面垂直，此线与天球顶球面的交点 Z 称为天顶，与底球面的交点 Z' 称为天底。通过球心 O 与 ZZ' 垂直的平面在天球上截出的大圆 SN 称为真地平。地平坐标系以真地平为基本圈，天顶为基本点，南点为原点。通过天顶 Z 和太阳 $S_{日}$的大圆垂直于地平面 SN，相交于 M 点。从而，太阳的位置也可以由两个坐标来确定：第一个坐标是太阳射线与地平面的夹角，称为太阳高度角 α_{s}。α_{s} 的余角为天顶角 θ_{z}，即天顶距离 $ZS_{日}$。

$$\theta_{\text{z}}=90^{\circ}-\alpha_{\text{s}} \tag{2-6}$$

第二个坐标是太阳方位角，即圆弧 SM，用 γ_{s} 表示，取南点 S 为起点，向西（顺时针方向）为正；向东（逆时针方向）为负。即太阳方位角是地球表面某点与太阳的连线在水平面上的投影与南向（当地子午线）之间的夹角。

人在地球上观测太阳的位置时，用太阳高度角 α_{s} 和太阳方位角 γ_{s} 这两个坐标比较直观。

三、地球的运动

地球绕着地轴（通过地球北极和南极的一根假想轴 NS）自西向东不断地自转，每转一周（360°）为一昼夜。一昼夜分为 24h，所以地球每小时自转 15°，每转一度为 4min。

地球除自转外，还环绕太阳循着偏心率很小的椭圆形轨道（常称黄道）运行，称为“公转”，其周期为一年。平均每天环绕太阳公转角度 0.9856°≈1°，365 天 5h 48min 46s 公转 360°为一个回归年。地球绕太阳运行示意图如图 2-3 所示。地球的自转轴（NS）与黄道平面法线 n 的夹角为 23°27′，且公转时方向始终不变，这就使得太阳光线直射地球上纬度圈位置常有变化，有时偏离地球赤道的北纬圈，有时偏南，因此，地球处在黄道的不同位置时，接受到的太阳投射光的方向也就不同，从而形成四季的变化。

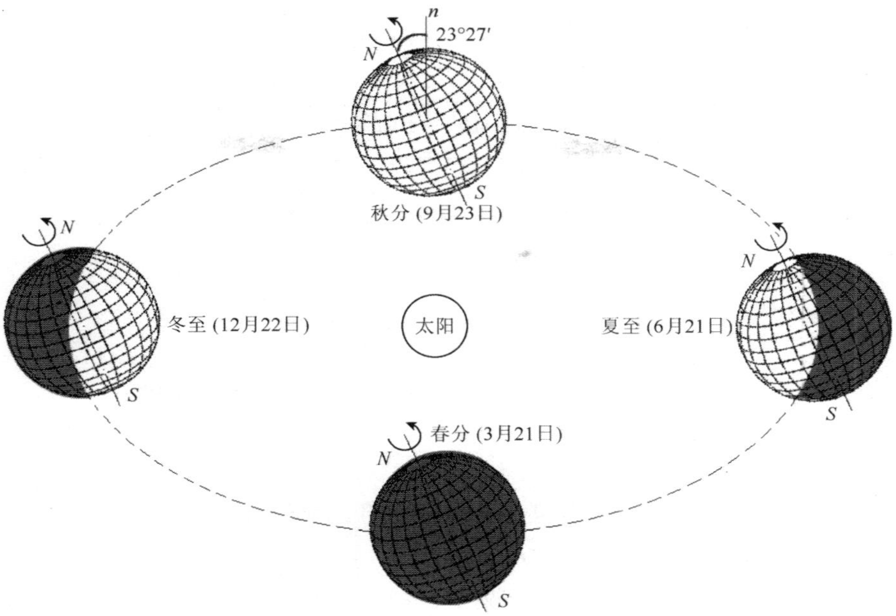

图 2-3　地球绕太阳运行示意图

由于地球绕太阳运行轨道是一椭圆，所以地球和太阳之间的距离在一年之内总是变化的，元月 1 日，地球经过近日点时，它距离太阳比日地平均距离短 1.7%；7 月 1 日，地球经过远日点时，距离太阳比日地平均距离长 1.7%；4 月 1 日和 10 月 1 日，地球和太阳的距离等于日地平均距离。所谓日地平均距离是指地球公转的平均半径，它等于 1.495×10^8km。因为太阳的辐照度与距离的平方成反比，所以日地距离的变化必引起太阳辐射能量的变化，变化量为平均值的±3.5%。

四、太阳位置的角度计算

（一）太阳高度角

天极 P、天顶 Z 和太阳 $S_{日}$ 构成的球面三角形 $\triangle PZS_{日}$。设位于纬度为 ϕ 的 O 点仰望天空，这时天顶在 OZ 方向，作出 O 点的真地平 SN，不难看出 $\angle NOP=\angle QOZ$，即 $\overline{NP}=\phi$，另外 $\overline{BS_{日}}=\delta$，球面 $\angle ZPS_{日}$ 是太阳的时角，即 $\omega=\overline{QB}$。注意到上述关系，可得 $\overline{ZS_{日}}=\theta_z$；$\overline{PS_{日}}=90°-\delta$；$\overline{ZP}=90°-\phi$；$\angle ZPS_{日}=\omega$；$\angle SZM=\gamma_s$，$\angle PZS_{日}=180°-\angle SZM=180°-\gamma_s$。

代入球面三角余弦公式，得

$$\cos\theta_z=\cos(90°-\phi)\cos(90°-\delta)+\sin(90°-\phi)\sin(90°-\delta)\cos\omega \tag{2-7}$$

化简，得

$$\cos\theta_z=\sin\phi\sin\delta+\cos\phi\cos\delta\cos\omega \tag{2-8}$$

将 $\theta_z+\alpha_s=90°$ 代入，可得太阳高度角 α_s 计算式为

$$\sin\alpha_s=\sin\phi\sin\delta+\cos\phi\cos\delta\cos\omega \tag{2-9}$$

正午时，$\omega=0°$，$\cos\omega=1$，此时的式（2-9）可简化为

$$\sin\alpha_s=\sin\phi\sin\delta+\cos\phi\cos\delta=\cos(\phi-\delta)$$

因为 $\cos(\phi-\delta)=\sin\left[\frac{\pi}{2}\pm(\phi-\delta)\right]$，所以

$$\sin\alpha_{s}=\sin\left[\frac{\pi}{2}\pm(\phi-\delta)\right] \tag{2-10}$$

正午时，若太阳在天顶以南，即 $\phi>\delta$，取

$$\sin\alpha_{s}=\sin[90°-(\phi-\delta)]$$

$$\alpha_{s}=90°-\phi+\delta \tag{2-11}$$

若正午时太阳在天顶以北，即 $\phi<\delta$ 时，

$$\alpha_{s}=90°+\phi-\delta \tag{2-12}$$

在南北回归线内，有时正午时太阳正对天顶，$\phi=\delta$，此时 $\alpha_{s}=90°$。

（二）太阳方位角

在球面三角形 $\Delta PZS_{日}$ 中，太阳方位角 γ_{s} 和球面角 $\angle PZS_{日}$ 互补，即

$$\angle PZS_{日}=180°-\gamma_{s}$$

由球面三角形的正弦定理，球面三角形边的正弦和其对角的正弦成正比，即得

$$\frac{\sin(90°-\delta)}{\sin(180°-\gamma_{s})}=\frac{\sin\theta_{z}}{\sin\omega} \tag{2-13}$$

化简后，得

$$\sin\gamma_{s}=\frac{\cos\delta\sin\omega}{\sin\theta_{z}}=\frac{\cos\delta\sin\omega}{\cos\alpha_{s}} \tag{2-14}$$

利用球面三角形的余弦公式，则可得到太阳方位角的另一表达式为

$$\begin{aligned}\cos(90°-\delta)=&\cos(90°-\alpha_{s})\cos(90°-\phi)\\&+\sin(90°-\alpha_{s})\sin(90°-\phi)\cos(180°-\gamma_{s})\end{aligned} \tag{2-15}$$

化简，得

$$\cos\gamma_{s}=\frac{\sin\alpha_{s}\sin\phi-\sin\delta}{\cos\alpha_{s}\cos\phi} \tag{2-16}$$

根据地理纬度、太阳赤纬及观测时间，利用式（2-14）或式（2-16）可以求出任何地区、任何季节某一时刻的太阳方位角。

（三）日出、日落的时角

太阳在地平线的出没瞬间，其太阳高度角 $\alpha_{s}=0°$。若不考虑地表曲率及大气折射的影响，根据式（2-9），可得出日出日落时角表达式如下。

$$\cos\omega_{s}=-\tan\phi\tan\delta \tag{2-17}$$

式中，ω_{s} 为地平线上的日出或日落时角，°。日落时角为正；日出时角为负。

由式（2-17）得

$$\omega_{s}=\arccos(-\tan\phi\tan\delta) \tag{2-18}$$

因为 $\cos\omega_{s}=\cos(-\omega_{s})$，所以

$$\omega_{日出}=-\omega_{s}；\quad \omega_{日落}=\omega_{s}$$

（四）日照时间

日照时间是当地由日出到日落之间的时间间隔。由于地球每小时自转 15°，求出日出日落时角 ω_s 后，日出日落时间用 $t_0=\dfrac{\omega_s}{15}$（h）求出。一天中可能的日照时间 N 为日出日落时间 t_0 的 2 倍或直接由式（2-19）求出。

$$N=\frac{2}{15}\arccos(-\tan\phi\tan\delta) \tag{2-19}$$

（五）日出、日落时的太阳方位角

日出、日落时太阳高度角 $\alpha_s=0°$，所以 $\cos\alpha_s=1$，$\sin\alpha_s=0$，代入式（2-16）可求得日出日落时太阳的方位角为

$$\cos\gamma_{s,0}=-\sin\delta/\cos\phi \tag{2-20}$$

$\gamma_{s,0}$ 有正负二值，正值为日落方位角，负值为日出方位角。对于北半球，$\delta>0$ 时为夏半年，$\gamma_{s,0}$ 在Ⅱ、Ⅲ象限；$\delta=0$ 时太阳正东升起，正西落下；$\delta<0$ 时为冬半年，$\gamma_{s,0}$ 在Ⅰ、Ⅳ象限。

五、斜面上的太阳照射时间

（一）斜面上太阳入射角

斜面上太阳入射角 θ_T 是斜面的法线 $\boldsymbol{n}$ 与阳光入射线 S_T 之间的夹角。求解 θ_T 的方程式的方法如下。

1. 建立空间坐标系

建立空间坐标系 $Oxyz$，如图 2-4 所示。

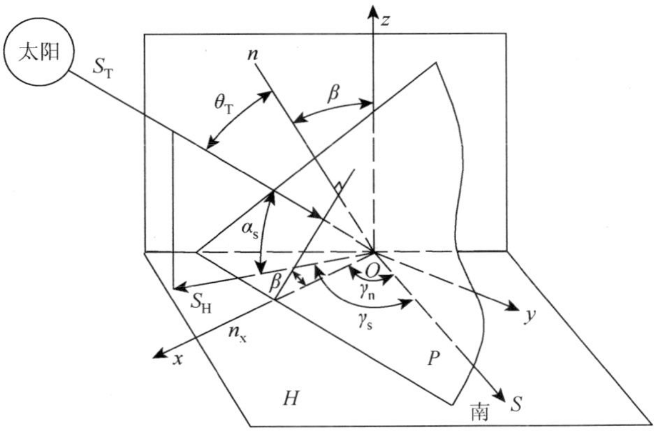

图 2-4　斜面 P 上的太阳辐射

斜面 P 与地平面 H 倾角为 β。令 Oz 轴与天顶轴 Z 重合；Ox 轴与斜面法线 $\boldsymbol{n}$ 在地平面 H 上正投影 n_x 重合；Oy 轴与在地平面 H 上的 Ox 轴垂直。斜面的法线 $\boldsymbol{n}$ 在地平面上的投影线与南北方向线之间的夹角为斜面方位角 γ_n，向西（顺时针方向）为正，向东（逆时针方向）为负。

2. 利用矢量数量积分公式计算

利用矢量数量积分公式 $n \cdot S_T = |n||S_T|\cos\theta_T$，得

$$\cos\theta_T = \frac{n \cdot S_T}{|n||S_T|} \tag{2-21}$$

因 n 与 S_T 为单位矢量，故

$$\cos\theta_T = n_x S_{Tx} + n_y S_{Ty} + n_z S_{Tz} \tag{2-22}$$

求出 n、S_T 在 Ox、Oy、Oz 轴上的坐标式如下。

$$\begin{cases} n_x = \cos(90° - \beta) = \sin\beta \\ n_y = \cos 90° = 0 \\ n_z = \cos\beta \end{cases}$$

$$\begin{cases} S_{Tx} = \cos\alpha_s \cos(\gamma_s - \gamma_n) \\ S_{Ty} = \cos\alpha_s \cos[90° + (\gamma_s - \gamma_n)] \\ S_{Tx} = \cos(90° - \alpha_s) = \sin\alpha_s \end{cases}$$

3. 将各坐标分量带入矢量数量积分公式

将各坐标分量代入矢量数量积分公式（2-22）中，化简后得到式（2-23）。

$$\begin{aligned} \cos\theta_T &= \sin\beta\cos\alpha_s\cos(\gamma_s - \gamma_n) + \cos\beta\sin\alpha_s \\ &= (\sin\phi\cos\beta - \cos\phi\sin\beta\cos\gamma_n)\sin\delta \\ &\quad + (\cos\phi\cos\beta + \sin\phi\sin\beta\cos\gamma_n)\cos\delta\cos\omega \\ &\quad + \sin\beta\sin\gamma_n\cos\delta\sin\omega \end{aligned} \tag{2-23}$$

式中，ϕ、β、δ、ω、γ_n 分别为纬度、斜面对水平面的倾角、赤纬角、时角、斜面的方位角。

式（2-23）表明，斜面上的太阳光线入射角是太阳高度角、方位角，以及斜面的倾角、方位角的函数。对于已知斜面 P 来说，地理纬度 ϕ、斜面的倾角 β、斜面方位角 γ_n 为已知常数，故式（2-23）可改写为 $\gamma_n \neq 0$ 的 θ_T 方程式如下。

$$\cos\theta_T = A\sin\delta + B\cos\delta\cos\omega + C\cos\delta\sin\omega \tag{2-24}$$

式中，$A = \sin\phi\cos\beta - \cos\phi\sin\beta\cos\gamma_n$；$B = \cos\phi\cos\beta + \sin\phi\sin\beta\cos\gamma_n$；$C = \sin\beta\sin\gamma_n$。

所以，某一地区固定的太阳能收集器的太阳入射光线的入射角仅仅是太阳赤纬角和时间的函数。利用式（2-24），可以计算出任何地区、任何季节、任何斜面上的太阳光线的入射角，从而对太阳能收集器的设计作最佳选择。

（二）几种特定的情况

1. 水平平面（$\beta = 0°$）

$$\cos\theta_T = \sin\phi\sin\delta + \cos\phi\cos\delta\cos\omega = \cos\alpha_s \tag{2-25}$$

2. 垂直水平（$\beta = 90°$）

$$\begin{aligned} \cos\theta_T &= \cos\gamma_n[\tan\phi(\sin\phi\sin\delta + \cos\phi\cos\delta\cos\omega) \\ &\quad - \sin\delta\sec\phi] + \sin\gamma_n\cos\delta\sin\omega \end{aligned} \tag{2-26}$$

3. 朝南垂直平面（$\gamma_n = 0$，$\beta = 90°$）

$$\cos\theta_T = \sin\phi\cos\delta\cos\omega - \sin\delta\cos\phi \tag{2-27}$$

4. 朝北垂直平面（$\gamma_n = 180°$，$\beta = 90°$）

$$\cos\theta_T = \sin\delta\cos\phi - \cos\delta\sin\phi\cos\omega \tag{2-28}$$

5. 朝南斜面（$\gamma_n = 0°$）

$$\cos\theta_T = \sin(\phi-\beta)\sin\delta + \cos(\phi-\beta)\cos\delta\cos\omega \tag{2-29}$$

（三）朝南斜面日照起止时间

朝南斜面即 $\gamma_n = 0°$，日照起止时的入射角 $\theta_T = 90°$，故 $\cos\theta_T = \cos 90° = 0$，代入式(2-29)，即

$$\cos\omega_c = -\tan(\phi-\beta)\tan\delta \tag{2-30}$$

式中，ω_c 为斜面上日照起止时角。

很显然，数学计算所求得的斜面上的日照起止时角 ω_c 不能早（晚）于水平面上的日出（落）时角 ω_0，即任意朝南斜面上的日出（落）时角 ω_β，由式（2-31）计算。

$$\omega_\beta = \min\{\omega_0, \arccos[-\tan(\phi-\beta)\tan\delta]\} \tag{2-31}$$

式中，ω_0 为水平面上的日落时角；函数 min（a, b）含义为取括号中两个计算结果中的小者。

北半球，朝南的倾斜集热器，若 $\beta < 90° + \phi - \delta$，则

冬半年：$\omega_{\beta,r} = -\omega_s$，$\omega_{\beta,s} = \omega_s$。

夏半年：$\omega_{\beta,r} = -\omega_c$，$\omega_{\beta,s} = \omega_c$。

式中，$\omega_{\beta,r}$ 为斜面上的日出时角，°；$\omega_{\beta,s}$ 为斜面上的日落时角，°。

从而，朝南斜面上的日照起止时间分别为

$$t_P = \mp\frac{\omega_\beta}{15} \tag{2-32}$$

式中，−为日出；+为日落。

朝南斜面上的日照长 N_β 为

$$N_\beta = \frac{2}{15}\omega_\beta \tag{2-33}$$

第二节　太 阳 辐 射

一、太 阳 常 数

地球绕太阳运行的公转轨道是椭圆形，太阳与地球之间的距离不是一个常数，而且一年里随时都在变化。这会使太阳辐射强度随日地间距离的不同而变化。但由于日地间距离太大，地球公转轨道的偏心率很小，太阳又可看成一个温度为 5762K 的黑体，其辐射力（每秒辐射出的能量）恒定，所以地球大气层上界的太阳辐射强度几乎是常数。太阳常数是指在地球大气层外，日地平均距离 1.495×10^8km 时，垂直于太阳辐射传播方向上单位时间内、单位面积

所接受的太阳辐射能，用 I_{sc} 表示，单位为 W/m^2。1981 年，世界气象组织（WMO）仪器和观测方法委员会推荐采用太阳常数的值为

$$I_{sc}=1367\pm 7$$

一年中由于日地距离的变化所引起太阳辐射强度的变化不超过±3.5%。

二、大 气 质 量

到达地面的太阳辐射受大气层厚度的影响。大气层越厚，对太阳辐射的吸收、反射和散射就越严重，到达地面的太阳辐射就越少。而太阳辐射穿过大气层路径的长短与太阳辐射方向有关。

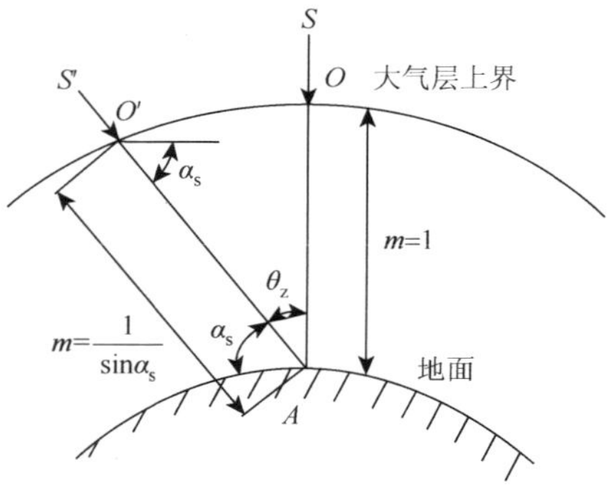

图 2-5　大气质量示意图

如图 2-5 所示，设 A 为地球海平面上的一点，当太阳在天顶位置 S 时，太阳辐射穿过大气层到达 A 点的路径为 OA。太阳位于 S' 点时，其穿过大气层到达 A 点的路径则为 $O'A$。把 $O'A$ 与 OA 之比定义为“大气质量”(air mass)，通常以符号 m 表示。大气质量是表征太阳光线穿行大气路径的无量纲，在数值上等于太阳辐射穿过地球大气的路径与太阳在天顶方向垂直入射时的路径之比，并设定在标准大气压和 0℃时海平面上太阳垂直入射时的大气质量 $m=1$。

假设在标准状态时，海平面上太阳光线位于 S' 处时，海平面上太阳光垂直入射穿过大气层的距离为 $O'A$，地表为水平面，并忽略大气的曲率及折射因素时，大气质量可按式（2-34）计算。

$$m=\frac{O'A}{OA}=\sec\theta_z=\frac{1}{\sin\alpha_s} \tag{2-34}$$

式中，θ_z 和 α_s 分别为太阳的天顶角和高度角。

由于式（2-34）假定了地表为水平面，忽略了大气的曲率及折射因素。因此计算结果存在误差，当 $\alpha_s\geqslant 30°$ 时，计算的精度可达 1%，当 $\alpha_s<30°$ 时，计算误差较大。

在太阳能工程计算中，可采用式（2-35）计算。

$$m=[1229+(614\sin\alpha_s)^2]^{\frac{1}{2}}-614\sin\alpha_s \tag{2-35}$$

对于海拔较高的地区，应进行大气压力影响修正。

$$m(Z)=m\frac{P(Z)}{760} \tag{2-36}$$

式中，$P(Z)$ 为海拔 Z 处的大气压力，mmHg①。

三、太阳辐射在大气中的衰减

地球大气上界的太阳辐射强度变化很小，但各地接收到的太阳辐射强度变化很大，且有明显的衰减。这主要是大气层中各种气体分子及尘埃对太阳辐射的吸收、反射与散射，使到达地面的太阳辐射衰减，造成太阳的辐射能光谱分布发生变化，如图 2-6 所示。

① 1mmHg=0.133kPa

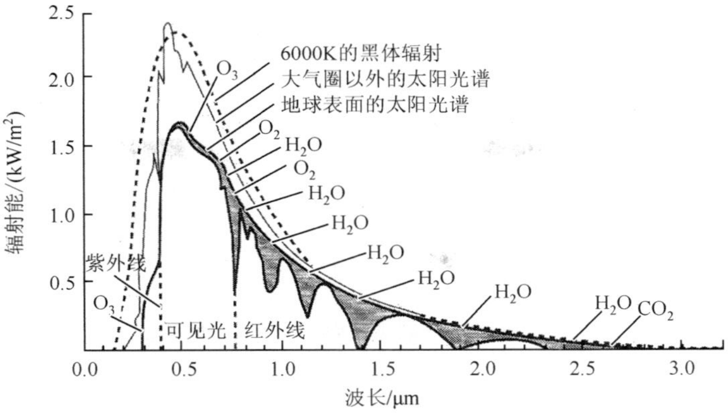

图 2-6　大气层上界及地表的太阳辐射光谱

太阳能波长分布在紫外线、可见光和红外线波段。这些波段受大气衰减的影响程度各不相同。可见光范围的光谱强度被大气散射而削弱，但大部分可到达地面；X 射线及波长短的辐射通过大气层时，在电离层被氮、氧吸收；大部分紫外线被臭氧层吸收；在红外线范围内的光谱主要是由于水蒸气对太阳辐射选择性吸收而衰减；波长超过 2.5μm 的辐射，在到达大气层上界时的强度就相当低，再加上被 CO_2 和 H_2O 吸收，能够到达地面的很少。

图 2-6 上的阴影面积就是被大气所吸收的部分。因此，在地面上能利用的太阳能只有波长 0.29～2.5μm 的辐射波的能量，这个范围的能量占太阳辐射总能量的 95%以上。其中紫外区（0.3～0.4μm）的能量占的比例很小，可见光区（0.4～0.76μm）与红外区（0.76～2.5μm）约各占 50%。

到达地面的太阳辐射光谱能量的最大值随大气质量的增加而减少，且向长波方向移动，即太阳辐射强度的峰值随太阳高度减少向长波方向移动。因此，日出或日落时太阳呈暗红色。据测定，$m=1$ 时，太阳光谱能量的最大值在 0.48μm 处；$m=4$ 时，在 0.7μm 处；$m=7$ 时，则移到红外区的 0.8μm 处。

四、到达地面上的太阳辐射强度

太阳照射到地平面上的辐射或称“日射”有两种：一是太阳的直射辐射；二是太阳的散射辐射。这两种辐射之和是到达地面上的太阳总辐射。

（一）直射辐射

直射辐射是指地球表面接收到的且方向没有改变的太阳辐射。在晴天时垂直于入射阳光平面上的直射辐射强度 I_b（单位为 W/m^2）可按式（2-37）计算。

当 $m=1$ 时，

$$I_b = rI_{sc}P \tag{2-37}$$

式中，I_{sc}、r 分别为太阳常数及日地距离修正系数；P 为大气质量为 $m=1$ 时的透明度。

当 $m \neq 1$ 时，$P_m = \sqrt[m]{\dfrac{I_b}{rI_0}}$。$P_m$ 是大气质量 $m \neq 1$ 时的透明度。透明度是表示太阳辐射通过大气层衰减程度的参数。大气质量为 m 时的透明度为 P_m，P_m 可由气象台的观测统计资料或手册上查到。

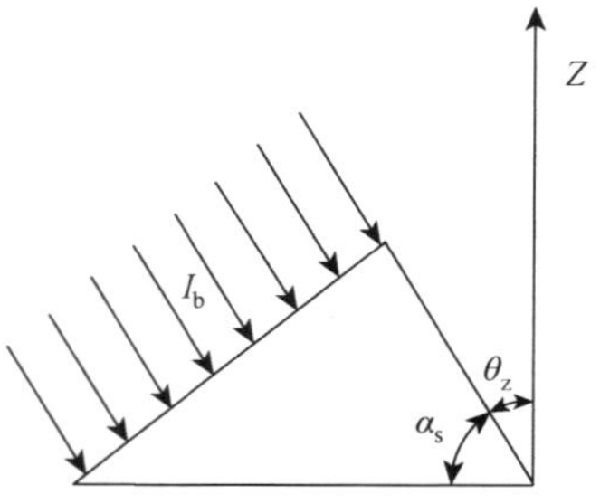

图 2-7　水平面上的直射辐射

所以当 $m \neq 1$ 时，

$$I_b = rI_0P_m^m \tag{2-38}$$

到达水平面上的直射辐射强度 I_{bH}，如图 2-7 所示，可表示为

$$I_{bH} = I_b \sin\alpha_s$$

（二）散射辐射

散射辐射是指被地球表面接收到的且被大气层反射和散射后已改变方向的太阳辐射，它来自半球天空的各个方向。散射辐射的变化范围很大，在晴天时，散射辐射为总日射的 10%左右，但在乌云密布的阴天，总日射则等于散射辐射。散射辐射机制非常复杂，目前还不能精确地计算。在晴天到达水平面上的散射辐射强度 I_{dH} 可按式（2-39）计算。

$$I_{dH} = \frac{1}{2}I_b \sin\alpha_s \frac{1-P_m^m}{1-1.4\ln P_m} \tag{2-39}$$

（三）太阳的总辐射

$$I_H = I_{bH} + I_{dH} \tag{2-40}$$

太阳的总辐射 I_H 是指到达地表水平面上的太阳直射与散射辐射的总和。散射包括：太阳周围的散射、地平圈散射及来自其他天体的散射辐射 3 部分。

另外，非水平面也接收来自地面的反射辐射。反射辐射一般很弱，但当地面被冰雪覆盖时，垂直面上的反射辐射可高达总日射的 40%。

（四）倾斜表面上的总辐射

太阳能工程中，许多收集器的收集面与地平面成一倾角 β 放置，此时，可由计算或辐射仪测得的水平面上的辐射强度换算出斜面上的辐射强度。如图 2-8 所示，斜面上的太阳入射角 θ_T 可用两个矢量夹角的余弦表示，用式（2-13）计算。

在北半球，太阳收集面通常是正南放置，能收集较多的能量。此时 $\gamma_n = 0°$，斜面上入射角 θ_T 按式（2-19）计算。

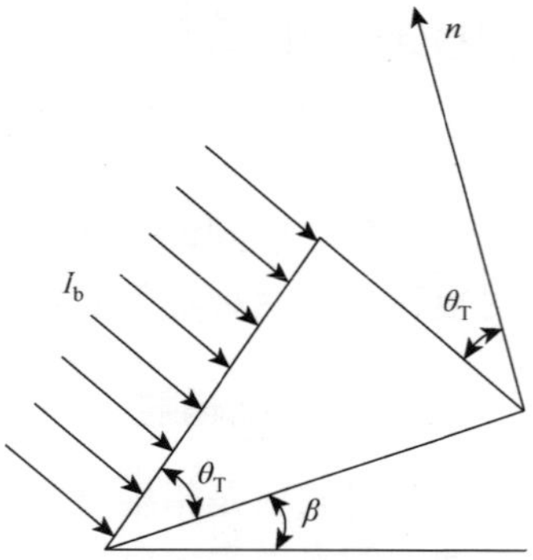

图 2-8　斜面上的太阳辐射

1. 斜面上的直射辐射

斜面上的直射辐射强度 $I_{b\beta}$ 可写为

$$I_{b\beta} = I_b \cos\theta_T \tag{2-41}$$

而

$$I_{bH} = I_b \cos\theta_z \tag{2-42}$$

式中，θ_z 为天顶角。

到达斜面上的直射辐射强度 $I_{b\beta}$ 与到达水平面上的直射辐射强度 I_{bH} 之比称为太阳直射辐射的几何因子，记为 R_b。

$$R_b = \frac{I_{b\beta}}{I_{bH}} \tag{2-43}$$

R_b 是随 ϕ、β、δ、ω 变化的量。在求出不同时刻的 R_b 后，便可由已知的 I_{bH} 求得斜面上对应时刻上的直射辐射强度 $I_{b\beta}$。各个时刻的 R_b 求得后，就能确定斜面上的直射辐射强度。

2. 斜面上的散射辐射

太阳能收集面不但接受直射辐射，也接受散射辐射。散射辐射与大气情况有关。斜面上的散射量同样可根据上述比值的概念来考虑，即用到达斜面上的散射辐射强度 $I_{d\beta}$ 与到达水平面上的散射辐射强度 I_{dH} 之比 R_d 来表示。

$$R_d = \frac{I_{d\beta}}{I_{dH}} \tag{2-44}$$

散射的情况比较复杂，需要考虑散射的方向。在晴天时，散射的入射方向，可近似地看作与直射辐射方向相同，即 $R_d \approx R_b$；在阴天，云雾均匀分布时，可假定天空散射为各向同性，利用辐射角系数的互换性推得式（2-45）为

$$R_d = \frac{1+\cos\beta}{2} \tag{2-45}$$

3. 斜面上获得的地面反射辐射

斜面上的太阳日射量除直射和天空的散射外，还应考虑接受由地面来的反射辐射。在地平面上的反射是来自全部直射和天空的散射，其反射值 $I_H = \rho(I_{bH} + I_{dH})$，$\rho$ 为地面的反射率。例如，沙漠 ρ 为 0.24～0.28；干裸地为 0.1～0.2；湿裸地为 0.08～0.09；干草地为 0.15～0.25；湿草地为 0.14～0.26；森林为 0.04～0.1；新雪为 0.81；残雪为 0.64～0.7；水表面为 0.69。同时，斜面不能接受全部的天空散射和地面反射，而接受的大小由斜面的倾角决定；两者分别乘以系数 $\frac{1+\cos\beta}{2}$ 和 $\frac{1-\cos\beta}{2}$。

这样，斜面上接受的太阳总辐射强度 I_β 为

$$\begin{aligned} I_\beta &= I_{b\beta} + I_{d\beta}\left(\frac{1+\cos\beta}{2}\right) + \rho(I_{bH} + I_{dH})\frac{1-\cos\beta}{2} \\ &= I_{bH}R_b + I_{dH}R_d\left(\frac{1+\cos\beta}{2}\right) + \rho(I_{bH} + I_{dH})\left(\frac{1-\cos\beta}{2}\right) \\ &= I_{bH}R_b + I_{dH}R_d\left(\frac{1+\cos\beta}{2}\right) + \rho I_H\left(\frac{1-\cos\beta}{2}\right) \end{aligned} \tag{2-46}$$

计算或者利用辐射仪测得 1h 内水平面上几个瞬时直射和散射强度值，用该小时的平均高度角即可算出该小时内水平面上的直射、散射辐射的平均值。以相同的方法算出一天各小时的水平面上直射、散射辐射的平均值及相应的 R_b 和 R_d，再用式（2-46）即可得到斜面上各小时的总辐射强度值，然后累计即可得到斜面上的辐射日总量 $\bar{H}_\beta$。

第三节　太阳辐射的测量

在太阳能利用的工程计算或实验研究中，太阳辐射强度数据是很重要的基本参数。这种数据可以通过直接测量或推算得到。本节将介绍直接测量技术。

需要说明的是，除太阳直射辐射和散射辐射外，地球表面上还存在着所谓的地球辐射。它是一种波长为 4～100μm 的远红外辐射，是大气本身和所有自然物体发射的热辐射，总是漫射辐射，因此常常不可能与太阳散射辐射清楚地区分开。但是，地球辐射对太阳能利用的影响不大。另外，文献中提及的全辐射一词，是指太阳辐射与地球辐射两者的总和。

一、辐射的测量方法

在测量太阳辐射的仪表中，都要使用接收器（或称敏感元件）。到达各种接收器上的辐射能，在转变为其他形式能量的同时，会产生各种效应，利用这些效应是各种辐射能测量方法的基础。例如，当太阳辐射能被黑色表面吸收时，就会转变为热能，此时如能测量到接收器吸收的热量或增高的温度，就可以确定相应投射到接收器面上太阳辐射强度的数值。所以，这种测量方法的原理是以热学法为基础的。还可以利用光电、光化学和照相等原理来测定太阳辐射强度。表 2-1 列出了不同辐射测量方法的一般特性。

表 2-1　不同辐射测量方法的一般特性

测量方法	波长范围/nm	灵敏度	线性	选择性
热学法	所有波长	低	很好	无
光电法	1～6500	高	好	大
照相法	1～1200	高	差	大
目测法	400～750	高	很差	大

从表 2-1 中可以看出，测量太阳辐射强度以热学法和光电法为好，目前使用最多的是热电堆型总太阳辐射表（或称总日射表）。下面分别讨论这两种方法。

（一）热学法

热学法的接收器主要有卡计、热电偶或热电堆及热敏电阻。

1. 卡计

其原理是通过测量材料的温度变化来直接确定所吸收的辐射能的数值。例如，斯密索尼安研究所（Smithsonian Institution）的水流-银盘直射辐射表和马尔维（Marvin）直接辐射表都运用了这种原理。也有运用双金属片因升温而变形原理的，如罗比特奇（Robitzsch）总日射表。

卡计接收器的优点是简单，缺点是不灵敏和响应慢。

2. 热电偶或热电堆

热电偶现象由法国物理学家 Jean Peltier 于 1834 年发现，并早已广泛使用。由于单个热电偶输出电压小，精确测量比较困难。因此，常把许多热电偶串联起来，组成热电堆，从而大大提高了输出电压。这种方法的优点是输出电压容易测量。以后要介绍的许多仪表多数都采用这种接收器。

3. 热敏电阻

利用热敏电阻随温度而改变电阻的特性，可以测量投射到热敏电阻上的辐射能数值。

热敏电阻可以由金属、半导体和超导体 3 类材料制成。由于超导体材料要求处于接近绝对零度的环境，故不适于用来测量太阳辐射。而金属热敏电阻的电阻值随温度的变化又往往没有半导体热敏电阻大，所以常使用半导体热敏电阻。为达到快速响应，热敏电阻常制成薄片，厚度只有 10μm。

（二）光电法

光电法接收器有 3 种类型，即光生伏打、光敏电阻和光电发射。后两种接收器在太阳辐射测量技术中不常使用。利用光生伏打原理来测量太阳辐射强度时，一般使用硅太阳能电池，其优点是输出信号大、响应速度快和价廉，近年来已有所应用和发展。

二、太阳辐射测量的仪表

从太阳能的利用角度看，需要测定的主要是太阳辐射的直射强度和总辐射强度。下面介绍几种常用的太阳辐射仪表。

（一）直接辐射表

由于直接辐射表测量的辐射来自于日面及其周围狭窄的环形天空的辐射，为了保证这一点，每台直接辐射表都带有准直管，其中的开敞角约为 5°，准直管的作用是瞄准太阳和限制视角。以 TBS-2 直接辐射表为例对直接辐射表进行简要介绍，图 2-9 是它的外形结构图。该表用于测量光谱为 0.3～3μm 的太阳直射辐射量。当太阳直射辐射量超过 120W/m^2 时与日照时数计录仪连接，也可直接测量日照时数。其可应用于太阳能利用、气象、农业、建筑材料及生态考察等部门。

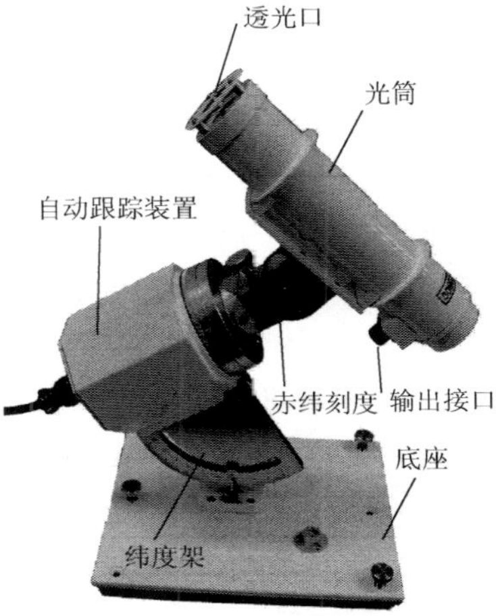

图 2-9　TBS-2 直接辐射表的外形结构图

1. 工作原理

该表主要由光筒（准直管）和自动跟踪装置组成。光筒内部是由光阑、内筒、热电堆（感应面）、干燥剂筒等组成。感应部件是采用绕线电镀式多接点热电堆，其表面涂有高吸收率的黑色涂层。热接点在感应面上，冷接点在机体内，在线性范围内产生的温差电势与太阳直接辐照度成正比。自动跟踪装置是由底板、纬度架、电机和电机控制器等组成。当纬度调到当地地理纬度，倾角与当时太阳倾角相同时，即可实现准确地自动跟踪。

2. 技术参数

（1）灵敏度：7～14μV·m^2/W。

（2）响应时间：≤30s（99%）。

（3）内阻：约 100Ω。

（4）跟踪精度：24h 小于±1°。

（5）稳定性：±1%。

（6）温度特性：±1%（–20～40℃）。

（7）质量：5kg。

（8）电源电压：直流电压（DC）3V±15%，交流电压（AC）220V±10%。

（二）总辐射表

总辐射表是测量总辐射的仪器，水平放置时测量水平面的太阳总辐照度。它也可倾斜放置，用来测量斜面上的太阳辐照度；还可以翻转过来安放，测量反射日射；或者在遮去直接日射的情况下来测量散射日射。它是用途最广的辐射测量仪器。总辐射表按感应面的情况可以分为全黑型和黑白型两类。全黑型的性能通常要优于黑白型。所有种类的总辐射表都是相对仪器，都必须直接或间接地同标准直接日射表进行校准而得到具体的灵敏度。

图 2-10　TBQ-2 型总辐射表的外形结构图

下面以 TBQ-2 型总辐射表为例进行简要介绍，图 2-10 是它的外形结构图。该表用来测量光谱为 0.3～3μm 的太阳总辐射，也可用来测量入射到斜面上的太阳辐射，如果感应面向下可测量反射辐射，如果加遮光环可测量散射辐射。因此，它可广泛应用于太阳能利用、气象、农业、建筑材料老化及大气污染等部门做太阳辐射能量的测量。

1. 工作原理

该表为热电效应原理，感应元件采用绕线电镀式多接点热电堆，其表面涂有高吸收率的黑色涂层。热接点在感应面上，而冷接点则位于机体内，冷、热接点产生温差电势。在线性范围内，输出信号与太阳辐照度成正比。为减小温度的影响，配有温度补偿线路；为了防止环境对其性能的影响，则用两层石英玻璃罩，罩是经过精密的光学冷加工磨制而成的。

2. 技术参数

（1）灵敏度：7～14μV·m²/W。

（2）响应时间：≤30s（99%）。

（3）内阻：约 350Ω。

（4）稳定性：±2%。

（5）余弦响应：≤±7%（太阳高度角为 10°时）。

（6）温度特性：±2%（–20～40℃）。

（7）非线性：±2%。

（8）质量：2.5kg。

3. 安装与使用

该表应安装在四周空旷，感应面上部无任何障碍物的地方。调整好水平位置，将其牢牢固定后，将总辐射表输出电缆与记录器相连接，即可观测。最好将电缆牢固地固定在安装架上，以减少断裂或在有风天发生间歇中断现象。

4. 散射辐射的测量

总辐射中把来自太阳直射部分遮蔽后测得的为散射辐射或天空辐射。散射辐射是短波辐射，需用总辐射表配上有关部件加以测量。通常用遮光环带与总辐射表配套，可用于气象台站、科研部门连续测定天空的散射辐射强度。

图 2-11　散射辐射表

图 2-11 是由总辐射表和遮光环两部分组成的散射辐射表。遮光环的作用是保证从日出到日落能连续遮住太阳直接辐射。

它由遮光环圈、标尺、丝杆调整螺旋、支架、底盘组成。遮光环圈固定在标尺的丝杆调整螺旋上，标尺上刻有纬度刻度与赤纬刻度。标尺与支架固定在底盘上，应根据架设地点的地理纬度而固定。总辐射表安装在支架平台上，其高度应正好使辐射感应平面（黑体）位于遮光环中心。通过调节赤纬度，可使遮光环全天遮住太阳的直接辐射。

三、太阳辐射数据的几种用法

其一是用所得到的辐射值估算太阳能的平均值。例如，估算一个过程在一个月内的平均性能。这种方法不能令人满意，因为许多过程的性能并不与太阳辐射呈线性关系，在这些场合下用平均值可能会导致很大的误差。

其二是用当地前几小时或前几天的太阳辐射数据，估算在相应时间条件下过程的性能，并在此基础上设计未来的过程性能。后者是过程模拟时常采用的方法。

其三是用统计的方法将太阳辐射的数据加以简化以便于运用，并将所得到的结果随时间分布用来评估过程的性能。

其四是太阳辐射数据的统计平均值：由于到达地面的太阳辐射受各种因素影响，完全靠计算不可能得到精确的结果，就是用仪器实测也只能得到某时刻的太阳辐射数据，还不能作为设计太阳能利用设备或系统的依据。通常是根据国家各地气象台站历年测得的太阳辐射数据的统计平均值作为设计的依据。

其五是日总量换算成每小时的日射量：在太阳能利用系统的性能预测和设计中，常需要以小时为单位的日射量，而每天日射量在各小时不是平均分布的。因此，需要将日总量换算成每小时的日射量。长期以来经许多学者的研究，得到了被广泛采用的图表，可用以进行换算。

其六是从气象站得到两种类型的太阳辐射数据：水平面上的月平均日总太阳辐射 $\overline{H}$ 和水平面上的小时辐射 I。有了这些数据，可以根据一些经验公式（模型）来估算所需时间段和表面的各种太阳辐射。

四、从太阳总辐射估算直射辐射和散射辐射

通常在设计或估算太阳能设备的性能时，不仅要知道总辐射，同时也需要知道太阳直射辐射和散射辐射，以便分开处理。例如，从水平表面的辐射数据计算其他方位的表面总辐射，需要把直射辐射和散射辐射分开处理；估算大多数聚光集热器的长期性能必须以直接辐射为基础。目前，已有一些模型可以利用。选取其中的模型概述如下。

（一）小时直射辐射和散射辐射的估算

如果知道水平面上某一小时的总辐射 I，可以计算小时大气透明度指数 $k_T = I / I_0$［角标 0 表示地球大气上界（外太空）］。根据统计分析，小时散射辐射 I_d 和 I 的比值 I_d / I 与 k_T 有一定的关系，用 Erbs 等（1982）的经验公式计算如下。

$$\frac{I_d}{I} = \begin{cases} 1.0 - 0.09k_T & 当k_T \leqslant 0.22 \\ 0.9511 - 0.1604k_T + 4.388{k_T}^2 - 16.638{k_T}^3 + 12.336{k_T}^4 & 当0.22 < k_T \leqslant 0.80 \\ 0.165 & 当k_T > 0.80 \end{cases} \tag{2-47}$$

由式（2-47）可以计算得到 I_d，再由 $I_b = I - I_d$ 可计算出 I_b。

（二）日直射辐射和散射辐射的估算

如果知道水平面上某一天的总辐射 H，可以计算日大气透明度指数 $K_T = H / H_0$，根据统计分析，日散射辐射 H_d 和 H 的比值 H_d / H 与 K_T 有一定的关系，用 Erbs 等（1982）的经验公式计算如下。

当 $\omega_s \leqslant 81.4°$ 时，

$$\frac{H_d}{H} = \begin{cases} 1 - 0.2727K_T + 2.4495{K_T}^2 - 11.9514{K_T}^3 + 9.3879{K_T}^4 & 当K_T < 0.715 \\ 0.143 & 当K_T \geqslant 0.715 \end{cases} \tag{2-48a}$$

当 $\omega_s > 81.4°$ 时，

$$\frac{H_d}{H} = \begin{cases} 1 + 0.2832K_T - 2.5557{K_T}^2 + 0.8448{K_T}^3 & 当K_T < 0.722 \\ 0.175 & 当K_T \geqslant 0.722 \end{cases} \tag{2-48b}$$

由式（2-48a）和式（2-48b）可以计算得到 H_d，再由 $H_b = H - H_d$ 可计算出 H_b。

（三）月平均日直射辐射和散射辐射的估算

如果知道水平面上月平均日总辐射 $\bar{H}$，可以计算月平均日大气透明度指数 $\bar{K}_T = \bar{H} / \bar{H}_0$，根据统计分析，月平均日散射辐射 $\bar{H}_d$ 和 $\bar{H}$ 的比值 $\bar{H}_d / \bar{H}$ 与 $\bar{H}_T$ 有一定的关系，用 Erbs 等（1982）的经验公式计算如下。

当 $\omega_s \leqslant 81.4°$ 时，

$$\frac{\bar{H}_d}{\bar{H}} = 1.391 - 3.560\bar{K}_T + 4.189{\bar{K}_T}^2 - 2.137{\bar{K}_T}^3 \quad 0.3 \leqslant \bar{K}_T < 0.8 \tag{2-49a}$$

当 $\omega_s > 81.4°$ 时，

$$\frac{\bar{H}_d}{\bar{H}} = 1.311 - 3.022\bar{K}_T + 3.427{\bar{K}_T}^2 - 1.821{\bar{K}_T}^3 \quad 0.3 \leqslant \bar{K}_T < 0.8 \tag{2-49b}$$

由式（2-49a）和式（2-49b）可以计算得到 $\bar{H}_d$，再由 $\bar{H}_b = \bar{H} - \bar{H}_d$ 即可计算出月平均日直射辐射 $\bar{H}_b$。

（四）从日辐射估算小时辐射

Collares-Pereira 和 Rabl（1979）根据 $\frac{I}{H} = f(\omega_s, \omega)$ 的统计分析研究，得出式（2-50）。

$$\frac{I}{H} = \frac{\pi}{24}(a + b\cos\omega)\frac{\cos\omega - \cos\omega_s}{\sin\omega_s - \frac{\pi\omega_s}{180}\cos\omega_s} \tag{2-50}$$

式中，$a = 0.409 + 0.5016\sin(\omega_s - 60)$；$b = 0.6609 - 0.4767\sin(\omega_s - 60)$。

水平面上小时辐射量 I 与日辐射量 H 随日长的变化规律如图 2-12 所示。

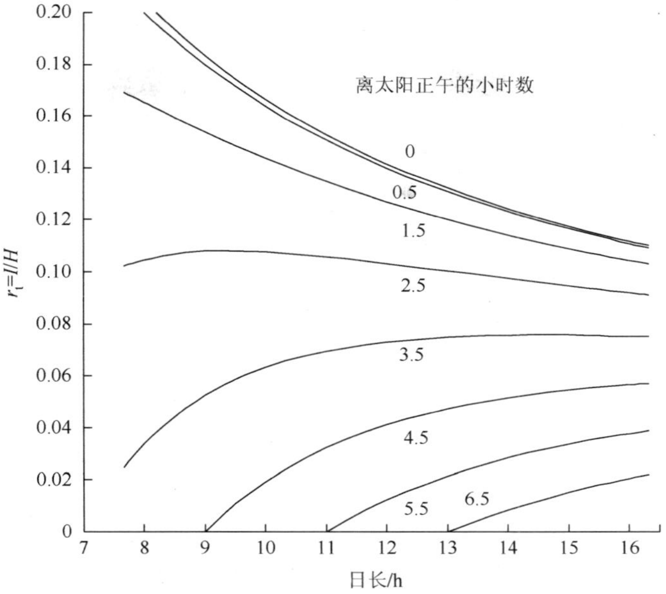

图 2-12　水平面上小时辐射量与日辐射量随日长的变化规律

也可从日散射辐射 H_d 中推算小时散射辐射量 I_d。可根据 Liu 和 Jordan（1960）的公式计算如下。

$$\frac{I_d}{H_d}=\frac{\pi}{24}\frac{\cos\omega-\cos\omega_s}{\sin\omega_s-\frac{\pi\omega_s}{180}\cos\omega_s} \tag{2-51}$$

五、斜面上的太阳辐射估算公式

（一）斜面上的小时辐射估算模型

入射在斜面上的太阳辐射可以看成由来自太阳的直接辐射和太阳周围的小范围的辐射、来自天空的各向同性漫辐射、水平亮度辐射和地面的反射辐射等几部分组成。斜面上的小时辐射表示为

$$I_T=I_{T,b}+I_{T,d,iso}+I_{T,d,cs}+I_{T,d,hz}+I_{T,ref1} \tag{2-52}$$

式中，角标 T，b，d，iso，cs，hz，refl 分别为倾斜面的、直接、散射、各向同性的、太阳周围的、水平亮度的和反射的辐射。

最为简单的是不考虑水平亮度项，太阳周围的辐射项归到直接辐射，反射项只考虑地面反射，使用 Liu 和 Jordan 的各向同性漫辐射模型公式计算。

$$I_T=I_bR_b+I_d\left(\frac{1+\cos\beta}{2}\right)+I\rho_g\left(\frac{1-\cos\beta}{2}\right) \tag{2-53}$$

式中，I 为地面上的辐射强度；ρ_g 为地面反射率；β 为倾斜表面的倾角。

式（2-53）虽然计算结果保守一些，但计算相对简单一些。

当 I_T 确定时，斜面上的总辐射对水平面上的总辐射的比 R 就可以确定。

$$R=\frac{I_b}{I}R_b+\frac{I_d}{I}\left(\frac{1+\cos\beta}{2}\right)+\rho_g\left(\frac{1-\cos\beta}{2}\right) \tag{2-54}$$

为了更好地考虑太阳周围漫辐射和水平亮度的修正，较好一点的是使用 Hay、Davies、

Klucher 和 Reindl 等的各向异性天空模型（HDKR 模型）计算斜面上的太阳辐射。

$$I_{\mathrm{T}}=(I_{\mathrm{b}}+I_{\mathrm{d}}A_{\mathrm{i}})R_{\mathrm{b}}+I_{\mathrm{d}}(1-A_{\mathrm{i}})\left(\frac{1+\cos\beta}{2}\right)\left[1+f\sin^{3}\left(\frac{\beta}{2}\right)\right]+I\rho_{\mathrm{g}}\left(\frac{1-\cos\beta}{2}\right) \qquad (2\text{-}55)$$

式中，A_{i}为各向异性指数，是大气对直射透过率的函数，$A_{\mathrm{i}}=I_{\mathrm{bn}}/I_{\mathrm{on}}=I_{\mathrm{b}}/I_{\mathrm{o}}$。晴天$A_{\mathrm{i}}$很高，没有直射时，$A_{\mathrm{i}}$=0。$f=\sqrt{I_{\mathrm{b}}/I}$，为修正系数。

（二）斜面上的月平均日辐射估算模型

斜面上月平均日辐射估算可采用 Liu 和 Jordan 的公式（漫射和地面反射假定为各向同性）。

$$\overline{H_{\mathrm{T}}}=\overline{H}\left(1-\frac{\overline{H}_{\mathrm{d}}}{\overline{H}}\right)\overline{R}_{\mathrm{b}}+\overline{H}_{\mathrm{d}}\left(\frac{1+\cos\beta}{2}\right)+\overline{H}\rho_{\mathrm{g}}\left(\frac{1-\cos\beta}{2}\right) \qquad (2\text{-}56)$$

式中,对北半球朝南表面

$$\overline{R}_{\mathrm{b}}=\frac{\cos(\phi-\beta)\cos\delta\sin\omega_{\mathrm{s}}'+(\pi/180)\omega_{\mathrm{s}}'\sin(\phi-\beta)\sin\delta}{\cos\phi\cos\delta\sin\omega_{\mathrm{s}}+(\pi/180)\omega_{\mathrm{s}}\sin\phi\sin\delta} \qquad (2\text{-}57)$$

$$\omega_{\mathrm{s}}'=\min\left\{\begin{array}{l}\arccos(-\tan\phi\tan\delta)\\ \arccos[-\tan(\phi-\beta)\tan\delta]\end{array}\right\} \qquad (2\text{-}58)$$

式中，ω_{s}'为倾斜面上月平均日的日落时角。

相应的倾斜因子为

$$\overline{R}=\left(1-\frac{\overline{H}_{\mathrm{d}}}{\overline{H}}\right)\overline{R}_{\mathrm{b}}+\frac{\overline{H}_{\mathrm{d}}}{\overline{H}}\left(\frac{1+\cos\beta}{2}\right)+\rho_{\mathrm{g}}\left(\frac{1-\cos\beta}{2}\right) \qquad (2\text{-}59)$$

第四节　太阳能光伏发电系统

一、太阳能电池的基本原理

通过转换装置把太阳辐射能转换成电能利用的属于太阳能光伏发电技术，光电转换装置通常是利用半导体器件的光伏效应原理进行光电转换的，因此又称为太阳能光伏技术。电池行业是 21 世纪的朝阳行业，发展前景十分广阔。在电池行业中，最没有污染、市场空间最大的应该是太阳能电池，太阳能电池的研究与开发越来越受到世界各国的广泛重视。

太阳能电池是一种将光能直接转换为电能的半导体器件，它的基本构造是由半导体的 P-N 结组成。本节主要以最常见的硅 P-N 结太阳能电池为例，讨论太阳能电池的工作原理。

（一）半导体物理基础

固体按导电性能和电阻率的大小可以分为 3 类：导体、半导体、绝缘体。电阻率小于 $10^{-5}\Omega\cdot$cm 的称为导体，一般金属都为导体，如金、银、铜、铝等；电阻率大于 $10^{7}\Omega\cdot$cm 的称为绝缘体，如陶瓷、橡胶、塑料等；半导体的电阻率为 $10^{-5}\sim10^{7}\Omega\cdot$cm，其导电性能介于导体和绝缘体之间。半导体的导电性能会随着掺入杂质的种类和浓度的变化而急剧变化，并且对温度和光照的变化十分敏感。半导体的种类繁多，按化学成分的不同可分为元素半导体、化合物半导体和有机半导体；按其是否还有杂质可分为本征半导体和杂质半导体。目前，锗和硅材料的半导体生产技术最成熟，应用也最为广泛。

下面对半导体的物理基础做一个简单的介绍。

1. 晶体结构

固体分为晶体和非晶体两大类。晶体的内部原子是按照一定规律整齐地排列起来的，外形呈现有规则的多面体，具有明显的棱角与平面，并且具有确定的熔点，如水晶、冰、硅、砷化镓等。非晶体的内部原子排列没有规律，没有确定的熔点，如玻璃、塑料等。

所有的晶体都是由原子、离子或分子在三维空间有规则排列而成的。晶体中原子的排列如图 2-13 所示。在单晶半导体中，原子在三维空间规则排列，形成一种周期性结构，如图 2-13A 所示。多晶半导体的原子排列形成许多不同取向、形状和大小的晶粒，如图 2-13B 所示。非晶体的原子排列没有规律，不存在长程有序性，如图 2-13C 所示。

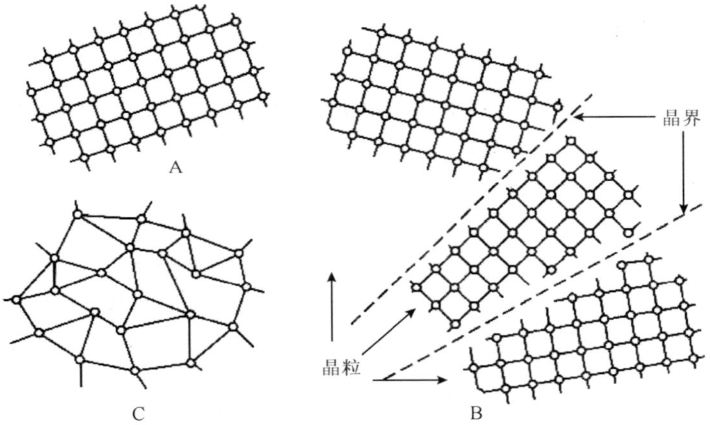

图 2-13　晶体中原子的排列

单晶半导体中原子的周期排列称为晶格。最小的晶格称为晶胞，晶胞的各向长度称为晶格常数。任何晶格都可以用一个晶胞周期性地重复得到。将晶格周期性地重复排列，就可以得到整个晶体。各种晶体结构如图 2-14 所示。其中图 2-14A 是简单立方晶体，简单立方晶体的每个角上都有一个原子。图 2-14B 是体心立方晶体，体心立方晶体的每个角上和晶体的中心都有一个原子。图 2-14C 是面心立方晶体，面心立方晶体的每个角上和每个面的中心都有一个原子。图 2-14D 是金刚石晶体，硅和锗都为金刚石晶体结构。硅原子有 4 个价电子，它们分别与周围的 4 个硅原子的价电子组成共价键，它们以对称的正四面体结构排列起来，从而形成了金刚石晶体结构。

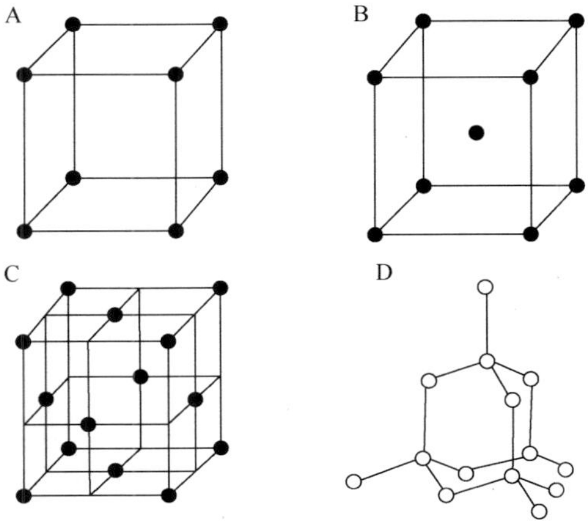

图 2-14　各种晶体结构

A. 简单立方晶体；B. 体心立方晶体；C. 面心立方晶体；D. 金刚石晶体

2. 能级与能带

原子的结构是以壳层形式按一定规律分布的，原子的中心是一个带正电荷的原子核，原子核外存在着一系列不连续的、由电子运动轨道形成的壳层，电子只能在壳层里绕核运转。稳定状态时，每个壳层里运动的电子具有一定的能量状态，把每个壳层对应的电子的能量等级称为能级。每个能级也对应着电子的一种运动状态，每个电子具有的能量对应于能量坐标上的一个能级。晶体中大量电子能级分列组成能级带，称为能带。在研究固体导电时，主要研究最外层电子的能量状态，因为原子的内层电子一般不参与导电。孤立原子的两个分立能级是简并的，随着原子间距的减小，各个简并能级分裂，形成能带。当原子间距继续减小时，不同的分立能级合并成一个能带。当原子间距接近原子间的平衡距离时，这一能带再次分裂为两个能带。禁带即两个能带之间的区域，禁带也称为带隙或能隙。能带模型如图 2-15 所示。将禁带上面的能带称为导带，在禁带下面的能带称为价带。图 2-15 中，E_g 代表价带，E_c 代表导带底的能量，E_v 代表价带顶的能量，则有 $E_g=E_c-E_v$。

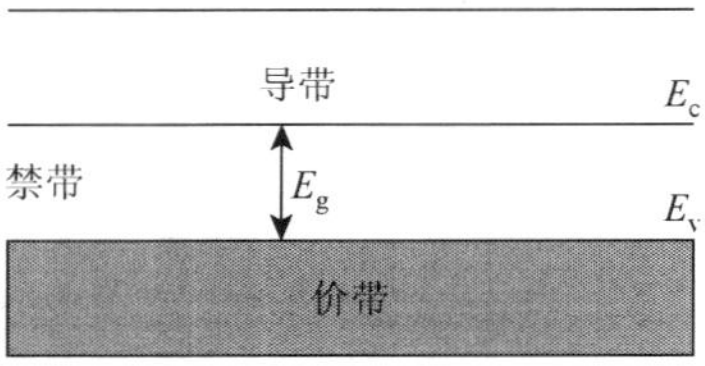

图 2-15　能带模型

3. N 型半导体和 P 型半导体

在常温下，本征半导体中的电子-空穴对数量极少，自由电子遇到空穴会迅速复合。为了提高半导体的导电能力，一般要在 4 价的本征半导体中掺入 3 价或 5 价杂质元素，杂质元素与周围的 4 价元素组成共价键后，即会出现多余的电子和空穴。

如果在纯净的硅晶体中掺入少量的 5 价杂质磷，磷原子有 5 个价电子，一个磷原子与周围的 4 个硅原子形成共价键后，还会余出一个价电子，这个价电子只受磷原子的束缚，从而很容易挣脱磷原子的吸引而形成自由电子，这样就增大了硅晶体中的载流子数量。把这种掺入 5 价杂质元素的 4 价半导体称为 N 型半导体。在 N 型半导体中，电子为多数载流子，而空穴为少数载流子。位于共价键之外的电子受原子核的束缚相当小，很容易电离出带负电的电子，同时 5 价杂质元素的原子成为阳离子而带正电。

如果在纯净的硅晶体中掺入少量的 3 价杂质硼，硼原子有 3 个价电子，一个硼原子与相邻的 4 个硅原子形成共价键时，由于缺少一个价电子，就会在共价键上出现一个空穴，硅晶体中的空穴载流子数目大大增加。这种掺入 3 价杂质元素的 4 价半导体称为 P 型半导体。在 P 型半导体中，空穴为多数载流子，电子为少数载流子。只需外界提供很少的能量，共价键内的空穴便会吸引价带中的其他电子挣脱束缚来填充，从而电离出带正电的空穴，同时 3 价元素的原子即成为带负电的离子。

4. P-N 结

当导电类型不同的 P 型半导体和 N 型半导体紧密结合时，在交界面上就会形成 P-N 结。当 P 区和 N 区都为均匀掺杂时，交界面上形成的 P-N 结称为突变 P-N 结。这里主要讨论突变 P-N 结的情形。

在 P-N 结的两边，N 区电子浓度高，P 区空穴浓度高，在交界面处电子和空穴的浓度差造成多数载流子的扩散运动。在扩散运动的作用下，在交界面附近的 N 区中，电子要由 N 区向浓度低的 P 区扩散。同样，在交界面附近的 P 区中，空穴要由 P 区向浓度低的 N 区扩散。结果，在交界面附近，P 区失去了带正电的空穴同时接受了带负电的电子而呈负电性，N 区失去了带负电的电子同时接受了带正电的空穴而呈正电性。扩散的结果是使交界面的两边靠近 N 区的一边带正电荷，而靠近 P 区的一端带负电荷，从而形成一个空间电荷区，这个空间电荷区也称为耗尽区。P-N 结两边积累的正电荷和负电荷，形成一个由 N 区指向 P 区的内建电场，该内建电场称为势垒电场，这就是半导体的 P-N 结，如图 2-16 所示。

P-N 结形成后，势垒电场就会阻碍 P 区中的空穴继续向 N 区扩散，也同样阻碍 N 区中的电子继续向 P 区扩散。同时势垒电场的存在推动了 P 区中的电子和 N 区中的空穴向 P-N 结的另外一边运动。这种少数载流子在势垒电场作用下的运动称为漂移运动。漂移运动的方向与扩散运动的方向相反，在一定的环境条件下，这两种运动同时存在，最终达到平衡。达到平衡后，空间电荷区的厚度也将不会发生变化，这个厚度与掺杂浓度有关，势垒电场电势差的大小也与掺杂浓度有关。

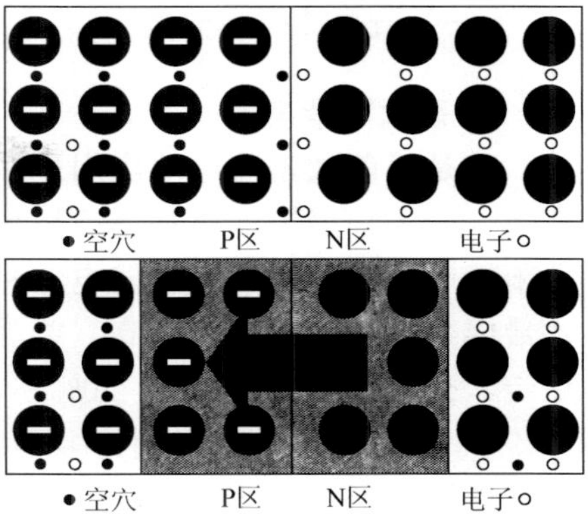

图 2-16　半导体的 P-N 结

（二）太阳能电池工作原理

太阳能电池是以半导体 P-N 结为基本构造，接受太阳光照射产生光伏效应，直接将光能转换为电能的半导体器件。当太阳光照射到太阳能电池表面时，光线一部分被太阳能电池表面反射，一部分被太阳能电池吸收，还有少量透过太阳能电池。在被太阳能电池吸收的光子中，能量大于半导体禁带宽度的光子，在 N 区和 P 区中，激发原子的价电子，使其脱离共价键的束缚从价带跃迁到导带，从而产生大量电子-空穴对，称为光生载流子。这些电子-空穴对处于非平衡状态，在热运动作用下向各个方向迁移，有的在半导体中复合而达到平衡状态。在 P-N 结附近被吸收的光线激发产生的电子-空穴对立即被内建电场分离，光生电子被推进 N 区，光生空穴被推进 P 区。在所有被太阳能电池吸收的光线中，要尽量提高这部分光线所占的比例。在 N 区内，光生空穴会向 P-N 结边界扩散，达到 P-N 结边界后，在内建电场的作用下做漂移运动，进入 P 区。同样，在 P 区内，光生电子也会向 P-N 结边界扩散，达到 P-N 结边界后，受到内建电场的作用做漂移运动进入 N 区。结果，在 P-N 结的两侧产生了正、负电荷的积累，从而形成了与内建电场方向相反的光生电场，光生电场除了抵消内建电场之外，还产生了光生电动势。

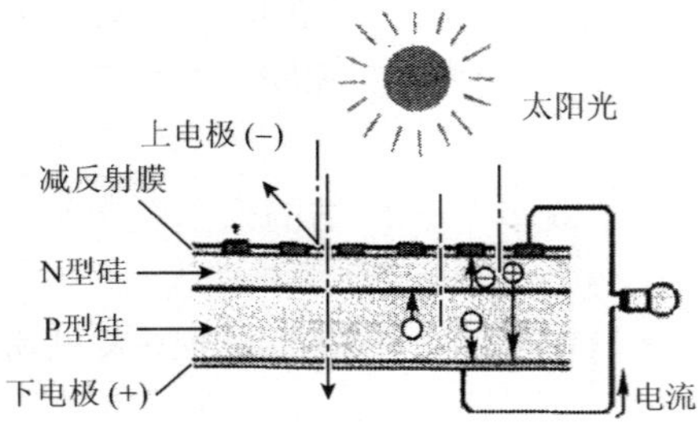

图 2-17　晶体硅太阳能电池的结构及工作原理

当太阳能电池的上电极和背电极连上负载之后，P 区和 N 区两端积累的正、负电荷通过导线流经负载，从而形成电流。图 2-17 表示了晶体硅太阳能电池的结构及工作原理。晶体硅太阳能电池接上负载后，电流从 P 区流出，通过负载从 N 区流回电池。太阳能电池可以制成 P^+/N 型或 N^+/P 型。P^+和 N^+代表太阳能电池正面光照层半导体材料的导电类型；N 和 P 代表太阳能电池背面衬底半导体材料的导电类型。

二、太阳能电池的分类

太阳能电池是将太阳辐射直接转换为电能的一种器件。太阳能电池发展至今种类繁多，可以分成许多不同的类型。

（一）按基体材料分类

1. 硅太阳能电池

硅是目前太阳能电池应用最多的材料，太阳能电池中具有代表性及应用最广的是晶硅电池。硅太阳能电池也是目前技术最成熟的太阳能电池，包括单晶硅太阳能电池、多晶硅太阳能电池、非晶硅太阳能电池和微晶硅太阳能电池等。单晶硅太阳能电池发展最早，技术最成熟，生产成本比较高。单晶硅材料结晶完整，载流子迁移率高，串联电阻小，性能稳定，光电转换效率可达 20%左右，目前规模化生产的单晶硅太阳能电池转换效率已达 16%～18%。多晶硅材料由许多不同大小、不同取向的晶粒构成，晶体方向无规律性。晶体晶界连接的不规则性会使晶体材料内的载流子不能全部被 P-N 结电场所分离而损失，因而多晶硅太阳能电池的转换效率要比单晶硅太阳能电池低，但多晶硅太阳能电池生产成本低，近年来发展比较快。非晶硅太阳能电池是以非晶硅材料为基体的太阳能电池，其原子排列无规则，缺陷多，因此非晶硅太阳能电池转换效率低，稳定性不高。但由于非晶硅材料的本征吸收系数很大，非晶硅太阳能电池在弱光下的发电能力远高于晶体硅电池，因而主要用于弱光性电源，如手表、计算器等的电源。另外，非晶硅太阳能电池的生产成本低廉，与晶硅电池相比有一定的市场竞争优势。微晶硅太阳能电池是近年来发展起来的一种薄膜太阳能电池，转换效率和稳定性都比较高，有良好的应用前景，目前尚未达到大规模工业化生产的水平。

2. 化合物太阳能电池

化合物太阳能电池是指以化合物半导体材料制成的太阳能电池，主要有砷化镓太阳能电池和硫化镉太阳能电池。砷化镓具有良好的温度特性，理论效率高，是很理想的太阳能电池材料。砷化镓太阳能电池光电转换效率很高，但价格昂贵，多应用于外太空。硫化镉分为单晶与多晶两种，常与其他半导体材料合成使用。硫化镉太阳能电池转换效率比较高，生产成本较低，但由于镉元素可能会造成环境污染，未能大规模推广。另外，化合物太阳能电池还有有机半导体太阳能电池和染料敏化太阳能电池等。有机半导体太阳能电池主要由有机光电高分子材料制造而成，染料敏化太阳能电池的原材料丰富、成本低、工艺技术相对简单，且生产过程无毒无污染，具有广泛的应用前景。

（二）按电池结构分类

1. 同质结太阳能电池

同质结太阳能电池是指在同一种半导体材料上构成一个或多个 P-N 结的太阳能电池。

2. 异质结太阳能电池

异质结太阳能电池是指由两种不同禁带宽度的半导体材料界面上形成的异质P-N结所构成的太阳能电池。

3. 肖特基结太阳能电池

肖特基结太阳能电池是指用金属和半导体接触形成的一个肖特基势垒而构成的太阳能电池，简称 MS 电池。这种结构的电池已发展为金属-氧化物-半导体太阳能电池（又称为 MOS 电池）、金属-绝缘体-半导体太阳能电池（即 MIS 电池）等。

4. 复合结太阳能电池

由两个或多个 P-N 结形成的太阳能电池称为复合结太阳能电池。复合结太阳能电池又分为垂直多结太阳能电池和水平多结太阳能电池。

（三）按采光形式分类

1. 平板型太阳能电池

平板型太阳能电池是指直接利用太阳光照射来工作的太阳能电池。

2. 聚光型太阳能电池

聚光型太阳能电池是通过聚光系统聚光后，照射电池而进行工作的。

三、太阳能光伏发电系统的构成

典型的太阳能光伏发电系统是由太阳能电池阵列、电缆、电力电子变换器、储能元件、负载等构成的，典型的太阳能光伏发电系统的组成如图 2-18 所示。其工作原理为：白天，在光照条件下，太阳能电池组件产生一定的电动势，通过组件的串、并联形成太阳能电池方阵，使得方阵电压达到系统输入电压的要求。再通过充放电控制器对蓄电池组进行充电，将由光能转换而来的电能储存起来。晚上，蓄电池组为逆变器提供输入电，通过逆变器的作用，将直流电转换成交流电，输送到配电柜，由配电柜的切换作用进行供电。蓄电池组的放电情况由控制器进行控制，保证蓄电池组的正常使用。光伏发电系统还应有限荷保护和防雷装置，以保护系统设备的过负载运行及免遭雷击，维护系统设备的安全使用。其大致流程为太阳能→电能→化学能→电能→光能。负载的额定电压和功率比较大时，单独一块太阳能电池组件无法提供所需电能，需要将多个太阳能电池组件通过串、并联的方式组成太阳能电池方阵，才能正常工作。为了保护太阳能电池阵列和电路，在蓄电池组和逆变器与太阳能电池阵列之间，要串联一个二极管，防止夜间或阴雨天时太阳能电池方阵工作电压低于母线电压，蓄电池组反向太阳能电池阵列供电。若干太阳能电池组件串联时，需要在太阳能电池组件两端并联二极管，以在个别组件出现故障时保护其他太阳能电池组件。光伏发电系统中的电缆是传输电能的载体，并且考虑到外部环境的影响及气候条件，应具有良好的导电能力和绝缘能力，并且要有强的耐腐蚀能力。光伏发电系统只能在有光照的条件下才能发电，所以系统中必须配备储能装置把有日照时发出的多余电能储存起来，以供夜间及阴雨天使用。目前，常用的蓄电池有铅蓄电池和镍镉电池。在并网光伏系统中，电能直接存储在电网中。

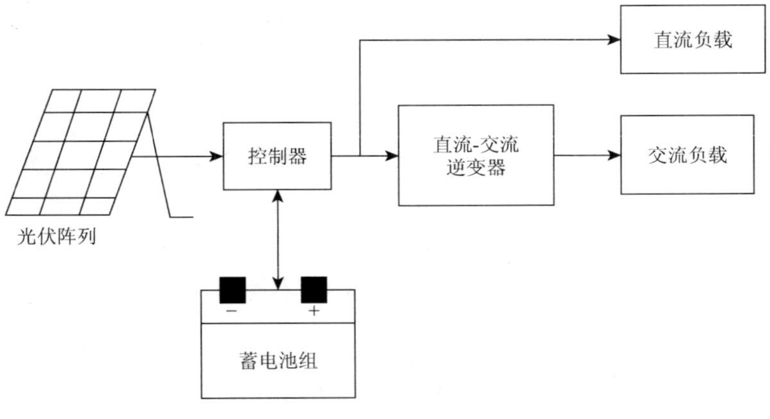

图 2-18　典型的太阳能光伏发电系统的组成

3

第三章 太阳能热水器及太阳能热储存

太阳能热水器是将太阳光能转化为热能，将水从低温度加热到高温度，以满足人们在生活、生产中使用热水的装置。太阳能热水器按结构形式分为真空管式太阳能热水器和平板式太阳能热水器，目前，中国市场上以真空管式太阳能热水器为主，占据国内 95%的市场份额。真空管式家用太阳能热水器是由集热管、储水箱及支架等相关附件组成，把太阳能转换成热能主要依靠集热管。集热管利用热水上浮冷水下沉的原理，使水产生微循环而提供所需热水。

其工作原理是阳光穿过吸热管的第一层玻璃照到第二层玻璃的黑色吸热层上，将太阳光能的热量吸收，由于两层玻璃之间是真空隔热的，热量不能向外传，只能传给玻璃管里面的水，使玻璃管内的水加热，加热的水变轻，沿着玻璃管受热面往上进入保温储水桶，桶内温度相对较低的水沿着玻璃管背光面进入玻璃管补充，如此不断循环，使保温储水桶内的水不断加热，从而达到热水的目的。太阳能热水器属于太阳能热利用的一种方式，其关键部件是太阳能集热器，下面具体给出各类型太阳能集热器，以便于进一步了解太阳能热水器的优缺点。

第一节 太阳能集热器的分类

所谓太阳能集热器，是指吸收太阳辐射并将产生的热能传递到传热工质的装置。这个定义包括 4 层含义：第一，太阳能集热器是一种装置；第二，太阳能集热器可以吸收太阳辐射；第三，太阳能集热器可以产生热能；第四，太阳能集热器可以将热能传递到传热工质。

太阳能集热器本身虽然不是直接面向消费者的终端产品，但其是组成各种太阳能热利用系统的关键部件。无论是太阳能热水器、太阳灶、主动式太阳房、太阳能温室，还是太阳能干燥、太阳能工业加热、太阳能热发电等，都离不开太阳能集热器，都是以太阳能集热器作为系统的动力或者核心部件。所以，在分别介绍太阳能热水器、太阳灶、太阳房、太阳能温室、太阳能干燥、太阳能工业加热、太阳能热发电等内容之前，有必要先介绍太阳能集热器的有关知识，其中包括太阳能集热器的型式分类、结构特点、运行性能等，以便对各种太阳能热利用系统有深入理解。太阳能集热器可以用多种方法进行分类，如按传热工质的类型，按进入采光口的太阳辐射是否改变方向，按是否跟踪太阳，按是否有真空空间，按工作温度范围等。

一、按传热工质的类型分类

按传热工质的类型，太阳能集热器可分为两大类型。

（一）液体集热器

液体集热器是用液体作为传热工质的太阳能集热器，主要用于太阳能热水系统。

（二）空气集热器

空气集热器是用空气作为传热工质的太阳能集热器，主要用于太阳能干燥系统和建筑采暖。

二、按进入采光口的太阳辐射是否改变方向分类

按进入采光口的太阳辐射是否改变方向，太阳能集热器可分为两大类型。

（一）聚光型集热器

聚光型集热器是利用反射器、透镜或其他光学器件将进入采光口的太阳辐射改变方向，并会聚到吸热体上的太阳能集热器。

（二）非聚光型集热器

非聚光型集热器是进入采光口的太阳辐射不改变方向也不集中射到吸热体上的太阳能集热器。

三、按是否跟踪太阳分类

按是否跟踪太阳，太阳能集热器可分为两大类型。

（一）跟踪集热器

跟踪集热器是以绕单轴或双轴旋转方式全天跟踪太阳运动的太阳能集热器。

（二）非跟踪集热器

非跟踪集热器是全天都不跟踪太阳运动的太阳能集热器。

四、按是否有真空空间分类

按是否有真空空间，太阳能集热器可分为两大类型。

（一）平板型集热器

平板型集热器是吸热体表面基本上为平板形状的非聚光型集热器。

（二）真空管集热器

真空管集热器是采用透明管（通常为玻璃管）并在管壁和热体之间有真空空间的太阳能集体器。其中吸热体可以由一个内玻璃管组成，也可以由另一种用于转移热能的元件组成。

五、按工作温度范围分类

按工作温度范围，太阳能集热器可分为三大类型。

（一）低温集热器

低温集热器是工作温度在 100℃以下的太阳能集热器。

（二）中温集热器

中温集热器是工作温度在 100～200℃的太阳能集热器。

（三）高温集热器

高温集热器是工作温度在 200℃以上的太阳能集热器。

以上分类的各种太阳能集热器实际上是相互交叉的。例如，某一台液体集热器，可以是平板型集热器，自然也是非聚光型集热器及非跟踪集热器，属于低温集热器；另一台液体集热器，可以既是真空管集热器，又是聚光型集热器，但是是非跟踪集热器，属于中温集热器等。

六、其他分类方式

按以上分类的各种太阳能集热器还可以进一步细分，而且细分又有不同的分类方法。下面仅以聚光型集热器为例。

聚光型集热器可以用几种方法进行分类。

1. 按聚光是否成像

1）*成像集热器*　成像集热器是使太阳辐射聚焦，即在接收器上形成焦点（焦斑）或焦线（焦带）的聚光型集热器。

2）*非成像集热器*　非成像集热器是使太阳辐射汇聚到一个较小的接收器上而不使太阳辐射聚焦，即在接收器上不形成焦点（焦斑）或焦线（焦带）的聚光型集热器。

2. 按聚焦的形式

1）*线聚焦集热器*　线聚焦集热器是使太阳辐射汇聚到一个平面上并形成一条焦线（或焦带）的聚光型集热器。

2）*点聚焦集热器*　点聚焦集热器是使太阳辐射汇聚到一个焦点（或焦斑）的聚光型集热器。

3. 按反射器的类型

1）*槽形抛物面集热器*　槽形抛物面集热器又称为抛物槽集热器，它是通过一个具有抛物线横截面的槽形反射器来聚集太阳辐射的线聚焦集热器。

2）*旋转抛物面集热器*　旋转抛物面集热器又称为抛物盘集热器，它是通过一个由抛物线旋转而成的盘形反射器来聚集太阳辐射的点聚焦集热器。

4. 其他聚光型集热器

1）*复合抛物面集热器*　复合抛物面集热器又称为 CPC 集热器，它是利用若干块抛物面镜组成的反射器来汇聚太阳辐射的非成像集热器。

2）*多反射平面集热器*　多反射平面集热器是利用多平面反射镜片将太阳辐射聚焦到接收器上的聚光型集热器。

3）*菲涅耳集热器*　菲涅耳集热器是利用菲涅耳透境（或反射镜）将太阳辐射聚焦到接收器上的聚光型集热器。

本章将着重介绍最常用的太阳能集热器，即用液体作为传热工质的平板型集热器和真空管集热器。

第二节　太阳能热水器的类型及系统

一、太阳能热水器的类型

太阳能热水器是太阳能热利用的主要产品之一。它是利用温室效应原理，将太阳的光能转变为热能，并向水传递热量，从而获得热水的一种装置。

太阳能热水器也称为太阳能热水装置或太阳能热系统（或工程），但严格来说是有区别的。按 GB/T18713-2002 和 NY/T513-2002 的规定，太阳能热水器储热水箱的容水量在 0.6t 以下称为家用太阳能热水器，大于 0.6t 则称为太阳能热水系统或太阳能热水工程。

太阳能热水器是由集热器、储热水箱、循环水泵、管道、支架、控制系统及相关附件组成的。家用太阳能热水器如图 3-1 所示，太阳能热水系统如图 3-2 所示。

图 3-1　家用太阳能热水器

图 3-2　太阳能热水系统

根据太阳能热水器的结构和集热温度范围不同，一般太阳能热水器可分为 4 种工作状况：低温集热，室外温度 θ+（10～20℃）；中温集热，室外温度 θ+（20～40℃）；中高温集热，室外温度 θ+（40～70℃）；高温集热，室外温度 θ+（70～120℃）。

太阳能热水器的用途和它的集热温度有着密切的关系。例如，低温和中温热水器主要用于预热锅炉给水、民用生活热水、地下加热除湿工程、采暖和工农业中低温热水的应用。中高温和高温热水器主要用于采暖、制冷或发电。

太阳能热水器可根据不同情况进行分类。

集热器和储热水箱合为一体的称为闷晒热水器；集热器和储热水箱紧密结合的称为整体（或紧凑）热水器；集热器和储热水箱分离的称为分离热水器。

根据集热器结构不同，可分为闷晒热水器、平板热水器和真空管（包括全玻璃真空和热管真空管）热水器。

按集热器工质的循环特点，可分为自然（被动）循环热水器、强迫（主动）循环热水器和直流热水器。

若按工质循环次数，又可分为一次循环热水器（直接循环或单回路循环）和二次循环热水器（间接循环或双回路循环）。

按集热器所使用的材料不同，可分为金属、玻璃和塑料三大类型。按储热水箱内胆材料不同，又可分为不锈钢水箱、搪瓷水箱、防锈铝水箱、镀锌钢板及塑料水箱等。

太阳能热水器还可以根据热水的使用时间，分为季节性太阳能热水器（无辅助热源）、全年使用太阳能热水器（有辅助热源）和全天候（有辅助热源及自动控制仪表）太阳能热水器。

另外，太阳能热水器还可以根据系统是否承压，分为非承压热水器（常压）和承压热水器。

二、家用太阳能热水器

家用太阳能热水器的基本类型有：家用闷晒式太阳能热水器、家用平板太阳能热水器、家用紧凑式全玻璃真空管太阳能热水器和家用紧凑式热管真空管太阳能热水器。除上述市场上常见的太阳能热水器品种以外，家用太阳能热水器还可根据是否承压、是否分离、工质的循环特点和循环次数分成很多种，在此不详细介绍。

（一）家用闷晒式太阳能热水器

家用闷晒式太阳能热水器是一种结构比较简单、使用可靠及容易普及推广的太阳能热水器。其特点是集热器和水箱合二为一，冷热水的循环和流动是在水箱内部进行的，经过一天的闷晒（内部自然循环）可将容器中的水加热到一定的温度。

在一些地区如北京等，在一些平房上，居民自己找个汽油桶，经清洗后焊上下水管和通气管，桶体外表刷黑漆就可以使用了。这是一种最原始的、不是商品的家用闷晒式太阳能热水器。

1. 塑料袋式热水器

塑料袋式热水器如图 3-3 所示，打开阀门后，自来水进入袋内，满后溢流口向外溢水，立即关闭阀门。经过若干小时或一天的日照后，水热时，打开阀门即可使用。上膜一般采用透明塑料，下膜采用黑色塑料。为防止底部散热，最好放一支撑保温板。这种热水器最大的特点是，质量轻便，易于携带，很适合旅游、野外作业或外出使用。此外，它的价格极为低廉。其缺点是使用寿命短。

图 3-3　塑料袋式热水器

囊式热水器是塑料袋式热水器的改进方案，这种改进形式是在塑料袋表面上有透明隔热膜，以弥补塑料袋式热水器在寒冷季节散热快的缺点，同时水箱是不自动给水式。隔热膜用按扣固定，每隔 2～3 年更换一次，除有隔热效果外，还有提高塑料袋耐久性的作用。

2. 池式热水器

池式热水器像一个浅水池子，既能储水又能集热，池式热水器如图 3-4 所示。

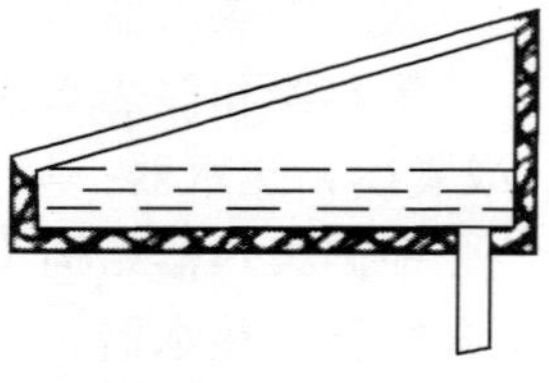
图 3-4　池式热水器

池内水深一般为 10cm 左右，上面盖一层与水平面倾斜的玻璃，池底与地面平行，其四周加防水层并涂上黑色涂料，池子底部和周围加以保温并和外壳可以做成一个整体。在池内的一侧离底部约 10cm 高度，安装溢流管以控制池内的容水量。当水热时打开热水阀即可使用。水用完后，打开冷水阀重新上水。这种热水器的特点是：水平放置，结构简单，便于安装和制造，成本低廉。其缺点是在高纬度地区不能充分利用太阳辐射能；玻璃内表面往往有水蒸气，降低了玻璃的透过率，对热效率有一定影响；池内易长青苔，使水质和使用寿命受到影响。

3. 筒式热水器

筒式热水器如图 3-5 所示，它比池式热水器有所改进。其改进的主要方面是在结构上由敞开式改为密闭式，这样水质干净不长青苔。这种类型的热水器，其平均热率要比前两种高，保温效果也好些。

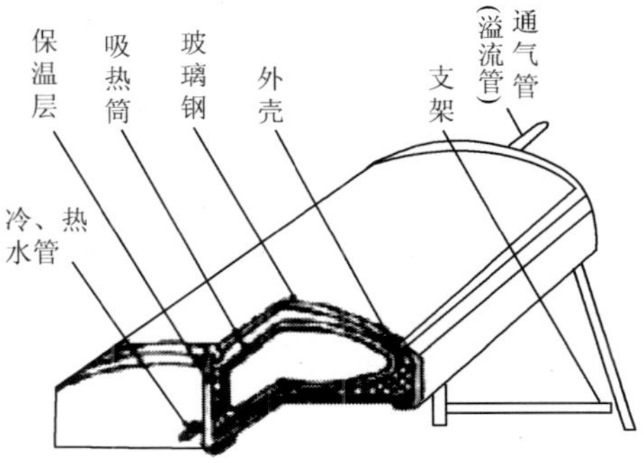

图 3-5　筒式热水器

筒式热水器可以根据需要做成单筒、双筒或多筒热水器。由于单筒热水器焊缝和焊口均比双筒和多筒热水器大大减少，故不漏水的可靠性大大增加，同时又省料，因而具有一定的销售市场。但它的容水量受到限制，为了增加热水器的采光面积和水容量，在确保筒体焊接质量的基础上，双筒或多筒热水器也受到了客户的欢迎。

在采用塑料集热筒的情况下，盖板材料可采用塑料的增强聚酯板或聚酸酯；若使用金属或不锈钢用集筒时，则可采用玻璃盖板。聚乙烯材料价格便宜，耐腐蚀性最好，是人们最常采用的材料，抗老化性不成问题，耐热性也很好，只要内部装有水，即使若干天不供热水也无妨。关于耐冻问题，因筒内容量大，即使一时下降到冰点以下，也不至于冻坏。

对于塑料的集热筒、盖板及外壳等，应注意的是它们的热膨胀远比金属的大，若不采取有效的防伸缩措施，将会因胀裂而漏水，并且有可能加速老化。

（二）家用平板太阳能热水器

家用平板太阳能热水器的产品特点是集热器和水箱结合紧密，上下循环管很短，不仅省料而且减少了管道的热损失。此外，水箱前侧板对太阳光还起到反射作用，增强投射到盖板的太阳辐射量，有利于整体热水器效率的提高。水箱容水量取决于集热器采光面积，常规产品是 1～4m^2。

（三）家用紧凑式全玻璃真空管太阳能热水器

家用紧凑式全玻璃真空管太阳能热水器水箱的容水量主要取决于真空集热水管的质量、直径大小、长度及根数。目前市场上常见的真空集热管的外径有 47mm、58mm、70mm 和 90mm 四种，管长有 1.2m、1.5m、1.8m 和 2m 四种。真空集热管下方分有反射板和无反射板两种。真空集热管与水箱内胆用硅橡胶密封圈进行密封装配，以防水的渗漏，它与水箱外壳连接则采用抗老化橡胶或塑料密封圈加以密封，防止或减少对浪散热。使用寿命应在 10 年以上。

（四）家用紧凑式热管真空管太阳能热水器

该类型太阳能热水器可分为两种类型。一种是在全玻璃真空集热管内插入一根金属热管，热管的另一端（冷凝端）插入水箱，它要求热管的外径和长度必须与全玻璃真空集热管相匹配。另一种是专门研制生产的热管真空管，目前市场上主要品种是 70mm 和 100mm 两种，长度有 1.5m、1.8m 和 2.0m 三种。家用紧凑式热管真空管太阳能热水器的性能优劣和使用寿命，主要取决于热管的质量。要使热管能正常工作并不难，但难的是热管要长期稳定地运行。因此在选用热管时，一定要采用按严格热管技术工艺加工的优质产品，否则使用 1～2 年就报废了。

三、太阳能热水系统

太阳能热水系统（或工程）基本上可分为 3 类，即自然循环系统、强制（迫）循环系统和直流式循环系统。

（一）自然循环太阳能热水系统

自然循环太阳能热水系统如图 3-6 所示。

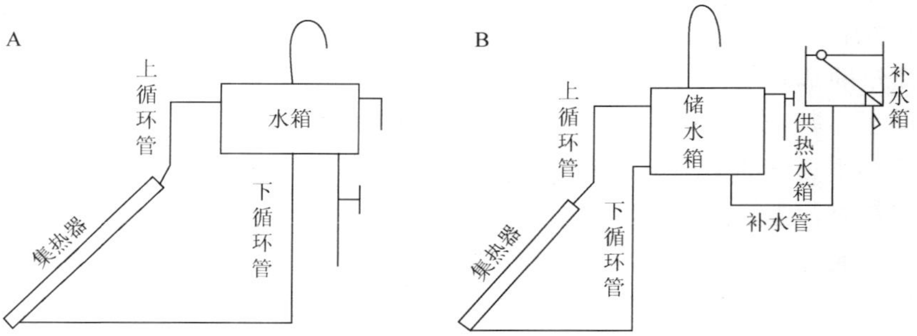

图 3-6　自然循环太阳能热水系统

A. 自然循环式（无补水箱）；B. 自然循环式（有补水箱）

该系统依靠集热器与储水箱中的水温不同产生的密度差进行温差循环（热虹吸循环），水箱中的水经过集热器被不断加热。由补水箱与储水箱的水位差所产生压头，通过补水箱中的自来水将储水箱中补充了冷水，其水位由补水箱内的浮球阀控制。

这是国内采用的一种系统，具有结构简单、运行安全可靠、不需要循环水泵、管理方便等优点，故目前仍是大量应用且值得推广的一种太阳能热水系统。其缺点是为防止系统中热水倒流及维持一定的热虹吸压头，储水箱必须置于集热器的上方。这与建筑结合不太有利，尤其是坡屋顶，不仅安装施工有困难，而且也影响观瞻。对于大型系统，因为水箱太大，管道太多，给建筑布置、结构承重及安装工作都带来了一些问题，所以该类型较适合用于中小型太阳能热水系统。

经理论计算和实践验证，一天中，整箱水通过集热器一次的流量为最佳流量，也就是说通过集热器一次所需时间刚好等于一天的日照时间，这时系统的日效率最高。为了克服自然循环式太阳能热水器的缺点，在此基础上发展了自然循环定温放水式太阳能热水系统，它与自然循环式的不同点在于：循环水箱被一个只有原来容积 1/4～1/3 的小水箱代替，大容积的储水箱可以放在任意位置（当然必须高于浴室热水喷头位置）。增加一套电控线路，在循环水箱上部一定位置装有电接点温度计，当水箱上部一定位置装有电接点温度计时，电接点温度计通过控制器立即给信号接通线路，使装在热水器上的电磁阀打开，将热水排至储水箱内，同时补水箱也会自动向循环水箱补充冷水。此时，循环水箱内水温下降，当降到预定的温度时，电接点温度计下限接点接通线路电磁阀关闭。这样，系统周而复始向储水箱输送设定恒温的热水。

该装置的优点是：笨重的储水箱不必高架于集热器之上，缺点是系统中增加一个水箱，安装麻烦，由于电磁阀需要一定自来水压力才能关严，故要求有一定的安装条件，即循环水箱必须高于集热器，这就大大影响了使用范围。

（二）强制（迫）循环太阳能热水系统

强制（迫）循环太阳能热水系统可分为直接强制循环式（也称一次循环或单回路系统）和间接强制循环式（也称二次循环或双回路系统）两大类。强制（迫）循环太阳能热水系统，根据采用控制器的不同和是否需要抗冻与防冻，可以采用不同的强制循环系统方案。强制（迫）循环太阳能热水系统如图 3-7 所示。下面介绍几种典型的系统。

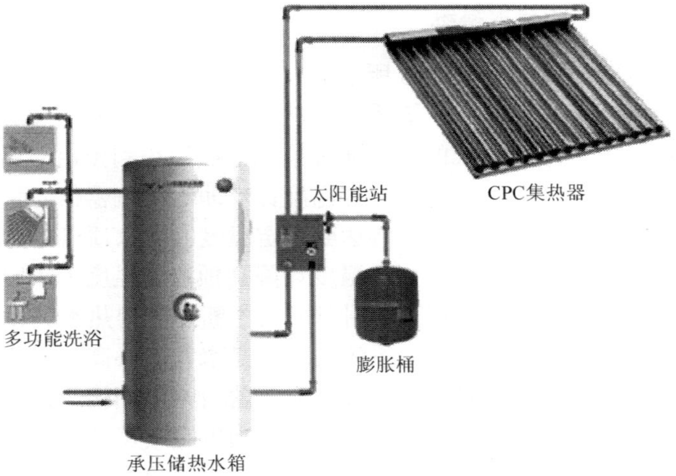

图 3-7　强制（迫）循环太阳能热水系统

1. 温差控制直接强制循环系统

该系统靠集热器出口端水温和水箱下部水温的预定温差来控制循环泵（一般是离心泵）进行循环。当两处温差低于预定值时，循环泵停止运行，这时集热器中的水会靠重力作用流回水箱，集热器被排空。在集热器的另一侧管路中的冷水，则靠防冻阀予以排空，这样整个系统管路中就不会被冻坏。

2. 光电控制直接强制循环系统

光电控制直接强制循环系统是由太阳光电池板所产生的电能来控制系统的运行。当有太阳时，光电板就会产生直流电启动水泵，系统即进行循环，无太阳时，光电板产生电流，泵就停止工作，这样整个系统每天所获得的热水取决于当天的日照情况，日照条件好，热水量就多，温度也高；日照差，热水就少。该系统在天冷时，靠泵和防冻阀也能将集热器中的水排空。

3. 定时器控制直接强制循环系统

定时器控制直接强制循环系统的控制是根据人们事先设定的时间来启动或关闭循环泵的运行。这种系统运行的可靠性主要取决于人为因素，往往比较麻烦。例如，下雨或多云启动定时器时，前一天水箱中未用完的热水会通过集热器循环，造成热损失。因此若无专门的管理人员，最好不要轻易地采用该系统。

4. 温差控制间接强制循环系统

温差控制间接强制循环系统的循环介质是采用防冻有机溶液，如乙二醇、丙二醇等，不存在管路被冻问题。防冻介质从集热器获取的热量，通过换热器传给水箱中的水，经过一天的运行，将水箱中的冷水全部加热，考虑到防冻介质的热胀冷缩，特在系统中设置了膨胀桶。

5. 温差控制间接强制循环回排系统

温差控制间接强制循环回排系统采用水作为工质，回排水箱用于收集系统管道中的存水，是专为防冻和抗冻而设置的。当泵停止工作时，集热器和管路中的水会靠重力自动排空。泵工作时，水又充满了系统，并进行循环。通过水箱中的换热器将集热器获得的热量传递给水箱中的水。

（三）直流式循环太阳能热水系统

直流式循环太阳能热水系统如图 3-8 所示。

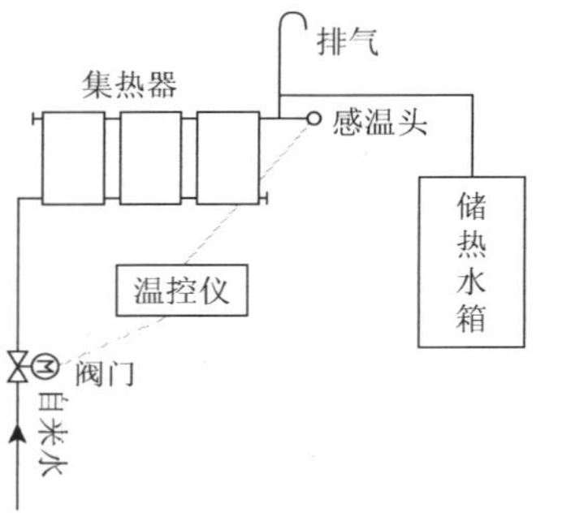

图 3-8　直流式循环太阳能热水系统

该系统是在自然循环和强制循环的基础上发展成直流式的。水通过集热器被加热到预定的温度上限，集热器出口的电接点温度计立即给控制器信号，在打开电磁阀后，自来水将达到预定温度的热水顶出集热器，流入储热水箱。当电接点温度计降到预定的温度下限时，电磁阀又关闭，这样系统时开时关不断地获得热水。

该系统的优点是水箱不必高架于集热器之上。由于直接与具有一定压头的自来水相接，故适用于自来水压力比较高的大型系统，布置也较灵活，也便于与建筑结合。在一天中，可用热水时间也比自然循环式的要早，特别适合白天需要用热水的用户。

该系统的缺点是需安装一套较复杂的控制装置，初投资有所增加。有的单位改用手工操作阀门开度代替电磁阀控制，效果同样很好。当然操作人员需有高度的责任心，每天及时根据太阳辐射强度来调节阀门的开度。

第三节　平板型太阳能集热器

一、平板型太阳能集热器的基本结构

平板型太阳能集热器（平板型集热器）是太阳能低温热利用的基本部件，也一直是世界太阳能市场的主导产品。平板型集热器已广泛用于生活用水加热、游泳池加热、工业用水加热、建筑物采暖与空调等诸多领域。平板型集热器主要由吸热板、透明盖板、隔热层和外壳等几部分组成，平板型集热器结构示意图如图 3-9 所示。

当平板型集热器工作时，太阳辐射穿过透明盖板后，投射在吸热板上，被吸热板吸收转换成热能，然后将热量传递给吸热板内的传热工质，使传热工质的温度升高，作为集热器的有用能量输出；与此同时，温度升高后的吸热板不可避免地要通过传导、对流和辐射等方式四周散热，成为集热器的热量损失。

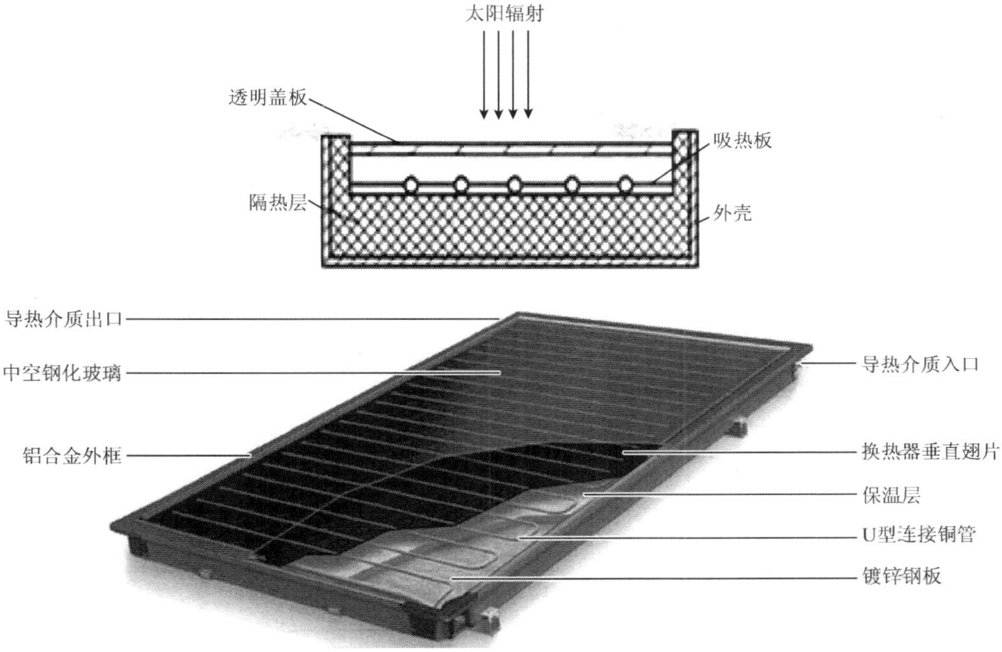

图 3-9　平板型集热器结构示意图

（一）吸热板

1. 对吸热板的主要技术要求

吸热板是平板型集热器内吸收太阳辐射能并传递热量的部件，其形状基本上是平板形。根据吸热板的功能及工程应用的需求，对吸热板有以下主要技术要求。

（1）太阳热吸收比高。吸热板可以最大限度地吸收太阳辐射能。

（2）热传递性能好。吸热板产生的热量可以最大限度地传递给传热工质。

（3）与传热工质的相容性好。吸热板不会被传热工质腐蚀。

（4）具有一定的承压能力。便于将集热器与其他部件连接组成太阳能系统。

（5）加工工艺简单。便于批量生产及推广应用。

2. 吸热板上的涂层

为使吸热板可最大限度地吸收太阳辐射能并将其转换成热能，在吸热板上应覆盖有深色的涂层，这称为太阳能吸收涂层。

太阳能吸收涂层可分为两大类：非选择性吸收涂层和选择性吸收涂层。非选择性吸收涂层是指其光学特性与辐射波长无关的吸收涂层；选择性吸收涂层则是指其光学特性随辐射波长不同有显著变化的吸收涂层。

（二）透明盖板

透明盖板是在平板型集热器中覆盖吸热板，并由透明（或半透明）材料组成的板状部件。它的功能主要有 3 个：一是透过太阳辐射，使太阳光线投射在吸热板上；二是保护吸热板，使其不受灰尘及雨雪的侵蚀；三是保温隔热，阻止吸热板在温度升高后通过对流和辐射向周围环境散热。

（三）隔热层

隔热层是集热器中抵制吸热板通过热传导向周围环境散热的部件。

（四）外壳

外壳是集热器中保护及固定吸热板、透明盖板和隔热层的部件。

二、平板型集热器的技术要求

前面着重讨论了平板型集热器的结构和性能问题。其实，一台高品质的集热器产品不仅要有良好的热性能，而且要有卓越的耐久、可靠性能。

国家标准 GB/T6424-2007《平板型太阳集热器技术条件》对平板型集热器提出了较为全面的技术要求。

在 GB/T6424-2007 中除规定热性能试验方法之外，还分别规定了上述各项耐久、可靠性能的检测方法。

这里，有必要强调一下有关太阳能集热器性能检测的重要性问题。太阳能集热器是组成各种家用太阳能热水器和大中型太阳能热水系统的关键部件。虽然太阳能集热器本身不是直接面向消费者的终端产品，但是太阳能集热器确实已是一种相对独立的产品。就平板型太阳能集热器而言，既有产品技术条件的国家标准 GB/T6424-2007，又有热性能试验方法的国家标准 GB/T4271-2007。

太阳能集热器性能的优劣将直接影响到太阳能热水器性能的好坏。太阳能集热器性能的检测结果将是设计各种家用太阳能热水器和大中型太阳能热水系统的重要依据。可以运用一定的计算程序，计算出太阳能热水器或太阳能热水系统在不同地理位置、不同气象条件、不同安装方式的全天、全月乃至全年的得热量及其他有关参数。

正因如此，世界上各发达国家都十分重视对太阳能集热器的性能检测，都将集热器的性能检测作为太阳能检测机构的首要任务。太阳能检测机构每年都要承担大量的太阳能集热器检测业务，而只开展少量的家用太阳能热水器检测工作，因为依据相关国际标准 ISO9459-2-1995 规定的要求，每台家用太阳能热水器的多天热性能试验实际上需要 9～15 天才能完成。

然而近 10 年来，我国部分太阳能热水器生产企业出现了一种对太阳能集热器性能检测轻视的倾向，误认为只有家用太阳能热水器的性能检测才是重要的，不愿意将太阳能集热器送往检测机构进行性能检测。因此，我国太阳能界应当共同努力，尽早改变这种不正常现象，足够重视太阳能集热器（特别是平板型太阳能集热器）产品性能检测工作。

第四节　真空管太阳能集热器

在介绍平板型太阳能集热器的工作过程中已经了解到，吸热板在吸收太阳辐射能并将太阳辐射能转换成热能后，温度升高，一方面用以加热吸热板内的传热工质，作为集热器的有用能量输出，另一方面又不可避免地要通过传导、对流和辐射等方式向周围环境散热，成为集热器的热量损失。在集热器的这些热量损失中，传导热损是由底部和侧面隔热层通过传导换热而向环境散热的；对流热损是由吸热板与透明盖板之间的空气流通向环境散热的；辐射热损是由吸热板与透明盖板之间及透明盖板与天空之间热辐射而向环境散热的。

为了减少集热器的传导热损、对流热损和辐射热损，国外早就有人提出了“真空集热器”的设想。所谓“真空集热器”，就是将吸热体与透明盖层之间的空间抽成真空。用真空管集热器部件组成的热水器即真空管热水器。

早期的真空集热器是将平板型集热器的吸热板与透明盖板之间的空间抽成真空。但这样做带来两大困难：第一，平板形状的透明盖板很难承受因内部真空而造成的巨大压力。例如，对于一台 $2m^2$ 的平板型集热器，在透明盖板上将有 200kg 左右的外力，这绝不是普通平板玻璃所能承受的，除非用足够厚度的钢化玻璃。第二，也是更重要的，方盒形状的集热器很难抽成真空并保持真空，因为在透明盖板和外壳之间有既多又长的连接处，这些连接处是很难达到气密性要求的。

从受力情况和密封工艺这两个角度出发，将太阳能集热器的基本单元做成圆管形状是非常科学的，也是完全可以实现的。这就是常说的真空管集热器。一台真空管集热器通常由若干只真空集热管组成。真空集热管的外壳是玻璃圆管，吸热体可以是圆管状、平板状或其他形状，吸热体放置在玻璃圆管内，吸热体与玻璃圆管之间抽成真空。

由于每台真空管集热器是由若干只真空集热管组成的，因而真空管集热器的分类，实际上主要是按真空集热管类型分类。

按吸热体的材料种类，真空管集热器可分为两大类。

（1）全玻璃真空管集热器。全玻璃真空管集热器是吸热体由内玻璃管组成的真空管集热器，其外观如图 3-10 所示。

（2）金属吸热体真空管集热器。金属吸热体真空管集热器是吸热体由金属材料组成的真空管集热器，有时也称为金属玻璃真空管集热器，最具代表性的是热管式真空管集热器。其外观如图 3-11 所示。

图 3-10　全玻璃真空管集热器

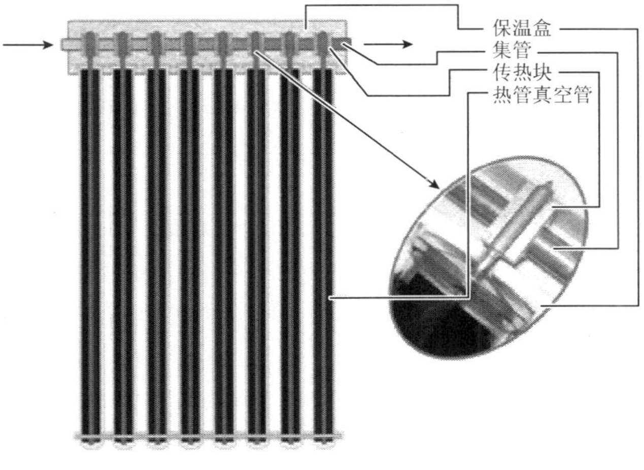

图 3-11　金属吸热体真空管集热器

20 世纪 70 年代中期，美国欧文斯（Owens）公司首先研制开发出全玻璃真空集热管。之后，中国、日本、德国、荷兰、英国、加拿大、以色列、澳大利亚对真空管集热器进行了研究开发，其中有些还形成了一定的生产规模。目前，真空管集热器已应用于太阳能热水、开水、泵水、采暖、制冷空调、物料干燥、海水淡化、工业加热、热发电等诸多领域。

一、全玻璃真空管集热器

20 世纪 80 年代初期，美籍华人贝律昆先生送给我国几只全玻璃真空集热管样品，引起国内太阳能同行的关注。不久，沈阳玻璃仪器厂首先研制成功全玻璃真空管集热器，并代表中国参加了 1982 年在美国举办的世界能源博览会。接着，清华大学对全玻璃真空集热管的选择性吸收涂层及其生产制作工艺进行了卓有成效的研究开发，对其中有关工艺和技术还进行了重大改进，并逐步实现了产业化。进入 20 世纪 90 年代后，该项技术迅速向全国辐射，我国全玻璃真空管热水器产业得到快速发展，目前产销量均已居世界首位。

（一）全玻璃真空集热管的基本结构

全玻璃真空集热管是由内玻璃管、外玻璃管、选择性吸收涂层、弹簧支架、消气剂等部件组成，其形状犹如一只细长的暖水瓶胆，如图 3-12 所示。

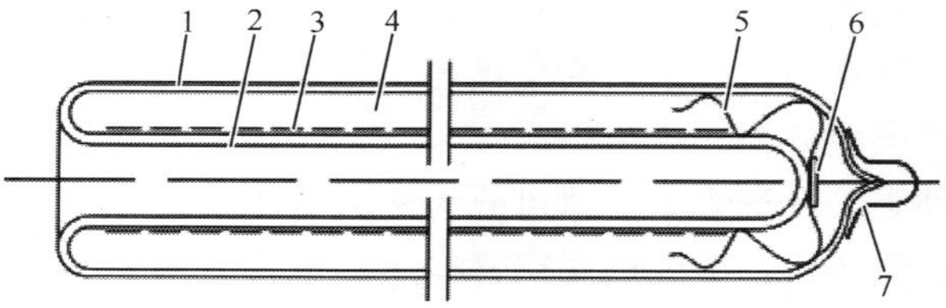

图 3-12　全玻璃真空集热管基本结构

1. 外玻璃管；2. 内玻璃管；3. 选择性吸收涂层；4. 真空；5. 弹簧支架；6. 消气剂；7. 保护帽

全玻璃真空集热管一端开口，将内玻璃管的一端管口进行环状熔封，另一端密闭成半球形圆头，内玻璃管用弹簧支架支撑，而且弹簧支架可以自由伸缩，以缓冲内玻璃管热胀冷缩引起的应力，内玻璃管和外玻璃管之间的夹层抽成高真空。全玻璃真空集热管的结构跟制冷技术常用的杜瓦（Dewar）瓶十分相似，因而有些国家将全玻璃真空集热管称为“杜瓦管”。内玻璃管的外表面涂有选择性吸收涂层。弹簧支架上装有消气剂，用于吸收真空集热管运行时产生的气体，保持管内真空度。

1. 玻璃

全玻璃真空集热管所用的玻璃材料具有太阳透射比高、热稳定性好、热膨胀系数低、耐热冲击性能好、机械强度较高、抗化学侵蚀性较好、适合加工等特点。

根据理论分析和实践证明，硼硅玻璃是生产制造全玻璃真空集热管的首选材料。其玻璃中的 Fe_2O_3 含量为 0.1%以下，耐热温差大于 200℃，机械强度较高，完全可以满足全玻璃真空集热管的要求。

2. 真空度

确保全玻璃真空集热管的真空度是提高产品质量、延长使用寿命的重要指标。真空集热管内的气体压强很低。常用压强来描述真空度，管内气体压强越低，说明其真空度越高。

要使真空集热管长期保持较高的真空度，就必须在排气时先对真空集热管进行较高温度、较长时间的保温烧烤，以消除管内的水蒸气及其他气体。此外，还应在真空集热管内放置一片 Be-Ti 消气剂，将它蒸散在抽真空封口一端的外玻璃管内表面上，使外玻璃管内表面像镜面一样，能在真空集热管运行时吸收集热管内释放出的微量气体，以保持管内的真空度。一旦银色的镜面消失，则说明真空集热管的真空性能已受到破坏。

3. 选择性吸收涂层

全玻璃真空集热管的又一重要特点是采用选择性吸收涂层作为吸热体的光热转换材料。要求选择性吸收涂层有高的太阳吸收比、低的发射率，可最大限度地吸收太阳辐射能，同时又能尽量抵制吸热体的辐射热损失。另外，还要求选择性吸收涂层有良好的真空性能、耐热性能。涂层工作时不影响管内的真空度，本身的光学性能也不下降。

全玻璃真空集热管的选择性吸收涂层都采用磁控溅射工艺。目前，我国绝大多数生产企业采用铝-氮/铝作为选择性吸收涂层，也有少数生产企业采用不锈钢碳铝作为选择性吸收涂层。

（二）全玻璃真空集热管的技术要求

全玻璃真空集热管应满足国家标准 GB/T17049-2005《全玻璃真空太阳集热管》的规定。

二、热管式真空管集热器

为了进一步提高太阳能集热器的运行温度，拓宽太阳能应用领域，北京市太阳能研究所自 1986 年起研究开发热管式真空管集热器。此次研究先后经历了实验室研究、中试研究、中试生产、规模化生产等几个阶段。“热管式真空管集热器项目”引起国际上的关注，曾被列为联合国开发计划署（UNDP）支持下的国际科技合作项目及中德两国政府间科技合作项目。近年来，国内又有一些企业涉足该项技术。热管式真空集热管及其太阳能集热器、太阳能热水器都已成为我国太阳能行业中的高科技产品，已成为国际市场中极具竞争力的太阳能产品。

（一）热管式真空集热管的基本结构

热管式真空集热管是金属吸热体真空集热管的一种，它由热管、金属吸热板、玻璃管、金属封盖、弹簧支架、蒸散型消气剂和非蒸散型消气剂等部分构成，其中热管又包括蒸发段和冷凝段两部分，热管式真空集热管的基本结构如图 3-13 所示。

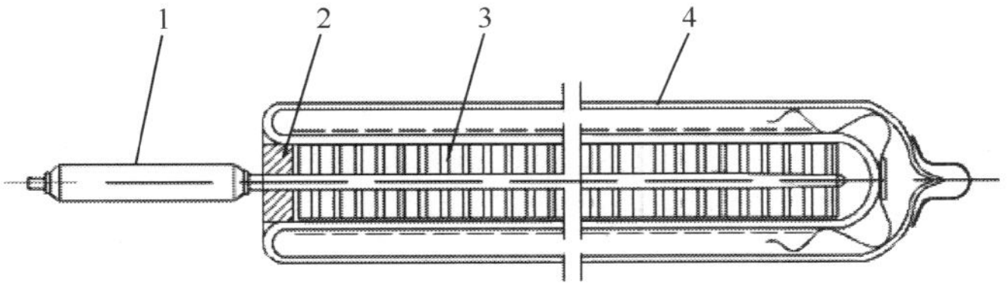

图 3-13 热管式真空集热管的基本结构

1. 热管；2. 保温管堵；3. 金属导热片；4. 全玻璃真空管

在热管式真空集热管工作时，太阳辐射穿过玻璃管后投射在金属吸热板上。吸热板吸收太阳辐射能并将其转换为热能（Q），再将热能传导给紧密结合在吸热板中间的热管，使热管蒸发段内的工质迅速汽化。工质蒸汽上升到热管冷凝段后，在较冷的内表面上凝结，释放出蒸发潜热，将热量传递给集热器的传热工质。凝结后的液态工质依靠其自身的重力流回到蒸发段，然后重复上述过程。热管式真空集热管的工作原理如图 3-14 所示。

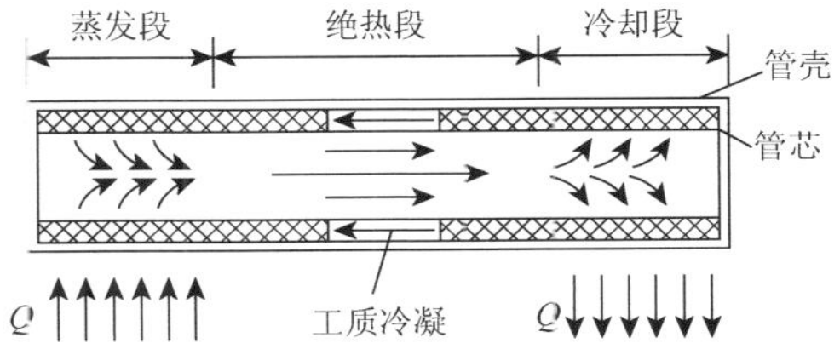

图 3-14 热管式真空集热管的工作原理

1. 热管

热管是利用汽化潜热高效传递热能的强化传热元件。在热管式真空集热管中使用的热管一般都是重力热管，也称为热虹吸管。重力热管的特点是：管内没有吸液芯，冷凝后的液态工质依靠其自身的重力流回蒸发段，因而结构简单，制造方便，工作可靠，传热性能优良。

目前国内大都使用铜-水热管，即热管内有水。国外也有使用有机质作为热管工质的，但必须满足工质与热管材料的相容性。热管式真空集热管具有许多优点。例如，真空集热管内没有水，因而耐冰冻，即使在–40℃的环境温度下也不会冻坏，热管工质的热容量小，因而真空集热管启动快。热管有“热二极管效应”，热量只能从下部传递到上部，而不能从上部传递到下部，因而真空集热管保温好。当然，由于热管的液态工质是依靠其自身的重力流回到蒸发段的，在安装时要求热管式真空集热管与地面要保持一定的倾角。

2. 玻璃金属封接

采用金属吸热板也是热管式真空管集热器的一个特点。由于金属和玻璃的热膨胀系数差别很大，玻璃与金属之间如何实现气密封接就成为了技术难题。玻璃金属封接技术大体可分为两种：一种是熔封，也称为火封，它是借助一种热膨胀系数介于金属和玻璃之间的过渡材料，利用火焰将玻璃熔化后封接在一起；另一种是热压封，也称为固态封接，它是利用一种塑性较好的金属作为焊料，在加热加压的条件下将金属封盖和玻璃管封接在一起。

目前，国内玻璃金属封接大都采用热压封技术。热压封使用的焊料有铅、铝等。与传统的火封技术相比，热压封技术具有以下几个优点。

（1）封接温度低。封接是在玻璃的应变温度以下进行，封接后不需要经过退火。

（2）封接速度快。封接过程在几分钟内完成，明显提高了生产效率。

（3）封接材料匹配要求低。对金属封盖和玻璃管之间热膨胀系数的差别要求降低，比较容易找到替代材料。

3. 真空度与消气剂

由于热管式真空集热管采用金属吸热板，因而在制造过程中采用的真空排气工艺与全玻璃真空集热管的不同，有其自身独特的真空排气规律。

为了使真空集热管长期保持良好的真空性能，热管式真空集热管内一般应同时放置蒸散型消气剂和非蒸散型消气剂两种消气剂。蒸散型消气剂在高频激活后被蒸散到玻璃管的内表面上，像镜面一样，其主要作用是提高真空集热管的初始真空度，非蒸散型消气剂是一种常温下被激活的长效消气剂，其主要作用是吸收管内各部件工作时释放的残余气体，保持真空集热管的长期真空度。

（二）热管式真空集热管的技术要求

热管式真空集热管的国家标准《热管式真空太阳集热管》正在制订之中。

（三）热管式真空管集热器的基本结构

热管式真空管集热器由真空集热管、导热块、连集管、隔热材料、保温盒、支架、套管等部分组成，如图 3-15 所示。

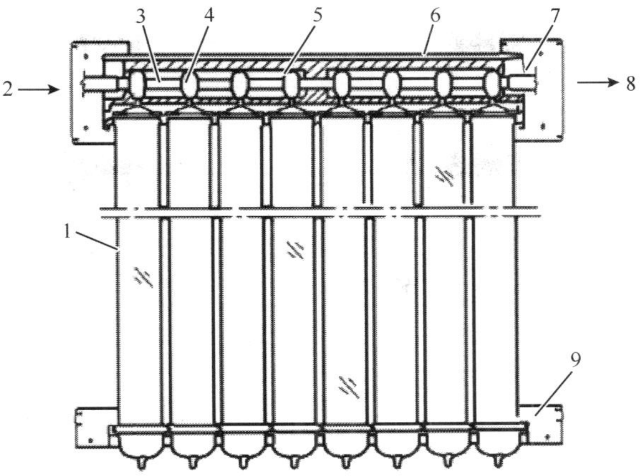

图 3-15　热管式真空管集热器的基本结构

1. 真空集热管；2. 进水口；3. 连集管；4. 导热块；5. 隔热材料；6. 保温盒；7. 套管；8. 出水口；9. 支架

在热管式真空管集热器工作时，每支真空集热管都将太阳辐射能转换为热能，并将热量传递给吸热板中间的热管，热管内的工质通过汽化、凝结的无数次重复过程，将热量从热管冷凝段释放出去，然后再通过导热块将热量传导给连集管内的传热工质（如水）。其结果是，若干根真空集热管连续不断地加热传热工质，使传热工质的温度逐步上升，直至达到使用的温度。与此同时，真空集热管不可避免地通过辐射形式向环境散失一些热量，保温盒通过传导形式也向环境散失一部分热量。

值得注意的是，热管式真空管集热器的真空集热管与连集管的连接是属于“干性连接”，即连集管内的传热工质与真空集热管之间是不相通的，因而热管式真空管集热器特别适用于大中型太阳能热水系统。

综上所述，热管式真空管集热器具有如下优点。

（1）热管工质热容量小，启动快。

（2）真空集热管内没有水，耐冰冻。

（3）传热工质（水）流动在连集管中，真空集热管内不充水，耐热冲击。

（4）热管和连集管的制作材料是金属，承压能力强。

（5）热管有“热二极管效应”，保温好。

（6）“干性连接”不漏水，运行安全可靠。

（7）真空集热管采用“干性连接”，易于安装维修。

第五节　太阳能热储存

一、概　　述

前面介绍太阳能热利用的内容中，已初步涉及太阳能热储存的问题。由于太阳能一方面受到昼夜、季节和地理纬度等规律性因素的影响，另一方面受到晴朗、阴云和雨雪天气等随机因素的制约，因而具有显著的间断性和不均匀性，这是它的一个十分不利的条件。为了使太阳能成为连续、均匀、稳定的能源，以便与常规能源相竞争，对于太阳能进行储存就是必不可少的。

仅以太阳能采暖为例，如果冬季白天有太阳辐射，室内只需少量供暖或不需要供暖，而在夜晚或阴雨天没有太阳辐射或太阳辐射极弱时，室内需要大量供暖。这种矛盾情况的存在，使得太阳能不容易经济和有效地直接应用于建筑物供暖，因此在太阳能采暖系统中设置蓄热装置是解决上述问题最有效的方法之一。

太阳能热储存的一般原理是：太阳能集热器把所收集到的太阳辐射能转换成热能并加热其中的传热介质，经过热交换器把热量传递给蓄热器内的蓄热介质，同时，蓄热介质在良好的条件下将热量储存起来。当需要时，即利用另一种（也可以是同一种）传热介质经过热交换器把所储存的热量提取出来输送给热负荷。在运行过程中，当热源（即太阳能集热器）的温度高于热负荷（即用热器）的温度时，蓄热器吸热并储存，而当热源的温度低于热负荷的温度时，蓄热器即放热，或者说可以从蓄热器提取热量。

大体来说，太阳能热储存方式可分为显热储存、潜热储存和化学反应热储存等三大类。所谓显热储存，就是利用加热蓄热介质，使其温度升高而蓄热，所以也称为热容式蓄热。所谓潜热储存，就是利用加热蓄热介质到相变温度时，因吸收大量相变潜热而蓄热，所以也称为相变热储存。所谓化学反应热储存，就是通过可逆化学反应实现热量储存和释放过程的储热方式。

从上述太阳能热储存方式的技术成熟程度来看，目前显热储存在技术上比较完善。例如，储水箱储热和岩石堆积床储热等都已经在太阳能采暖和空调系统中获得了相当广泛的应用。潜热储存在短期储热方面也已有初步的应用，并且很有发展潜力，但还存在一些技术上的困难，如水合盐类的过冷，晶液分离和老化，石蜡的机械强度差、比容积变化大和导热系数小等，虽然已经提出了各种克服的办法，并且个别的潜热储存材料已有商品出售，但是上述各项问题尚未得到妥善而彻底地解决。化学反应热储存与显热储存相比较，则存在的困难更多，解决的难度也更大，如稳定性差、腐蚀性强、对容器的要求高等，因而主要还处于实验室试验阶段，只有少数示范性装置付诸实际运行，目前正对各种可能应用的材料和反应进行系统研究并尽可能地加以筛选。

二、太阳能热储存的分类及一般要求

（一）太阳能热储存的分类

太阳能热储存可以按不同的方法进行分类，如按热储存时间的长短、储热温度的高低、储热能量密度大小分类等。

1. 按热储存时间的长短分类

（1）短期储热。热储存时间一般为16h以内，其主要目的是为了调整一天内的热量供给与热负荷之间的不平衡。

（2）中期储热。热储存时间一般为3～7天，其主要目的是为了满足阴雨天的热负荷需要。

（3）长期储热。热储存时间一般为1～3个月，其主要目的是为了调整几周或甚至跨季度的热量供给与热负荷之间的不平衡。

2. 按储热温度的高低分类

（1）蓄冷。储热温度≤0℃，多用于制冷空调系统的冷量储存。若用水作为蓄冷介质，最低温度不可能低于0℃；若用其他材料作为蓄冷介质，则最低温度可以低于0℃。

（2）低温储热。储热温度≤100℃，多用于建筑物的采暖、供应生活用热水或低温工农业生产用热（如干燥）。在显热储存系统中，常用水和岩石作为蓄热介质，而在潜热储存系统中，则多用无机水合盐和石蜡等有机盐作为蓄热介质。

（3）中温储热。储热温度为 100～200℃，多用于吸收式制冷系统、蒸馏器、小功率水泵或低温差发电等。常用沸点在 100～200℃的有机流体作为蓄热介质；也可利用岩石作为蓄热介质。如仍用水作为蓄热介质，则需加压至 2～10bar，这样对储热容器的耐压要求有所提高，因而成本也会显著增加。

（4）高温储热。储热温度为 200～1000℃，多用于聚焦型太阳灶、蒸汽锅炉或采用高性能汽轮机的太阳能发电系统。由于储热温度较高，故其热力循环的效率也较中、低温储热为高。一般多采用岩石或金属熔盐作为蓄热介质。

（5）极高温储热。储热温度＞1000℃，多用于大装机容量太阳能热发电站或高温太阳炉。由于温度过高，目前只能采用诸如氧化铝等金属氧化物制成的耐火砖或液态金属作为蓄热介质。

3. 按储热能量密度大小分类

（1）低能量密度储热。就储热方式而言，显热储存属于这一类；就储热材料而言，砖和岩石都属于这一类，因为两者的储能密度分别只有 1430kJ/（m^3·K）。因此，当采用这类蓄热介质时，就不可避免地需用大量材料，从而使整个储热装置的体积和质量都较大。但是，这些材料的价格一般都比较低廉。所以，当不需要严格地限制储热装置的体积和质量时，使用这些材料在经济上是比较合算的。

（2）高能量密度储热。就储热方式而言，潜热和可逆化学反应储热都属于这一类；就储热材料而言，无机水合盐、有机盐和金属熔盐等都属于这一类。此外，水和铸铁也都具有较大的储能密度，分别为 4200MJ/(m^3·K) 和 3650MJ/(m^3·K)。不过，有些储热材料的储能密度虽然较大，但价格昂贵（如部分金属熔盐），因此除有特殊需要外，一般不采用。

（二）太阳能热储存的一般要求

从总体而言，太阳能热储存的一般要求是储热容量大、储热时间长、温度波动范围小及热损失小等。本部分将分为对蓄热介质、对热交换器及对储热容器的隔热措施等 3 个方面的要求分别加以讨论。

1. 对蓄热介质的要求

（1）储能密度大，即单位质量或单位体积的储热量大，这就要求蓄热介质的比热容（或相变潜热）和密度都尽可能大，以便减小储热容器的体积并降低整个储热装置的成本。

（2）来源丰富，价格低廉。在显热储存中，一般多采用水和岩石；而在潜热储存中，则多采用无机水合盐和石蜡等有机盐。

（3）化学性质不活泼，无腐蚀性，无毒性，不易燃，安全性好。由于在一般情况下，腐蚀性随温度的升高而急速加剧，故通常在低温储热情况下，这个因素的重要性并不显著。但是在中温储热情况下就比较显著了，腐蚀现象不仅限制了储热容器的使用寿命，还因为需要采用相应的防腐蚀措施而使成本大为提高。至于在高温储热和极高温储热情况下，腐蚀现象的影响就更为严重，为了采取有效的防腐蚀措施，往往需要成倍地增加投资。因此，腐蚀性在选择储热材料时是一个相当重要的因素。

（4）储热和取热的过程简单方便。例如，目前经常使用的储热水箱的储热和取热过程，实质上就是蓄热介质本身的输入和输出过程；储热堆积床的储热和取热过程，实际上就是利用流体（主要是空气）通过堆积床时给床体加热和从床体提取热量来实现的，都比较简单方便。

（5）能反复使用，性能长期稳定不变。例如，水可以经过多次反复使用而性能不会发生改变；岩石在中、低温下也可经受得住多次反复使用而不会碎裂，但在高温下则经过多次反复使用后容易碎裂。至于像十水硫酸钠等无机水合盐在反复使用过程中常会出现的晶液分离现象，则亟待克服，目前已有比较可行的解决办法。

2. 对热交换器的要求

蓄热介质的作用，不仅在于把从太阳能集热器所获得的热量以显热、潜热或化学反应热的形式储存一段或长或短的时间，还应在十分确定的条件下，能根据设计规定的速率，把有待储存的热量储存起来并把热负荷所需要的热量提取出来。因此，必须对热交换器的设计和制作提出下列要求。

（1）为了避免在热传输过程中温度的波动幅度过大，一般应以较小的热流量进行热交换，因此，传热介质的流速不宜过大，而热交换器的传热面积往往需要较大。

（2）为了提高热交换性能，通常采用导热性能良好的金属（如铜或铝）制成散热片或散热管，但是导热性能良好的金属的机械性能和耐腐蚀性往往较差，必要时还需采取弥补措施。

（3）为了能够使用传统的热交换器，蓄热介质最好是流体，但黏滞性要适中。以便利用泵或气体压力差在热交换器内循环。但是，能够同时满足导热性能良好及黏滞性适中且腐蚀性很小等诸方面要求的介质并不多。所以往往需要采用另外一种传热流体在热交换器内环流来传送热量，而选用导热性能良好的介质来储存热量。这样，就使得材料的用量增多，热交换器的传热面积增大，整个储热装置也就比较复杂，因而成本提高较多。此外，由于从太阳能集热器经热交换器至蓄热器，再由蓄热器经热交换器至用热器，经过一系列的热交换过程后，热利用效率也显著地降低。

3. 对储热容器隔热措施的要求

在低温下储热时，对储热容器的隔热措施要求并不高，但在中、高温下储热时，对储热容器的隔热措施的要求便十分严格了。这是因为首先必须使所储存的热量在整个储热期间都能保持所需的热级，这就必须采用良好和有效的隔热措施。此外，由于热交换器所要求的几何形状往往比较复杂，因而在其输入和输出口处的热损失也变得比较突出。所采用的隔热措施，分别针对传导、对流和辐射 3 种传热方式简介如下。

（1）传导。最简单的办法就是采用优质隔热砖或其他隔热材料，如果是静态储热装置，并且不会发生冲击、振动和沉积的话，则采用耐火纤维（如石英纤维）及其织品就会产生很好的隔热效果。近年来开始采用更为完善的工艺，将带有反射屏的多孔纤维薄壁（如以瓦楞纸板、尼龙布或塑料作为衬底的铝箔）置于真空中，效果良好。

（2）对流。通常仍旧采用传统的双层薄壁中间抽成真空的杜瓦瓶原理，来消除由于对流所产生的热损失。

（3）辐射。当储热温度升高时，辐射热损失就占有越来越重要的份额。通常是在储热容器的内壁上安装以耐火纤维彼此隔开的多维反射屏（需经抛光），一般采用具有一定机械强度的多孔金属进行多层次的配置。

三、太阳能显热储存

（一）显热储存的一般原理

显热储存是各种储热方式中原理最简单、技术最成熟、材料来源最丰富、成本最低廉的一种，因而也是实际应用和推广得最普遍的一种。

显热储存是利用物质在温度升高（或降低）时吸收（或放出）热量的性质来实现储热目的的。由于在太阳能热利用中所使用的显热储存材料大多是各向同性的均匀介质，且范围多在中、低温区域，为要确定物质所吸收（或放出）的热量，只要已知其质量、比热容及温度变化即可。在一般情况下，物体的质量和所经历的温度变化比较容易测定，而比热容的精确测定则比较困难，特别当温度接近高温区域时，比热容与温度显著有关。

（二）显热储存的常用材料

如上所述，显热储热体的储热量等于储热体的质量、比热容和所经历的温度变化三者的乘积。但在一般情况下，可利用的温差与所使用的储热材料无关，而大都由系统确定。因此，显热储热体的储热量主要取决于材料的比热容和密度两者的乘积。在实际应用中，水的比热容最大［4.2kJ/(kg·℃)］，而常用的固体比热容仅为0.4～0.8kJ/(kg·℃)，无机材料为0.8kJ/(kg·℃)，有机建筑材料为1.3～1.7kJ/(kg·℃)。至于材料的体积，则除了材料的实体部分外，还与其空隙率有关，由于材料的不同，该值差异很大。显热储存通常用液体和固体两类材料（因为气体的比热容过小，一般多不用作蓄热介质）。此外，也可根据所用传热介质和蓄热介质的种类是否相同而分为单介质和双介质两类；前者多用于液体蓄热介质（如水）的情况，而后者则多用于固体蓄热介质（如岩石）的情况。

事实上，能够很好地满足太阳能热储存的一般要求及显热储存特殊要求的材料并不很多。经过系统地研究、对比、试验和筛选后，目前比较一致的看法是：在中、低温（特别是热水、采暖和空调系统所适用的温度）范围内，液体材料中以水为最佳，而固体材料中则以砂石等最为适宜。因为这些材料不仅比热容较大，来源丰富，价格低廉，而且又都无毒性，也无腐蚀性。

（三）显热储存的缺点

（1）质量大和体积大。由于一般显热蓄热介质的储能密度都较小，故如要储存相当数量的热量，则所需蓄热介质的质量和体积都较大，因而所用蓄热器的容积也较大，所需隔热材料也较多。即使蓄热介质本身的价格比较低廉，但整个储热系统的成本仍较高，且所占空间也较大，特别是对于现成建筑物和多层建筑物来说，经济性究竟如何，还需要进行综合考虑。至于大规模和长时期（跨季度）的储热，则更是相当昂贵的。近年来，地下含水层和土壤储热的研究和试验日益受到重视，并已取得可喜的成果。

（2）输出热量时的温度变化范围较大，并且热流也不稳定。因此，一方面不易与用热器具的需求（恒温和恒定的热流）相吻合，往往需要采用调节和控制装置，因而增加了系统运行的复杂程度，并且也提高了系统的成本；另一方面，对系统的隔热措施要求比较高，不仅需要使用隔热性能良好的材料，还要增大所用隔热层的厚度，从而也提高了储热系统的成本。

（四）液体显热储存

利用液体（特别是水）进行显热储存，是各种显热储存方式中理论和技术都最成熟、推广和应用最普遍的一种。通常希望所用液体除具有较大的比热容外，还具有较高的沸点和较低的蒸汽压，前者是避免发生相变（变为气态），后者则是为减小对储热容器产生的压力。在低温液态显热介质中，水性能最好，因而也是最常使用的一种。

1. 利用水作为蓄热介质的优缺点

（1）优点：①物理、化学和热力学性质很稳定，人们对它了解得十分清楚，使用技术最成熟；②可以兼作蓄热介质和传热介质，在储热系统内可以免除热交换器；③传热及流体的循环方式为强制循环；④液态-气态平衡时的温度-压力关系十分适用于平板型太阳能集热器；⑤来源丰富，价格低廉。

（2）缺点：①作为一种电解腐蚀性物质，所产生的氧气易于锈蚀金属，且对于大部分气体（特别是氧气）来说都是溶剂，因而对容器和管道容易产生腐蚀；②凝固（结冰）时体积膨胀较大（达 10%左右），易对容器和管道造成破坏；③在中温以上（超过 100℃后），其蒸汽压会随绝对温度的升高成指数增大，故用水来储热，温度和压力都不能超过其临界点（373.0℃，2.2×10^{7}Pa），如就成本而言，储热温度为 300℃时的成本比储热温度为 200℃时的成本要高出 2.75 倍。

利用水作为显热蓄热介质时，可以选用不锈钢、铝合金、钢筋水泥、铜、铁、木材及塑料等各种材料制作储热容器，其形状可以是圆柱形、球形或箱形等，但应注意所用材料的防腐蚀性和耐久性。例如，选用水泥和木材作为储热容器材料时，就必须考虑其热膨胀性，以便防止因久用产生裂缝而漏水。

2. 储热水箱

储热水箱（在有些情况下，又称储热水槽或储热水池）是一种既可储热又可蓄冷的装置。它是在给建筑物供暖、供应热水及空调的系统中作为一个组成部件而发展起来的，主要用于调节能源与能耗之间的不平衡，以便提高系统的热利用效率及满足热负荷的需要。

按照储热水箱的压力状态，可以分为敞开式和封闭式两类。在通常的大气压力下，究竟采取何种形式为宜，需视实际情况而定。

1）敞开式　水箱与大气相通，承受压力较小，但易受酸性腐蚀，且由于氧气易溶于水，故对容器的耐腐蚀性要求较高。另外，系统所用水泵的扬程也要求较高。一般多用于大型建筑物。

2）封闭式　水箱内充满水，故上方应设置膨胀桶，以避免将热水箱胀坏。其优点是配管系统简单，所需水泵的扬程较小，因而循环泵消耗的动力较少。其缺点是所承受的静压力较大，对储热水箱的承压要求较高，因而耐压容器的设备费用较高。一般多用于小型建筑物。实际应用中，建筑物的供热水系统和屋顶的储热水箱（与自然循环热水系统配套使用）大都是敞开式的。另外，利用基础梁的空间作为储热水箱及使用混凝土制的单独储热水箱也都是敞开式的。相反地，当系统运行温度在 100℃以上时，除非采用特殊的传热介质，否则储热水箱必须是封闭的。此外，放置在地面上的强制循环热水系统的储热水箱也大都是封闭式的。

至于储热水箱的结构材料，敞开式的多用镀锌钢板、不锈钢和玻璃钢等，而封闭式的则多用搪瓷、不锈钢和玻璃钢等。至于储热水箱的结构形式，多半采用圆筒形，一则易于加工，易于封闭，比较经济；二则放热性能较好，所形成的死水区域较小；三则具有较好的耐压性（在内压相同的情况下，作用在圆筒壁上的张力与半径成正比）。

3. 其他液体蓄热介质

如上所述，水是中、低温太阳能系统中最常用的液体显热蓄热介质，价廉而丰富，并具有许多好的储热性能。但是，温度在沸点以上时，水就需要加压。有一些液体也可以作为蓄热介质用于 100℃以上而不需要加压。例如，一些有机化合物的密度和比热容虽比水小并且易燃，但不需要加压的储热温度比较高，而且单位体积可以储存相当大的能量。

（五）固体显热储存

1. 固体显热储存的优缺点

如前所述，液体显热储存虽然具有许多优点，但也存在一些不足之处。因此，在岩石、砂石等固体材料比较丰富而水源又很缺乏的地区，利用固体材料进行显热储存，不仅成本低廉，也比较方便。固体显热储存通常与空气太阳能集热器配合使用，由于岩石、砂石等颗粒之间导热性能不良而容易引起温度分层，这种特性通常适用于空气供暖系统。

（1）固体显热储存的主要优点：①在中、高温下利用岩石等储热不需加压，对容器的耐压性能没有特殊要求；②空气作为传热介质，不会产生锈蚀；③储热和取热时只需利用风机分别吹入热空气和冷空气，因此管路系统比较简单。

（2）固体显热储存的主要不足之处：①固体本身不便输送，故必须另用传热介质，一般多用空气；②储热和取热时的气流方向恰好相反，故无法同时兼作储热和取热之用；③一般固体的密度比水大，但比热容却比水小（大致为水的1/2），且颗粒之间一定存在空隙，因此储存同样多的热量时，所需使用的容器体积常较储热水箱为大。

2. 岩石储热

岩石是除水以外应用最广的蓄热介质。岩石成本低廉，容易取得。岩石堆积床（有时也称为岩石储热箱）是利用松散堆积的岩石或卵石的热容量进行储热。一般采用空气作为传热介质，通过在床体内进行循环，以便给床体充热或从床体提取热量。图3-16表示一个典型的岩石堆积床的结构示意图。岩石堆积床包括：用于支撑床体的网孔结构，以及为使空气通路减至最短而使空气在两个方向上流动的流动分配叶片。容器一般由木材、混凝土或钢板制成。为了防止空气泄漏，床体应该密封，如可用环氧树脂或其他热阻值适宜的化合物堵缝；顶盖则要用丁基橡胶或其他合适的材料密封，所用密封材料要经得起床体的最高储热温度。如果进行长期储热，则床体的外表面还必须有良好的保温措施，以便减少热损失。这种床体的特点是传热介质和蓄热介质直接接触换热，因此，岩石堆积床自身既是蓄热器又是换热器。

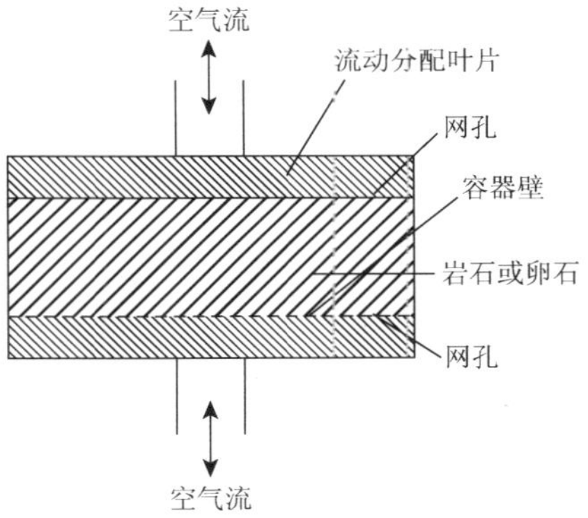

图3-16 一个典型的岩石堆积床的结构示意图

床体的形状及岩石的大小对于堆积床的运行特性具有重要的影响。岩石堆积床的进、出口距离应尽可能短，而气流方向要尽量垂直于横截面。如果断面大、流速小，再加上行程短，压力降较低，从而所需风机的动力较小，反之则所需风机的动力就较大。在一般情况下，床体的形状大都近似为扁平圆柱形。

岩石的颗粒越小，则传热面积越大，因而传热速率越高，这样既有利于储热，也有利于床体内部形成温度分层；但是岩石越小，则压力降越大，空气流量越低，风机所消耗的动力也就越多。因此一方面，要求岩石不应过小，以致压力降过大，从而使空气流量大大降低；另一方面，也要求岩石不能过大，否则岩石内部加热不透，也会影响储热性能。

在一般情况下，岩石堆积床内所用的岩石大多是直径为1～4cm的卵石，且大小基本均匀；其空隙率（即岩石间空隙的容积与容器容积的比率）以 30%左右为宜。典型的堆积床内的传热表面积为 80～200m^2。而空气流动的通道长度（与床体高度大致相同）为 1.25～2.5m。

四、太阳能潜热储存

目前常用的显热储存方式虽然存在着许多优点，诸如成本低廉、材料来源丰富且容易获得、性能稳定可靠、技术成熟可行等；但也存在着一定的缺点，诸如储能密度低和温度波动幅度大等。因此，利用储能密度高、所需材料的体积和质量都较小，且在储热和取热的过程中温度波动幅度小（因而根本不需要或只需要很简单的调节和控制系统）的储热材料，就自然成为人们极感兴趣的课题，相变潜热储存方式便应运而生。

潜热储存要求物质发生相变。一般而言，物质的相变形式包括以下几种：固相-液相、固相-气相、液相-气相。但是，在太阳能热利用系统中，应避免包括有气态的相变，因为气体体积大，储能设备不紧凑；通常也不考虑那些在使用温度下经历相变时有腐蚀、会燃烧、有毒性和昂贵的材料。

（一）潜热储存的一般原理

潜热储存是利用物质发生相变时需要吸收（或放出）大量热量的性质来实现储热的，有时又称为相变储热或熔解热储存。所谓相变潜热，就是单位质量物体发生相变时所吸收（或放出）的热量，其数值只与物质的种类有关，而与外界条件的影响关系极小。

通常，把物质由固态熔解成液态时所吸收的热量称为熔解潜热，而把物质由液态凝结成固态时所放出的热量称为凝固潜热。同样的，把物质由液态蒸发成气态时所吸收的热量称为蒸发潜热（或汽化潜热），而把物质由气态冷凝成液态时所放出的热量称为冷凝潜热。把物质由固态直接升华成气态时所吸收的热量称为升华潜热，而把物质由气态直接凝结成固态时所放出的热量也称为凝固潜热。

在一般情况下，3 种潜热之间存在着下列关系。

熔解潜热+汽化潜热=升华潜热

并且，3 种潜热之间在数值上存在着下列关系。

熔解潜热＜汽化潜热＜升华潜热

但是，因为物质汽化或升华时，体积变化过大，对容器的要求过高，所以实际上使用的往往都是熔解（凝固）潜热。此外，还可以利用某些固体（如冰或其他晶体）的分子结构形态发生变化（也称为相变）时的潜热进行储热，这种相变潜热也称为迁移热。

（二）潜热储存材料的特性

作为潜热储存的相变材料，应具备下列特性。

（1）具有合适的熔点温度。例如，对于作为建筑供暖系统的储热材料，其熔点温度最好在 30℃左右。

（2）具有较大的熔解潜热。

（3）在固态和液态中都具有较大的热导率、热扩散率和比热容。

（4）只有微小的或没有过冷现象。

（5）具有高度的化学稳定性，与容器壁面之间不发生化学反应。

（6）相变时体积变化很小，无论处于固态或液态，都能与容器壁面之间接触良好。

（7）具有较低的蒸汽压。

（8）能快速结晶。

（9）不易燃和无毒性。

（10）价格低廉，来源丰富。

就目前而论，大体上符合上述各项要求且具有一定吸引力的相变储热材料，主要有无机盐的水合物（有时简称无机盐化合物）、有机化合物和饱和盐水溶液。

（三）潜热储存的优点

一般来说，显热储存和潜热储存两者是相辅相成、各有长短的。并且，显热储存的主要缺点正好可以用潜热储存的主要优点来加以弥补。潜热储存的主要优点如下。

1. 储能密度高

一般物质在相变时所吸收（或放出）的潜热为几百至几千 kJ/kg。例如，冰的融解潜热为335kJ/kg，而水的比热容仅为 4.2kJ/(kg·℃)。在低温范围内，目前常用的相变材料的熔解潜热大多为几百 kJ/kg。所以，如果储存相同热量的话，则所需相变材料的质量往往仅为水的 1/4～1/3或岩石的 1/10～1/5，而所需相变材料的体积仅为水的 1/5～1/4 或岩石的 1/10～1/5。

2. 储热或取热时的温度波动幅度小

一般相变材料在储热或取热时的温度波动幅度仅为 2～3℃。只有像石蜡这样的有机化合物类，储热和放热的温度变化范围才比较大，为几十摄氏度。因而，只要选取合适的相变材料，其相变温度与供热对象的要求基本一致，则除了调节热流量的装置以外，几乎不需要任何其他的温度调节或控制系统。这样，不仅使设计和施工大为简化，也能降低不少成本。

五、化学反应热储存

所谓化学反应热储存，就是通过可逆化学反应实现热量储存和释放过程的储热方式。化学反应储能是一种高能量高密度的储能方式，它的储能密度一般都高于显热和潜热储存，而且此种储能体系通过催化剂或产物分离方法极易用于长期能量储存，但其在实际使用时存在技术复杂、一次性投资大及整体效率不高等缺点。

六、总　　结

太阳能热储存技术是一项复杂的技术，无论从技术层面还是从投资成本来看，太阳能热储存技术都是太阳能利用中的关键环节。从现有的研究来看，显热储存研究比较成熟，已经发展到商业开发水平，但由于显热储能密度低，储热装置体积庞大，有一定局限性。化学反应储热虽然具有很多优点，但存在化学反应过程复杂、有时需催化剂、有一定的安全性要求、一次性投资较大及整体效率仍较低等困难，目前只处于小规模实验阶段，在大规模应用之前仍有许多问题需要解决。相变储存凭借其优越性吸引着人们对其进行大量的研究，发展势头强劲。然而常规相变材料在实际应用过程中存在的种种问题，诸如无机相变材料的过冷和相分离现象及有机相变材料的导热率低等问题，严重制约了相变储存技术在太阳能热储存中的应用。此外，降低相变储热的应用成本也是将相变储存技术大规模应用于太阳能热储存前必须解决的一个现实问题。值得高兴的是，近年来，随着纳米复合相变储热材料、定形相变材料和功能热流体等新型相变材料的出现，上述问题有望得到解决。新型相变材料的出现，必将在很大程度上推动相变储存技术在太阳能热储存中的应用。

4

第四章　太阳房、太阳能干燥及太阳能温室

第一节　太阳房的原理与类型

一、太阳房概述

在我国庞大的能源消耗中，建筑耗能占全国总能耗的20%～30%，其中约55%的建筑耗能花费在建筑采暖和降温上，为解决建筑能耗大的问题，太阳房这一新型节能建筑应运而生。“太阳房”一词最早起源于美国，这种用玻璃建造的房子，室内有充足的阳光，光线明亮且温暖如春，人们便形象地将其称为太阳房，意为如太阳般明亮温暖的房子。此后的半个世纪以来，太阳房主要经历了3个阶段：被动式系统阶段、主动式系统阶段和太阳能热储存与有效利用阶段。在此期间，世界各国也相继开始了对太阳房的研究，并逐渐与建筑设计相结合，以使太阳房得到不断优化。我国的太阳能热利用应用研究始于20世纪70年代末，经过各方面的研究与政府的大力支持，我国的太阳能建筑已处于快速发展阶段，且由于我国太阳能资源丰富，为太阳房的规模化普及提供了有利条件。

二、太阳房的原理

太阳房是一种以太阳能作为能源来调节室内温度，以达到采暖和降温目的的建筑物。这种建筑物能通过合理的建筑和结构设计，以巧妙利用太阳能，从而达到既能创造舒适的居住环境，又能节约能源的目的。因而，太阳房称为节能建筑、绿色建筑和环保建筑。

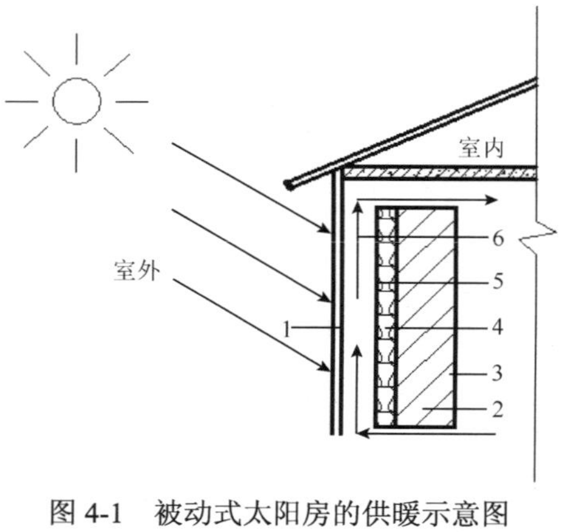

图4-1　被动式太阳房的供暖示意图

1. 玻璃外罩；2. 实体墙；3. 内墙材料；4. 外墙保温材料；5. 吸热涂层；6. 空气间层

从理论上讲，热量会自发地从温度高的物体或空间向温度低的物体或空间传导，且高温物体会不断向低温物体或空间辐射热，太阳房便是利用这个原理工作的。把整个太阳房作为一个太阳能的集热体，白天在强烈的太阳辐射下，太阳房的屋顶、墙壁、门窗等就相当于太阳能集热器，尤其是南向玻璃采光立面，吸收了大量的太阳辐射能而使温度上升，并且将部分能量储存起来。热量通过温度高的屋顶、墙壁、门窗等向室内传导，加热室内空气，而冷空气通过下风口排出室外以达到采暖目的。夜晚储存在屋顶、墙壁等中的热量被释放出来，以使室内温度不致过低，从而达到保温目的。被动式太阳房的供暖示意图如图4-1所示。

据研究发现，利用此种技术建成的太阳房与普通住房相比，可节约 75%～90%的能耗，减少了煤炭、石油等常规能源的使用，从而减少了二氧化碳排放量。可见，太阳房的推广应用对节约常规能源、减少环境污染、改善人们的生活水平具有十分重要的意义。

三、太阳房的类型

传统的分类方法主要将太阳房分为 3 种类型：被动式太阳房、主动式太阳房和复合式太阳房。

（一）被动式太阳房

被动式太阳房是通过建筑朝向和周围环境的合理布置，建筑内部空间和外部形体的巧妙处理，以及建筑材料和结构、构造的恰当选择，使房屋在冬季能收集、储存和分配太阳热能，从而解决建筑物采暖问题的太阳能建筑。被动式太阳房不需要其他机械动力设备和辅助热源，仅依靠太阳热源也能起到较好的采暖降温效果，具有传热效率高、结构简单、造价低廉、维护管理方便等特点，适宜在中小城市，尤其是广大农村地区推广。

被动式太阳房的工作原理类似于"温室效应"，阳光透过南向的玻璃窗户而照射在室内墙壁、地面和家具上，被动式太阳房的地面和墙壁通常为重质材料，如混凝土、砖石和土坯等，具有良好的蓄热性能将太阳能转变成热量，从而使室内温度上升。被动式太阳房从太阳能利用的角度分类，可以分为直接受益式、集热蓄热墙式、附加阳光间式和屋顶集热蓄热式太阳房。

1. 直接受益式太阳房

直接受益式太阳房是被动式太阳房中最简单的一种形式，其示意图如图 4-2 所示。其采暖原理是使阳光透过南向立面的大面积玻璃窗直接进入房间后，照射在房间的地面、墙壁和家具等蓄热材料表面上，通过蓄热材料吸收的热量而使室内温度升高。这些热量一部分通过辐射和对流的方式传给室内空气，使室内空气温度升高，另一部分以传导的方式进入建筑物内墙，成为加热房间的热源。此外，房间地面、墙壁还能将热量储存起来，在阴天或夜晚时再将热量释放，使室温维持在一定水平，从而实现了能源的采集、保持、储存和分布。

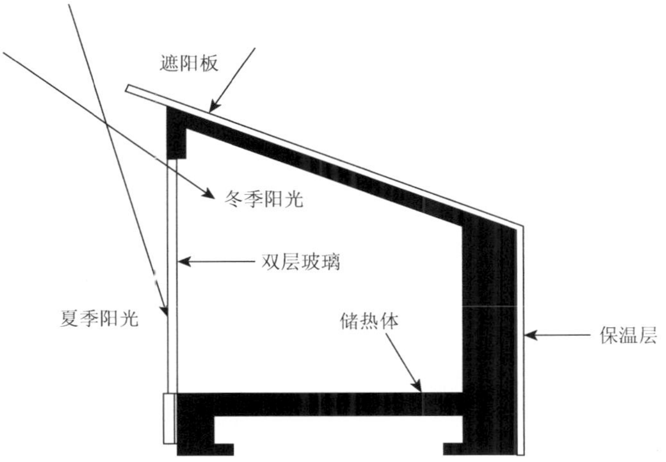

图 4-2　直接受益式太阳房示意图

直接受益式太阳房被直接加热，不需要机械设备，因而传热效率高，热量损失少，是最早应用的一种方法，需要解决好建筑物维护结构的保温特性、窗户的密闭性、房间蓄热体的有效性及房间功能的合理布置问题，才能达到良好的节能效果。但由于直接受益式太阳房的热源仅依靠于南墙接收到的太阳辐射，热量有限，在夜晚或阴天时室内空气冷却较快，使得室内温度波动较大，舒适度差，且在阴雨天气集热效果显著降低，需要辅助热源来维持室温。因而，直接受益式太阳房通常只适用于白天要求温度升高较快的房间或只是在白天使用的房间，如办公室、教室等公共建筑。此外，由于直接受益式太阳房对房间的密闭性要求较高，从而影响了室内空气流通，因而容易出现室内空气质量不佳的现象。

2. 集热蓄热墙式太阳房

集热蓄热墙式太阳房是一种间接式太阳能系统，在南墙墙面上覆盖玻璃罩，使玻璃和墙体间形成空气夹层，墙面涂成黑色或深色以更好地吸收太阳光，在墙的上、下留有通风口。阳光照在玻璃罩上使玻璃温度迅速升高，从而加热夹层空气，热空气上升通过墙上的上通风口进入室内，而室内的冷空气则通过下风口排出室外，通过自然对流循环方式把热量从室外换到室内。同时深色蓄热墙能较好地吸收太阳能然后向室内供热。集热蓄热墙式太阳房的传热分析如图 4-3 所示。

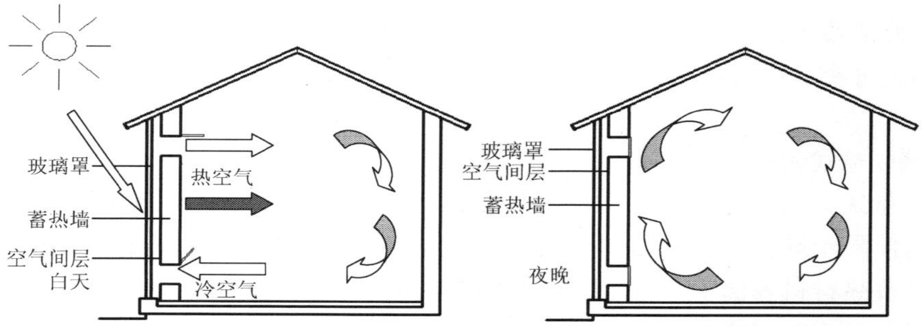

图 4-3　集热蓄热墙式太阳房的传热分析

这种形式的太阳房室内温度波动较直接受益式小，居住舒适，但传热效率不高，通常需要和其他形式的太阳房配合使用。集热蓄热墙的形式主要有实体式集热蓄热墙、花格式集热蓄热墙、水墙式集热蓄热墙、相变材料集热蓄热墙和快速集热墙等。

由于在太阳辐射的影响下，室内温度波动较大，因而增强集热蓄热墙的蓄热性能，能够有效地利用太阳能，提高室内温度，从而减小温度波动。可见，集热蓄热墙的高度、通风口面积、涂层对太阳光的吸收率、玻璃罩与墙体间空气夹层厚度、玻璃层数及空气对流等因素决定着集热蓄热墙式太阳房的节能效果。为增大集热蓄热墙的蓄热性，仅通过增加墙体厚度来实现是不科学的，这不仅增加了建筑材料投入成本，也影响了室内使用空间。目前，研究较多的是在墙体中填充相变材料，如石蜡等作为蓄热体，其墙体的吸收率和节能效率都有很大提高，成为推动太阳房发展的又一方向。

3. 附加阳光间式太阳房

附加阳光间式太阳房是集热蓄热墙式太阳房的一种发展，只是将玻璃罩和墙体间的空气夹层厚度增大，形成可利用的空间，即附加阳光间，也可以看作直接受益式太阳房和集热蓄热墙式太阳房的结合：附加阳光间为直接受益式，而后面的房间则为集热蓄热墙式。

附加阳光间式太阳房的阳光间建在南向朝阳立面，其维护结构全部或部分由玻璃等透光材料组成，由于玻璃对短波辐射（太阳辐射）有很好的吸收作用，而对长波辐射（热辐射）的透过率很低，因而可在阳光间形成很好的“温室效应”。在房间的公共墙面上设有门、窗等洞口，可以很好地传递热量。阳光透过阳光间玻璃窗，一部分直接照射在采暖房间，一部分被阳光间的地面和公共墙吸收，通过热空气循环和热传导进入采暖房间，起到太阳能供暖的作用。在夜晚，阳光间又可作为一个温度缓冲区，减少房间的热损失。常见的附加阳光间式太阳房如图 4-4 所示。

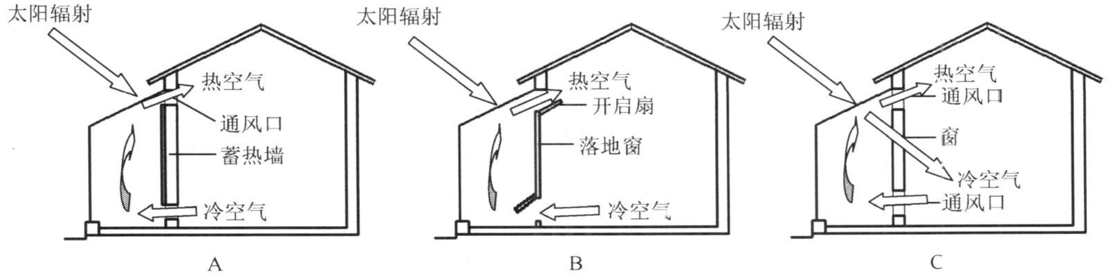

图 4-4　常见的附加阳光间式太阳房

A. 对流式阳光间；B. 直射式阳光间；C. 混合式阳光间（前两种混合）

附加阳光间式太阳房的阳光间可以很好地与建筑融合起来，结构设计简单，阳光间可作为室内阳台、花房等，美观大方，因而其逐渐成为人们所推崇的太阳能建筑，越来越受到人们的关注。

4. 屋顶集热蓄热式太阳房

屋顶集热蓄热式太阳房具有夏季降温和冬季采暖的双重功效，适合于夏热冬冷的地区建设。在屋顶顶棚上设一浅水池，将灌满水的密封黑色塑料薄膜作为储热体置于池内，同时在池顶设置保温盖板。在冬季白天，将保温盖板敞开，利用灌满水的塑料膜吸收太阳光转变成热量后，再通过辐射和传导将热量向下传递给房间；夜晚时则将保温盖板关闭，以防止热量散失。夏季保温盖板的关闭则与冬季相反。保温盖板还可根据房间室内温度、水膜中水温和太阳辐射照度进行自动调节开闭，以达到更好的太阳能利用效果，其工作原理如图 4-5 所示。

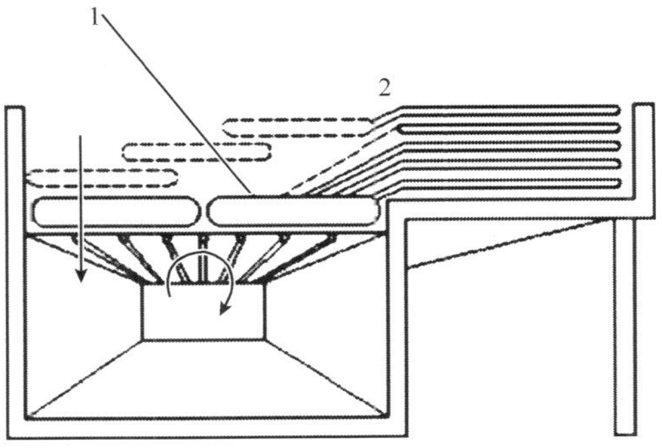

图 4-5　屋顶集热蓄热式太阳房的工作原理

1. 储热体；2. 保温盖板

（二）主动式太阳房

主动式太阳房不同于被动式太阳房，除利用太阳能外，还需要其他的辅助机械设备。常用的辅助机械设备有由太阳能集热器、热水槽、泵、散热器、控制器和蓄热器等组成的采暖系统或与吸收式制冷机组成的太阳能空调系统。与被动式太阳房相比，其控制调节比较灵活、方便，室内温度波动小，房间舒适度高，但由于其辅助设备较多，因而一次性投资较大，设备利用率低，技术复杂，需要专业技术人员进行维护和管理。主动式太阳房的工作原理是先通过太阳能集热器将太阳能收集起来并加热传热介质（空气或水），其次再通过机械动力设备将太阳能传热介质送入到蓄热器中储存起来，最后再将热量通过管道和散热设备输送到室内进行采暖，其工质流动的动力主要由风机或泵来提供。其采暖示意图如图 4-6 所示。

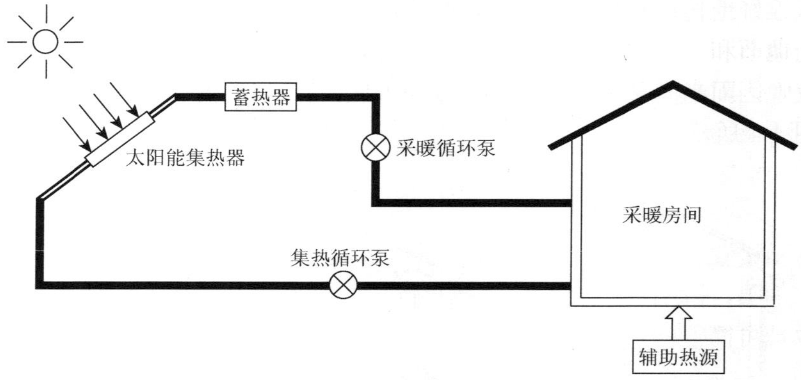

图 4-6　主动式太阳房采暖示意图

主动式太阳房主要可以分为热风供热系统、热水供热系统、与热泵结合系统及太阳能制冷系统等几种类型，现对热风供热系统及热水供热系统进行简单介绍。

1. 热风供热系统

热风供热系统一般是在建筑的南向立面外墙建成太阳光电（PV）墙或在屋顶搭建 PV 板形成太阳能集热装置，利用收集到的太阳能加热室外冷风或室内回风，使其达到要求的使用温度，再由风机将热风送入到采暖房间的采暖系统。此系统还可以分为热水集热-热风供热系统和热风集热-热风供热系统，前者的特点是热水集热后，再用热水加热空气，然后通过风机向各采暖房间送热风；而后者采用的就是太阳能空气集热器，直接由空气集热。图 4-7 是热水集热-热风供热系统的工作原理示意图。图 4-7 中的蓄热槽为碎石蓄热水箱，埋设在碎石蓄热体内，蓄热容量大，集热水箱的热水可直接进入蓄热水箱中，蓄热水箱有许多细小的空气盘管，盘管与采暖房间用空气管道连接，通过送风机输送热风，而采暖房间室内为空气闭式循环供暖形式。水位调节兼集热水箱不仅具有集热功能，同时还能调节蓄热水箱中的蓄水量。蓄热水箱中有热交换器，实现热量在热水和空气间的交换。此系统的缺点是送风机噪

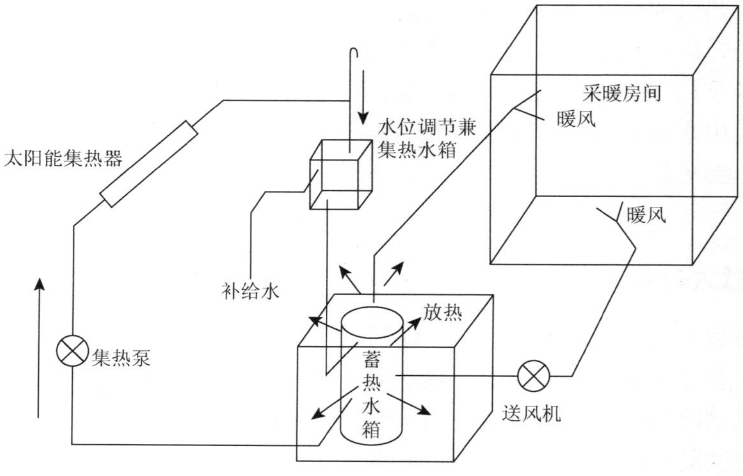

图 4-7　热水集热-热风供热系统的工作原理示意图

声大，功率消耗高，同时在设计过程中需要注意降低送风管的热损耗。热风供暖系统的辅助热源主要为煤气热风炉，加入控制装置后可根据送风温度确定辅助热源的投入比例。

这种供热系统结构简单，设备投资低，热交换次数少，可以和冬季通风相结合且供热分配均匀，便于调节和实现自动控制。但其热利用效率较低，采暖系统停止工作后余热小，使室温降低较快，因而采暖效果较差，一般多用于多层建筑的新风处理中。

2. 热水供热系统

热水供热是应用最为普遍的一种供热形式，由于水的热惰性大，使供热系统的温度可以达到较高的稳定性和均匀性，停止采热后保温性较强，与热风供热相比，运行比较经济。一般是在建筑屋顶设置太阳能集热器和一个储水箱，如普通的太阳能热水器，利用太阳热量将储水箱中的水加热，再利用自然对流或强制对流的形式实现建筑生活用水或地板辐射采暖用水，其工作原理可简化为图 4-8 所示，此时的蓄热槽既是集热水箱又是蓄热水箱。

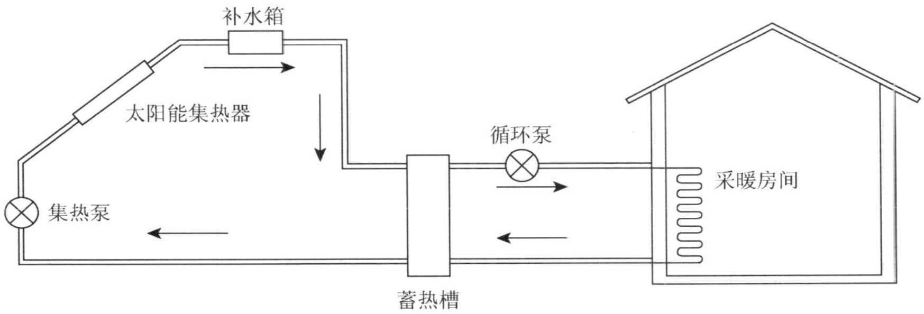

图 4-8　热水供热系统工作原理示意图

地板辐射采暖是在地面上先铺设保温层，再铺设聚乙烯塑料盘管，最后再做地面面层。太阳能集热器利用收集到的太阳能对蓄热槽中的水进行加热，再通过循环泵将热水输送到采暖房间，热水通过室内盘管后向地面散发热量而使热水温度降低，回到蓄热槽后，由集热泵送到太阳能集热器重新加热。夜间或阴天太阳能不足时，则由辅助热源加热系统保证供暖。

由于建筑生活用热水需要量较大，利用太阳能加热水比室内采暖更为经济实用，且通过对集热器和储水箱的优化设计，可提高其太阳能吸收率，保证更多的热水供应以满足生活需求。但其需要安装散热器，设备投入较高，且加热水需要的时间较长，热水在管道输送过程中热量损失较快，不适宜长距离输送，而适合于单个用户使用。

（三）复合式太阳房

随着太阳房技术的不断发展和推进，复合式太阳房逐渐受到了人们的青睐，是性能最优的一种太阳房。它将自然环境、地理位置、被动式太阳房、主动式太阳房及风力发电等新技术巧妙结合起来，其技术要点一般是：被动式的围护结构配合主动式的供热设备，再加以其他辅助热源。

但由于被动式太阳房和主动式太阳房的分类较多，因而复合式太阳房需要很好地理解建筑结构和系统特点，同时根据不同气候下的结构特点和不同地区的建筑风格，巧妙分配被动式系统和主动式系统的比例，才能作出最好、最佳的设计，达到更好的节能效果。目前，此种形式的太阳房应用相对较少，因而在此不多作介绍。

四、太阳房评价指标

太阳房的效益评价主要是对太阳房的采暖热特性评价，在满足热性能的前提下，提高室内热舒适性是太阳房评价效果的主要任务。

常用的太阳房评价指标主要分为 3 类：第一类为热特性评价；第二类为节能性评价；第三类为舒适度评价。

（一）热特性评价

热特性指标是定量描述太阳房在运行过程中热物理性能的指标，利用这一指标可以较准确地判定不同太阳房设计方案热物理性能的优劣。一般以室内平均温度、室内外平均温差和昼夜室内温度波动率作为热特性评价指标。

1. 室内平均温度

$$\overline{T}=\frac{\sum_{i=1}^{24}T_i}{24} \tag{4-1}$$

式中，$\overline{T}$ 为室内平均温度，℃；T_i 为室内实时监测温度，℃。

2. 室内外平均温差

$$\Delta T=\overline{T}-\overline{T}_{\mathrm{o}} \tag{4-2}$$

式中，ΔT 为室内外平均温差，℃；$\overline{T}_{\mathrm{o}}$ 为室外平均温度，℃。

3. 昼夜室内温度波动率

$$T_{\mathrm{f}}=\frac{\sum_{i=1}^{24}\left|T_i-\overline{T}\right|}{24\times\overline{T}} \tag{4-3}$$

式中，T_{f} 为逐时室温偏离平均室温幅度。

在同一地区，室内平均温度 $\overline{T}$ 的高低代表着不同形式太阳房基本的热特征，可作为评价太阳房设计形式优劣的指标。在北方寒冷地区，最冷月份室内温度往往偏低，则可以认为室内平均温度 $\overline{T}$ 越高，太阳房的设计越好，热特性能越佳。但在不同纬度地区，由于室外气象参数的差异，$\overline{T}$ 的高低则不能用来评价太阳房的优劣。

在同一地区，室内外平均温差 ΔT 和室内平均温度的评价效果是一致的，而在不同气候地区，在太阳房设计形式相同的情况下，ΔT 的大小反映的是不同地区的气候参数差异，主要是太阳辐射强度的时空分布差异；在太阳房设计形式不同的情况下，ΔT 的大小则反映的是太阳房几何构造参数差异和建筑材料热物性参数差异。因而，室内外平均温差 ΔT 不能作为不同气候区太阳房的评价指标。而昼夜室内温度波动率则反映了太阳房室内温度的稳定程度，波动率小，表明太阳房集热供暖持久，热特性好，波动率大则表明太阳房热量散失过快，热特性较差。影响昼夜室内温度波动率的因素除了太阳房本身的设计参数外，还与地区的气象参数有关。因此，不论在同一地区还是在不同的气候地区，相同还是不同设计构造形式的太阳房，昼夜室内温度波动率均可作为其热特性优劣的评价指标。

（二）节能性评价

节能指标是定量描述太阳房利用太阳能资源，节约常规能源多少的指标。通常认为太阳能是无限的，而常规能源是有限的，因而需要节约常规能源，而尽可能最大化地开发太阳能，因而需要用节能指标来评价太阳房的优劣。通常使用的太阳房节能性评价指标有太阳保证率和供暖节能率。

1. 太阳保证率

太阳保证率（SHF）是指为使太阳房温度维持在设计基准温度（根据舒适度指标和实际采暖水平所能达到的最低温度）所消耗的总耗热量中，来自太阳能的热量所占的比例。来自太阳能的热量可以用总的采暖热负荷减去辅助能耗来计算。

$$\mathrm{SHF}=\frac{(L_{\mathrm{P}}-Q_{\mathrm{A}})}{L_{\mathrm{P}}}\times 100\% \tag{4-4}$$

式中，Q_A 为按选定的室内采暖计算温度所确定的太阳房辅助能耗，kJ；L_P 为太阳房维持设计基准温度时的总耗热量，kJ。

其中，（L_P–Q_A）可以理解为太阳房总净太阳能的热量。

当辅助能耗为零时，SHF 为 100%。由式（4-4）可知，SHF 与室外气象参数有关，故其不能作为不同气候地区热特性指标。但从节能的角度，它可以简单明了地表示利用太阳能的多少。所以，可以作为评判节能优劣的指标。

2. 供暖节能率

供暖节能率（SSF）是指在同等设计基准温度条件下，太阳房所获得的太阳能采暖总能量占常规建筑采暖负荷总能量的比例。太阳房所获得的太阳能采暖总能量为建筑采暖总负荷与辅助热源供热的差值。

$$\mathrm{SSF}=\frac{(L_{\mathrm{o}}-Q_{\mathrm{A}})}{L_{\mathrm{o}}}\times 100\% \tag{4-5}$$

式中，L_o 为维护结构、建筑面积及建筑布局与太阳房相同的而非太阳能采暖的常规建筑（即对比房）按选定的室内采暖计算温度所确定的辅助能耗，kJ。

L_o 与 L_P 相比，L_o 加入了太阳能集热部件设置前该立面的热损失，而 Q_A 仍为太阳房的辅助热源，因而在 SSF 中包含了太阳房维护结构保温性能改进所起的节能作用。

而从评价角度看，SHF 与 SSF 的作用基本相同，均可作为有效的评价指标，但从指导设计的角度来看，SSF 比 SHF 使用更加方便，这是因为当 SSF 确定后，L_o 可以通过其他已知参数来确定，从而可以很方便地计算出 Q_A，而当 SHF 确定的情况下，L_P 和 Q_A 均为未知量，需要经多次反复计算后才能满足 SHF。

（三）舒适度评价

舒适度指标主要是评价太阳房室内温度环境是否能够使居住者感到舒适的指标。通常以低于最低可忍受温度出现的时间百分比作为评价参数。低于最低可忍受温度出现的时间百分比计算如下。

$$T_{\eta}=\frac{T_{\mathrm{b}}}{24}\times 100\% \tag{4-6}$$

式中，T_η 为太阳房室内温度环境是否能够使居住者感到舒适的指标（舒适度指标），%；T_b 为低于最低可忍受温度出现的时间，h。

五、太阳房实例

（一）石家庄太阳房

石家庄太阳房位于河北省石家庄市石家庄房产局，建于 1980 年 12 月，是一座五层住宅楼，其 1～5 层均采用了被动式供暖。先取其中部一个单元为例，对此太阳房进行简单介绍，选取部分面积为 617.5m^2，详见图 4-9。该太阳房为直接受益式和集热蓄热墙结合的被动式太阳房，南向朝阳房间窗户为 1.5m×1.8m、有阳台的房间，其开门连窗的规格为 1.86m×2.4m，除第五层有两间房采用了 2mm 双层玻璃外，其余窗户采用 1.2mm 钢化玻璃，窗框为木结构形式。各层南墙除开窗墙体，其余均可作为集热蓄热墙，约占南墙总面积的 47%。蓄热墙体为表面涂有水性吸收黑涂层的普通黏土砖墙。除第四层两间采用 6mm 平板玻璃外，其余各处的透明盖板均为 1.2mm 的钢化玻璃，透明盖板与墙体间有 100mm 厚的空气夹层，盖板框架由尺寸为 100mm×40mm 的松木制成。该太阳房蓄热集热墙的上下部均设有通风口，占总

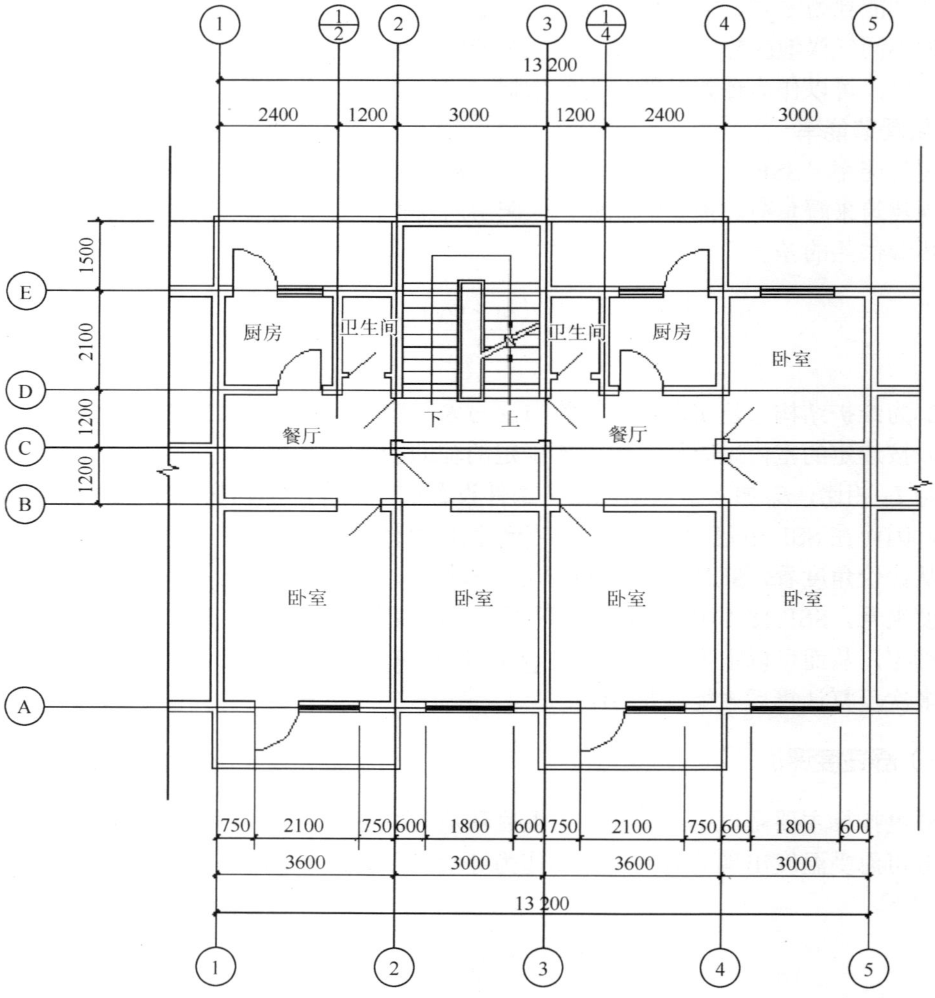

图 4-9　石家庄房产局采暖房

①～⑤. 横墙轴线；Ⓐ～Ⓔ. 纵墙轴线

吸收面积的 2%～3%。在保温方面，该太阳房外墙为 240mm 厚的砖墙，外墙内侧设有隔热层：两个房间采用珍珠岩保温，另两个房间 15mm 蛭石保温。一层地面为平铺 60mm 砖，上抹水泥面。屋顶为钢筋混凝土楼板，30mm 水泥砂浆找平层，再干铺炉渣，平均厚度为 150mm，防水层做法为二毡三油。为达到更好的保温效果，门、窗外均钉橡皮条，进行外压密封。

该太阳房实测效果良好，在冬季采暖期，室外最高气温为 15℃，最低气温为−11℃的条件下，室内最高气温可达 12～18℃，其中中间 2 层、3 层、4 层效果更佳，室温较高，一般能保持在 10～16℃。

（二）北京平谷区挂甲峪村太阳房

北京平谷区挂甲峪村太阳房为新农村改建项目，该项目利用太阳能和生物能解决农村采暖、生活用水用能问题，是一个利用可再生能源解决农村生活用能问题的示范项目。示范建筑为南北朝向双坡屋顶民居，建筑面积约为 140m^2，层高 3m，240mm 砖墙，60mm 厚聚苯板外墙外保温，外贴防火板。太阳能采暖系统采用铝阳极化板芯的平板集热器，集热器安装朝向为正南，倾角为 30°，为屋顶镶嵌式安装。其实景图如图 4-10 所示。

图 4-10 挂甲峪村太阳房实景图

六、太阳房存在的问题及应用前景

（一）太阳房存在的问题

太阳房作为一种新型的节能建筑得到了人们的青睐，在近年间迅速发展，我国的太阳能建筑也顺应世界潮流快速发展，但在发展的过程中仍存在着一些需要解决的问题。

（1）在整体上，太阳能行业与建筑行业仍属于相互独立的个体，从而使太阳能设备与建筑物之间缺乏配合，不仅大大影响了建筑物的外观形象，还会降低太阳能设备的利用率，造成能源浪费。

（2）太阳房集热构件的生产尚缺乏工厂化、标准化和规模化，这样大大限制了太阳能建筑的推广和应用，同时也给太阳能建筑的施工带来了困难。

（3）太阳房新型建筑材料还有待于进一步开发，如开发利用保温、蓄热性能好，而价格又低廉的建筑材料，从而降低太阳能建筑的成本，也可更好地提高节能效率。

（4）太阳能建筑施工技术及施工质量标准不够明确，容易出现工程质量不合格的问题。

（二）太阳房发展前景

尽管太阳房在发展过程中存在着一定的问题，但鉴于我国现有的太阳能建筑技术及丰富的太阳能资源，在未来，太阳房的发展仍具有广阔前景。

我国是太阳能资源十分丰富的国家，除四川盆地等局部地区不太适合利用太阳能外，我国大部分地区的太阳年日照均在 2200h 以上，年辐射总量为 3340～8360MJ/m^2，相当于 110～250kg 标准煤/m^2。即使是太阳能较差的区域，其年辐射总量也接近东京，高于伦敦、汉堡等世界上太阳能利用较好的城市，可见我国的太阳能建筑行业还大有潜力。

此外，今后的太阳能建筑可能会分为 3 个等级发展：①高级太阳房，主要用户为经济发达、太阳能资源丰富的大中城市；②中级太阳房，主要用户可为经济发达而太阳能资源相对较为缺乏的大中城市；③低级太阳房，主要建设于西部经济不发达，气候较寒冷，但太阳能、地热能和水力资源十分丰富，有发展太阳房及风能、太阳能、水电能和地热能的地区，以及可以在广大农村地区推广应用。

在能源危机、环境污染和人口膨胀等问题困扰人类的今天，开发利用太阳能，太阳能利用与建筑的有机结合，充分体现了可持续发展和人类回归自然的理念。而现代社会，人类对居住环境的要求也越来越高，节能环保成为了住房的基本选择标准，加之在国家建筑节能政策的引导下，太阳能利用与建筑的有机结合，使太阳房的发展成为未来的必然趋势。

第二节　太阳能干燥

一、太阳能干燥技术概述

干燥是一个高耗能的行业，干燥的目的是除去物料中多余的水分以便加工、储运和使用，我国物料干燥能耗约占总能耗的10%。太阳能干燥技术是利用太阳能干燥器对物料进行干燥，此项技术在工农业生产方面应用较广，主要包括食品、农副产品、木材、中药材、水产、工业产品及污泥处理等。一般农产品和食品要求的干燥温度比较低，为35～70℃，与太阳能热利用领域中的低温热利用匹配。太阳能干燥技术具有节能、减少环境污染、缩短干燥周期、降低运行费用低、操作简便安全等优点，应用前景广泛。

目前常用的太阳能干燥装置多数为温室型、半温室型或规模较小的集热器型，有些集热器型太阳能干燥装置与常规能源结合以保持干燥过程的连续性。

二、太阳能干燥原理及物料干燥特性

（一）干燥的基本概念和原理

干燥就是利用热能脱除固体物料中水分的过程。干燥过程实际上是一个传热、传质的过程，物料表面获得热量后，将热量传入到物料内部，使物料中所含的水分从物料内部以液态或气态方式扩散到物料表面，通过物料表面的气膜扩散到空气中，减少物料中的水分含量并最终达到干燥状态。干燥方式一般可分为传导干燥、对流干燥、辐射干燥和介电加热干燥等。其中工业上的干燥主要是传导干燥和对流干燥；辐射干燥主要用于表面积大而薄的物料，如塑料、木材和油漆制品等；介电加热干燥是将湿物料置于高频电场内，依靠电能加热而使水分汽化的一种干燥方式，包括高频干燥、微波干燥，主要用于食品工业。太阳能干燥的原理就是被干燥的物料利用直接吸收太阳能转换的热量，或与太阳能集热器加热过的热空气进行对流换热，经物料表面和物料内部之间的传热传质过程，使物料中的水分逐步汽化达到干燥的目的。

（二）物料水分性质和含水率表示方法

1. 物料含水率表示方法

物料中的含水率是指物料中的水分含量，通常用下面两种方法表示。

1）湿基含水率 W_w　湿基含水率是以湿物料为计算基准，指水分质量占总物料质量的百分数，用 W_w 表示，计算公式如下。

$$W_w(\%)=\frac{水分}{水分+绝对干物料质量}=\frac{水分}{湿物料}=\frac{W}{W+G_c}\times100\% \tag{4-7}$$

式中，W_w 为湿物料的含水率，kg；W 为湿物料中的水分质量，kg；G_c 为湿物料中的绝对干物料质量，kg。

2）干基含水率 W_d　干基含水率是以湿物料中绝对干物料为计算基准的水分质量分数，用 W_d 表示，由于绝对干物料的质量在干燥过程中是不变的，因此，用干基含水率进行计算较为方便。

$$W_d(\%)=\frac{水分}{绝对干物料质量}=\frac{W}{G_c}\times100\% \tag{4-8}$$

3）干基含水率 W_d 和湿基含水率 W_w 的换算关系

$$W_d=\frac{W_w}{1-W_w}\quad 或\quad W_w=\frac{W_d}{1+W_d} \tag{4-9}$$

2. 干燥过程中物料的含水率

物料在一定的条件下进行干燥，由于水分受热蒸发，物料的质量迅速减轻，随着物料含水率的降低，最终水分将在气、固两相间达到平衡，物料质量不再减轻，达到与干燥条件相平衡的状态，这时物料中的残留水分称为该物料的平衡水分。物料含水率降低到平衡含水率时，若干燥条件不变，平衡水分将继续留在物料中。物料中的初始含水率 W_o 与平衡含水率之差称为自由含水率，以 W_f 表示。

物料的含水率是平衡含水率和自由含水率的总和。自由含水率 W_f 实际上就是在一定干燥条件下可以去除的水分。平衡含水率 W_e 随物料品种和湿空气状态的不同而变化。

$$W_o=W_e+W_f \tag{4-10}$$

式中，W_o 为物料的初始含水率，kg；W_e 为物料平衡含水率，kg；W_f 为物料自由含水率，kg。

3. 物料中水分特性

按照物质与水分结合的方式不同，被干燥物料中的水分可分为结合水和游离水，结合水比游离水较难去除。

（1）结合水。结合水与物料结构组分有较强的亲和力，结合水从物料内部向表面输送的速度较慢，同时，结合水又可分为物化结合水和化学结合水。

物化结合水是通过一定的物理化学结合力和物料结合起来的水分，如吸收水分、结构水分和毛细水分等，此类水分含量比较稳定，较难去除。化学结合水是按照一定数量和比例与物料结合生成的带结晶水化合物中的水分，化学结合水在干燥过程中难以云除，因此，干燥过程计算中不考虑化学结合水。

（2）游离水。物料表面的湿润水分和孔隙水分都属于游离水分，它们存在于物料内部空隙中或附着于物料表面，对物料起着均匀的湿润作用。此类水分含量与物料的结合力较弱，容易在干燥过程的初期就被去除。

物料的干燥过程与物料所含水分的特性关系很大。结合水和游离水是根据物料与水的结合方式划分的，仅与物料的性质有关，与湿空气的状态无关。粮食、烟草和瓷坯等，都含有一定的物化结合水，但游离水含量较大，往往需要较长的干燥时间。

（三）干燥特性

1. 物料的干燥特性

干燥的对象统称为物料。只有掌握干燥过程中物料及干燥介质的物理特性，才能确定合理的干燥工艺，并设计和选择有效的太阳能干燥装置。物料特性包括被干燥物料的组成、结构、尺寸、形状、导热系数、比热容、含水率及水分与物料结合形式等。

2. 干燥介质的物理特性

只有被干燥物料表面产生水汽的压强大于干燥介质中水汽的分压，才能保证干燥过程的顺利进行，压差越大，干燥过程进行得越迅速。实践中常用的干燥介质是空气，由于空气中含有水蒸气，故称为湿空气。湿空气的物理特性包括温度、湿度、比热容等状态参数。

3. 物料的干燥速率

干燥速率是指单位时间单位干燥面积上汽化的水分质量，可用式（4-11）表示。干燥速率主要与物料类型、结构、形状及尺寸有关，与干燥介质（空气）状态关系不大。

$$U = \frac{dW'}{Sdt} \tag{4-11}$$

式中，U 为干燥速率，kg/（m^2·s）；S 为干燥面积，m^2；W' 为汽化的水分质量，kg；t 为干燥时间，s。

4. 物料的干燥特性曲线

干燥过程水分在物料中的传递机制遵循液体扩散理论和毛细管理论。干燥过程中物料的含水率随干燥时间的增加逐渐降低，干燥速度也随含水率的降低而发生相应的变化。物料的干燥过程包括 3 个阶段，即预热干燥、恒速干燥和减速干燥，物料的干燥特性曲线见图 4-11。

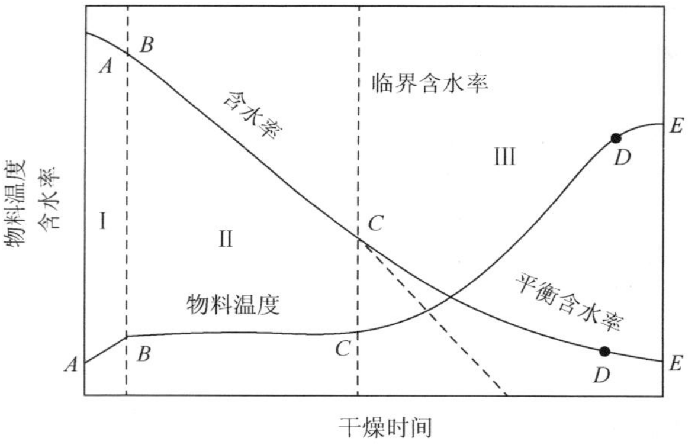

图 4-11　物料的干燥特性曲线

I. 预热干燥阶段；II. 恒速干燥阶段；III. 减速干燥阶段

（1）预热干燥：即图 4-11 中 $A \sim B$ 阶段，干燥过程始于 A 点，干燥介质（热空气）将热量传递至物料表面，物料表面温度提高，物料水分开始蒸发，水分蒸发速率随物料表面温度升高而增加。当热量转移与水分蒸发达到平衡时，物料表面温度保持一定值。预热干燥阶段只有物料表面的部分水分蒸发，持续时间较短，占整个干燥过程的 5%～10%。

（2）恒速干燥：即图 4-11 中 $B \sim C$ 阶段，干燥过程到达 B 点后，进入恒速干燥阶段，水分由物料内部向表面扩散，与表面蒸发速率基本相同，进入物料的热量完全消耗于水分蒸发，达到新的平衡。在恒速干燥阶段，物料表面温度保持不变，含水率随着干燥时间的增加而呈线性下降，物料干燥速率维持定值，即恒速干燥。在恒速干燥阶段，干燥速率只和干燥介质（热空气）的状态有关，而与物料的种类无关，影响参数包括空气流速、温度、湿度及空气与物料的接触方式等。从恒速干燥阶段转变到减速干燥阶段时物料的含水率，称为临界含水率（C 点）。

（3）减速干燥：即图 4-11 中 $C \sim E$ 阶段，也就是说减速干燥分为 $C \sim D$ 和 $D \sim E$ 两个降

速阶段。干燥过程过 C 点后，物料内部水分的扩散速率低于物料表面的蒸发速率，物料表面的含水率低于物料内部含水率，物料温度随干燥时间的增加而提高。物料在表面进行水分蒸发的同时，物料内部也在进行水分蒸发。

随着物料干基含水率的减小，干燥速率继续降低，物料表面温度逐渐升高并大于湿球温度。物料内部水分以蒸汽的形式扩散至物料表面，此时干燥速率最低，在达到与干燥条件平衡的含水率时，干燥过程结束。

由于不同物料所含水分的特性不同，干燥条件也不同，干燥曲线也会有所差异。在干燥装置进行系统设计时，应测定被干燥物料的干燥曲线。在干燥过程中，为提高干燥速率和能量利用效率，恒速干燥阶段可采用较高的气流温度，而在降速阶段特别是干燥后期需要控制干燥速率和温度，物料温度过高，可能影响物料品质。

三、太阳能干燥装置的分类和特点

根据物料接受太阳能的方式不同，太阳能干燥装置可分为辐射式太阳能干燥装置（直接受热式太阳能干燥装置）和对流式太阳能干燥装置（间接受热式太阳能干燥装置）。

根据干燥装置结构型式不同，太阳能干燥装置可分为：温室型太阳能干燥装置、集热器型太阳能干燥装置和集热器-温室型太阳能干燥装置等。其中温室型太阳能干燥装置属于直接受热式，集热器型太阳能干燥装置属于间接受热式，将两者结合起来就构成了集热器-温室型太阳能干燥装置，将干燥室和太阳能空气集热器两者结合，称为整体式太阳能干燥装置。

（一）温室型太阳能干燥装置

温室型太阳能干燥装置是一种具有排湿能力的太阳能温室，其结构与栽培农作物的温室相似。自然通风温室型太阳能干燥装置结构图见图 4-12。温室型太阳能干燥装置的干燥室采光面用透光性好的材料（玻璃、塑料板或薄膜）制成。北墙为隔热墙，墙体内表面涂有黑色涂料，利于提高太阳能吸收率。温室南墙底部和温室顶部，分别设置若干进气通道和排气通道，利于室内外换气和空气流动，形成自然对流，促使被干燥物料脱水、干燥。温室内设物料床架用以悬挂或分层摊放物料。干燥室可采用自然通风或机械强制通风，也可以在干燥室顶部设置烟囱以加强通风效果（图 4-13）。

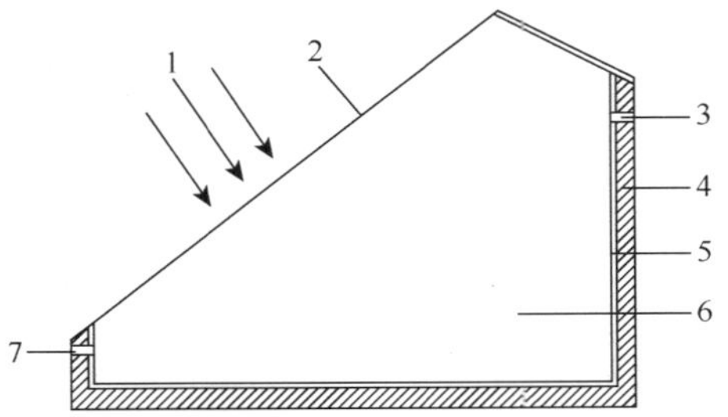

图 4-12 自然通风温室型太阳能干燥装置结构图

1. 太阳辐射；2. 透明盖板；3. 排气口；4. 墙体；5. 黑色涂层；6. 干燥室；7. 进气口

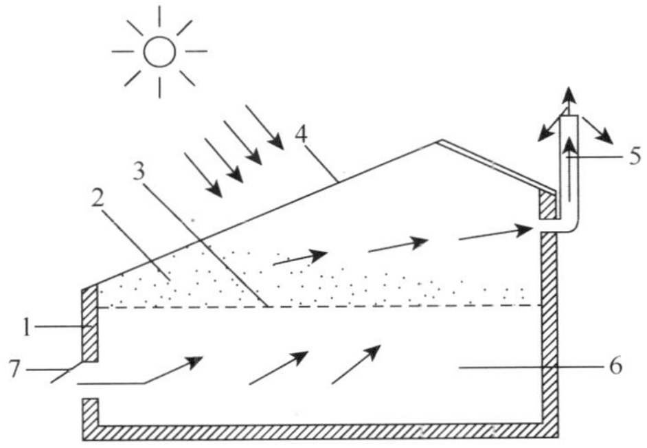

图 4-13 带烟囱的温室型太阳能干燥装置结构图

1. 墙体；2. 物料；3. 物料架；4. 透明盖板；5. 烟囱；6. 干燥室；7. 活阀

温室型太阳能干燥装置的干燥过程是，太阳辐射透过覆盖材料直接照射在温室内的物料上，物料接受太阳辐射后被加热，同时部分阳光辐射被温室内壁吸收，室内空气温度逐渐提高，引起物料水分蒸发。夏季干燥室温度一般可达 60℃左右，冬季温度一般也可达 20℃，具体数据随气象条件不同而异。

温室型干燥室适用于要求干燥温度较低、且允许阳光直接曝晒的物料，如辣椒、大枣、红薯干、葡萄、棉花等，具有结构简单、操作简单、维护方便等优点，但由于物料干燥仅仅依靠直接太阳辐射，因此物料温升小、昼夜温差大、干燥速度慢。

（二）集热器型太阳能干燥装置

集热器型太阳能干燥装置是太阳能集热器和物料干燥室组合而成的干燥装置，其工作过程是太阳辐射穿过集热器的玻璃盖板后，投射到集热器的吸热板上，吸热板吸收并将其转换为热能，用以加热空气到预热温度，热空气通过风机送入干燥室，将热量传递给被干燥物料，物料在干燥室内实现对流热质交换过程，物料中的水分不断汽化，与此同时，通过对流把水汽及时带走，达到干燥物料的目的，其结构见图 4-14。

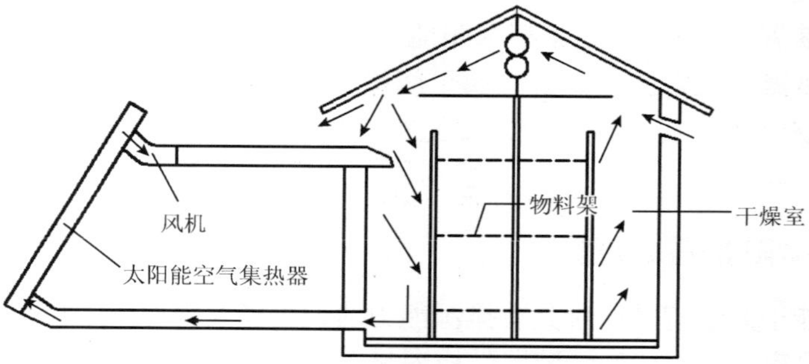

图 4-14　集热器型太阳能干燥装置结构图

太阳能集热器主要包括两种类型，即空气型太阳能集热器和热水型太阳能集热器。空气型太阳能集热器以空气作为热媒，直接吸收太阳辐射能量，热水型太阳能集热器是利用太阳能将水加热后，通过热交换器加热空气。两者相比，空气型太阳能集热器集热效率较高，但工作温度受到太阳辐照射变化的影响，波动性较大，热水型集热器能够利用储热装置蓄存热量，运行稳定。空气型太阳能集热器包括平板型和聚光型两大类，其中平板型太阳能空气集热器是干燥系统使用的主要类型。

太阳能集热器能够增加干燥介质（空气）温度，提高干燥速率，同时集热器和干燥室分开设置，有利于其保温和避免物料直接曝晒。其特点如下。

（1）可以物料的干燥特性调节热空气温度。

（2）物料可以分层放置，提高单位面积物料容纳量。

（3）通过循环，强化对流换热，有利于提高物料的干燥效果。

（4）适合不宜受阳光直射的物料干燥，如鹿茸、啤酒花等。

不同类型的物料，其干燥的工艺周期也不一样，为数天至数十天。由于太阳辐照度和日照时间的间歇和不连续性，太阳能干燥处理技术存在着供热温度低、热流密度小、干燥周期长等问题，为维持物料的连续干燥过程，可以采用太阳能与常规能源组合的干燥技术，如太阳能-蒸汽、太阳能-热泵和太阳能-锅炉（燃煤炉、天然气炉）等形式。

（三）集热器-温室型太阳能干燥装置

温室型太阳能干燥装置结构简单，干燥效率较高，但由于干燥室热空气温度低、物料温升小、昼夜温差大等，造成了温室型太阳能干燥装置接受的太阳辐射有限，物料干燥速度较慢，在干燥含水率高的物料时，如蔬菜、烤烟等时，温室型太阳能干燥装置获得的太阳能不足以在较短的时间内使物料干燥至预期含水率以下。因此，在温室型干燥装置外，增加一定规模的太阳能集热器，能够提高温室干燥温度，缩短干燥周期，提高干燥效率。在集热器-温室型太阳能干燥系统中，一方面，太阳辐射穿过温室的玻璃盖板后，一部分直接投射到被干燥物料上，另一部分则投射到黑色的干燥室内壁面上，被吸收后转化为热能用以加热干燥室内的空气。另一方面，太阳辐射穿过空气集热器的玻璃盖板后，投射到集热器的吸热板上，吸热板吸收并转换为热能用以加热集热器内的空气。热空气通过风气送入干燥室。因此，物料既能直接吸收太阳辐射进行升温，同时又接受来自热空气携带的热量，通过辐射、对流等形式把水汽带走，加快了物料内部水分向表层的扩散汽化，同时也加快了干燥温室内空气流动的速度，强化了干燥过程。该系统结构示意图见图 4-15。其特点如下。

（1）热空气的流动有利于强化传热过程，提高干燥效率。

（2）干燥介质（空气）的余热回收增加了空气循环量，提高了气流速度，干燥速度比较均匀，有利于保证物料干燥的质量，但强制通风循环增加了设备动力消耗。

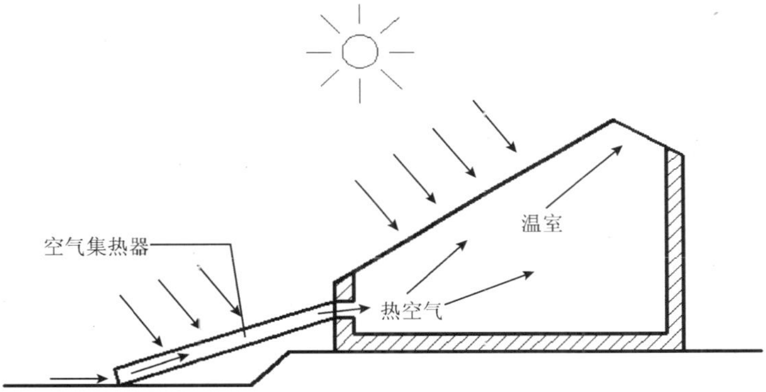

图 4-15 集热器-温室型太阳能干燥装置结构示意图

第三节 太阳能温室

太阳能温室是根据温室效应原理建造，利用太阳能来提高塑料大棚或玻璃房内的室内温度，以满足动植物生长对温度的要求。我国在太阳能温室建筑结构和环境调控等方面做了大量的研究，开发出了适应各种气候条件的温室型式，在我国农业生产中发挥着重要作用。根据农业部全国农业技术推广服务中心有关资料，2011 年，我国蔬菜产量 76 614.6 万 t，产值突破了 1.4 万亿元，其中温室栽培蔬菜产量约占 34%，产值占 52.5%。

一、太阳能温室的分类

太阳能温室的分类方式有多种。按照温室的结构特点，太阳能温室可分为塑料大棚、日光温室、单栋温室（单坡屋面温室和双坡屋面温室）和连栋温室等；按照太阳能温室屋顶形状，则可分为单坡屋面、双坡屋面和圆拱形温室等；按照温室的覆盖材料，则又可分为塑料薄膜温室、玻璃温室、硬质塑料［如聚碳酸酯（PC）板］温室等；根据太阳能温室用途，则可分为生产性温室、试验温室、观光温室、庭院温室、餐饮温室等；根据太阳能温室的建造材料，则可分为竹木结构温室、钢结构温室和铝材钢管结构温室等；根据太阳能温室的形状尺寸，则可分为中小拱棚和大型棚等。本节主要对塑料大棚和日光温室进行叙述。

二、塑 料 大 棚

塑料大棚是指以塑料薄膜作为透光覆盖材料的太阳能温室，其结构一般包括骨架、棚膜和门窗，跨度为 4.0～12.0m，檐高（温室柱底到温室屋架与柱轴线交点之间的距离）为 1.0～1.8m，脊高（温室室内地坪标高到温室屋架最高点之间的距离）为 2.4～3.5m，长度几十米到 100m 以上，拱架间距为 0.5～1.0m，纵向使用拉杆（管）连接固定成整体。塑料大棚可用卷膜器进行卷膜通风、保温幕保温、遮阳网遮阳和降温。镀锌钢管装配式塑料大棚，组装方便、容易拆卸，可节省钢材，耗钢量一般在 4.00kg/m^2 左右，棚内空间大且无支柱，通风透光性能好、机械作业方便；镀锌构件抗腐蚀、整体强度高、承受风雪能力强，使用寿命可达 10～15 年。图 4-16 为装配式镀锌薄壁钢管大棚示意图和现场效果图。

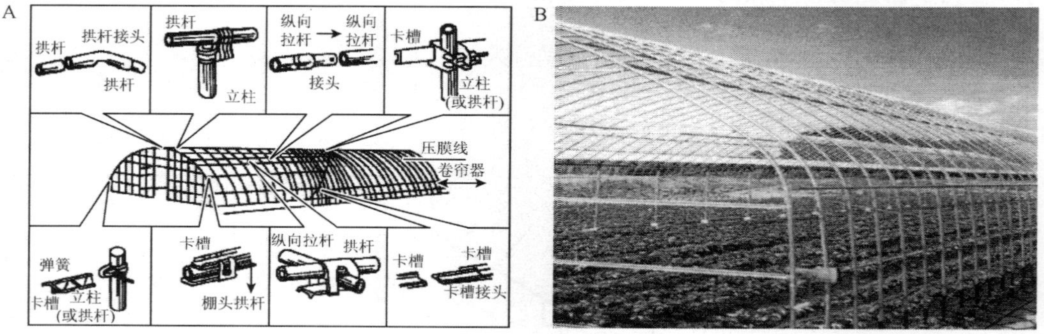

图 4-16　装配式镀锌薄壁钢管大棚示意图（A）和现场效果图（B）

塑料大棚属于传统的太阳能温室，主要用于早春提前或秋季延后果蔬类栽培和育苗。塑料大棚通常不设置加温和保温设备，育苗时，可在棚内设置遮阳网、保温幕、小拱棚、地膜等覆盖物或在苗床上安装电热线进行加温。塑料大棚内的光照强度与薄膜透光率、太阳高度角、气象条件、大棚方位和结构等有关。利用塑料大棚进行春秋生产可使果蔬春季提早上市 30～40 天，秋季延后上市 20～25 天。夏季又能够避免阳光直射，起到降温和防止暴雨冲击的作用。冬季可种植一些对温度要求不高的蔬菜，如蒜苗等。

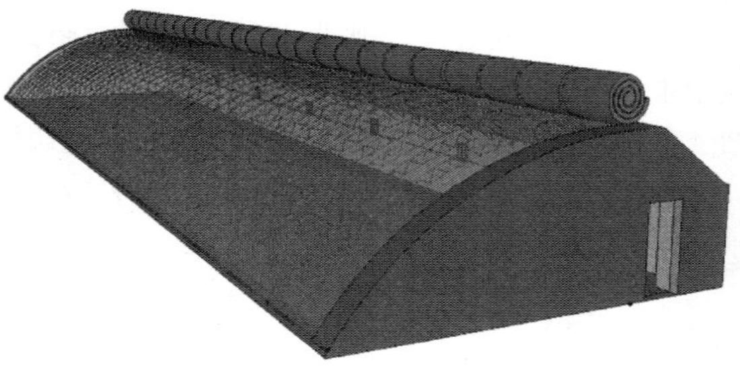

图 4-17　日光温室示意图

三、日 光 温 室

日光温室属于我国特有的太阳能温室类型。日光温室（图 4-17）南（前）面为采光屋面，东、西、北（后）三面为保温围护墙并有保温后屋面的单坡面型塑料薄膜温室，正常光照情况下，北方日光温室不需人工加温也可保持室内外温差达 15～25℃，目前此类日光温室已推广到北纬 30°～45°地区。

图 4-18 为日光温室的结构图，日光温室结构及主要设计参数详细说明如下。

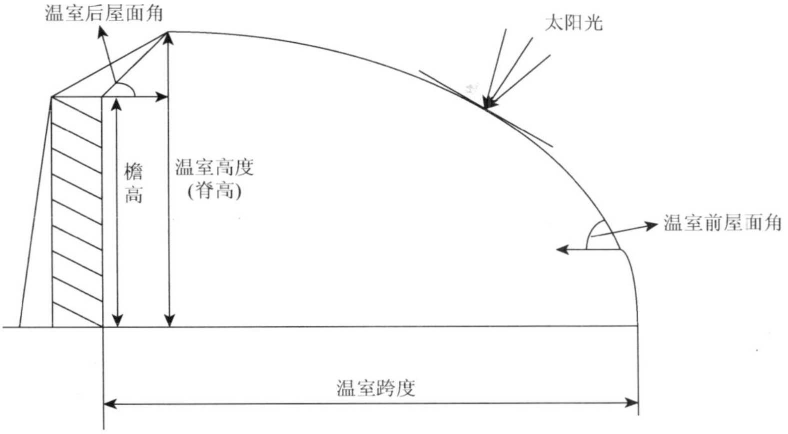

图 4-18 日光温室结构图

（一）温室跨度

跨度是指日光温室后墙内侧至采光面底脚间的距离，日光温室跨度一般为 6.0～12.0m。跨度大小与温室屋面角和高度有关，跨度的大小对温室采光、保温、作物生长和室内作业都有很大的影响。一般情况下日光温室的跨度以 6.0～8.0m 为宜，若生产喜温的园艺作物，北纬 40° 以北地区温室跨度选择 7.0～8.0m，北纬 40° 以南地区温室跨度选择 8.0m 为宜。

（二）温室高度和间距

日光温室高度是从温室屋脊到地面的距离（图 4-19）。例如，6.0m 跨度的日光温室高度以 2.8～3.0m 为宜。日光温室前后间距的确定主要考虑不影响后栋温室采光为原则。山地丘陵宜采用阶梯式布置以缩小温室间距，前栋温室屋脊至后温室前沿之间的水平距离计算公式如下。

$$L=H/\tan\alpha \tag{4-12}$$

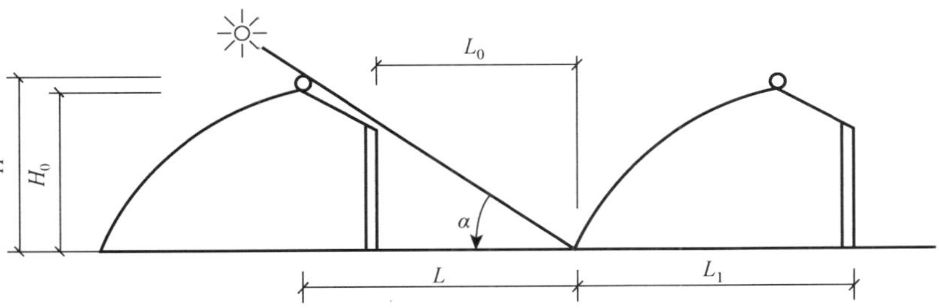

图 4-19 日光温室间距计算简图

H. 日光温室屋脊保温帘被顶端至室外地面的距离，其值为温室高度和保温帘被的厚度；H_0. 日光温室屋脊到室外地面的距离（温室高度）；L_0. 前后两栋日光温室之间的水平距离；*L*. 前栋日光温室屋脊至后栋日光温室前屋面底脚之间的水平距离；L_1. 日光温室前屋面底脚至温室后墙外侧的水平距离，其长度为温室跨度与墙厚之和；*α*. 冬至日正午太阳高度角

（三）温室长度

温室长度指温室两端侧墙内表面间的距离。在设计温室长度时要考虑栽培面积、栽培效果和保温帘被卷放机具的功率、扭矩等参数，一般日光温室长度以 50～60m 为宜。

（四）温室屋面角

温室屋面角包括温室前屋面角和温室后屋面角。温室前屋面角是指温室前部塑料薄膜采光面与地平面的夹角；温室后屋面角是温室后屋面与后墙水平线的夹角（图 4-20）。

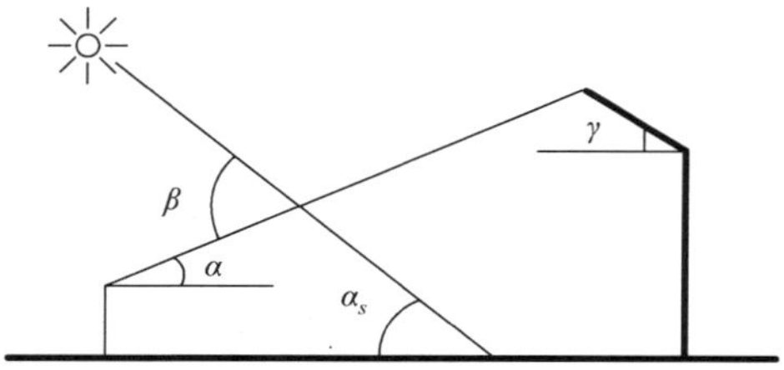

图 4-20　采光屋面角示意图

温室屋面角对太阳直射光透光率的影响显著。当温室屋面与太阳直射光线的夹角（光线投射角 β）成 90°时，温室的透光率和太阳辐射热射入率最高，此时的温室屋面角称为理想屋面角（α_0）。温室透光覆盖材料对光线的吸收率是一定的。

光线的透过率决定反射率的大小，反射率小，透过率就高。太阳辐射入射角为 0°～40°，随入射角的增大，反射率增大，但变化不明显。温室设计时，以冬至那天的太阳高度角和 40°入射角为依据进行设计。中午时刻坐北朝南温室的屋面角（α）可根据图 4-20 推导出的公式计算。

$$\alpha=\beta-\alpha_s \tag{4-13}$$

式中，α_s 为太阳高度角。

日光温室采光屋面主要有拱形、倾斜平面形等。在采光屋面水平投影长度和脊高一定的情况下，圆拱形屋面倾角分布合理，所获得的太阳辐射也最多。倾斜平面形温室的总透光率虽然不及圆拱式，但直射光透过率较高，光照分布也较为均匀。日光温室后屋仰角（γ）受后墙高度、后屋面水平投影长度的影响，同时也与采光效果和温室作业有关系，角度过小受光不好，过陡则不利于保温帘被的卷放。日光温室后屋仰角（γ）一般按冬至日太阳高度角加 5°～7°设计。例如，北纬 40°地区冬至日太阳高度角为 26.5°，则日光温室后屋仰角取 31.5°～33.5°［26.5°+（5°～7°）］比较合理。

（五）后屋面水平投影长度

日光温室后屋面越长，冬季夜间保温效果越好，但后屋面过长会造成北部地面阴影区域过大，使白天升温较慢，一般为 1.0～1.4m。

5

第五章 生物质的直接燃烧与压缩成型技术

第一节 生物质燃料的特性

生物质燃烧作为能源转化利用形式是一项相当古老的技术。人类对能源的最初利用就是从木柴燃火开始的。我国古代在燧人氏和伏羲氏时代，人们就已经知道使用“钻木取火”的方法来获取能源了。

木柴燃火为原始人在漫漫的长夜带来了光明，在严寒的冬日得到了温暖，品尝了熟食的美味，脱离了茹毛饮血的时代，并且成为原始人防御和围猎动物的工具，对人类从动物群中分化出来起到了重要作用。“木炭能源”曾经是人类生存和发展的重要动力，人类有关农业、制陶、冶铜、炼铁及蒸汽机的发明，无一不是从木柴燃火开始的。

燃料一般是指可以与氧发生激烈的氧化反应，释放出大量热量，并且此热量能有效地被利用在工业、农业或其他方面的物质。所谓有效地利用是指利用这些热源在技术上是可能的、经济上是合理的。按照形态可分为固体燃料、气体燃料和液体燃料。本章主要讨论生物质固体燃料，包括农作物秸秆、稻壳、果壳、果核、锯末、木屑、薪柴和木炭等。

生物质燃料的品位是由生物质的物理性质和热化学性质决定的。这些性质对生物质燃料加工转换技术和产品性能影响极大。无论是直接燃烧还是加工转换为固体、气体或液体燃料，都必须了解生物质燃料的基本特性。

一、生物质燃料的成分与化学特性

生物质是由多种复杂的高分子有机化合物组成的复合体，其化学组成主要有纤维素（cellulose）、半纤维素（hemi-cellulose）、木质素（lignin）和萃取物（extractives）等，这些高分子物质在不同的生物质、同一生物质的不同部位分布也不同，甚至有很大差异。生物质的化学组成中的主要成分是纤维素、半纤维素和木质素，存在于细胞壁中。少量成分则是指可以用水、水蒸气或有机溶剂提取出来的物质，也称为提取物。这类物质在生物质中的含量较少，大部分存在于细胞腔和胞间层中，所以也称为非细胞壁提取物。提取物的组分和含量随生物质的种类和萃取条件而改变。属于提取物的物质很多，其中重要的有天然树脂、单宁、香精油、色素、木脂素及少量生物碱、果胶、淀粉、蛋白质等。生物质中除了绝大多数为有机物质外，尚有极少量无机的矿物元素成分，如钙、钾、镁、铁等，它们经生物质热化学转换后，通常以氧化物的形态存在于灰分中。生物质的主要成分，即细胞壁物质，属于高分子化合物，这些高分子化合物相互穿插交织构成复杂的高聚合物体系。要把这些物质彼此分离又不受到破坏是非常困难的。因此，目前用任何一种方法分离出来的各种组分，实际上只能代表某一组分的主要部分。

1. 生物质的元素分析成分

生物质燃料中除含有少量的无机物和一定量的水分外，大部分是可以燃烧的有机质，称为可燃质。生物质燃料可燃质的基本组成是碳、氢、氧、氮、硫、磷、钾等元素，其中碳、氢和氧是生物质的主要成分。

1）碳（C）　碳是燃料中的主要元素，其含量的多少决定燃料发热值的大小。在烘干的柴草中，碳的含量在40%左右。碳燃烧后变成二氧化碳或一氧化碳，并放出大量的热。1kg 纯碳完全燃烧约放出 33 913kJ 的热量，不过，纯碳是不易燃烧的，所以含碳量越高的燃料，它的燃点就越高，点火就越困难。燃烧中，碳的存在形式有两种：一种是化合碳，即碳与氢、氮等元素组成不稳定的碳氢化合物，燃烧是以挥发物析出燃烧；另一种是固定碳，挥发物析出后在更高温度下才能燃烧，这部分碳往往不易燃烧。在柴草中，固定碳的含量比煤炭要少（柴草 12%～20%，煤炭 80%～90%），而挥发物的含量要多，因此，容易点燃，也容易烧尽。

2）氢（H）　氢是仅次于碳的主要可燃质，柴草中含量约 6%，常以碳氢化合物的形式存在，燃烧时以挥发气体析出。1kg 氢燃料可放出 142 300kJ 的热量。但氢的燃烧产物是水蒸气，水蒸气的汽化潜热（约 22 600kJ/kg）要带走一部分热量，故实际上氢燃烧放出的热量比上述数值要低（约 119 700kJ）。氢容易着火燃烧，所以柴草中含的氢越多，越容易燃烧。

3）氧（O）和氮（N）　燃料中的有机质含有氧和氮。氮不能燃烧产生热量，氧可以增强燃烧反应，但它本身不放出热量，它们的存在只会降低燃料的发热量。在一般情况下，氮不会发生氧化反应，而是以自由状态排入大气；但是，在一定条件下（如高温状态），部分氮可与氧生成氮氧化物（NO_x），污染大气环境。柴草中氮的含量一般为 0.5%～1.5%，氧的含量为 20%～25%。

4）硫（S）　硫也是可燃质。每千克硫燃烧的热量为 9210kJ。其燃烧产物是二氧化硫（SO_2）和三氧化硫（SO_3），它们在高温下与烟气中的水蒸气发生化学反应，生成亚硫酸和硫酸。这些物质对金属有强烈的腐蚀作用，污染大气，危害人体，也影响动植物的生长。所以，硫是一种有害的物质。但它在柴草中含量不大，一般为 0.1%～0.2%。生物质中硫含量极低，如果替代煤炭等化石能源，可以减轻对环境的污染。

5）磷（P）和钾（K）　磷和钾是生物质燃料中特有的成分，都是可燃质。柴草中磷的含量不多，一般为 0.2%～0.3%，而钾的含量较大，一般在 1.1%～2.0%。磷燃烧后变成五氧化二磷（P_2O_5），钾燃烧后变成氧化钾（K_2O），它们就是草木灰中的磷肥和钾肥。

6）灰分　灰分是燃料中不可燃的矿物质，是燃料在燃烧后所形成的固体残渣，是原有的不可燃矿物杂质经高温分解和氧化形成的，对生物质燃烧过程有着一定的影响。其成分为二氧化硅（SiO_2）、氧化铝（Al_2O_3）、氧化钙（CaO）、氧化铁（Fe_2O_3）等。灰分对燃料发热量有较大的影响，灰分多，发出的热量就少，燃烧的温度就低。例如，稻秸的灰分高达13.86%，发热量为 13 980kJ/kg，豆秸含灰分仅 3.13%，发热量为 16 156kJ/kg。另外，灰分过大，还会沉积烟道，污染大气。

2. 生物质组成成分的表示方法

燃料的组成成分常用各种组成成分的质量分数来表示。在燃料分析计算时，由于取样的含水基准不同，各成分的质量比也就不同，因而表示方法有收到基、空气干燥基、干燥基和干燥无灰基之分。

1）收到基（as received basis）　以收到状态的生物质燃料为基准，表示时在该成分符号右下角加“ar”。例如，收到基的灰分和水分分别用 A_{ar} 和 M_{ar} 表示。收到基也称应用基，即按实际进入炉灶的燃料取样分析计算所得到组成成分的质量分数。由于燃料中自由水的变化幅度很大，故各种组成成分的百分数值变化也很大，因此，这种表示方法仅在具体做测试计算时使用，不便作为手册、资料上的数据查用。

2）空气干燥基（air dried basis）　以空气湿度达到平衡状态的生物质燃料为基准，表示时在该成分符号右下角加“ad”。例如，空气干燥基的碳和氢分别用 C_{ad} 和 H_{ad} 表示。空气干燥基也称分析基，是通过分析化验计算后所得的各元素组成成分的百分数值，这是一般资料给出的数据。由于燃料中自然水经风干而失去，剩下的水分基本稳定，组成成分也比较稳定，因此数据比较稳定。

例如，用空气干燥基表示燃料组成为

$$C_{ad}+H_{ad}+S_{ad}+K_{ad}+O_{ad}+N_{ad}+A_{ad}+M_{ad}=100\% \tag{5-1}$$

式中，C_{ad}、H_{ad}、S_{ad}、K_{ad}、O_{ad}、N_{ad}、A_{ad}、M_{ad} 分别为燃料中的碳、氢、硫、钾、氧、氮、灰分、水分的分析基含量，%。

3）干燥基（dry basis）　以假想无水状态的生物质燃料为基准，表示时在该成分符号右下角加“d”。例如，干燥基的碳和氢的组成成分分别用 C_d 和 H_d 表示。

例如，用干燥基表示燃料组成为

$$C_d+H_d+S_d+K_d+O_d+N_d+A_d=100\% \tag{5-2}$$

式中，C_d、H_d、S_d、K_d、O_d、N_d、A_d 分别为燃料中的碳、氢、硫、钾、氧、氮、灰分的干燥基含量，%。

4）干燥无灰基（dry ash-free basis）　以假想无水、无灰状态的生物质燃料为基准，表示时在该成分符号右下角加“daf”。例如，干燥无灰基的碳和氢的组成成分分别用 C_{daf} 和 H_{daf} 表示。

例如，用干燥无灰基表示燃料组成为

$$C_{daf}+H_{daf}+S_{daf}+K_{daf}+O_{daf}+N_{daf}=100\% \tag{5-3}$$

式中，C_{daf}、H_{daf}、S_{daf}、K_{daf}、O_{daf}、N_{daf} 分别为燃料中的碳、氢、硫、钾、氧、氮的干燥无灰基含量，%。

可将分析结果在不同基之间进行换算（表 5-1），大部分基于一个特定基准的分析值都可以乘以表 5-1 中公式转换成其他任何基准。但是，一些参数与含水率直接有关，如在将基于空气干燥基的值换算成干燥基或干燥无灰基之前，应进行修正，读者可查阅农业部标准《生物质固体成型燃料试验方法》（NY/T 1881.1-2010）。

表 5-1　不同基准之间的换算公式

已知基	要求基			
	空气干燥基 ad	收到基[a] ar	干燥基 d	干燥无灰基 daf
空气干燥基 ad		$\frac{100-M_{ar}}{100-M_{ad}}$	$\frac{100}{100-M_{ad}}$	$\frac{100}{100-(M_{ad}+A_{ad})}$
收到基 ar	$\frac{100-M_{ad}}{100-M_{ar}}$		$\frac{100}{100-M_{ar}}$	$\frac{100}{100-(M_{ar}+A_{ar})}$
干燥基 d	$\frac{100-M_{ad}}{100}$	$\frac{100-M_{ar}}{100}$		$\frac{100}{100-A_d}$
干燥无灰基 daf	$\frac{100-(M_{ad}+A_{ad})}{100}$	$\frac{100-(M_{ar}+A_{ar})}{100}$	$\frac{100-A_d}{100}$	

a 用来计算收到基结果的公式可以用来计算其他任何湿基

5）生物质的工业分析成分　工业分析法也称为近似分析法，它不是测定各元素的含量，而是测定燃料的水分（*M*）、灰分（*A*）、挥发分（*V*）、固定碳（FC）的含量，以表示燃料的主要燃烧特性指标。用水分、灰分、挥发分和固定碳表示燃料的成分称为燃料的工业分析成分。在隔绝空气条件下对燃料进行加热，首先是水分蒸发逸出，然后燃料中的有机物开始热分解并逐渐析出各种气态产物，主要包括一氧化碳、氢气和各种简单的碳氢化合物，如甲烷（CH_4）、乙炔（C_2H_2）等，也有少量不可燃的二氧化碳、氮等其他气体。生物质挥发分含量一般为 75%～85%，远远高于煤炭，因此挥发分的热解与燃烧是生物质燃烧的主要过程。固定碳是指挥发分逸出后所剩余的可燃碳，即燃料中除去水分、挥发分和灰分后所剩下的部分。关于生物质的工业分析法的具体要求，读者可查阅国家标准《固体生物质燃料工业分析方法》（GB/T 28731-2012）。

3. 生物质的热值

热值又称发热量，它是表示燃料品质的一种重要指标，是指在一定温度下，单位质量（气体燃料为单位体积）的燃料完全燃烧后，在冷却至原有温度时所释放的热量，其国际单位为 kJ/kg。生物质的热值一般为 18～21MJ/kg。

1）高位热值　柴草等生物质热量的测定，是将一定质量的生物质试样放在一个密闭的容器（通称氧弹）中，在有过剩氧气（2.2×10^6～3.5×10^6Pa）存在的条件下使其完全燃烧，用水吸收放出的热量，然后由水温的升高计算出该生物质的发热量。用这种方法测定的发热量为高位热值（Q_{GW}），它是生物质燃料完全燃烧释放出的全部热量，包括燃烧时的显热和所含水分的汽化潜热。

2）低位热值　把在大气状况下完全燃烧单位质量的生物质所得到的热量称为低位热值（Q_{DW}）。它等于从高位热值中减去水蒸气的汽化潜热后的热量，也就是燃料实际所放出的热量。

由于高位热值和低位热值测定条件不同，反应的生成物不同，以及反应结束时的温度不同，因而两者在数值上是有差异的。由于低位热值接近于生物质在大气压下完全燃烧时所放出的热量，在计算热效率时都用低位热值。两者之间差别在于水蒸气（水分蒸发和氢燃烧生成）的汽化潜热是否释放出来，换算关系为

$$Q_{DW}=Q_{GW}-25（9H+M） \quad (5\text{-}4)$$

式中，Q_{DW}为燃料的低位热值，kJ/kg；Q_{GW}为燃料的高位热值，kJ/kg；H、M分别为氢元素成分和水分含量，%。

由式（5-4）可以看出，生物质燃料的热值除了与它们的种类有关外，与其含水率的关系较大，含水率越高，燃烧时摄取的热量也越多，净得热量就越少，即热值也就越低，潮湿的柴草不但损失热量，同时还导致柴草的不完全燃烧，产生大量黑烟，潮湿的柴草存放时间久了，还会发热、发酵和腐朽，也使热值降低。生物质低位热值与含水率的关系见表 5-2。

表 5-2　生物质低位热值与含水率的关系（单位：kJ/kg）

含水率	5%	7%	9%	11%	12%	14%	16%	18%
玉米秸	15 422	15 041	14 661	14 280	14 092	13 711	13 330	12 949
高粱秸	15 744	15 359	14 970	14 583	14 393	14 008	13 623	13 238
棉花秸	15 945	15 552	15 167	14 773	14 579	14 192	13 803	13 414
豆秸	15 723	15 338	14 949	14 568	14 372	13 991	13 606	13 221
麦草	15 438	15 053	14 681	14 301	14 154	13 732	13 355	12 975
稻草	14 183	13 832	13 481	13 129	12 954	12 602	12 251	11 899
谷草	14 795	14 426	14 062	13 694	13 514	13 146	12 782	12 456
杨树皮	13 995	13 606	13 259	12 912	12 736	12 389	12 042	11 694
松木	18 372	17 932	17 489	17 050	16 828	16 385	15 937	15 498
桦木	16 945	16 535	16 125	15 715	15 506	15 096	14 686	14 276

我国主要生物质的工业分析、元素分析和空气干燥基的低位热值如表 5-3 所示。

表 5-3　我国主要生物质的工业分析、元素分析和空气干燥基的低位热值

燃料种类	工业分析/%				元素分析/%						低位热值/（kJ/kg）
	水分	灰分	挥发分	固定碳	H	C	S	N	P	K_2O	
杂草	5.43	9.40	68.27	16.40	5.24	41.00	0.22	1.59	1.68	13.60	16 203
豆秸	5.10	3.13	74.65	17.12	5.81	44.79	0.11	5.85	2.86	16.33	16 157
稻草	4.97	13.86	65.11	16.06	5.06	38.32	0.11	0.63	0.15	11.28	13 980
玉米秸	4.87	5.93	71.45	17.75	5.45	42.17	0.12	0.74	2.60	13.80	15 550
麦秸	4.39	8.90	67.36	19.35	5.31	41.28	0.18	0.65	0.33	20.40	15 374
马粪	6.34	21.85	58.99	12.82	5.35	37.25	0.17	1.40	1.02	3.14	14 022
牛粪	6.46	32.40	48.72	12.52	5.46	32.07	0.22	1.41	1.71	3.84	11 627
杂树叶	11.82	10.12	61.73	16.83	4.68	41.14	0.14	0.74	0.52	3.84	14 851
针叶林					6.20	50.50					18 700
阔叶林					6.20	49.60					18 400
烟煤	8.85	21.37	38.48	31.30	3.81	57.42	0.46	0.93			24 300
无烟煤	8.00	19.02	7.85	65.13	2.64	65.65	0.51	0.99			24 430

二、生物质燃料的物理性质

生物质的物理特性也是十分重要的。生物质的分布、自然形状、尺寸、密度、含水率及灰熔点等特性影响生物质的收集、运输、存储、预处理和相应的燃烧技术。

1. 密度

所谓密度是指生物质燃料单位体积的质量，单位为 kg/m^3、g/cm^3 或 t/m^3。由于生物质为多空隙的非均相固体，其密度会因种类、含水率等的不同而异。将生物质细胞腔内和细胞孔隙中的自由水全部除去后，以其外观体积与质量所测得的密度称为真密度。它不受生物质种类的影响，但由于测定方法的不同，其值也有所不同。木材的真密度为 1.45～$1.54t/m^3$，一般采用 $1.50t/m^3$，农作物秸秆的真密度为 1.1～$1.3t/m^3$。堆积密度是指包括固体燃料颗粒空间在内的密度，一般在自然堆积的情况下进行测量，它反映了单位容积中物料的质量。根据生物质的堆积密度可将生物质分为两类：一类为硬木、软木、玉米芯及棉秆等木质燃料，它们的堆积密度为 200～$350kg/m^3$；另一类为玉米秸秆、稻秸和麦秸等农作物秸秆，它们的堆积密度低于木质燃料。较低的堆积密度不利于农作物秸秆的收集和运输，而且需要占用大量的堆放场地。

2. 含水率

所谓含水率是指生物质燃料中水分质量与生物质质量的比值，常用百分数表示。生物质燃料所含的水分，一部分存在于细胞腔内和细胞之间，称为自由水；另一部分为细胞壁的物化结合水，称为生物质结合水。结合水在生物质燃料中含量一般比较稳定，约占 5%；自由水含量可以在 5%～60%变化，依干燥状态而定。除去自由水后，木材细胞壁的结合水达到饱和状态时的含水率称为纤维饱和点，一般为 25%～35%。当自由水达到饱和时的含水率称为生物质的最大含水率。

按含水率的不同，生物质分为生材、气干材和烘干材 3 种。生材是指新采伐的木材和新收获的农作物秸秆等，它保留了生物质活体的水分。气干材是指在自然状态下风干的生物质。烘干材是指在 100～150℃条件下干燥，达到恒重的生物质，亦称绝干材。

含水率分湿基含水率（也称相对含水率）和干基含水率（也称绝对含水率），其计算公式分别为

$$\text{湿基含水率}=\frac{W_1-W_2}{W_1}\times 100\% \tag{5-5}$$

$$\text{干基含水率}=\frac{W_1-W_2}{W_2}\times 100\% \tag{5-6}$$

式中，W_1 为烘干前的质量，g；W_2 为烘干后的质量，g。

3. 灰熔点

在高温情况下，灰分将变成熔融状态，形成含有多种组分的灰（具有气体、液体或固体形态），在冷表面或炉墙内形成沉积物，即积灰或结渣。灰分开始熔化的温度称为灰熔点。

生物质的灰熔点用角锥法测定。将灰粉末制成的角锥在保持半还原性气氛的电炉中加热，角锥尖端开始变圆或弯曲时的温度称为变形温度；角锥尖端弯曲到和底盘接触或呈球形时的温度称为软化温度；角锥变形至近似半球形，即高约等于底长的一半时的温度称为半球温度；角锥熔融到底盘上开始熔溢或平铺在底盘上显著熔融时的温度称为流动温度。

生物质中的 Ca 和 Mg 元素通常可以提高灰熔点，K 元素可以降低灰熔点，Si 元素在燃烧过程中与 K 元素形成低熔点的化合物。农作物秸秆中 Ca 元素含量较低，K 元素含量较高，导致灰分的软化温度较低。例如，麦秸的变形温度为 860～900℃，对设备运行的经济性和安全性有着一定的影响。

三、秸秆与薪柴

秸秆是农业的剩余物。一般作物在收获了主要产品之后，都留有相应的秸秆，像粮食作物的麦秸、稻秸、玉米秆、高粱秆等和经济作物的棉花秆、豆秸等，因此可以认为秸秆是作物生产的副产物。秸秆是我国广大农区农民的主要燃料之一。薪柴一般指木质燃料，是树木提供作燃料的生物质，主要有树木的枝杈，在林区、山区和木材加工地区，部分树干及木材加工的边角余料，也作为薪柴燃用。薪柴是现今人们生活和生产活动中极重要的能源，全世界约有 15 亿人口从木材中获得的能源占他们所需能源的 90%。另外，还有 10 亿人口用能的 50%以上来自于木材。我国农村中薪柴仍然是占第一位的重要能源。

（一）秸秆与薪柴的性质

1. 秸秆

秸秆是作物通过光合作用生成的生物质，其元素组成主要为碳、氢、氧、氮、硫、磷等。其中碳为 40%～46%，氢为 5%～6%，氧为 43%～50%，氮为 0.6%～1.1%，硫为 0.1%～0.2%，磷为 1.5%～2.5%。含碳量高的发热量也大，豆秸、棉花秆的发热量高于稻秸。一般分析计算时，可认为秸秆的发热量为 14 232kJ/kg，远低于油、煤炭的发热量，也低于木柴的发热量。生物质的发热量除与它的种类（主要是所含成分）有关外，与其含水率的关系较大。含水率越高，燃烧时水分蒸发带走的热量也越多，获得的热量就越少，即发热量也就越低。

在我国，秸秆不仅是农村的主要燃料，而且也是肥料和饲料来源，有许多还是轻工业原料和建筑材料。因此，秸秆并不只应考虑作为燃料，而且如能减少直接燃用秸秆，对饲料、肥料和轻工业原料诸方面都是十分有利的。农业上的剩余物除秸秆外，还有谷壳、玉米芯等，其数量也很多，这部分资源也应该充分利用。

2. 薪柴

薪柴是树木通过光合作用生长成的生物质，主要也是由碳、氢、氧、氮、硫、磷等元素组成。一般认为，木材中的主要元素含量为碳 49.5%，氢 6.5%，氧 43%，氮 1%。含灰量：主干木为 0.3%，枝杈树为 0.3%，树皮为 3%～4%，树叶为 7%，树根为 0.2%，砍伐后经过充足时间干燥的木材，其含水率一般为 15%～20%。

木质燃料的发热量，随树种不同和树的不同部位而略有差异。木材的几种成分中，其发热量也各不相同：纤维素 4117kJ/kg，木素 26 656kJ/kg，树脂 38 074kJ/kg。针叶材中，木素和树脂含量较高，所以针叶材发热量较高。

（二）秸秆与薪柴的资源量计算

1. 秸秆的资源量计算

每年收获的秸秆量，因当年农作物的品种、作物的种植结构、当地的水热条件等而异。我国农作物的秸秆量是按谷物的年产量、谷草比和收集系数来进行计算的。

$$谷草比=\frac{谷物产量}{农作物秸秆产量} \tag{5-7}$$

为了全国统一计算，对几种主要作物给出了谷草比的参考值：玉米 1∶2，高粱 1∶2，大豆 1∶1.5，油料 1∶2，棉花 1∶4。用作能源用途的秸秆只是秸秆总量的一部分。不同地区可根据当地的实际情况确定秸秆的收集系数和作为能源用的秸秆量的比例，从而确定当地秸秆的资源量。

2. 薪柴的资源量计算

薪柴资源量包括薪柴林、防护林、用材林、灌木林、疏林和四旁（村庄、道路、田地、河渠附近）散生树木等通过采伐抚育间伐、更新改造和修枝打杈等所取得的薪柴量。表 5-4 为我国各地各林种单位面积可以提供的薪柴量指标。计算时，薪柴理论储量＝面积×每公顷产柴量；薪柴实物量＝理论储量×可取薪柴面积比例（也称可取薪柴面积系数）。增加薪柴资源的措施是多方面的。我国的山区、牧区和丘陵地区是发展薪柴资源的重点地区，西北、华北、东北的干旱地区内宜林的荒地、荒滩面积很大，可大力营造薪柴林。增加薪柴资源也要注意加强对现有林木的经营管理，增加现有林木的生产能力。还要重视对森林伐区剩余物和林产品、农产品加工剩余物的充分利用。这些废弃物的有效利用对缓解能源短缺，改善农村生态环境具有重要意义。

表 5-4　我国各地各林种可提供的薪柴量

林种	南方山区		平原丘陵区		北方山区	
	可取薪柴面积比例	产柴量	可取薪柴面积比例	产柴量	可取薪柴面积比例	产柴量
薪柴林	1.0	7500kg/hm^2	1.0	7500kg/hm^2	1.0	7500kg/hm^2
用材林	0.5	750kg/hm^2	0.7	750kg/hm^2	0.2	750kg/hm^2
防护林	0.2	375kg/hm^2	0.5	375kg/hm^2	0.2	375kg/hm^2
疏林	0.5	750kg/hm^2	0.7	750kg/hm^2	0.3	750kg/hm^2
灌木林	0.5	1200kg/hm^2	0.7	1200kg/hm^2	0.3	1200kg/hm^2
四旁散生树木	1.0	2kg/株	1.0	2kg/株	1.0	2kg/株

第二节　生物质燃烧技术

一、生物质的燃烧过程与要素

（一）燃烧的基本类型

燃烧是指燃料中所含碳、氢等可燃元素与氧发生激烈的氧化反应，同时释放热量的过程。固体燃料的燃烧按燃烧特征，通常分为以下几类。

1. 表面燃烧

表面燃烧是指燃烧反应在燃料表面进行，通常发生在几乎不含挥发分的燃料中，如木炭表面的燃烧。

2. 分解燃烧

当燃料的热解温度较低时，热解产生的挥发分析出后，与氧进行气相燃烧反应，当温度较低，挥发分未能点火燃烧时，将会冒出大量浓烟，浪费大量的能源，生物质的燃烧过程属于分解燃烧。

3. 蒸发燃烧

蒸发燃烧主要发生在熔点较低的固体燃料。燃料在燃烧前首先熔融为液态，然后再进行蒸发和燃烧（相当于液体燃料）。

（二）生物质的燃烧过程

生物质燃料（秸秆、薪柴等）的燃烧过程是强烈的放热反应，燃烧的进行除了要有燃料本身之外，还必须有足够的温度和适当的空气供应。以柴草等生物质燃料在灶膛内燃烧为例，燃料的燃烧过程可分为预热与干燥、挥发分析出燃烧及木炭形成、木炭燃烧及燃尽 4 个阶段。

1. 预热与干燥

柴草送入灶膛后，当本身温度升高到 100℃左右时，所含的水分首先被蒸发出来，湿柴变为干柴。水分蒸发时需要吸收燃烧过程中释放的热量，会降低燃烧室的温度，减缓燃烧进程。蒸发时间的长短和吸收热量的多少，由柴草的干湿程度而定。含水率高的燃料，蒸发阶段的时间长，损失的热量多。

2. 挥发分析出燃烧及木炭形成

随着温度的继续增高，柴草开始转入析出挥发分阶段。生物质燃料一般含挥发分较高，所以热分解温度都比较低，如木柴的分解温度约为 180℃，这时，柴草中的挥发分以气体形式大量放出，并迅速与灶膛的氧气混合。当温度升高到 240℃以上时，这些可燃气体被点燃，并在燃料表面燃烧，发出明亮的火焰。此时燃烧产生的热量就会迫使燃料内部的挥发物不断析出燃烧，直至耗尽。这一过程需氧较多（燃料挥发分中的大部分也都参与），延续的时间较长。

在气体挥发物燃烧时，柴草中的固定碳被包着，不易与氧气接触，因此在柴草燃烧初期，木炭是不会燃烧的。

3. 木炭燃烧

当挥发物燃烧快结束时，木炭便开始燃烧。这时，由于挥发物基本燃尽，进入灶膛的氧气可以直接扩散到木炭表面并与之反应，使木炭燃烧。

4. 燃尽

木炭在燃烧过程中，不断产生灰分，这些灰分包裹着剩余的木炭，使木炭的燃烧速度减慢，灶膛的温度降低，这时，适当抖动、加强通风，使灰分脱落，余炭才能充分燃尽，柴草燃烧后最终剩下的是灰烬（渣）。

燃烧反应是一个复杂的过程。应该指出的是，以上各个阶段虽然是依次串联进行的，但也有一部分是重叠进行的，各个阶段所经历的时间与燃料种类、成分和燃烧方式等因素有关。

（三）燃烧要素

从上述燃烧过程可知，要使燃料充分燃烧，必须具备 3 个条件：一定的温度，合适的空气量及与燃料良好地混合，足够的时间和空间，即燃烧“三要素”。

1. 一定的温度

温度是良好燃烧的首要条件。温度的高低对生物质的干燥、挥发分析出和点火燃烧有直接的影响。温度高，干燥和挥发分析出顺利，达到着火燃烧的时间也较短，点火容易。要使燃料着火燃烧，必须使温度达到其着火点。燃料中所含的各种元素都有不同的着火点。例如，纯碳的燃点为 800℃，一氧化碳的燃点为 580～600℃。燃点不同，所需要的着火温度也不同；燃料不同，其燃点也不同。木柴的燃点为 300℃，秸秆为 200℃，烟煤为 400℃，燃烧时析出的焦炭和甲烷气体的燃烧点分别为 700℃和 850℃。

另外，在燃烧过程中则必须保持燃料放出的热量不小于燃烧时所散失的热量，燃烧才能持续进行，否则就会熄火。炉灶或燃烧室内温度愈高，燃烧反应将愈激烈。

2. 合适的空气量及与燃料良好地混合

由于燃料所含的元素组成成分不同，燃料所需要的空气量也不同。碳、氢、硫、磷等可燃质，完全燃烧时所需要的氧气量各异。计算燃烧中所需要的理论空气量，可按照化学反应方程式求得。

燃料在灶膛或燃烧器中实际燃烧时，由于灶膛或燃料器的结构及燃料与氧气混合不均等多种原因，实际供给的空气量要比理论空气量大一些，超出的部分称为过量空气。实际供给空气量（V），与理论空气量（V_c）之比称为过量空气系数（α），即

$$\alpha=V/V_c \tag{5-8}$$

式中，α 为过量空气系数；V 为单位质量燃料燃烧时实际供给的空气量（标准状态下），m^3/kg 燃料；V_c 为单位质量燃料完全燃烧时理论需要的空气量（标准状态下），m^3/kg 燃料。

过量空气的多少必须适当。进入灶膛或燃烧器的空气太少，燃烧过程中氧气不足，燃烧不完全，就会浪费燃料；进入灶膛或燃烧器的空气过多，冷空气降低了燃烧温度，同时高速烟气还带走过多的热量，也不利于燃烧。一般，农村户用节柴灶过量空气系数 α 可选用 1.4～1.8。在合适的空气量情况下，影响燃烧的主要因素取决于空气与燃料良好地混合，一般由空气流速所决定。气流扩散大时，空气与燃料混合得好，燃烧的速度快。

不同燃料，不同燃烧装置的过量空气系数完全不同。过量空气系数一般用烟气分析仪分析烟气中的氧、二氧化碳和一氧化碳含量，加以计算求得。

3. 足够的时间和空间

燃料燃烧需要一定的时间，一是化学反应时间，二是空气和燃料或燃气的混合时间。前者时间很短，不起主导作用，后者是氧气扩散的时间，若无保证就会燃烧不完全，造成浪费。燃烧反应一般都发生在一定的时间和空间中。如果燃烧空间较小，燃料的滞留时间则较短，燃料还没有充分燃烧时，就有可能进入低温区，从而使气体和固体不完全燃烧热损失增加。因此，为了保证充分的燃烧时间，就要有足够的燃烧空间。此外，还有燃烧空间是否充分利用的问题。如果燃烧空间有死角，即使空间再大，燃烧时间仍有可能不够，需要适当地设置挡墙或炉拱，改变气流方向，使之更好地充满燃烧空间，延长停留时间，并加强气流扰动。

燃烧三要素相互影响，掌握得好，可相互促进，燃烧旺盛；掌握不好，就会使燃烧不完全，浪费燃料。

二、省　柴　灶

（一）我国旧式柴灶存在的弊病

我国农村炉灶（炕）的主要功能是炊事和供暖，主要燃料是生物质和煤炭，约各占 40%，其余为型煤、石油液化气等。燃料均以直接燃烧的方式转换成热能，不仅造成燃料大量浪费，而且还造成严重的空气污染。随着农村的城镇化和农民生活水平的提高，传统的炊事供暖炉灶和其低效的燃烧方式已经不能满足需要，广大农民对燃煤和生物质能燃烧提出了更高的要求，迫切希望提供和使用更洁净、方便、廉价、造型美观的炉灶。

我国民用柴灶虽然型式较多，各地也有差异，但热效率都很低，柴草浪费严重，也大大污染了室内环境。归纳起来，旧式柴灶共同存在的弊病如下。

（1）大灶膛。即燃烧室容积大，其直径基本上与锅的直径相等。这样大的灶膛是为了一次填入相当多的燃料以避免频繁添柴，但灶膛过大，火力分散，散热损失大，燃烧温度低；火焰和锅底距离大，传热效果差；柴层过厚，底层燃烧不易获得新鲜空气，故灰渣中残碳多，而且燃烧速度过慢。

（2）大灶门。大灶门适合于大量添柴。但因灶门大而使大量冷空气涌入，相当多的冷空气不参与燃烧而吸取热量后从烟囱排出，增加了排烟损失；同时大量冷空气的进入降低了燃烧室的温度，使燃烧和传热效果变坏。

（3）大排烟口。排烟口过大使灶膛内负压过大，燃料挥发分析出后往往不经燃烧或燃烧不完全便从烟囱逸出；减少了高温烟气在灶膛内的停留时间，使传热效果变坏；大量冷空气进入灶膛使燃烧变坏，损失加大。

（4）无炉箅。柴灶不设炉箅，燃料室需要的空气仅从灶门供给，燃烧与空气混合不好，而且空气不易进入碳的燃烧层，使燃烧变慢，燃烧效果变差。

由于上述问题的存在，旧式柴灶的排烟温度高，散热损失大，不完全燃烧多，烟气中过剩的空气也多，因而热效率很低。为了获得需要的供热强度，只能靠多烧柴来达到。因此，推广和使用省柴灶是解决农村生活用能紧张状况的重要途径。

（二）省柴灶的特点

1. 省柴灶的结构

为避免上述旧式柴灶的弊病，科技工作者及管理人员研制推广出了省柴灶，图 5-1 为省柴灶的基本结构。由图 5-1 可知，省柴灶由灶门、进风道、灶膛、炉箅、烟囱等部位组成。

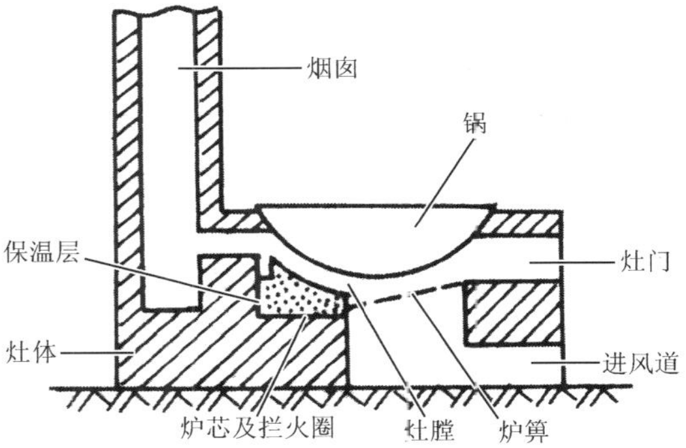

图 5-1　省柴灶的基本结构

2. 省柴灶各组成部分的作用

（1）灶门：添加柴草用，比旧式柴灶炉门小得多。

（2）进风道：用于进风，储灰。

（3）炉膛：周围用黄泥或石灰、水泥等抹成燃烧和扩散的空间。围绕灶膛还有几个特殊部位。

燃烧室：炉箅上方燃料燃烧的空间，其中，锅底中心与炉箅之间的距离称为吊火高度。吊火高度在很大程度上影响着锅灶间的传热。测试表明，一般柴草灶吊火高度为 14～16cm，烧硬柴的为 12～14cm，烧煤炭的为 10～12cm。

拦火圈：或称挡火圈，它位于燃烧室上部和锅之间，拦火圈可以调整火焰和烟气的流动方向，控制烟气流速，延长可燃气体或烟气在灶内停留时间。拦火圈是省柴效果和柴灶好烧与否的关键所在。在拦火圈上部与锅底之间设置合适的间隙是非常重要的。一般在烟囱方向留 5～10cm，然后向两边逐渐加大到 20～40cm。拦火圈的高低是否合适，要通过多次试烧和修改确定。

保温层：用草木灰或珍珠岩填入，以保持灶膛的温度。

（4）炉箅：使燃烧的柴层架空，利于空气经进风道穿过炉箅进入燃烧层，并能使最后燃烧的焦炭得到空气而燃尽，同时可使燃烧后的灰落到炉底。

（5）烟囱：将烟气排到室外较高处，避免污染周围环境；同时烟囱也可产生动力，促使空气经过灶膛流通。

各地燃烧的燃料不同，人们的燃烧习惯也大有差异，因此，上述柴灶基本结构的各个部位，各地常常有各不相同的具体形式，某一个地区同时还可存在多种形式。

三、生物质燃烧发电/热电联产

目前发达国家生物质燃烧发电占可再生能源（不含水电）发电量的70%。例如，在美国与电网连接以木材为燃料的热电联产总装机容量已经超过了7GW，输出电力中一部分销售给电网。此外，在偏远的地区也有相当数量以木材为燃料的自备热电联产。我国生物质燃烧发电也具有一定的规模，主要利用农作物秸秆、甘蔗渣等发电。

生物质燃烧发电技术根据不同的技术路线，可分为汽轮机、蒸汽机和斯特林发动机等。

发电厂锅炉产生的蒸汽驱动汽轮发电机组发电以后，排出的乏气仍然含有大量的热能，却被冷却水带走白白地损失掉，因而热效率较低，仅为20%～40%。如果蒸汽驱动汽轮机之后的乏气热量能够加以利用，则既能发电又能提供热量，这种生产方式称为热电联产（combined heat and power production，CHP），在热电联产过程中，同时生产热量和电力，是一种高效的能源利用形式，热效率可达80%～90%，能源利用效率比单纯发电提高约1倍以上。它将不同品位的热能分级利用（即高品位的热能用于发电，低品位的热能用于集中供热），提高了能源的利用效率，减少了环境污染，具有节约能源、改善环境、提高供热质量、增加电力供应等综合效益。

第三节　生物质压缩成型技术

我国农作物秸秆资源十分丰富，如稻秸、麦秸、玉米秆、棉秆和桑枝等。此外，在农副产品加工中产生大量的残余物，如稻壳、花生壳、甘蔗渣等，在林业生产、木材加工和园林绿化中产生大量的树枝、枝丫、树叶、木屑和边角料等废弃物。这些农林废弃物堆积密度低、运输和储存不便。将农林废弃物粉碎后用机械加压的方法压缩成具有一定形状、密度较大的固体成型燃料，便于运输和储存，能提高燃烧效率，且使用方便、卫生，可以形成商品能源。生物质成型燃料能替代煤炭，用作工业锅炉的燃料，也可广泛应用于农村区域采暖、热水供应、蒸汽供应、大棚种植、养殖供热及各种农副产品烘干场所，也可以进一步炭化处理，得到木炭和活性炭，用于冶金、化工、环保和餐饮烧烤燃料。

近年来，随着全社会对雾霾气候治理的重视和环境保护意识的增强，国家高度重视秸秆等生物质资源的能源化利用工作，相继出台了一系列政策法规，鼓励和支持相关产业的发展。生物质成型燃料直接燃用是世界范围内进行生物质高效、洁净化利用的一个有效途径。推广应用生物质成型燃料，对发展循环经济和实施节能减排具有重要的现实意义。发展生物质成型燃料产业，有利于保障国家能源安全，增加农民收入，改善农民生活条件，为减少温室气体排放和控制雾霾气候作出贡献。

一、生物质成型工艺及影响因素

（一）压缩成型原理及影响因素

早在1962年，德国学者Rumpf针对不同材料的压缩成型，将成型物内部的黏合力类型和黏合方式分成5类：①固体颗粒桥接或架桥（solid bridge）；②非自由移动黏合剂作用的黏合力；③自由移动液体的表面张力和毛细压力；④粒子间的分子吸引力（范德瓦耳斯力）或静电引力；⑤固体粒子间的充填或嵌合。

影响生物质成型过程（能耗、产率等）和成型燃料性能（密度、耐久性等）的因素有3方面，即原料特性，如原料的物理化学性能、原料粉碎粒度、含水率及是否添加黏合剂等；成型工艺条件，如压缩方式、模具结构特征、填料量等；成型工艺参数，如成型压力、温度和模压时间等。虽然成型燃料的密度和强度受诸多因素的影响，但实质上，都可以用Rumpf所述的一种或一种以上的黏合类型和黏合力来解释生物质的成型机制。

对物料施加压力的主要目的是：①使物料原来的物相结构破坏，组成新的物相结构；②加固分子间的凝聚力，使物料变得致密均实，以增强成型燃料的强度；③为物料在模内成型及推进提供动力。一般情况，成型燃料的黏结强度随着成型压力增加而增大。在不添加黏结剂的成型过程中，物料颗粒在外部压缩力的作用下相互滑动，颗粒间的孔隙减小，颗粒在压力作用下发生塑性变形，并达到黏结成型的目的。对大颗粒而言，颗粒之间以交错黏接为主；对于很小的颗粒而言（粉粒状），颗粒之间以吸引力（分子间的范德瓦耳斯力或静电力）黏结为主。温度可以使植物纤维物料内在的黏结剂融化，从而发挥出黏结作用。木屑、秸秆能在不用黏结剂的条件下热压成型，主要是因为有木质素存在。植物细胞中都含有纤维素、半纤维素和木质素，它们互为伴生物。木材中木质素含量为27%～32%（绝干原料），禾草类植物木素含量为14%～25%。由X射线衍射知道木质素属非晶体，没有熔点，但有软化点，当温度在70～110℃时其黏合力开始增加，温度在200～300℃时可以熔融，在植物组织中有增强细胞壁、黏合纤维素的作用。此时施压即可使粉碎的秸秆颗粒互相胶接，冷却后即固化成型。用木质素充当成型时的黏结剂（不外加任何黏结剂），其过程类似压塑粉的热压成型过程。此外，增加黏结剂也可以明显提高成型块的黏结强度，提高颗粒之间的聚合力，从而可以对压力进行一定的补偿。

压缩方式可分为“闭式”和“开式”两类。所谓“闭式”压缩，是指用一个柱塞对装入一端封闭的压模内的物料进行压缩，使其成型并达到一定密度后取出，然后装入新物料再进行压缩的过程。“闭式”压缩适合于间歇生产。“开式”压缩是用一个柱塞或螺杆对压缩室（或模子）内的物料进行压缩，克服压缩室与物料间的摩擦力，推动物料向压缩室出口方向移动，物料连续喂入并连续被挤压，被压缩后的成型燃料随压缩过程的进行自动离开压缩室。“开式”压缩适合于连续生产。

与压缩方式密切相关的是模子的结构形状与尺寸。模子的形状有圆筒模、圆锥模、矩形模和其他棱柱模等，为了减小压缩过程的摩擦力和消耗的压缩能，模子的截面尺寸、长度或锥度等是关键的几何结构参数。

（二）压缩成型工艺

生物质压缩成型工艺可以分为加黏结剂和不加黏结剂的成型工艺，根据对物料热处理方式（加温热解程度）不同，生物质压缩成型工艺又可划分为常温压缩成型（不加温）、热压成型（原料在被加热升温的同时被压缩成型）、预热成型（原料被预热处理后被压缩成型）和炭化成型（原料经热解炭化后再压缩成型）4种主要工艺。

1. 常温压缩成型工艺

纤维类原料在常温下，浸泡数日水解处理后，纤维变得柔软、湿润皱裂并部分降解，其压缩成型特性明显改善，易于压缩成型。因此，该成型技术被广泛用于纤维板的生产，同样，利用简单的杠杆和模具，将部分降解后的农林废弃物中的水分挤出，即可形成低密度的成型燃料块。这一技术在泰国、菲律宾等国得到一定程度的发展，在燃料市场上具有一定的竞争能力。

德国 Weima 公司利用高可靠性油缸和液压系统生产的高压成型设备，对木粉和秸秆类生物质采用常温高压致密成型（闭模压缩）工艺生产块状成型燃料（俗称“木饼”），可用作锅炉燃料。我国俞国胜教授等研制的高压成型设备，也具有类似性能，其成型压力为 15～35MPa，最高达 40MPa，秸秆含水率为 5%～15%，不超过 22%。成型块燃料的密度达 1.0～1.2g/cm^3。

2. 热压成型工艺

热压成型是国内外普遍采用的成型工艺，其工艺流程为：原料粉碎→干燥→挤压成型→冷却→包装等。热压成型的主要工艺参数有温度、压力和物料在成型模具内的滞留时间等。此外，原料的特性、粒度、含水率、成型方式、成型模具的形状和尺寸等因素对成型工艺过程和成型燃料的性能都有一定的影响。

该工艺的主要特点是物料在模具内被挤压的同时，需对模具进行外部加热，将热量传递给物料，使物料受热而提高温度。加热的主要作用是：①使生物质中的木质素软化、熔融而成为黏结剂。由于植物细胞中的木质素是具有芳香族特性、结构单位为苯丙烷型的立体结构高分子化合物，当温度为 70～110℃时软化，黏合力增加；达到 140～180℃时就会塑化而富有黏性；在 200～300℃时可熔融。因此，对生物质加热的主要目的，就是将生物质中木质素加热后起到黏结剂的作用。②使成型块燃料的外表层炭化，使其通过模具时能顺利滑出而不会粘连，减少挤压动力消耗。③提供物料分子结构变化的能量。根据试验，木屑、秸秆和果壳等生物质热压成型，靠模具边界处温度为 230～470℃，成型物料内部为 140～170℃。

由于不同种类的生物质中木质素和纤维素含量及物料的形状等都不相同，因此成型时对温度和压力参数值的要求也不一样。即使同一种生物质，形态相似而含水率和颗粒度不同，则成型时所需温度和压力等也不相同。实践证明，温度和压力选得过高和过低都会导致成型失败。温度选得过低则生物质中的木质素未能塑化变黏，物料不能黏结成型。反之，如温度选得过高，则成型燃料的表面出现裂纹，严重时成型块一出口就变成了“散花”。此外，若施加压力过小，则会使成型燃料无法黏结，而且也无法克服摩擦阻力，因而无法成型。若施加压力过大，则会使成型燃料在模具内滞留时间缩短，使生物质物料加温不足而无法成型。

成型物料在模具内所受的压应力随时间的增加而逐渐减小，因此，必须有一定的滞留时间，以保证成型物料中的应力充分松弛，防止挤压出模后产生过大的膨胀。另外，也使物料有足够的时间进行热传递。一般，滞留时间应不少于 40～50s。为了避免成型过程中原料水分的快速汽化造成成型块的开裂和“放炮”现象发生，一般要将原料含水率控制在 8%～12%。

3. 预热成型工艺

与上述热压成型工艺不同之处在于，该工艺在原料进入成型机压缩之前，对其进行了预热处理，即将原料加热到一定温度，使其所含的木质素软化，起到黏结剂的作用，并且在后续压缩过程中能减少原料与成型模具间的摩擦作用，降低成型所需的压力，从而提高成型部件的使用寿命，降低单位产品的能耗。印度学者利用螺杆成型机，将预热和非预热成型工艺做了一个对比试验，结果表明，整个系统能耗下降了 40.2%，成型部件寿命提高了 2.5 倍。

4. 炭化成型工艺

炭化成型工艺的基本特征是，首先将生物质原料炭化或部分炭化，然后再加入一定量的黏结剂压缩成型。生物质原料在高温下热裂解转换成生物炭，并释放出挥发分（包括可燃气体、木醋液和焦油等），因而其压缩性能得到改善，成型部件的机械磨损和压缩过程中的功率消耗明显降低。但是，炭化后的原料在压缩成型后的力学强度较差，储存、运输和使用时容易开裂或破碎。为提高成型块的耐久性，保证其储存和使用性能，所以采用炭化成型工艺时，一般都要加入一定量的黏结剂。

（三）压缩成型生产流程

生物质成型燃料生产的一般工艺流程包含生物质原料收集、粉碎、干燥、压缩成型、成型燃料切断、冷却和除尘等主要环节。

1. 生物质原料收集

生物质原料收集是十分重要的工序。在工厂化加工的条件下要考虑 3 个问题：一是加工厂的服务半径；二是农户供给加工厂原料的形式，是整体式还是初加工包装式；三是秸秆等原料在田间经风吹、日晒、自然风干的程度。另外，要特别注意原料收集过程中尽可能少夹带泥土，因夹带泥土容易加速成型模具的磨损。一般，农作物秸秆的机械化收割、打捆，可避免这一问题。

2. 生物质原料粉碎

木屑及稻壳等原料的粒度较小，经筛选后可直接进行压缩。秸秆类原料则需通过粉碎机进行粉碎处理，粉碎的粒度大小由成型工艺决定。在颗粒燃料成型过程中，压辊式成型机对物料的碾压在一定程度起到粉碎作用，但对于大颗粒原料也需要预先进行粉碎处理。树枝、树皮及棉秆等木质类农林废弃物都应粉碎处理，经常需两次以上粉碎作业，并且在粉碎工序中间插入干燥工序，以增加粉碎效果。尺寸较大的原料需进行 3 次粉碎作业。

对于颗粒成型燃料，一般需要将 90%左右的原料粉碎至 2mm 以下，而尺寸较大的树皮、木材废料等，一次粉碎只能将原料破碎至 20mm 以下，经过二次粉碎才能将原料粉碎到 5mm 以下，有时必须进行 3 次粉碎。

对于树皮、碎木片、植物秸秆等原料，锤片式粉碎机能够较好地完成粉碎作业。对于较粗大的木材废料，一般先用木材切片机切成小片，再用锤片式粉碎机将其粉碎。

3. 生物质原料干燥

通过干燥作业，使原料的含水率减少到成型所要求的范围内。与热压成型机配套使用的干燥机主要有回转圆筒干燥机、立式气流干燥机等。

（1）回转圆筒干燥机。如图 5-2 所示，回转圆筒干燥机由热风发生炉、干燥筒、进料口、出料口和回转驱动装置等组成。原料从进料口进入干燥筒，干燥筒在回转驱动装置作用下做低速回转运动。干燥筒向出口方向下倾 2°～10°，并在筒内安装有搅动物料的抄板。物料在随干燥筒回转时被抄起后落下，由热风发生炉产生的热风对物料进行加热干燥，同时由于干燥筒的倾斜及回转作用，原料被移送到出料口然后排出机外。

回转圆筒干燥机按干燥筒内物料与气流的流动方向可分为逆流操作和顺流操作。根据被干燥物料的特性和最终要求的含水率，选择物料的流向和设备的组装。逆流操作时，物料和加热气流相向流动，干燥器内传热与传质推动力比较均匀，适用于不允许快速干燥的热敏性物料，逆流操作被干燥物料的含水率较低。顺流操作适用于原料含水率较高、允许干燥速度快、在干燥过程中不分解、能耐高温的非热敏性物料。对于压缩成型的植物材料，一般采用顺流操作。

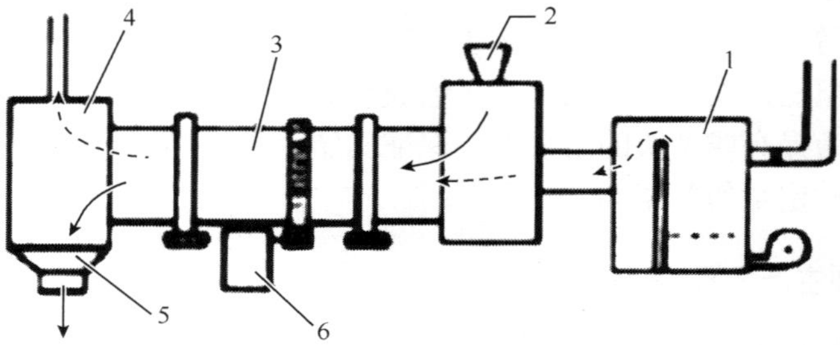

图 5-2　回转圆筒干燥机

1. 热风发生炉；2. 进料口；3. 干燥筒；4. 排湿口；5. 出料口；6. 回转驱动装置

回转圆筒干燥机具有生产能力大，运行可靠，操作容易，适应性强，流体阻力小，动力消耗小等一系列优点。其缺点是设备复杂，体积庞大，一次性投资多，占地面积大。

（2）立式气流干燥机。如图 5-3 所示，立式气流干燥机由热风发生炉、进料装置、干燥输送管道、离心分离器及抽风机等组成。由热风发生炉产生的热风在抽风机的作用下，被吸入干燥管内。同时，被干燥的原料也由加料口加入与热风汇合，在干燥管内，热风和原料充分混合并向前运动。在热风的作用下原料很快被加热，原料的水分散发，最后完成干燥。干燥以后的原料被吸入离心分离器分离，湿空气被抽风机抽出排放，原料经出料口排出。

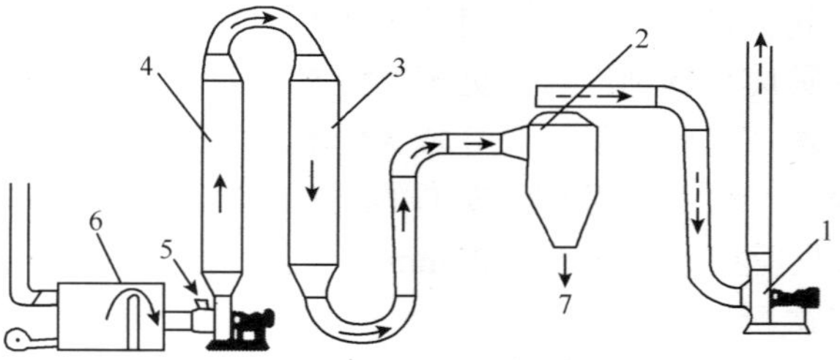

图 5-3　立式气流干燥机

1. 抽风机；2. 离心分离器；3，4. 上、下干燥管；5. 加料口；6. 热风发生炉；7. 出料口

立式气流干燥机由于原料在气流中的分散性好，干燥的有效面积大，干燥强度大，生产能力大，所以干燥时间可以大大减少。在干燥过程中，采用顺流操作，入口处气温高，但原料的湿度大，能充分利用气体的热能，所以热效率高。另外，气流干燥还具有设备简单，占地面积小，一次性投资少等优点，并且可以同时完成输送作业，能够简化工艺流程，便于实现自动作业。

此外，对于压辊式颗粒燃料成型机，含水率过低的原料反而不利于成型，需进行调湿处理，一般将含水率控制在 10%～15%。

4. 压缩成型

生物质压缩成型是整个工艺流程的关键环节。一般富含木质素的原料不使用黏结剂。生物质压缩成型的设备一般分为螺杆挤压式、活塞挤压式（或冲压式）和压辊成型机等几种。

为提高生产率，松散的物料需先预压缩，然后推进到成型模中压缩成型。预压多采用螺旋推进器或液压推进器。

对于棒状燃料热压成型机，一般采用模具外的电阻丝（板）对压缩成型过程中的生物质物料进行加热。压辊式颗粒燃料成型可以不外加热源加热，因在成型过程中，原料和机器工作部件之间的摩擦作用可以将原料加热到 100℃以上，同样可使原料所含的木质素软化，起到黏结作用。

5. 成型燃料切断

为将生物质棒状成型燃料切割成所需要的长度，一种方案是设计一个旋转刀片切断机，将运到冷却传送带上的生物质棒状燃料切割成整齐匀称的长度，其切断面是平整光洁的。如果生物质燃料棒按小捆包装（一捆 6～10 个）出售，这样的切断方法是必要的。这样包装好的成型燃料通过超市和零售渠道销售在欧洲已经有多年了。另一种方案是让挤出的棒状燃料触碰到平滑而且倾斜的阻碍物，靠弯曲应力来使其断裂。这种方法切断的燃料，虽然长度是匀称的，但一般在断裂面处是不光滑的。如需要光滑的边缘，一捆 8～10 个的燃料棒可用两个锯刀将两个端面同时切割平整，但会产生废料，这些小块状的燃料可用于锅炉中的燃料。

如生物质棒状或者块状燃料是用作锅炉燃料，上述任何一种采用切割机平整燃料断面的方法都是不必要的。

6. 成型过程的冷却和除尘

从热压成型机中挤出的生物质成型燃料表面温度相当高，有的超过 200℃。从压辊式颗粒燃料成型机挤出的燃料温度也有 100℃左右。它们必须经过冷却然后传送到储存区域，以提高燃料的耐久性。直接将热压挤出后高温的成型燃料堆放在成型机边上是很危险的，因为有可能发生自燃现象。

对于热压成型机，需要一个长度合适的开放式钢辊轴输送带。输送带的长度应至少有 5m，如条件许可，应尽量在成型机与燃料包装和储存区的间距采用更长的输送带。对于规模化生产的颗粒燃料的冷却，可采用逆流式空气冷却器，使燃料出机温度与周围环境温度一致。

生物质成型燃料加工车间会产生粉尘，热压成型工艺还会产生烟尘。为保障工人的身体健康，必须安装除尘设备，提供适宜的工作环境。

二、生物质压缩成型设备

常见的生物质压缩成型设备主要有螺杆挤压式、压辊式成型机和柱塞挤压（或冲压式）等几种。本部分着重介绍国内应用较普遍的螺杆挤压式和压辊式成型机。

（一）螺杆挤压式成型机

螺杆挤压（热压）式成型机是最早研制生产的成型机，其原理是利用螺杆输送推进和挤压生物质。螺杆挤压式成型机又可分为加热和不加热两种。一种是在物料预处理过程中加入黏结剂（如生物炭粉添加黏合剂的成型），然后在螺旋输送器的压送下压力逐渐增大，到达模具压缩喉口时物料所受压力达到最大值。物料在高压下密度增大，并在黏结剂的作用下成型。棒状燃料从成型机的出口处被连续挤出。另一种是在成型机模子（成型套筒）外设置一段电加热器，加热器加温时由温控器自动控制在设定的温度值。生物质中的木质素受热塑化后具有黏性，使生物质原料热压成型。这类成型机具有运行平稳、生产连续、所产成型棒易燃（由于其空心结构及表面的炭化层）等特性。其主要技术问题是成型部件磨损严重，使用寿命短，单位产品能耗高。

螺杆挤压式成型系统示意图如图 5-4 所示，螺杆挤压式成型原理图如图 5-5 所示。螺杆挤压式成型机主要由电动机、传动部件、料仓、喂料机构、电加热器、成型机、冷却及切割台和控制箱等几部分组成。螺杆和成型套筒是螺杆挤压式成型机的主要工作部件，由于两者在较高温度（200～340℃）和较大压力（80MPa）下处于干摩擦状态，工作环境很差，使螺杆和成型套筒磨损严重。

1. 螺杆

螺杆（图 5-6）是挤压成型的关键部件。由于受高温高压的摩擦作用，螺杆极易磨损。在设备加工生产中，一般采用中碳钢、合金钢材料制造，热处理工艺大多采用表面硬化方法，对螺杆成型部位进行处理，如采用局部渗硼处理，采用喷焊钨钴合金或碳化钨焊条堆焊等方法。因螺杆工作时主要是最前端的一个螺距起压缩作用，因而前端磨损严重，可将螺杆拆分成主动螺杆和从动螺杆两部分，磨损主要发生在从动螺杆段，维修时只需更换从动螺杆。

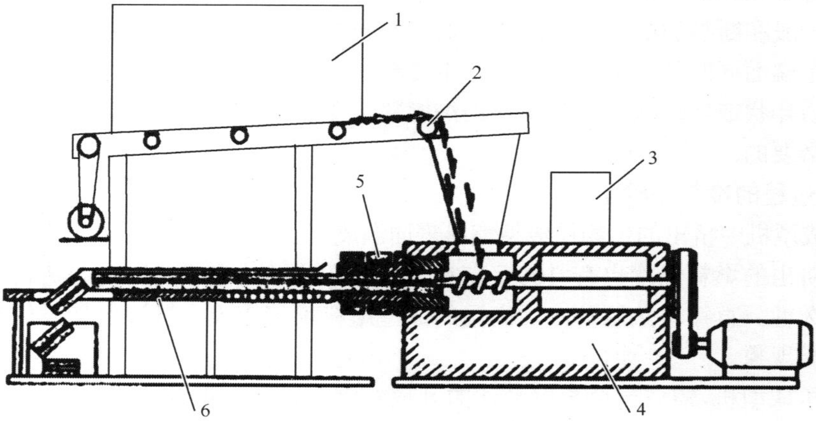

图 5-4　螺杆挤压式成型系统示意图

1. 料仓；2. 喂料机构；3. 控制箱；4. 成型机；5. 电加热器；6. 冷却及切割台

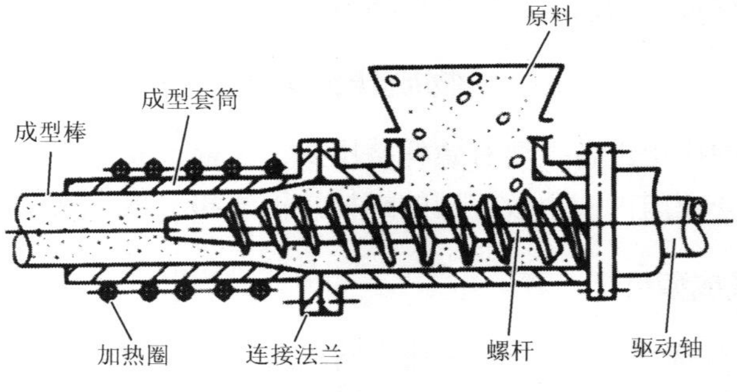

图 5-5　螺杆挤压式成型原理图

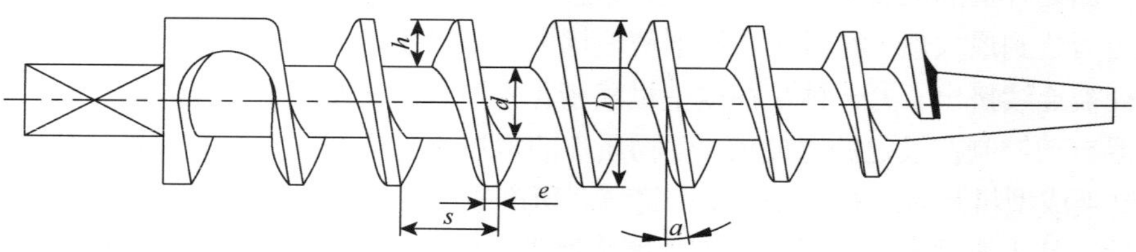

图 5-6　螺杆的结构

s. 螺距；*h*. 螺槽深度；*a*. 螺旋角；*e*. 螺棱宽度；*D*. 套筒内孔直径；*d*. 螺杆外径

螺杆的结构尺寸和工作参数直接影响到成型机的工作性能和成型燃料的质量。螺杆主要结构参数包括：螺距 s，螺槽深度 h，螺旋角 a，螺棱宽度 e。螺槽深度 h 是影响成型机产量和成型燃料质量的一个重要因素。螺槽深度 h 大，推动的物料量多，产量就大，但若 h 过大，螺槽受机头压力很大，对螺杆制造材料和工艺要求过高。螺旋角一般选择 $a<20°$，因为螺旋角过大，螺杆受到的力就大，螺杆很容易磨损。过小则推动的物料少，产量就小。

2. 成型套筒

成型套筒与螺杆配合，形成压缩副。在套筒内壁的根部设有锥形压缩区段，压缩区段内需要有一定的粗糙度，使物料流经套筒时，在轴向和圆周方向具有足够的摩擦力，以保证物料固体成型。通常压缩区段沿轴向开有沟槽以防止物料跟随螺旋转动（图 5-7）。套筒内孔直径取 $D=d+\Delta$（Δ 为间隙，一般取 $\Delta=1\sim1.5$mm）。套筒长度 L 应保证物料在筒内压缩到设计密度值，它根据压缩副内力的平衡条件来计算。

成型套筒的材料采用较多的是 45 号钢、球墨铸铁和各种耐磨合金材料。为延长成型套筒的使用寿命，可采取以下措施：①在成型套筒内壁压缩段进行局部耐磨材料喷涂，提高耐磨性能，延长使用寿命。②加垫圈调节（图 5-8），成型套筒与进料套筒连接时，在压紧圈内加若干个 A 型和 B 型薄垫圈，待成型套筒压缩段磨损到不能正常工作时，取下一个 A 型垫圈，增添一个 B 型垫圈，相当于成型套筒压缩区前移了一个垫圈厚度的距离，继续保持与螺杆的间隙，相应延长了成型套筒的使用时间。③成型套筒磨损最快的锥形筒部分采用拆分方法进行加工，做成的活动耐磨衬套镶嵌在成型套筒压缩段，锥形筒磨损后可单独拆换，套筒中后段作保型筒使用。

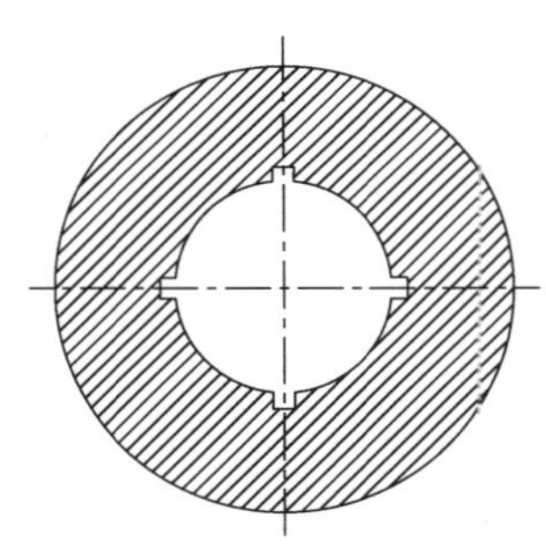

图 5-7　成型套筒断面结构

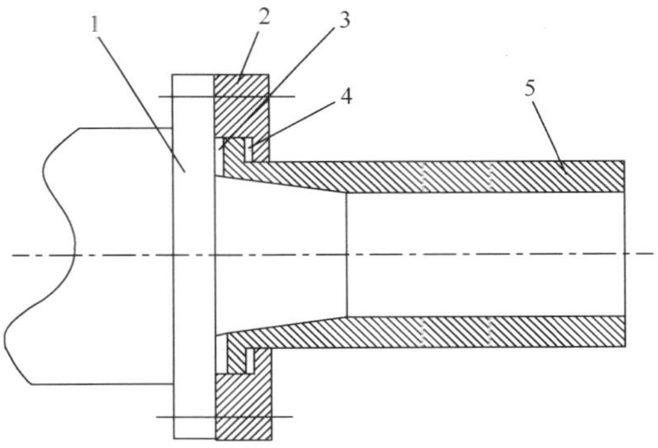

图 5-8　成型套筒内垫圈调节示意图

1. 进料套筒；2. 压紧圈；3. A 型垫圈；4. B 型垫圈；5. 成型套筒

图 5-9 为采用螺杆挤压式成型机组的生物质棒状成型燃料生产线流程图。

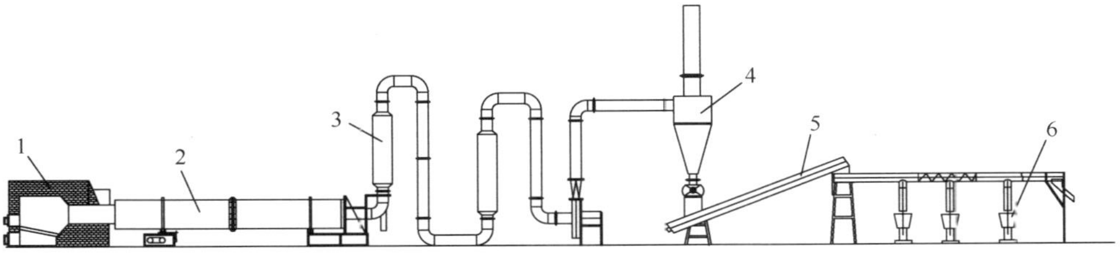

图 5-9　生物质棒状成型燃料生产线流程图

1. 生物质热风炉；2. 回转筒式烘干机；3. 立式气流干燥及输送装置；4. 旋风分离装置；5. 上料装置；6. 成型机组

（二）压辊式成型机

压辊式成型机主要用于生产颗粒状成型燃料，具体分为平板模颗粒成型机（图 5-10，图 5-11）和环板模颗粒成型机（图 5-12，图 5-13），其中环板模颗粒成型机又可分为卧式和立式两种机型。压辊式成型机的基本工作部件由压辊和压模组成。其中压辊可以绕自己的轴转动。压辊的外周加工有齿或槽，用于压紧原料而不致打滑。压模上加工有成型孔，原料进入压辊和压模之间，在压辊的作用下被压入成型孔内。从成型孔内压出的原料就变成圆柱形或棱柱形，最后用切断刀切成颗粒状成型燃料。图 5-13 中调节器的作用是通过加入水蒸气调节过干物料的含水率。

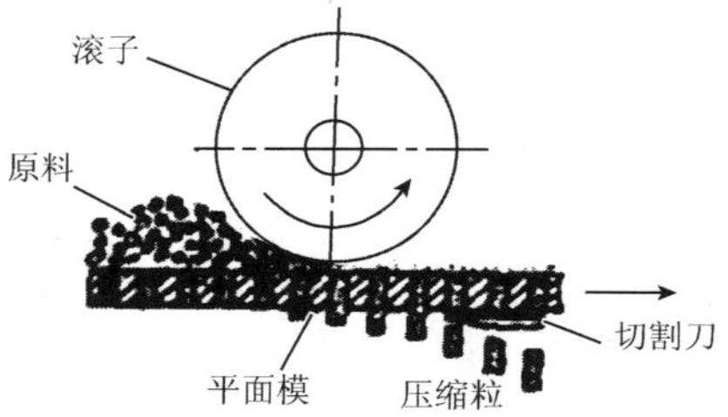

图 5-10　平板模颗粒成型原理图

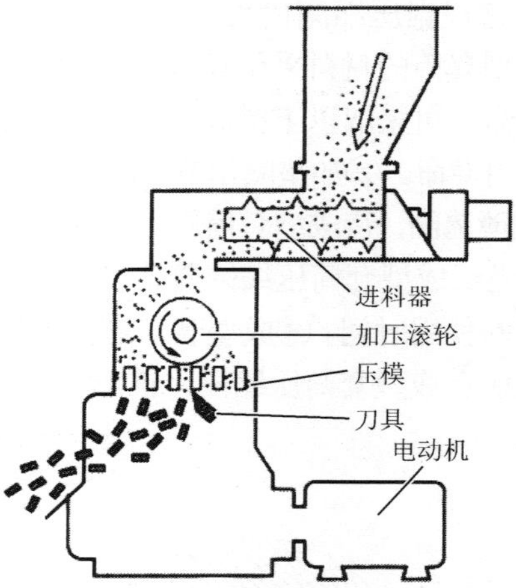

图 5-11　平板模颗粒成型机结构示意图

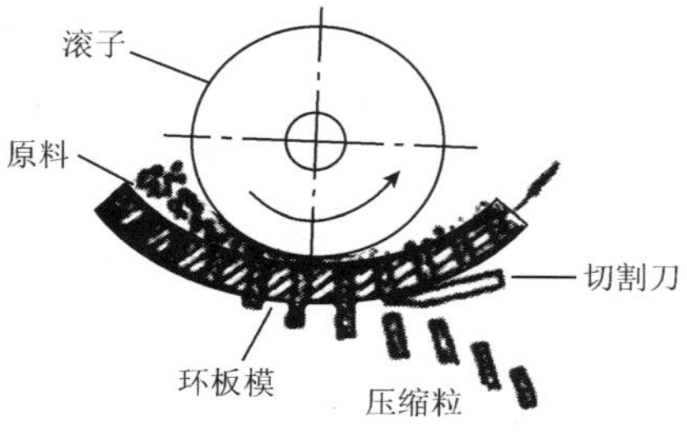

图 5-12　环板模颗粒成型原理图

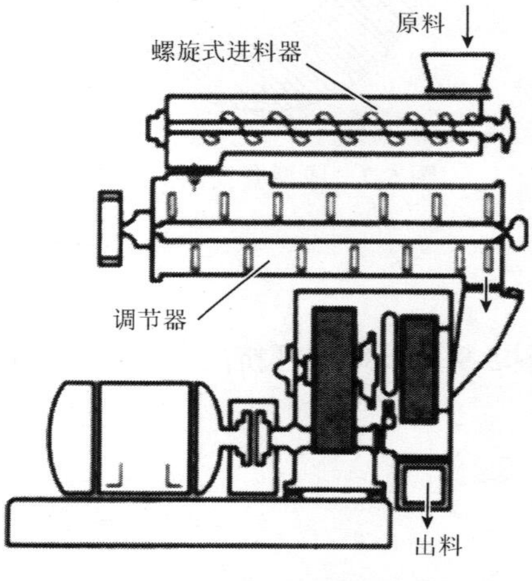

图 5-13　环板模颗粒成型机结构示意图

国内外绝大多数采用内环板模颗粒成型技术，或称为环式轮毂型的滚轮碾压成形技术，一般采用双滚轮或 3 个滚轮（图 5-14）。滚轮碾压成形中，定量地向轮毂内部提供原料，原料在轮毂和内部压轮间得到压缩。压缩后的原料通过许多设置在轮毂上的圆柱状小孔向轮毂外挤出，轮毂外设有切断刀具，可以根据所需要的长度将燃料切断，制成颗粒状的产品。据报道，上述压缩条件下的压力为 70MPa 左右，轮毂温度在 100～150℃。与压缩成型条件相关的主要因素包括：压力、温度、加压时间、原料的粒径、含水率和化学成分。如何选择和确定最佳的成型条件还没有形成系统化，成型条件的确定一般主要取决于成型机生产企业或制造者的经验。

图 5-14 内环板模颗粒成型原理图

典型的木质颗粒制造过程如图 5-15 所示，主要工艺为：原料收集→破碎→干燥→粉碎→成型→冷却→分选。在采用间伐木材或来自于木材加工厂的大块未利用木材作为原料时，为提高后续的干燥工段的干燥效率及保持含水率的均一性，要按照适当的粒度将原料破碎。根据原料的不同，木质颗粒成形时的含水率也不相同，一般在 10%～20%。一般来说，间伐木材等未利用木材的含水率比上述含水率要高，原木通常可以达 50%以上。因此，必须进行干燥处理。与前所述，用于破碎后木片的连续干燥，有回转炉和气流干燥两和干燥方式。

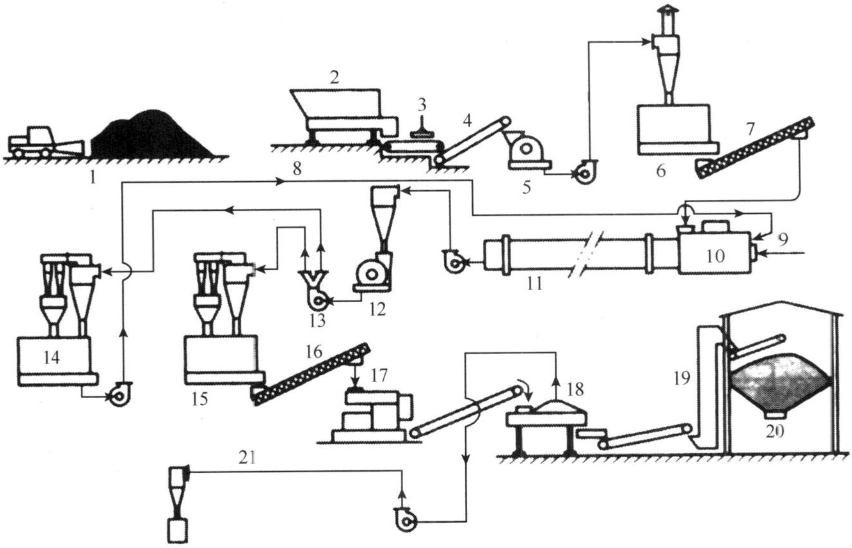

图 5-15 木质颗粒燃料生产工艺流程

1. 原料堆放场；2. 定量供给料斗；3. 磁选机；4. 皮带式输送带；5. 一次粉碎机；6. 第一储料仓；7. 螺旋式输送带；8. 助燃燃料；9. 燃料；10. 燃烧炉；11. 回转式干燥器；12. 二次粉碎机；13. 切换式翻斗装置；14. 燃料罐；15. 第二储料仓；16. 螺旋式输送带；17. 成型机；18. 冷却器；19. 斗式输送带；20. 产品储仓；21. 粉料

三、生物质成型燃料的特性及应用

（一）生物质成型燃料的物理特性

不同的成型工艺和设备能生产出不同形状的成型燃料。常见的生物质成型燃料主要有棒状燃料、块状燃料（或饼状燃料）和颗粒燃料。通常用直径和最大长度值反映外形和燃料规格级别。常见的不同形状的生物质成型燃料如图 5-16 所示。

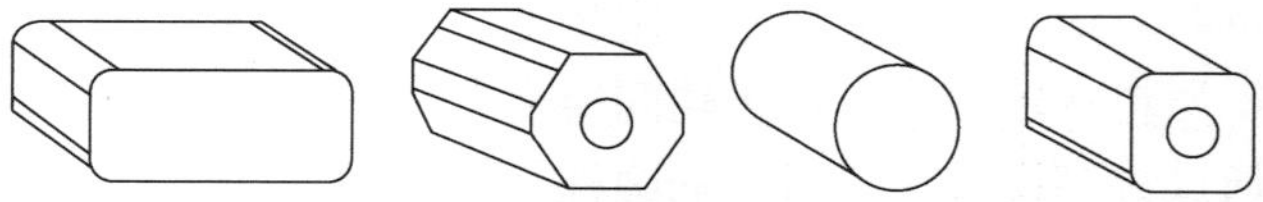

图 5-16 常见的不同形状的生物质成型燃料

1. 密度

密度是成型燃料的一个重要参数，单位为 kg/m^3、g/cm^3 或 t/m^3。生物质成型燃料在出模后，由于弹性变形和应力松弛，其压缩密度逐渐减小，一定时间后密度趋于稳定，此时成型燃料的密度又称为松弛密度。密度越大，能量/体积就越高。因此，从运输、储存和使用角度来看，需要获得高密度产品。

按照成型后的密度大小，生物质成型燃料可分为高、中、低 3 种密度。一般，密度在 $1000kg/m^3$ 以上的为高密度成型燃料，更适于进一步加工成生物质炭制品；密度在 $800kg/m^3$ 以下的为低密度压缩燃料；密度为 800～$1000kg/m^3$ 的为中密度成型燃料。

成型燃料的密度通常被认为是衡量燃料力学性能的一个参数，密度大则燃料的力学性能高。成型燃料的密度与生物质的种类及压缩成型的工艺条件有密切关系，不同生物质由于含水率不同，化学成分不同，在相同压缩条件下所达到的密度值存在明显的差异。

2. 耐久性

成型燃料的耐久性作为反映其物理力学品质的一个重要特性，主要体现在不同使用性能和储藏性能方面，反映力学强度的品质指标为抗变形性、抗跌碎性和抗滚碎性，反映物理性能的品质指标为抗渗水性和抗吸湿性等。

（1）抗变形性。成型燃料的抗变形性，也称抗压强度（抗碾性或硬度），是指成型燃料试验样品破裂之前所能承受的最大断裂载荷，主要反映成型燃料在承受外界压力作用条件下抗破裂的能力，决定了成型燃料的使用及堆放要求。由于在储藏过程中，上层燃料的重力对底层燃料产生压力，因此必须考虑成型燃料的抗压强度。这一性能的测试通过万能材料试验机上的压缩试验实现。将成型燃料样品置于万能材料试验机的平台上，测定样品在连续加载受压下，变形破裂的最大压力，该压力能反映成型燃料的抗变形性。

（2）抗冲击性。由于成型燃料搬运时从货车倒出或装箱过程中从输送道滑入箱体的途中会遇到冲击力，抗冲击（跌摔）试验就是建立在这种假设上。翻滚试验（tumbler test）和跌落试验（drop test）分别用来检验成型燃料的抗滚碎性和抗跌碎性，并用失重率反映成型块的抗碎性能。美国、瑞典等国分别形成了各自的试验技术标准和评估标准，专门用于生物质成型物的耐久性评估。其中翻滚试验被美国农业与生物工程师学会（ASABE）认可，作为用来评价颗粒燃料耐久性的一种标准方法，其评价指标为颗粒燃料耐用指数（PDI）。

（3）抗渗水性和抗吸湿性。在运输和储藏过程中成型燃料难免暴露在雨水中或高湿度的环境中，对成型燃料会造成不利影响，因此对成型燃料的抗渗水性有一定的要求。成型燃料在吸收水分后会发生体积膨胀，抗渗水性、抗吸湿性分别反映成型燃料的渗水能力和吸收空气中水分的能力，决定了成型燃料储藏的实际环境条件。

在抗渗水性能评价中，在试验方法和量化方式上略有不同，一种是计算成型燃料样品一定时间内在水中的吸水率，另一种是记录成型燃料在水中完全剥落分解的时间。对于抗吸湿性，一般都采用成型燃料样品在环境湿度和温度条件下的平衡含水率作为评价指标。

（二）生物质成型燃料的化学特性

生物质成型燃料的化学特性包括热值、含水率、灰分、灰分熔点，以及 Cl、N、S、K 和重金属含量。生物质成型燃料特性及其影响见表 5-5。

表 5-5　生物质成型燃料特性及其影响

参数	影响因素
含水率	可存储性、热值、损失、自燃
热值	可利用性、工程的设计
Cl	HCl、二噁英和呋喃①的排放，对过热器的腐蚀作用
N	NO_x、HCN 和 N_2O 的排放
S	S_xO 的排放
K	对过热器的腐蚀作用，降低灰分熔点
Mg、Ca 和 P	提高灰分熔点，影响灰分的使用
重金属	污染环境，影响灰分的使用和处理
灰分含量	含尘量，灰分的处理费用
灰分熔点	使用的安全性
堆积密度	运输和存储的成本、配送方案的设计
实际密度	燃烧特性（包括传热率和气化特性）
颗粒燃料尺寸	可流动性、搭桥的趋势

①二噁英和呋喃：多氯代二苯并二噁英（PCDDs）和多氯代二苯并呋喃（PCDFs）是两个系列的三环化合物。此类化合物中有一些种类具有极毒的特性，其化学性质稳定，而且在本质上又是亲脂的，因此容易在食物链中发生生物累积，从而对人类和环境构成威胁。PCDDs 和 PCDFs 在技术上是没有用途的，自然界中也不存在。但是在生产某些杀菌剂和除草剂时，以及在焚烧城市固体废物和工业废物时，均有少量二噁英和呋喃作为杂质产生

部分欧洲国家和美国制定了有关生物质成型燃料的质量标准，规定了成型燃料的热值，堆积密度，灰分含量，S、Cl、N 等元素的含量等参数指标。欧洲标准化委员会制定了生物质燃料质量标准。欧洲木质颗粒燃料综合标准见表 5-6。

表 5-6　欧洲木质颗粒燃料综合标准

标准名称及单位	综合指标	标准名称及单位	综合指标
直径 d/mm	6～8	灰分/%	<0.5
长度/mm	$<5\times d$	燃烧热值/（MJ/kg）	>18
密度/（kg/dm^3）	>1.12	硫化物/%	<0.04
含水率/%	<10	氮化物/%	<0.3
粉末/%	<2.3	氯化物/%	<0.02
黏结剂/%	<2		

2007 年，中国在借鉴欧盟相关标准的基础上，针对成型燃料的原料主要是农作物秸秆这一实际情况，制定了 13 项农业部行业标准，包括成型燃料技术条件、采样方法、样品制备方法、试验方法，成型设备技术条件、试验方法，并于 2010 年 9 月发布实施。表 5-7 为我国农业部行业标准中规定的成型燃料基本性能质量指标（NY/T 1878-2010）。

表 5-7　成型燃料基本性能质量指标（NY/T 1878-2010）

项目	颗粒状燃料		棒（块）状燃料	
	主要原料为草本类	主要原料为木本类	主要原料为草本类	主要原料为木本类
直径或横截面最大尺寸（d）/mm	≤25		>25	
长度/mm	≤4d		≤4d	
密度/（kg/m^3）	≥1000		≥800	
含水率/%	≤13		≤16	
灰分/%	≤10	≤6	≤12	≤6
低位发热量/（MJ/kg）	≥13.4	≥16.9	≥13.4	≥16.9
破碎率/%	≤5			
硫含量/%	≤0.2			
钾含量/%	≤1			
氯含量/%	≤0.8			
添加剂含量/%	≤2（无毒、无味、无害）			

（三）生物质成型燃料的应用

生物质成型燃料主要用于供热，包括工业蒸汽锅炉、区域供热、小型热水锅炉（功率为0.5～4MW）和家用采暖炉及壁炉（功率为 1.0～25kW），为家庭用户提供生活热水和室内取暖。生物质成型燃料也可广泛应用于温室大棚种植、养殖供热及各种农副产品烘干场所，高密度棒状燃料也可以进一步炭化处理，得到木炭（机制木炭）和活性炭，用作烧烤燃料，或用于冶金、化工和环保领域。目前，最受关注的是木质类颗粒成型燃料，它热值高、灰分低，是替代煤炭等常规能源的理想燃料。此外，木质类颗粒燃料还有以下特征。

1. 利用效率高

进料系统的控制比较容易，可以实现自动精确控制，避免不必要的燃料消费。

2. 排放性状良好

除了可以稳定燃烧，木质类生物质的整体特性是 S 成分和 N 成分比较少，燃烧时的排放性状比较好。

3. 运输效率高

木质类颗粒燃料密度大，含水率低，能量密度大，这可以提高运输效率。另外，木质类颗粒容易使用如编织袋、集装箱等进行运输。

4. 储存性能良好

由于能量密度比较大，可以充分缩小储存体积。另外，成型时木质素等成分产生熔融，可以提高其抗湿性能，可以长时间储存。直接使用饲料储存仓库等就可以对木质类颗粒进行储存。颗粒燃料燃烧器是一种生物质颗粒燃料的自动高效燃烧设备，具有燃料单一、运行稳定、热输出均匀等优点，可以实现长时间连续自动燃烧，与燃油燃烧器类似，燃烧效率能达80%以上。可通过与不同的热交换设备配套使用，实现取暖、热水、工业干燥等多种功能的使用方式。国外颗粒燃料燃烧器主要采用 6～8mm 的木质颗粒作为燃料，木质颗粒具有热值高、灰分低、灰熔点较高、燃烧后不易结渣等优点。典型的生物质颗粒燃烧器系统一般由点火系统、配风系统、燃烧室、清灰排渣系统和自动控制系统等几部分组成。此外，还需配备料仓、进料系统和锅炉才可正常运行，如图 5-17 所示。

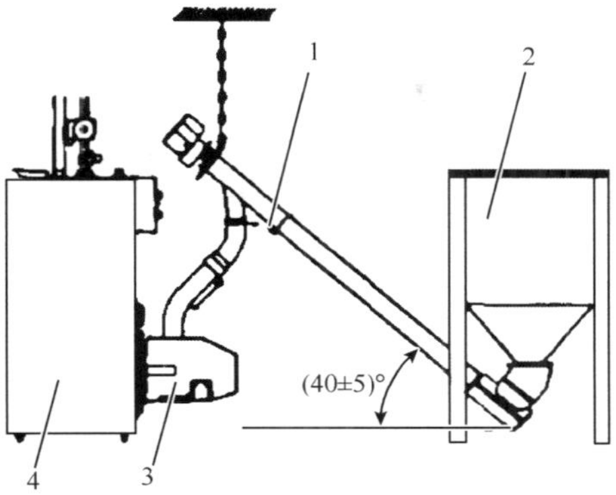

图 5-17　生物质颗粒燃烧器系统

1. 进料系统；2. 料仓；3. 燃烧器；4. 锅炉

6
第六章　生物质热裂解技术

第一节　生物质热裂解的概念及机制

一、生物质热裂解的概念

生物质热裂解是指生物质在完全没有氧或缺氧条件下热降解，最终生成生物油、木炭和可燃气体的过程。3 种产物的比例取决于热裂解工艺和反应条件。一般地说，低温慢速热裂解（小于 500℃），产物以木炭为主；高温闪速热裂解（650～1100℃），产物以可燃气体为主；中温快速热裂解（500～650℃），产物以生物油为主。如果反应条件合适，可获得原生物质 80%～85%的能量，生物油产率可达 70wt%以上。

生物质热裂解液化是在中温（500～650℃），高加热速率（10^4～10^5℃/s）和极短气体停留时间（小于 2s）的条件下，将生物质直接热解，产物经快速冷却，可使中间液态产物分子在进一步断裂生成气体之前冷凝，从而得到高产量的生物质液体油。其与气化最明显的区别是有无氧化气氛（如氧气、水蒸气、二氧化碳等）的存在。生物质热裂解有气、液、固 3 种产物。气体主要由 H_2、CO、CO_2、CH_4 及 C_2～C_4 烃组成，气体视其热值的高低，可单独或与其他高热值气体混合作为工业或民用燃气；固体主要是木炭，也称生物炭，可作为固体燃料使用或加工成活性炭，用于化工和冶炼，生物炭也可用来改良土壤；作为主要产品的液体产物又称为生物油，为棕黑色黏性液体，有较强的酸性，组成复杂，以碳、氢、氧元素为主，成分多达几百种，最多的组分含量（质量分数）不超过 10%。从组成上看，生物油是水、焦油及含氧有机化合物等组成的一种不稳定混合物，包括有机酸、醛、酯、缩醛、半缩醛、醇、烯烃、芳烃、酚类、蛋白质、含硫化合物等。生物油可通过进一步的分离和提取制成燃料油和化工原料。该技术最大的优点在于生物油易存储和易运输，不存在产品的就地消费问题，因而得到了国内外的广泛关注。

二、生物质热裂解反应机制

在热裂解反应过程中，会发生一系列的化学变化和物理变化，前者包括一系列复杂的化学反应（一级、二级）；后者包括热量传递和物质传递。通过对国内外热裂解机制研究的归纳概括，现从以下 3 个角度对反应机制进行分析。

（一）从生物质组成成分分析

生物质主要由纤维素、半纤维素和木质素 3 种主要组成物，以及一些可溶于极性或非极性溶剂的提取物组成。生物质的 3 种主要组成物常常被假设独立地进行热分解，半纤维素主要在 225～350℃，纤维素主要在 325～375℃，木质素在 250～500℃分解。半纤维素和纤维素主要产生挥发性物质，而木质素主要分解为炭。生物质热裂解工艺开发和反应器的正确设计都需要对热裂解机制进行良好地理解。因为纤维素是多数生物质最主要的组成物（如在木材中平均占 43%），同时它也是相对最简单的生物质组成物，因此纤维素被广泛用作生物质热裂解基础研究的实验原料。最为广泛接受的纤维素热分解反应途径模式是如图 6-1 所示的两条途径的竞争。

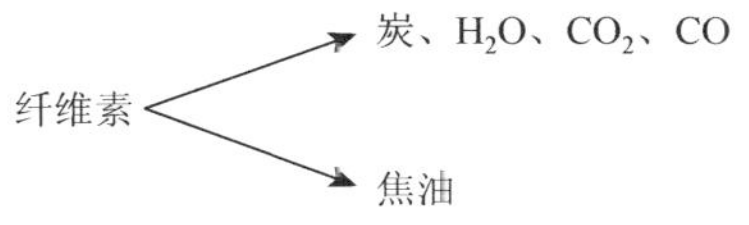

图 6-1 纤维素热分解反应途径模式

很多研究者对该基本图式进行了详细地解释。Kilzer 和 Broido（1965）提出了一个很多研究所广泛采用的概念性的框架，其反应图式如图 6-2 所示。

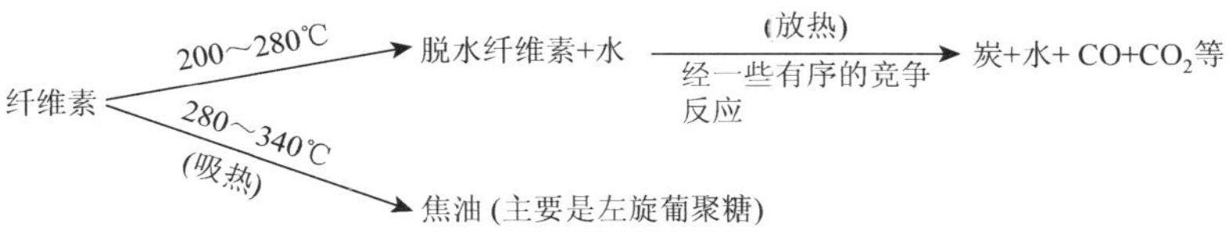

图 6-2 Kilzer 提出的纤维素热分解途径

从图 6-2 中可明显看出，低的加热速率倾向于延长纤维素在 200～280℃所用的时间，结果以减少焦油为代价增加了炭的生成。

Antal 等对图 6-2 进行了评述：首先，纤维素经脱水作用生成脱水纤维素，脱水纤维素进一步分解产生大多数的炭和一些挥发物。在略高的温度下，与脱水纤维素反应竞争的是一系列相继的纤维素解聚反应，产生左旋葡聚糖（1, 6 脱水-β-D-呋喃葡糖）焦油，根据实验条件，左旋葡聚糖焦油的二次反应或者生成炭、焦油和气，或者主要生成焦油和气。例如，纤维素的闪速热裂解把高升温速率、高温和短滞留期结合在一起，实际上排除了炭生成的途径，使纤维完全转化为焦油和气；慢速热裂解使一次产物在基质内的滞留期加长，从而导致左旋葡聚糖主要转化为炭。纤维素热裂解产生的化学产物包括 CO、CO_2、H_2、炭、左旋葡聚糖及一些醛类、酮类和有机酸，醛类中包括经乙醛（乙醇醛），它是纤维素热裂解的一种主要产物。

最近十几年来，一些研究者相继提出了与二次裂化反应有关的生物质热裂解途径，但基本上都是以 Shafizadeh 提出的反应机制为基础的，其分解反应途径如图 6-3 所示。

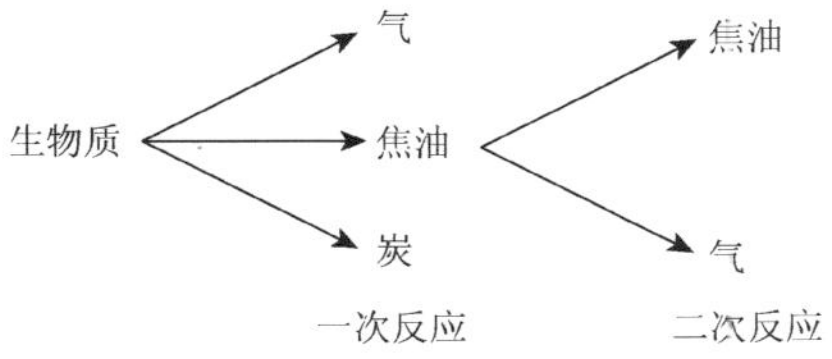

图 6-3 Shafizadeh 提出的分解反应机制途径

（二）从物质、能量的传递分析

首先，热量被传递到颗粒表面，并由表面传到颗粒的内部。热裂解过程由外至内逐层进行，生物质颗粒被加热的成分迅速分解成木炭和挥发分。其中，挥发分由可冷凝气体和不可冷凝气体组成，可冷凝气体经过快速冷凝得到生物油。一次裂解反应生成了生物炭、一次生物油和不可冷凝气体。在多孔生物质颗粒内部的挥发分还将进一步裂解，形成不可冷凝气体和热稳定的二次生物油。同时，当挥发分气体离开生物颗粒时，还将穿越周围的气相组分，在这里进一步裂化分解，称为二次裂解反应。生物质热裂解过程最终形成生物油、不可冷凝气体和生物炭（图 6-4）。反应器内的温度越高且气态产物的停留时间越长，二次裂解反应则越严重。为了得到高产率的生物油，需快速去除一次热裂解产生的气态产物，以抑制二次裂解反应的发生。

与慢速热裂解产物相比，快速热裂解的传热过程发生在极短的原料停留时间内，强烈的热效应导致原料极迅速地去多聚化，不再出现一些中间产物，直接产生热裂解产物，而产物的迅速淬冷使化学反应在所得初始产物进一步降解之前终止，从而最大限度地增加了液态生物油的产量。

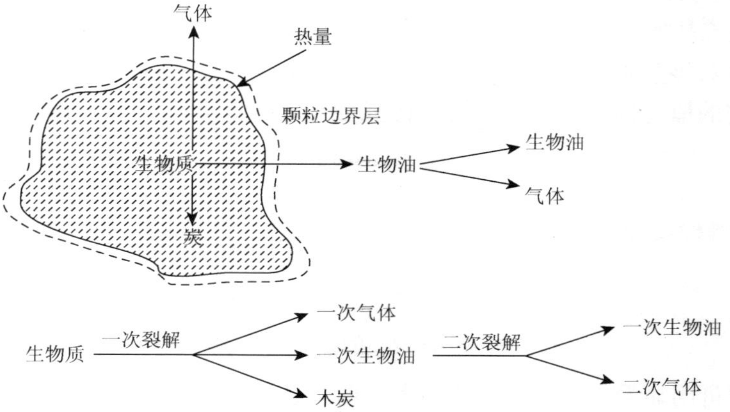

图 6-4　生物质热裂解过程示意图

（三）从反应进程分析

生物质的热裂解过程分为 3 个阶段，如图 6-5 所示。

（1）脱水阶段（室温～100℃）：在这一阶段，生物质只是发生物理变化，主要是失去水分。

（2）主要热裂解阶段（100～380℃）：在这一阶段，生物质在缺氧条件下受热分解，随着温度的不断升高，各种挥发物相应析出，原料发生大部分的质量损失。

（3）碳化阶段（＞380℃）：在这一阶段发生的分解非常缓慢，产生的质量损失比第二阶段小得多，该阶段通常被认为是 C—C 键和 C—H 键的进一步裂解所造成的。

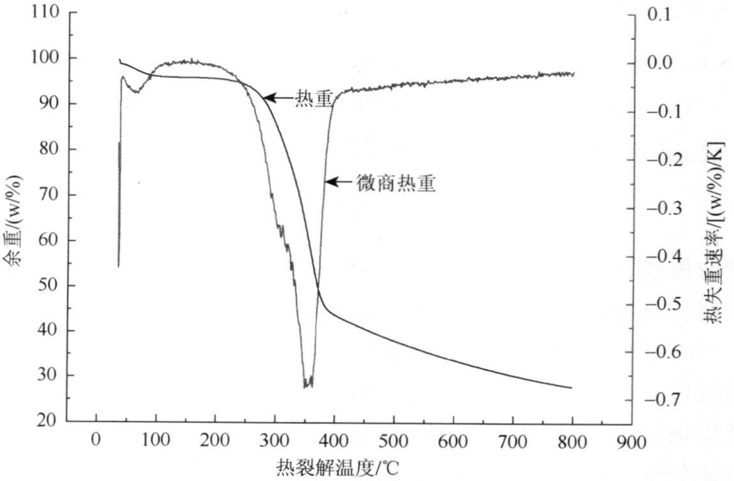

图 6-5　生物质热裂解过程曲线

第二节　生物质热裂解液化技术的工艺流程及反应器类型

一、生物质热裂解工艺类型

通常，根据工艺操作条件，生物质热裂解工艺可分为慢速（slow）、快速（fast）和反应性（reactive）热裂解 3 种类型。在慢速热裂解工艺中又可分为碳化（carbonization）和常规热裂解（conventional pyrolysis）。

生物质在慢速热裂解的情形下以得到炭为目的的碳化是一种有着几千年历史的工艺，它在工艺上的应用可追溯到铁器时代，当时人类用烧制的木炭熔化矿石炼铁。在 20 世纪初，木材的慢速热裂解已成为生产乙酸、乙醛、乙醇等化学用品的木材化工业的基础。直到最近几十年，由于化工和能源领域中新型反应工艺的不断开发，人们发现通过改变热裂解过程的温度、加热速率及停留时间等因素，可有效地获得最大化产量的气体产物或液体产物，并对所得产物进行相应的改性及优化后可用作多种用途。生物质转化为液体产物后，能量密度大大提高，经过改性后可直接作为内燃机燃料，热效率是直接燃烧的 4 倍以上。加热速率是用来表征将生物质颗粒从初始温度加热到反应温度（或接近反应温度）时的颗粒的升温速度。

慢速热裂解主要用来生产木炭，低温和长滞留期的慢速热裂解使得炭产量最大可达 30%，约占 50%的总能量；低于 600℃的中等温度及中等反应速率的常规热裂解可制成相同比例的气体、液体和固体产品；快速热裂解可达 1000℃/s 的升温速率，小于 5s 的气相停留时间；而闪速热裂解相比于快速热裂解的气相停留时间更短，通常小于 1s，并以 10^2～10^3℃/s 的冷却速率对产物进行快速冷却，然而闪速热裂解与快速热裂解的操作条件并没有严格的区分，有些研究者将闪速热裂解也归到快速热裂解，极快速热裂解往往是指更高的反应温度，主要产物为气体产物。Maschio 参照热裂解的运行条件给出了热裂解的运行参数范围，上述各种热裂解方式的反应温度范围相互交错，但升温速率却截然不同。因此，升温速率是区分热裂解类型的一个重要标志。表 6-1 总结了生物质热裂解的主要工艺类型。

表 6-1　生物质热裂解的主要工艺类型

工艺类型		滞留期	升温速率	最高温度/℃	主要产物
慢速热裂解	碳化	数小时至数天	非常低	400	炭
	常规	5～30min	低	600	气、油、炭
快速热裂解	快速	0.5～5s	较高	650	油
	闪速（液体）	＜1s	高	＜650	油
	闪速（气体）	＜1s	高	＞650	气
	极快速	＜0.5s	非常高	1000	气
	真空	2～30s	中	400	油
反应性热裂解	加氢热裂解	＜10s	高	500	油
	甲烷热裂解	0.5～10s	高	1050	化学品

二、生物质热裂解液化技术的工艺流程

生物质热裂解液化技术的一般工艺流程包括物料的干燥、粉碎、热裂解、产物炭和灰的分离、气态生物油的冷却和生物油的收集（图 6-6）。

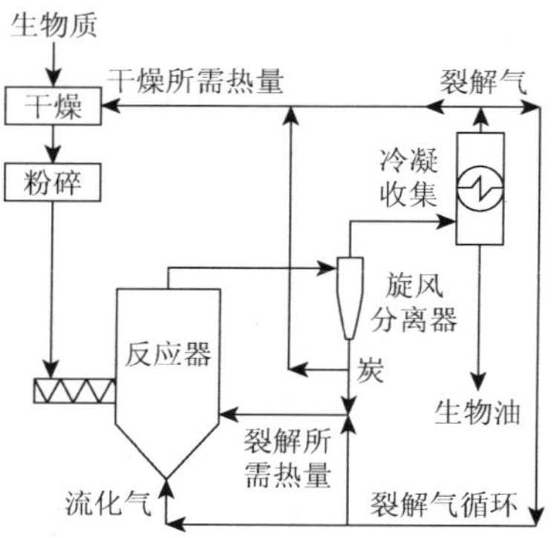

图 6-6 生物质热裂解液化工艺流程

（一）干燥

为了避免原料中过多的水分被带到生物油中，对原料进行干燥是必要的。一般要求物料含水率在 10%以下。

（二）粉碎

为了提高生物油产率，必须有很高的加热速率，故要求物料有足够小的粒度。不同的反应器对生物质粒径的要求也不同，旋转锥所需生物质粒径小于 200μm；流化床要小于 2mm；传输床或循环流化床要小于 6mm；烧蚀床由于热量传递机制不同可以采用整个的树木碎片。但是，采用的物料粒径越小，加工费用越高，因此，物料的粒径需在满足反应器要求的同时与加工成本综合考虑。

（三）热裂解

热裂解生产生物油技术的关键在于要有很高的加热速率和热传递速率、严格控制的中温，以及热裂解挥发分的快速冷却。只有满足这样的要求，才能最大限度地提高产物中油的比例。在目前已开发的多种类型反应工艺中，还没有最好的工艺类型。

（四）产物炭和灰的分离

几乎所有的生物质中的灰都留在了产物炭中，所以炭分离的同时也分离了灰。但是，炭从生物油中的分离较困难，而且炭的分离并不是在所有生物油的应用中都是必要的。

因为炭会在二次裂解中起催化作用，并且在液体生物油中产生不稳定因素，所以对于要求较高的生物油生产工艺，快速彻底地将炭和灰从生物油中分离是必需的。

（五）气态生物油的冷却

热裂解挥发分由产生到冷凝阶段的时间及温度影响着液体产物的质量及组成，热裂解挥发分的停留时间越长，二次裂解生成不可冷凝气体的可能性越大。为了保证油产率，需快速冷却挥发产物。

（六）生物油的收集

生物质热裂解反应器的设计除需保证温度的严格控制外，还应在生物油收集过程中避免由于生物油的多种重组分冷凝而导致的反应器堵塞。

三、生物质热裂解液化反应器的类型

表 6-2 概括了生物质热裂解液化反应器的类型。由表 6-2 可知，生物质热裂解液化反应器类型多样。大部分热裂解工艺能够达 65%～75%的产油率，但至今还没有被普遍认为是最

好的热裂解液化反应器。

快速热裂解反应器最主要的特点是：非常高的加热及热传导速率；可以提供严格控制的反应中温；热裂解蒸气得到迅速冷凝。目前，只有传输床和循环流化床系统达到商业化，用于生产调味品。流化床是理想的研究开发设备，在许多国家得到了广泛的研究并已达到了小型示范试验厂的规模。相信未来的几年，热裂解反应器在性能及降低成本方面将会得到实质性进展。

表 6-2　生物质热裂解液化反应器的类型

反应器类型	研究机构
流化床	Aston University，Dynamotive，Hambury University，INETI，Leeds University，NREL，Oldenberg University，RTI，Sassari University，UEF，VTT，Zaragoza University，ZSW-Stuttgart University
烧蚀反应器	NREL，Aston University，BBC，Castle Capital
循环流化床	CRES，CPERI，ENEL/Pasquali
引流床	GTRI，Egemin
旋转锥	Twente University，BTG/Schelde/Kara
传输床	Ensyn，（at ENEL，Red Arrow，VTT）
真空移动床	Laval University/Provac

注：INETI. National Institute of Engineering，Technology and Innovation，Portugal；NREL. National Renewable Energy Laboratory，USA；RTI. Resource Transforms International Ltd，Canada；UEF. University of Eastern Finland；VTT. VTT Technical Research Centre of Finland Ltd.；BBC. BBC company，Canada；CRES. The Center for Renewable Energy Sources；CPERI. The Chemical Process Engineering Research Institute；ENEL. 意大利国家电力公司；GTRI. Georgia Technology Research Institute；BTG. Biomass Technology Group，Nether lands

四、影响生物质热裂解过程及产物组成的因素

生物质热裂解产物主要由生物油、可燃气体及木炭组成。人们普遍认为，影响生物质热裂解过程和产物组成的最重要因素是温度、固相和气相滞留期、生物质组成、颗粒尺寸及加热条件。提高温度和固相滞留期有助于挥发物和气态产物的形成。随着生物质粒径的增大，在一定温度下达到一定转化率所需的时间也增加。因为挥发物可和炽热的炭发生二次反应，所以气相滞留时间可以影响热裂解过程。加热条件的变化可以改变热裂解的实际过程及反应速率，从而影响热裂解产物生成量。

（一）温度的影响

研究表明，温度对生物质热裂解的产物分布及可燃气体的组成有着显著的影响。一般地说，低温、长滞留期的慢速热裂解主要用于最大限度地增加炭的产量，其质量产率和能量产率可分别达到 30wt%和 50wt%；常规热裂解当温度小于 600℃时，采用中等反应速率，其生物油、不可冷凝气体和炭的产率基本相等；闪速热裂解温度为 500～650℃，主要用来增加生物油的产量，其生物油产率可达 80wt%；同样的闪速热裂解，若温度高于 700℃，在非常高的反应速率和极短的气相滞留期下，主要用于生产气体产物，其产率可达 80wt%。

Scott 等（1988）采用输送及流化床两种不同反应器，以纤维素及枫木木屑为原料进行了试验，用于考察温度在快速热裂解中的作用，在气相滞留期为 0.5s，热裂解温度为 450～900℃条件下，两种物料、两种反应器得到一致的结果。结果表明，对上述任何一种反应器，如果生物质颗粒加热到 500℃的时间比固相滞留期小得多，或如果温度达到 500℃之前，生物质颗粒失重率小于 10%，那么对于给定的物料和给定的气相滞留期，生物油、炭及可燃气体的产量仅由热裂解温度决定。

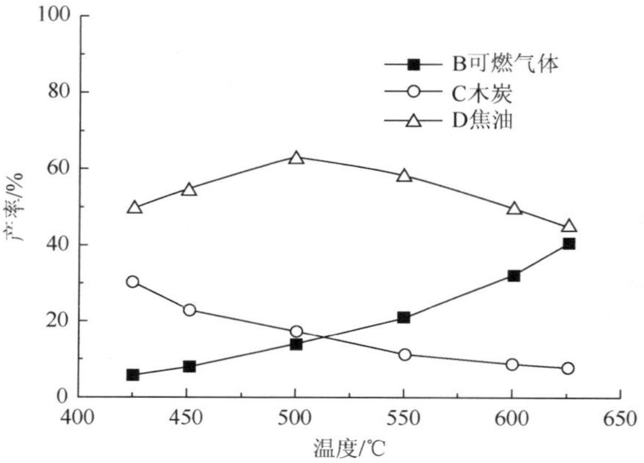

图 6-7 Waterloo 流化床反应器生物质闪速热裂解技术产物分布与温度之间的关系

Liden 等（1988）报道的采用 Waterloo 流化床反应器生物质闪速热裂裂技术产物分布与温度之间的关系示于图 6-7。从图 6-7 可知，随着温度的升高，木炭的产率减少，可燃气体产率增加，为获得最大生物油产率，有一个最佳温度范围，其值为 400～600℃。因此，为获得最大生物油产率必须选择合适的热裂解温度。

（二）固相和气相滞留期

Wagannar 研究表明，在给定颗粒粒径和反应器温度条件下，为使生物质彻底转换，需要很小的固相滞留期。

Boroson 等（1989）指出，木材加热时，固体颗粒因化学键断裂而分解。在分解初始阶段，形成的产物可能不是挥发分，还可能进行附加断裂以形成挥发产物或经历冷凝/聚合反应而形成高分子质量产物。上述挥发产物在颗粒的内部或者以均匀气相反应或者以不均匀气相与固体颗粒和炭进一步反应。这种颗粒内部的二次反应受挥发产物在颗粒内和离开颗粒的质量传递率影响。当挥发物离开颗粒后，焦油和其他挥发产物还将发生二次裂解。在木材热裂解过程中，依反应条件不同，粒子内部和（或）粒子外部的二次反应可能对热裂解产物产量与产物分布产生中等强度和控制性的影响。所以，为了获得最大生物油产量，在热裂解过程中产生的挥发产物应迅速离开反应器以减少焦油二次裂解的时间。因此，为获得最大生物油产率，气相滞留期是一个关键的参数。

（三）生物质物料特性的影响

生物质种类、形状及粒径分布等特性对生物质热裂解行为及产物分布有着重要影响。

Connor 总结了木材特性对热裂解的影响，指出木材的密度、导热率、种类影响其热裂解过程，并且这种影响是相当复杂的，它将与热裂解温度、压力、升温速率等外部特性共同作用，从而影响热裂解机制。由于木材是各向异性的，这样形状与纹理将影响水分的渗透率，从而影响挥发产物的扩散过程。木材纵向渗透率是横向渗透率的 50 000 倍，这样，在木材热裂解过程中如果大量挥发产物的扩散发生在与纹理平行的表面，则挥发产物量较少，这样在不同表面上热量传递机制会差别较大。在与纹理平行的表面，通常是气体对固体传递机制发生，但在与纹理垂直的表面，热传递过程是通过析出挥发分从固体传给气体。在木材特性中，粒径是影响热裂解过程的主要参数之一，因为它将影响热裂解过程中的反应机制。研究人员认为粒径在 1mm 以下时，热裂解过程受反应动力学速率控制，而当粒径大于 1mm 时，热裂解过程中还同时受传热和传质现象控制。并且，如果粒径大于 1mm，那么颗粒将成为热传递的限制因素。当上述大的颗粒从外面被加热时，则颗粒表面的加热速率远远大于颗粒中心的加热速率，这样在颗粒的中心发生低温热裂解，产生过多的炭。van den Aarsen（1985）研究表明，随着生物质颗粒粒径的减小，炭的生成量也减少，因此，在快速热裂解过程中，所采用生物质粒径应小于 1mm，以减少炭的生成量，从而提高生物的产率。

（四）压力

压力的大小将影响气相滞留期，从而影响二次裂解，最终将影响热裂解产物产量分布。Shafizadeh 和 Chin（1977）在 300℃，氮气气氛下，以纤维素热裂解为例说明了压力对炭及焦油产量的影响。在一个大气压下，炭和焦油的产率分别为 34.2wt%和 19.1wt%，而在 1.5mm 汞柱下分别为 17.8wt%和 55.8wt%，这是由于发生了二次裂解。较高的压力下，挥发产物的滞留期增加，二次裂解较大，而在低的压力下，挥发物可以迅速地从颗粒表面离开，从而限制了二次裂解的发生，增加了生物油产量。

（五）升温速率

Kilzer 和 Broido（1965）在研究纤维素热裂解机制时指出，低升温速率有利于炭的形成，而不利于焦油产生。因此，以生产生物油为目的的闪速裂解都采用较高的升温速率。

五、生物质快速热裂解液化技术研究及开发现状

生物质快速热裂解液化技术是当今世界可再生能源发展领域中的前沿技术之一。该技术始于 20 世纪 70 年代，北美洲对生物质快速热裂解液化技术的研究较早。相比较，我国在这方面的研究起步较晚，自 20 世纪 90 年代初，国内许多高校及研究单位开展了生物质热裂解液化技术的研究。上海交通大学在主持完成的国家“十二五”科技支撑计划课题中，联合多所高校、研究所及企业共同攻关，在生物质热裂解制取生物油技术相关领域取得可喜的研究成果。上海交通大学与陕西瑛基量生物能源有限公司合作，在陕西省大荔县建立了具有年产万吨级生物油能力的生物质热裂解示范工程，推进了该技术的发展。

表 6-3 按规模大小列出了国外生物质热裂解生产生物油的研发情况。表 6-4 列举了我国生物质热裂解生产生物油的部分技术。

表 6-3　国外生物质热裂解生产生物油工艺的研发情况

主持研究机构	国家	技术	规模/（kg/h）	现状
Dynamotive	加拿大	流化床	1500	运行
Ensyn	加拿大	循环传输床	100	运行
University of Laval	加拿大	真空移动床	50	运行
RTI	加拿大	流化床	20	运行
BTG/Kara	荷兰	旋转锥	200	运行
Union Fenosa/Waterloo	西班牙	流化床	200	运行
University of Aston	英国	流化床	5	运行
University of Leeds	英国	流化床	<1	运行
VTT/Ensyn	芬兰	循环传输床	20	运行
University of Hamburg	德国	流化床	50	运行
Eastern Regional Research Center，USDA	美国	流化床	5	运行
NREL	美国	流化床	<1	运行

注：RTI. Resource Transforms International Ltd, Canada；BTG. Biomass Technology Group, Netherlands；USDA. United States Department of Agriculture NREL. National Rene Wable Energy Laboratory，USA

表 6-4 我国生物质热裂解生产生物油的部分技术

反应器类型	主持研发结构	规模及尺寸
旋转锥	沈阳农业大学	50kg/h
流化床	上海交通大学	1～5kg/h
	浙江大学	5kg/h
	吉林农业大学	20kg/h
	华东理工大学	5kg/h
	中国科学技术大学	100kg/h
	山东理工大学	5kg/h
循环流化床反应器	中国科学院广州能源研究所	5kg/h
下行循环流化床反应器	陕西瑛基量生物能源有限公司及上海交通大学	1～3t/h
固定床	浙江大学	直径 75mm，长 200mm
移动床	中国科学院广州能源研究所	20kg/h
回转窑	浙江大学	4.5L/次
下降管	山东理工大学	200kg/h

第三节 生物质热裂解制取生物油装置

一、流化床反应器生物质快速热裂解制取生物油装置

（一）流态化理论

1. 流态化现象及特点

流态化（fluidization）是泛指固体颗粒在流体（气体或液体）作用下的流动现象。流态化即流体流态化的简称。它是依靠流体流动的作用使固体颗粒悬浮在流体中或随流体一起流动的过程。流态化技术现已普遍应用于固体燃料的燃烧、热裂解液化、煤炭的气化及焦化、化工生产中的气固相催化、物料干燥、加热与冷却、吸附和浸取、固体物料的输出等领域。

流态化具有以下特点。

1）固体颗粒在流态化情况下具有流体的性质　轻小的物料颗粒容易浮起；当容器倾斜时，流态化床层的上界面仍保持相对水平状态；气固两相流体容易变形、流动；有两个流态化容器并联相通时，两容器的上界面维持相同高度。

2）固体颗粒的剧烈运动与迅速混合　由于流化床颗粒处于悬浮运动状态，颗粒在气流或气泡作用下进行强烈地运动，包括上下和左右运动，床层基本处于全混状态，温度与浓度趋于均匀，便于温度的调节控制及维持稳定的运动。

3）强烈的碰撞与摩擦　这包括颗粒之间，颗粒与容器之间的碰撞与摩擦，这对于气固系统与固体壁面间的对流传热是极为有利的；对于固体颗粒表面的更新，促进床内反应过程的进行及床层内的加热冷却也是很有利的。其缺点是固体壁面的物理磨损较严重。

4）颗粒表面积大　流化床流化的条件之一是限制固体物料的粒度，因而其物料粒度比固定床小得多，颗粒的比表面积相应要大得多，气固间或两种不同的固体颗粒间的传热、传质和反应过程也强烈得多。

5）气体与颗粒的接触时间不均匀　在气固流化床中，大部分气流以气泡的形式较快地通过床层，与颗粒的接触时间有限；而固体与部分气体形成的密度相对均匀的乳化相中气体与颗粒的接触时间较长。这就造成了气固相间接触时间不均匀的现象。

2. 流态化过程

在固体流化床中，气体自下而上通过颗粒床层，随着气体流速逐渐增大，固体颗粒大致经历以下 3 种状态，理想流态化过程曲线如图 6-8 所示。

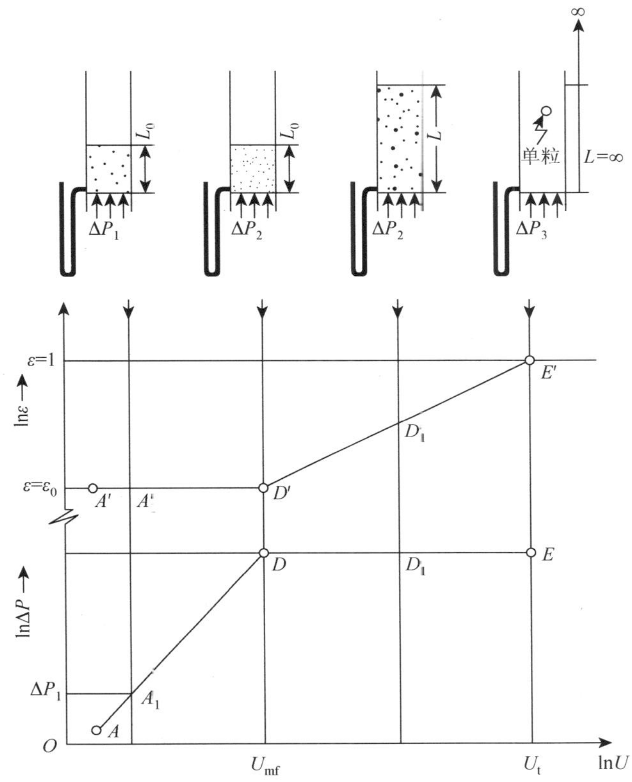

图 6-8　理想流态化过程曲线

（1）固定床阶段：当流化风速较低时，床层高度基本不变，气体对颗粒的作用力较小，颗粒间仍保持紧密接触，静止不动，此时为固定床阶段。如图 6-8 流态化曲线中的 A→D 段。此时压降值基本随流化风速增大而单调增加，流化风速增加，床层的空隙率及床层高度不变。

$$\text{床层空隙率}\ \varepsilon=\frac{V_L-V_S}{V_L}=1-\frac{V_S}{V_L}$$

式中，V_L 为实际膨胀后的床层体积，$V_L=A\cdot L$，A 为床截面面积，L 为实际料层高度；V_S 为固体颗粒的体积，保持不变。

（2）流化床阶段：当流化风速逐渐增大时，气流对颗粒的曳力也逐渐增大，当气速增大至某一定值时，固体颗粒达到受力平衡。此时，由于固定床阶段颗粒紧密接触，彼此有嵌顿搭桥现象，因而床层有可能不是同时全部疏松，颗粒不能立刻全部浮起。这样的受力平衡对应于图中 D 点，这一点对应的流化速度即临界流化速度 U_{mf}。此时，床层几乎是在瞬间达到充分膨胀，床层高度明显增大，颗粒间出现明显的杂乱无章的剧烈运动，达到流化床阶段。当流化风速超过

U_{mf}后，床层高度 L 继续增大，空隙率变大，料层阻力 ΔP 基本保持在临界值，图中 $D \to D_1 \to E$ 曲线近似保持水平。此时，$L > L_0$，$\varepsilon > \varepsilon_0$（$L_0$为静止料层高度；$\varepsilon_0$为静止床层空隙率）。当气速继续增大即 $U > U_E$ 时，由于颗粒间剧烈的磨擦碰撞及颗粒与器壁间的剧烈磨擦，ΔP 会略有增加。

$U_{mf} \leqslant U < U_E$ 为正常流化床阶段。

（3）气力输送阶段：在正常流态化阶段，由于固体颗粒大小不一，会有一些细小颗粒在曳力、浮力作用下被气流带出床外，但运动的固体物料仍可形成一定的上界面。在 $U > U_E$ 后，被带出的物料逐渐增多，甚至一些大颗粒也被带出，原有的床层上界面逐渐消失，对应的床层阻力急剧减小，这就是气力输送阶段。此时 U_E 为带出速度（通常用 U_t 表示）。

（二）装置简介

上海交通大学农业与生物学院生物质能工程研究中心刘荣厚教授领导的课题组在承担的国家自然科学基金项目、国家 863 计划项目、国家科技支撑计划课题中分别研制出第一代、第二代、第三代、第四代生物质原料喂入率为 1～5kg/h 的流化床反应器生物质快速热裂解制取生物油装置。其中，上海交通大学的“农林业有机废弃物快速热裂解制取燃料油设备”及“生物质快速热裂解制取生物燃油设备”都已获国家发明专利授权。在热裂解装置研发、参数优化、生物油特性、生物油稳定性及生物油精制等方面做了大量研究工作，取得了有益的研究进展。

（三）装置组成及各部分功用

流化床反应器生物质闪速热裂解液化装置是以流化床反应器为主体的系统。流化床反应器生物质快速热裂解制取生物油装置系统示意图如图 6-9 所示。该装置主要由 5 部分组成。各部分的组成及功用如下。

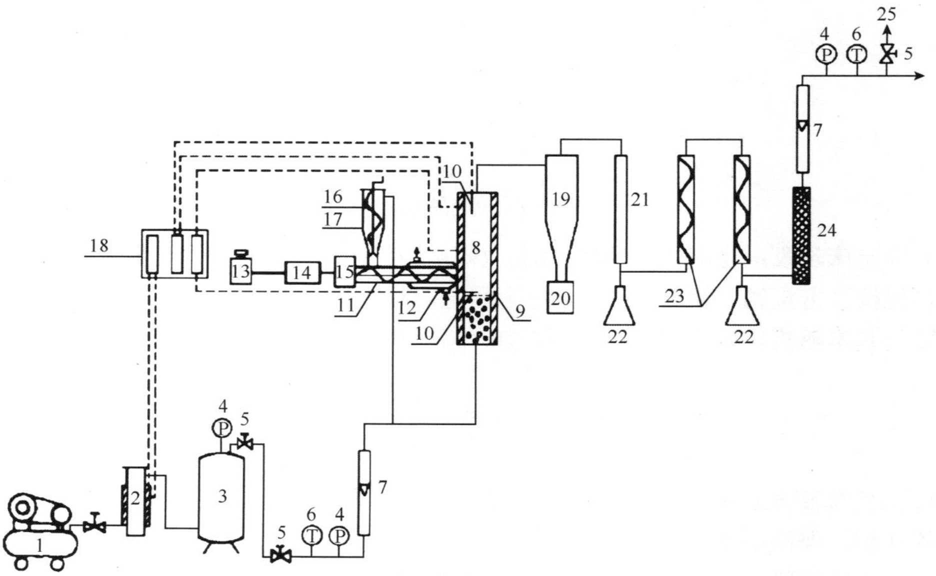

图 6-9　流化床反应器生物质快速热裂解制取生物油装置系统示意图

1. 空气压缩机；2. 贫氧气体发生器；3. 气体缓冲罐；4. 压力表；5. 气阀；6. 玻璃管温度计；7. 转子流量计；8. 流化床反应器；9. 电加热元件；10. 热电偶；11. 螺旋进料器；12. 套管式冷凝器；13. 调压器；14. 电机；15. 减速器；16. 搅拌器；17. 料仓；18. 温度显示控制器；19. 旋风分离器；20. 集炭箱；21. 金属管冷凝器；22. 集油瓶；23. 球形玻璃管冷凝器；24. 过滤器；25. 气体取样口

1）惰性载气供应部分　该部分由空气压缩机、贫氧气体发生器（炭箱）和气体缓冲罐组成。空气压缩机可将气体压缩，获得一定压力的气体流量。贫氧气体发生器为一不锈钢圆柱体，外部包有加热元件。在贫氧气体发生器中加入木炭，点燃，在这里发生木炭燃烧反应，消耗掉空气中的氧气，从而产生贫氧气体。气体缓冲罐可储存一定压力的贫氧气体，以供热裂解制取生物油试验用。

2）生物质喂入部分　该部分主要包括料仓、螺旋进料器及调压器、电机和减速器等辅助设备。料仓内设有搅拌器和惰性气体入口。螺旋进料器由电机带动。因生物质颗粒的表面不光滑且形状不规则，颗粒之间容易搭接或粘着，会造成螺旋进料器铰龙空转而无物料进入反应器，因此，在料仓内设有搅拌器，防止物料搭接形成空隙，保证连续给料。同时，试验中为了防止反应器内的高压、高温气体反窜回料仓，通过料仓顶部的进气口，通入贫氧烟气，使料仓内也具有一定的压力。使物料能靠重力和惰性气体的输送作用及铰龙的旋转顺利进入反应器。

通过调节调压器电压，改变电机的速度，从而改变进料率。调压器为接触调压器，电机为单相串激电机，减速器为涡轮减速器。

由于螺旋进料器与反应器紧密联成一体，为防止接口处过热，导致过早地发生热裂解反应，产生的少量生物油和炭集结于此阻碍进料，在螺旋进料器接近于流化床部分焊接了一段冷却套管，通入循环的自然水降低该部分的温度。

3）反应器部分　反应器由内径为 100mm 的不锈钢管制成。整体反应器高 600mm。

4）产物收集部分　该部分由旋风分离器、冷凝器和过滤器组成。生物炭由旋风分离器和集炭箱收集；热裂解蒸气中可冷凝的部分由金属管冷凝器和球形玻璃管冷凝器冷凝，收集于集油瓶中。过滤器将附着在不可冷凝气体分子表面的焦油滤掉，使得干净的不可冷凝气体流出，用胶皮质气袋收集后进行分析。剩余不可冷凝气体在大型热裂解制取生物油装置中可用于加热反应器等，在小型实验装置中，因量少而排空燃烧。

5）测量控制部分　该部分包括热电偶、温度显示控制器、玻璃管温度计、转子流量计、压力表和气阀。热电偶为 Cr-Al（k）型，可测量–250～1372℃，热电偶用于测量贫氧气体发生器和流化床反应器的温度。温度显示控制器为 Eurotherm 91 型，它与热电偶相连，显示贫氧气体发生器及反应器的温度。通过加热元件的电路控制贫氧气体发生器及反应器温度达到设定值。

玻璃管温度计、转子流量计和压力表分别测量贫氧气体进口和反应器出口气体的温度、流量和压力；气阀控制气体流量在所需要的范围内；台秤用于测量反应前后的生物质物料、集炭箱、集油瓶和过滤器的质量。

（四）工艺流程

流化床反应器生物质快速热裂解制取生物油的工艺流程如图 6-10 所示。流化床反应器生物质快速热裂解制取生物油的工艺流程如下：生物质原料经粉碎、干燥后放入料仓中备用。空气由空气压缩机导入贫氧气体发生器，在贫氧气体发生器中加入木炭，点燃，在这里发生木炭燃烧反应，消耗掉空气中的氧气，从而产生贫氧气体。产生的贫氧气体被压入气体缓冲罐，随着气体量的增加，气体缓冲罐内压力不断增大直到达到一定值以满足热裂解反应所需的正压需要。从气体缓冲罐出来的气体经转子流量计分成两路：流量较大的主路进入流化床反应器底部，在反应器底部预热，经气体分布板进入上部的流化床反应器中；流量较小的一路由料仓顶部通入，并顺着物料一同进入流化床反应器。两路气体在流化床内一起与流化砂子和物料的混合物作用，因反应器被加热到400～600℃，生物质在高温及缺氧条件下发生热降解，生成热裂解蒸气和生物炭，进入反应器的惰性载气体与生成的热裂解蒸气和生物炭混合在一起，统称为热裂解蒸气。热裂解蒸气离开反应器，切向进入旋风分离器，靠巨大的离心作用，生物炭被分离出来，由集炭箱收集。气体则通过两排4个球形玻璃管冷凝器，气体中可冷凝的部分形成生物油，收集在集油瓶中。余下的不可冷凝气体经过滤器和转子流量计流出，从气体取样口取出气体分析，其他气体排空燃烧。

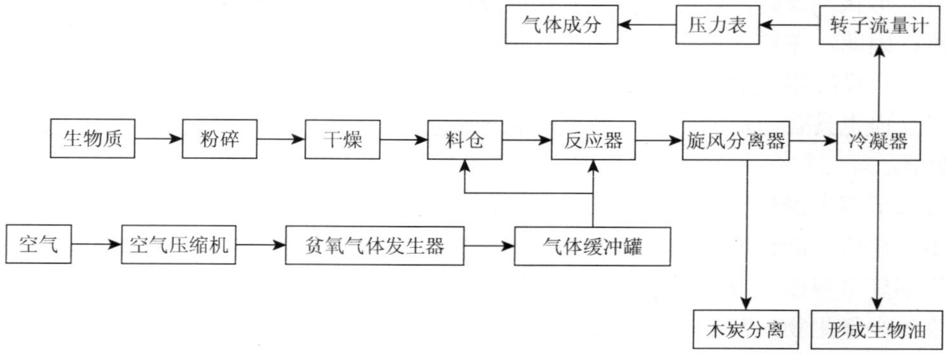

图 6-10　流化床反应器生物质快速热裂解制取生物油的工艺流程

（五）流化床反应器生物质快速热裂解制取生物油物质平衡分析

1. 物质平衡分析定义

物质平衡分析就是分析反应后产生的生物油、生物炭、不可冷凝气体3种产物产量与消耗的生物质质量之间的关系，它是评价热裂解装置运转性能好坏的一个重要方面，也是改进装置工艺设计的重要依据。本研究物质平衡分析是针对选用的几次试验进行的，但研究方法与结果可供其他试验参考。

2. 生物质消耗量 W_s 及生物喂入率 W_{st}

生物质消耗量 W_s 等于试验前料箱中生物质质量 W_i 减去试验后料箱中剩余生物质质量 W_e，而生物质喂入率 W_{st} 等于生物质消耗量除以实验时间。

3. 生物油产量及生物油产率

生物油产量等于试验结束后在集油瓶中收集的生物油质量及黏附在冷凝管及冷凝器器壁上的生物油质量之和。生物油产率等于生物油产量除以生物质消耗量。

4. 生物炭产量及生物炭产率

生物炭产量等于试验结束后在集炭箱中收集的生物炭质量。生物炭产率等于生物炭产量除以生物质消耗量。

5. 不可冷凝气产量及不可冷凝气产率

从冷凝器流出的不可冷凝气体是一种混合气体，可用气相色谱仪测定其组成，根据气体的特性参数及克拉贝隆方程，计算出不可冷凝气产量。这种方法得出不可冷凝气产量比较准确，但要求的实验条件较高。

在生物质热裂解试验中，也可采用反平衡的方法计算出不可冷凝气产量，这种方法也是很多研究者普遍使用的一种方法。所谓的反平衡方法，就是生物油产量、生物炭产量、不可冷凝气产量三者之和等于生物质消耗量。因为生物油产量、生物炭产量和生物质消耗量已经求出，不可冷凝气体产量也就能计算出来了，计算公式如下。

$$m_g=W_s-m_o-m_c$$

式中，m_g 为不可冷凝气体产量；W_s 为生物质消耗量；m_o 为生物油产量；m_c 为生物炭产量。

不可冷凝气体产率等于不可冷凝气体产量除以生物质消耗量。

6. 物质平衡结果分析

表 6-5 和表 6-6 分别给出流化床反应器玉米秸秆、稻壳、红松木屑热裂解物质平衡参数计算和物质平衡分析结果。由表 6-5 可知，生物油的产量均高于生物炭和不可冷凝气体的产量，优化反应条件还可增加生物油的产量。3 种物料生物油产率（质量分数）分别为：玉米秸秆 53.42%，稻壳 39.19%，红松木屑 62.39%，均已达到较高水平。从表 6-6 中可以看出，1.87kg 的玉米秸秆可以在 1h 内产生 1.00kg 的生物油，0.29kg 的生物炭，0.58kg 的不可冷凝气体；3.94kg 的稻壳可以在 1h 内生成 1.54kg 的生物油，1.32kg 的生物炭和 1.07kg 的不可冷凝气体；2.34kg 的红松木屑可以在 1h 内生成 1.46kg 的生物油，0.42kg 的生物炭和 0.46kg 的不可冷凝气体。

表 6-5　物质平衡参数计算

物料种类	反应时间/h	反应物料质量/kg	生物油产量/kg	生物炭产量/kg	不可冷凝气体产量/kg
玉米秸秆	0.25	0.468	0.250	0.073	0.145
稻壳	0.25	0.985	0.386	0.331	0.268
红松木屑	0.25	0.585	0.365	0.105	0.115

表 6-6　物质平衡分析结果

参数		玉米秸秆/（kg/h）	稻壳/（kg/h）	红松木屑/（kg/h）
输入物流		1.87	3.94	2.34
输出物流	生物油	1.00	1.54	1.46
	生物炭	0.29	1.32	0.42
	不可冷凝气体	0.58	1.07	0.46

（六）流化床反应器生物质快速热裂解制取生物油影响因素分析

1. 温度对生物质热裂解的影响

生物质热裂解受多个工况参数的影响，其中反应温度起着主导作用；而其他一些诸如加热速率、停留时间等因素的影响也可归结为如何使生物质颗粒以多快的升温速率达到反应温度或生物质颗粒和挥发性物质在反应温度区停留多长时间。对于大多数的生物质物料而言，温度在 425～525℃时，生物油的产量最大，同时生物油质量也接近最优化。本试验在 450℃、475℃、500℃、525℃、550℃条件下，以秸秆为原料进行热裂解试验。反应温度对玉米秸秆热裂解产物分布的影响如图 6-11 所示。由图 6-11 可以看出，450～550℃时，生物炭产率变化不大，呈缓慢下降趋势，气体产率变化较大。温度在 450～475℃变化时，随着温度升高，生物炭产率缓慢减少，液体和气体产率相对增加，当温度超过 475℃时再继续升高，则液体产率会降低，气体产率明显上升。实验表明玉米秸秆热裂解液化的最适宜温度在 475℃左右，在此温度下生物油产率最高，为 56.28%；高于此温度生物油产率明显下降，气体产率显著上升。温度对热裂解产物分布的影响可以解释为：当生物质在较低温度下热裂解时，反应发生较为缓慢，生物质的炭化反应大量发生，裂解挥发分含量少，延长了气体停留时间，导致了二次裂解的发生，最终形成较多的炭和气体，液体产量减少，如果温度再进一步升高，则生物质中较大的分子被分解成较小的分子而使气体增加，因此温度升到 500℃后气体产量突然大量增加，而液体产量迅速减小。

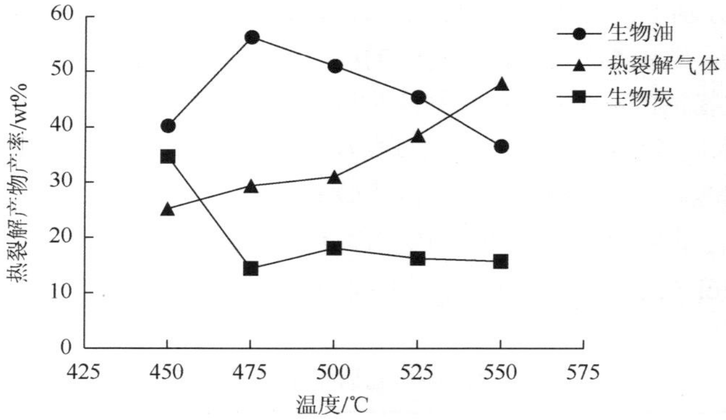

图 6-11　反应温度对玉米秸秆热裂解产物分布的影响

2. 不同物料对生物质热裂解的影响

不同种类物料制取生物油的产率是不一样的。表 6-7 和图 6-12 列出了 500℃时木屑、秸秆和稻壳的热裂解产物的产率。从表 6-7 和图 6-12 中可以看出：在相同温度下，木屑、秸秆、稻壳的生物油产率分别为 54.50%、47.77%和 41.50%，木屑的生物油产率最高，秸秆其次，稻壳最小；而生物炭的产率则刚好相反，相同温度下木屑、秸秆和稻壳的生物炭产率分别为 9.33%、14.33%和 21.33%。

表 6-7　物料种类对生物质热裂解产物产率的影响

物料种类	生物油产率/%	生物炭产率/%	气体产率/%
木屑	54.50	9.33	36.17
秸秆	47.77	14.33	37.90
稻壳	41.50	21.33	37.17

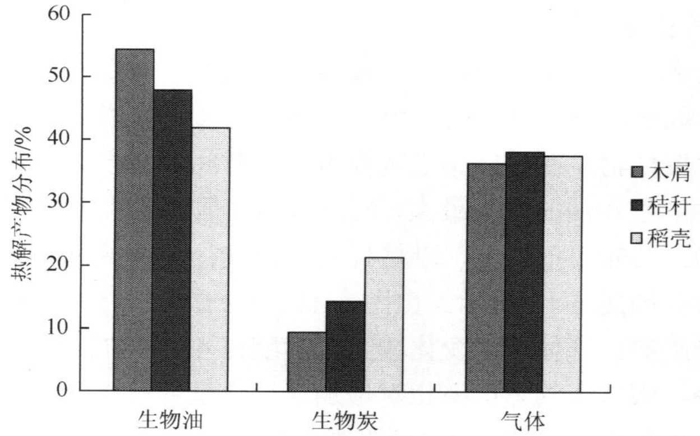

图 6-12　物料种类对热裂解产物的影响

不同生物质原料热裂解产物的差异可以从物料挥发分和灰分含量的角度考虑。物料的挥发分含量是影响生物质热裂解的决定因素，从某种意义上讲，物料的热裂解就是挥发分的热裂解，因此高挥发分的原料产油率要高于低挥发分的原料。对于不同生物质原料挥发分的含量来说，木屑＞秸秆＞稻壳，因此在相同温度下，3 种原料的生物油产率顺序为木屑＞秸秆＞稻壳。

3. 生物质粒径对生物油产率的影响

生物质粒径对生物油产量的影响如图 6-13 所示。一般认为，热裂解过程中，当生物质粒径小于 1mm 时，粒径对生物质产油率无显著影响。因为，生物质粒径小于 1mm 时，传热传质不是主要因素，这时反应动力学是影响反应的主要因素。因为生物质颗粒粒径小于 1mm 时，粒径变化对生物油没有明显影响，所以应用时可选小于 1mm 以下的生物质作为热裂解制取生物油的原料。通常从木材加工厂获取的大部分木屑、稻壳等符合要求，从而简化了原料的破碎筛选装置并节约了成本。

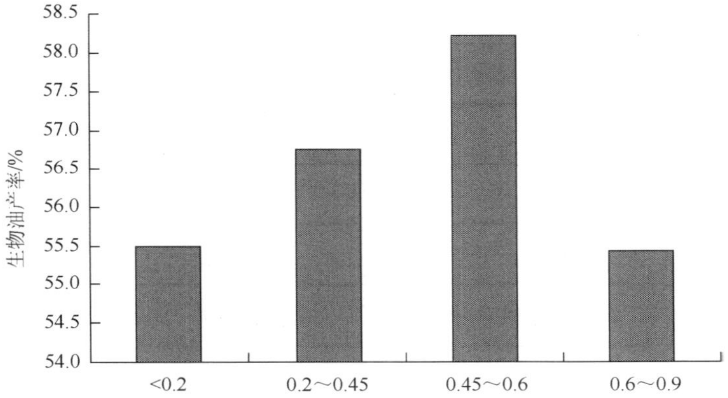

图 6-13　生物质粒径对生物油产量的影响

4. 气相滞留期生物质热裂解的影响

通常所指的气相滞留期是热裂解的挥发性产物在反应器内的停留时间，它近似等于反应器内高温区体积与载气体积流量之比。当生物质热裂解产物中的一次产物进入围绕生物质颗粒的气相中，生物油蒸气就会发生进一步的裂化反应，在炽热的反应器中，其气态产物的滞留时间越长，生物油蒸气的二次裂解发生得就越严重。而固相滞留时间，目前没有一个明确的意义与概念，但在一般的情况下是指生物质固体颗粒在反应器中接触与滞留的时间。而且固相滞留时间会随着反应器的类型不同而有所不同，但是总结起来生物质颗粒的固相滞留时间对热裂解及其产物的影响有以下的规律：在加热温度和升温速率一定的条件下，颗粒的滞留时间越长，生物质热裂解的转化率就越高，对于正常运行的反应器，生物质的转化应该是近于完全的，但生物质颗粒大小和反应器的温度已给定时，要求使生物质完全转化所需的颗粒滞留期最小。

热裂解气体在低于 300℃温度下，二次反应明显减弱，因而快速冷凝就显得尤其重要。生物质快速裂解液化过程一般要求气相滞留期＜2s，且配有较高冷凝速率的冷凝器。木屑热裂解产物与气相滞留期的关系如图 6-14 所示：在气相滞留期为 0.8s 时，生物油产率是 45.13%，生物炭产率是 14.47%，不可冷凝气体产率是 40.5%。

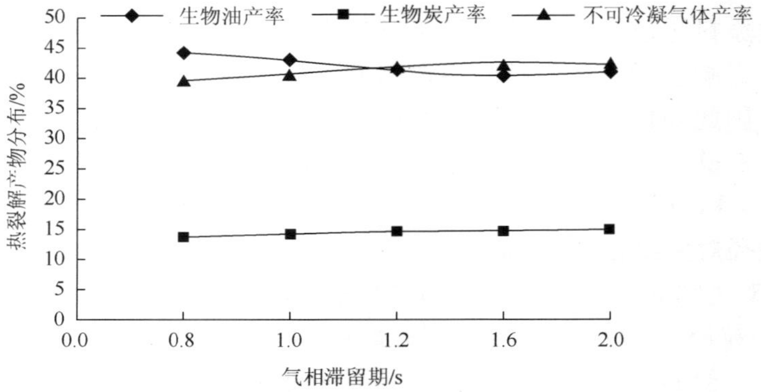

图 6-14　木屑热裂解产物随气相滞留期变化曲线

二、旋转锥反应器生物质闪速热裂解液化装置

（一）旋转锥反应器简要介绍

旋转锥反应器是一种新型的生物质热裂解反应器，它能最大限度地增加生物油的产量。除生物质热裂解外，旋转锥反应器还可用于页岩油、煤炭、聚合物、渣油的热裂解。

旋转锥反应器由荷兰 Twente 大学在 1989～1993 年研制成功，最初生物质喂入率为 10kg/h 的实验室规模小型装置，其生物油产率可达 70%。沈阳农业大学在联合国粮食及农业组织和中国国家科学技术委员会的资助下，于 1995 年从荷兰 Twente 大学 Biomass Technology Group（BTG）集团引进了生物质喂入率为 50kg/h 的旋转锥反应器生物质闪速热裂解液化中试装置。在此基础上，荷兰 BTG 集团于 2000 年研制了生物质喂入率为 200kg/h 的旋转锥反应器生物质闪速热裂解液化装置，安装在荷兰 BTG 集团实验室内。荷兰 BTG 集团于 2005 年研制了生物质喂入率为 6t/h 的旋转锥反应器生物质闪速热裂解液化装置，出口到马来西亚，用于处理棕榈木屑生产生物油。该技术是世界上先进的生物质热裂解液化技术之一。

（二）装置组成

旋转锥反应器生物质闪速热裂解装置组成如图 6-15 所示，该装置包括喂入、反应器、收集 3 个主要部分。

1）*喂入部分*　　由 N_2 喂入＜1＞、物料喂入＜2＞和砂子喂入＜4＞组成。

预先粉碎的生物质被喂料器输送到反应器中，并且，在喂料器和反应器之间通入一些 N_2 以加速生物质颗粒的流动，防止生物质颗粒堵塞；与此同时，预先加热的砂子也被传送到反应器中。

2）*反应器部分*　　喂入到旋转锥底部的生物质与预先加热的惰性热载体砂子一起沿着高温锥壁呈螺旋状上升，在上升过程中，炽热的砂子将其热量传给生物质，使生物质在高温下发生热裂解而转变成热裂解蒸气，这些蒸气迅速离开反应器以抑制二次裂解。

3）*收集部分*　　由旋风机＜7＞、热交换器及冷凝器＜9＞和砂子及木炭接收砂箱＜5＞组成。

离开反应器的热裂解蒸气首先进入旋风机＜7＞，在旋风机中固体炭被分离出去，接着，热裂解蒸气进入冷凝器中，大部分蒸气被冷凝而形成生物油，产生的生物油在冷凝器和热交换器中循环，其热量被冷却水＜10＞带走，最后生物油从循环管道中放出。不可冷凝的热裂

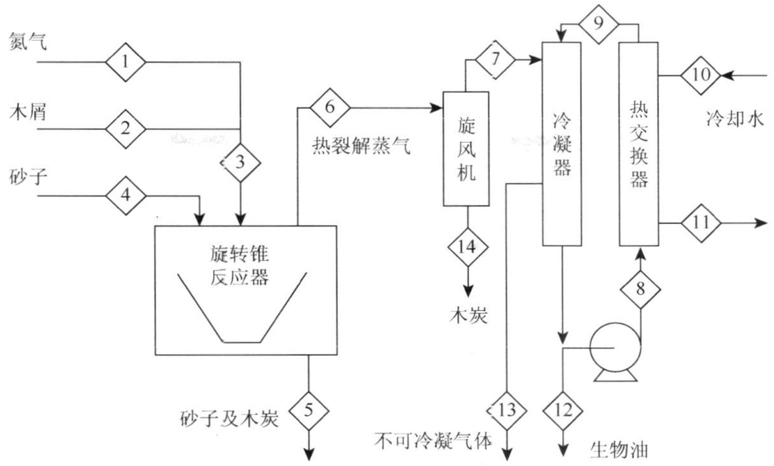

图 6-15　装置组成

1. 氮气喂入；2. 物料喂入；3. 物料与氮气喂入；4. 砂子喂入；5. 砂子及木炭接收砂箱；6. 热裂解蒸气；7. 旋风机；8. 循环生物油；9. 热交换器及冷凝器；10. 冷却水进口；11. 冷却水出口；12. 生物油；13. 不可冷凝气体；14. 木炭

解蒸气排空燃烧。使用后的砂子及产生的另一部分炭被收集到联结在反应器下端的收集砂箱中，砂子可以重复利用。应该说明一点，在商业化装置中，不可冷凝的热裂解蒸气及木炭将燃烧用于加热反应器，以提高系统的能量转换效率。

（三）旋转锥反应器的构造及工作原理

旋转锥反应器是一种新型的生物质闪速热裂解反应器，它能最大限度地增加生物油的产量。旋转锥反应器主要由固定的内锥、旋转的外锥、反应器加热元件及外壳组成。旋转锥反应器工作原理如图 6-16 所示。其工作原理如下。

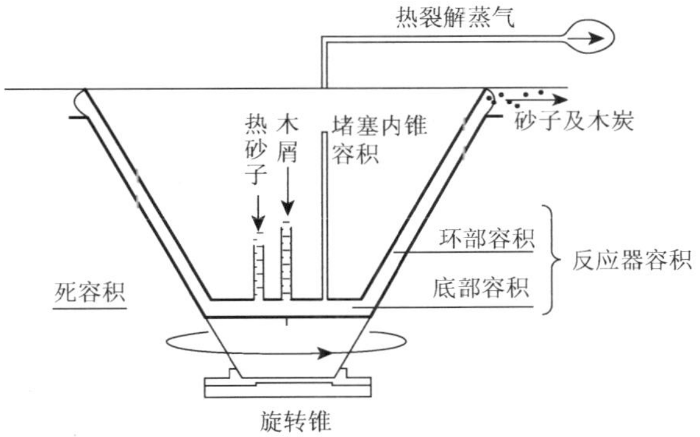

图 6-16　旋转锥反应器工作原理

喂入到旋转锥底部的生物质与预先加热的惰性热载体砂子一起沿着高温锥壁呈螺旋状上升，在上升过程中，炽热的砂子将其热量传给生物质，使生物质在高温下发生热裂解而转变成热裂解蒸气，这些蒸气迅速离开反应器以抑制二次裂解。由图 6-16 可知，砂子、木炭及未转化的生物质被收集到反应器周围的死容积中。该反应器旋转锥顶角为 π/2，最大直径为

650mm，热裂解产物为生物油、不可冷凝气体和木炭。如果需要，可以堵塞旋转锥内部的部分空间以减小旋转内部的气相容积，从而减小反应器中气相滞留期，这可抑制气相中生物油的二次裂解反应，以达到增加生物油产率的目的。

第四节　生物质热裂解产物的特性

一、生物油的特性

（一）生物油组成成分

生物质热裂解产物主要由生物油、不可冷凝气体及生物炭组成。

生物质热裂解生成的液体产物通常称为生物油（bio-oil）、热裂解油（pyrolysis oil）或生物原油（bio-crude-oil）。生物油是含氧量极高的复杂有机成分的混合物，这些混合物主要是一些分子质量大的有机物，其化合物种类有数百种之多，从属于数个化学类别，几乎包括所有种类的含氧有机物，如醚、酯、醛、酮、酚、有机酸、醇等。不同生物质的生物油在主要成分的相对含量上大都表现出相同的趋势，在每种生物油中，苯酚、蒽、萘、菲和一些酸的含量相对较大。至今对其相关的分析还处于探讨研究中。若不能确定生物油的主要组成成分，这对生物油的应用是极为不利的，当将其作为动力燃料时，因不知道其与柴油、汽油等石油加工产品在结构上的差别，而限制它的广泛应用，或将其作为提炼化学品的原料时，因不知道其内的主要化合物类型而不能有效地进一步加以利用。目前，各研究单位大多采用色质联机分析（GC-MS）技术对其进行初步定量分析。GC-MS 分析方法在鉴定复杂化合物及多组分化合物上的优势是明显的，因此在生物油储存前后组分变化鉴定过程中，GC-MS 发挥了重要的作用。

沈晨杰、刘荣厚等以松木木屑为原料，采用上海交通大学农业与生物学院生物质能工程中心自主研制的鼓泡流化床生物质快速热裂解装置制取生物油。热裂解反应温度为 500℃，流化气体为氮气，流化风速为 60L/min。生物油在 40℃储存条件下储存前后分别进行了 GC-MS 分析。生物油储存前后 GC-MS 分析结果如表 6-8 所示。由表 6-8 可知，生物油的组分包含绝大多数含氧不饱和烃类及其衍生物。

表 6-8　生物油储存前后 GC-MS 分析结果

成分序号	物质名称	分子式	零天相对质量分数/%	35 天相对质量分数/%
1	1, 2-环氧环戊烷-3-酮	$C_5H_6O_2$	1.13	—
2	2, 4-二甲基呋喃	C_6H_8O	2.42	—
3	2, 4-二甲酚	$C_8H_{10}O$	—	1.28
4	2, 5-二乙氧基四氢呋喃	$C_8H_{16}O_3$	0.84	—
5	2-甲基-1, 3-二氧戊环	$C_4H_8O_2$	—	4.60
6	2-甲基-3-戊烯-2-酮	$C_7H_{12}O$	0.02	—
7	2-甲基-4, 5-二氢化咪唑	$C_4H_8N_2$	6.27	8.27
8	2-甲氧基-5-甲基苯酚	$C_8H_{10}O_2$	5.83	3.18
9	2-羟基-2-环戊酮	$C_5H_6O_2$	4.61	—
10	2-戊酮	$C_5H_{10}O$	2.19	—

续表

成分序号	物质名称	分子式	零天相对质量分数/%	35天相对质量分数/%
11	3, 4-二甲基酯	$C_{10}H_{12}O_2$	1.98	—
12	3, 4-二羟基甲苯	$C_7H_8O_2$	4.31	—
13	3-甲基-2-环戊烯-1-酮	C_6H_8O	—	3.32
14	3-异丙基苯酚	$C_9H_{12}O$	—	1.29
15	4-丙烯基-2-甲氧基苯酚	$C_{10}H_{12}O_2$	4.00	—
16	4-甲基邻苯二酚	$C_7H_8O_2$	—	1.54
17	4-羟基-3-甲氧基苯乙酮	$C_9H_{10}O_3$	0.75	0.27
18	4-羟基嘧啶	$C_4H_4ON_2$	—	2.42
19	4-乙基-2-甲氧基苯酚	$C_9H_{12}O_2$	3.06	0.66
20	4-乙基苯磷二酚	$C_8H_{10}O_2$	—	0.35
21	5-甲基糠醛	$C_6H_6O_2$	4.27	3.20
22	苯并呋喃	C_8H_6O	—	1.81
23	苯酚	C_6H_6O	2.83	4.42
24	苯甲醇	C_7H_8O	—	3.43
25	丁香酚	$C_{10}H_{12}O_2$	0.86	—
26	甲基苯甲醇	$C_8H_{10}O$	0.19	—
27	甲基丙烯酸酐	$C_8H_{10}O_3$	—	1.46
28	甲基环戊烯醇酮	$C_6H_8O_2$	3.76	5.33
29	甲氧苯酚	$C_7H_8O_2$	—	4.73
30	间甲酚	C_7H_8O	1.21	—
31	邻苯二酚	$C_6H_6O_2$	9.26	2.80
32	邻甲酚	C_7H_8O	—	3.34
33	乙基-2-羰基丙酸	$C_5H_8O_3$	4.19	3.32
34	异丁香酚	$C_{10}H_{12}O_2$	—	0.48
35	棕榈酸	$C_{16}H_{32}O_2$	0.11	—

（二）生物油的典型特性

生物油组分的复杂性使其具有很大的利用潜力，但也使利用存在了很大的难度。木屑热裂解生物油的典型特性列于表 6-9 中。

表 6-9　木屑热裂解生物油的典型特性

物理性质	典型值
含水率/wt%	15～30
pH	2.5
密度/(g/cm^3)	1.20
元素分析/wt%	

续表

物理性质	典型值
C	56.4
H	6.2
O	37.3
N	0.1
灰分	0.1
高位热值（随含水率变化）/（MJ/kg）	16～19
运动黏度（25℃、13%含水率）/(mm^2/s)	40～100
固体杂质（炭）/wt%	1
真空蒸馏	最大降解量为 50wt%

生物油特点：
- 液体燃料
- 可以代替常规燃料应用于锅炉、内燃机和涡轮机上
- 含水率为 25wt%时热值为 17MJ/kg，相当于汽油/柴油燃料热值的 40%
- 不能和烃类燃料混合
- 不如化石燃料稳定
- 在使用前需进行品质测定

1. 含水率

生物油的含水率一般比较大，一般为 15～30wt%，最大可以达到 30～45wt%，且含水率是评价生物油品质的一个很重要的指标，大量的水分使生物油易发生分层，加速生物油的变质，而且热值也随着含水率的增大而降低。生物油的水分来自生物质原料本身具有的水分和热裂解过程中的脱水反应生成的水，对低分子质量的醇、醛、酮和酸具有助溶效应，也能够与木质素裂解而来的低聚物混溶，因此不同的生物质原料和工艺条件生成的生物油含水率不同，这些水分的存在严重影响了生物油的热值和点火特性。水分有利于降低油的黏度，提高油的稳定性，但降低了油的热值。

2. pH

生物油的 pH 较低，主要是因为生物质中携带的有机酸如蚁酸、乙酸进入油品造成的，因而生物油的收集储存装置最好是抗酸腐蚀的材料，如不锈钢或聚烯烃类化合物。由于中性的环境有利于多酚成分的聚合，酸性环境对于油的稳定是有益的。

3. 密度

生物油的密度对于生物油的储存、运输及利用是一个很重要的参数，而且，其与原料密度的比值可以衡量其在容积能量密度上的优势。生物油的密度比水的密度大，大约为 $1.2\times10^3kg/m^3$。

4. 高位热值

生物油热值即生物油的发热量，是指单位质量的生物油完全燃烧释放出来的热量(kJ/kg)。25wt%含水率的生物油具有 17MJ/kg 的热值，相当于 40%同等质量的汽油或柴油的热值。这意味着 2.5kg 的生物油与 1kg 化石燃油能量相当，由于生物油密度高，1.5L 的生物油与 1L 化石燃油能量相当。

5. 运动黏度

运动黏度是评价油品流动性或黏滞性的指标，是流体流动力对其内部摩擦现象的一种表

示。由于燃料的运动黏度大小影响到燃料的输送和喷射性能，因此与其他性质相比，运动黏度显得尤为重要。生物油的运动黏度可在很大的范围内变化。生物油在贮存中运动黏度会缓慢增大，高温贮存或暴露在空气中运动黏度会快速增长。水分、热裂解反应操作条件、物料情况和油品储存的环境及时间对其有着极大的影响。

6. 固体杂质

为了保证高加热速率，热裂解液化的物料粒径一般很小，因而热裂解生成的生物炭的粒径也很小，旋风分离器不可能将所有的炭分离下来，因此，可采用过滤热蒸汽产物或液态产物的方法更好地分离固体杂质。

7. 稳定性

Stefan Czernik（USA）认为生物油的稳定性取决于热裂解过程中的物理化学变化和液体内部的化学反应。这些过程导致大分子形成，尤其在燃料的使用时是不希望发生的。生物油中分子的形成复杂且难以量化。考虑到聚合物与平均分子质量相关，黏度就成为最明显的物性参数。而且，黏度也是燃料使用的重要标志。它直接影响生物油的流动和雾化。普遍认为，将生物油暴露在空气中是有害的，应将其存放在密封容器内。

8. 生物油品质

目前还没有一个明确的生物油质量评定标准。常规燃料有其品质判定的标准，有必要也建立一个针对于不同用途的生物油品质评定标准。

9. 生物油的运输需求

随着生物油需求量的增加，Cordner Peacocke（UK）认为安全环保的运输成为至关重要的问题。由于生物油未被列于联合国认可的运输范围内，运输过程中的生物油如何分类尚无定论。由于潜在的危险性，中型容器不适于运输。油轮等大型运输应在沿途张贴布告。为了推广生物油的使用，必须制定相应的法律法规。

二、生物油的精制

（一）概述

生物质热裂解生物油（以下简称生物油）是生物质在快速加热的条件下，短时间内裂解反应生成低分子有机物蒸气，经快速冷却制得的液体燃料。因为该过程并未达到热力学平衡，所以生物油的物理化学性质不稳定，主要表现为生物油的成分随储存时间和温度而改变，导致黏度增加，达到一定程度时，生物油就会发生相分离。此外，生物油与碳氢燃料的物理化学性质差别很大，它的高含水率、高含氧量、高黏度、低热值等性质大大阻碍了其作为碳氢燃料广泛使用，尤其是生物油的高含氧量导致生物油接触到空气很容易黏结变硬。然而，生物油物理化学性质的不稳定性无法阻止人们将其作为商业用燃油的构想，人们采用了各种分析手段了解生物油的性质，对生物油进行精制提高其品质，以满足生物油作为燃料油的要求。生物油精制的核心是除去生物油中的氧，提高氢/碳，使其有足够的挥发性。

（二）生物油加氢处理技术

加氢处理是通过部分加氢裂化和加氢精制反应使燃料油符合下一个工序的要求。加氢精制主要用于油品精制，其主要目的是除掉油品中的杂质，有时还对部分芳烃进行加氢，改善油品的使用性能。所谓加氢裂化，是在较高压力下，烃分子与氢气在催化剂表面进行裂解和加氢反应生成较小分子的转化过程。

作者所指的生物油加氢处理是指在高压（10～20MPa）和在中温（300～500℃）条件下，利用高压氢气将生物油组分中的氧元素以水或碳氧化物的形式除去以改善生物油性能的过程。刘荣厚研究结果表明，传统的加氢处理过程很容易被用于生物油的处理，裂化后生物油类似于汽油。

（三）生物油沸石催化裂解-合成技术

当前生物油沸石催化裂解-合成技术普遍采用单功能的 ZSM-5 催化剂。例如，Mobil 催化剂用于甲醇合成汽油。从工艺原理看，沸石合成遵守下述方程。

$$C_6H_8O_4 \longrightarrow 4.6CH_{1.2} + 1.4CO_2 + 1.2H_2O$$

上述方程式中，$CH_{1.2}$ 为芳香族化合物的经验分子式。按照上述方程式，化学计量学的最大液体产率为 42wt%，最大能量产率约为 50%。

双功能或多功能催化剂在有限碳环境下比在有限氢环境下效果更好。使用这种催化剂，化学计量学的最大产率为 55wt%，它遵守下列方程。

$$C_6H_8O_4 + 3.6H_2 \longrightarrow 6CH_{1.2} + 4H_2O$$

在商业上，对于乙醇原料，沸石催化裂解-合成方法已被广泛的实验验证，主要用于甲醇转化为汽油的过程。在这一过程中，氧以 CO_2 的形式被除去。在纤维素热裂解产品的改良方面也获得一些经验，但对木质素热解产品的处理，沸石催化裂解-合成还存在焦化问题，尚未得到可靠结果。

（四）生物油的催化裂解

催化裂解一般是在常压下将生物油蒸气通过催化剂床层，在催化剂的作用下发生裂解，多余的氧以 H_2O、CO_2 或 CO 的形式除去。催化裂解的生物油产率比催化加氢还要低，但催化裂解工艺是在常压下进行的，不需要 H_2，降低了工艺的操作风险，设备也比较简单。Williams 等以 H-ZSM-5 为催化剂，采用流化床反应器进行生物油的改性研究，提出了催化剂的催化作用机制，并对催化剂的再生性能进行考察。催化作用主要通过两种方式进行：①沸石分子筛将生物油催化裂解为烷烃，然后将烷烃芳构化；②将生物油中的含氧化合物直接脱氧形成芳香族化合物。Nokkosmaki 等采用 ZnO 对生物油蒸气进行催化裂解，在 ZnO 处理后的精制油的稳定性实验中，80℃加热 24h，精制油的黏度增加了 55%，而没有用 ZnO 处理的生物油的黏度增加了 129%，表明 ZnO 有助于提高生物油的稳定性，不过 ZnO 在使用后仍有失活现象。催化裂解虽然有很多优点，但其普遍收率很低，并且热裂解蒸气容易在催化剂表面炭化导致催化剂失活。就目前的研究现状来看，催化裂解来提高生物油稳定性的关键在于寻找到选择性好、转化率高、结焦率低的催化剂。

（五）生物油的乳化

生物油的乳化就是利用乳化技术将生物油和柴油及适当的表面活性剂均质混合形成乳化燃料以应用于稍加改动的柴油机上。生物油/柴油乳化液是通过添加某种乳化剂使生物油和柴油这两种本来并不互溶的液体混合而形成的相对稳定的乳化液。

（六）生物油的催化酯化

生物油的催化酯化是指在固体酸或固体碱的催化作用下，将生物油中的羧基和醇类溶剂进行酯化反应，使生物油中的羧基组分转化为酯类化合物，从而降低生物油的酸性，提高生物油的稳定性。Zhang 等通过乙酸和乙醇的酯化反应作为模型反应考察催化剂的催化活性，筛选出催化效果最好的固体酸催化剂应用于生物油改性实验中。实验结果表明，该方法显著提高了生物油的稳定性，在 5℃保存 8 个月黏度变化不大。改性后的生物油密度由 1.24g/cm^3 降到 0.96g/cm^3，热值提高了 50%左右。Xu 等根据生物油组成成分的不同特性，提出用反应精馏的方法分离改性生物油。在固体酸催化剂的作用下，对生物油和乙醇进行催化酯化，得到了两种精制油，其含水率、密度减小，热值增大，pH 增加，精制后的生物油储存了 3 个月后黏度并无明显增加。固体酸碱催化剂反应后容易与体系分离，一般还能够再生使用，但也存在着制备复杂、成本高的缺点。

（七）生物油水蒸气催化重整

生物油水蒸气催化重整是生物油经过高温裂解后生成的小分子组分与水蒸气在催化剂存在下，发生水煤气变换反应生成富氢气体产品的过程。上海交通大学农业与生物学院生物质能工程研究中心吴层等在自制小型固定床反应器上，全面考察了生物油模拟物间甲酚在商业镍基催化剂上的积碳行为，并对积碳催化剂、液体副产物等进行了表征和分析，阐述了三相产物的分布规律，总结了抑制积碳发生的基础工艺条件。结果表明，生物油模拟物间甲酚水蒸气重整制氢技术是可行的。

（八）生物油的分子蒸馏

生物油的分子蒸馏是利用分子蒸馏设备将生物油中的热不稳定组分蒸馏分离的过程。

（九）生物油的气化

生物油的气化是指在有气化介质（包括空气、氧气、一氧化碳、氢气、水蒸气）存在下，对生物油进行气化反应制备合成气或燃料气的过程。

三、不可冷凝气体与生物炭的特性

（一）不可冷凝气体的特性

陈天举等对生物质热裂解不可冷凝气体进行气相色谱法（GC）研究发现，C_2～C_4（52.36%）气体含量最高，其次为 CO（26.22%），H_2（1.66%）和 CH_4（4.99%）含量较低。生物质热裂解产生的不可冷凝气体是一种可燃气体。

（二）生物炭的特性

生物炭含多种营养元素且含碳量高。生物炭的元素组成主要包括碳（比例为 60%～95%）、氢、氧等，其次是灰分（包括钾、钙、钠、镁、硅等）；生物炭因为含有灰分，一般 pH 较高，因为灰分中的矿质元素如 Na、K、Mg、Ca 等以氧化物或碳酸盐的形式存于其中，溶于水后呈碱性，因此生物炭呈碱性；生物炭孔隙结构发达、比表面积巨大；生物炭在土壤中是非常稳定的，它是土壤中有机碳最古老的形式，通过放射性碳元素的测定表明，生物炭可以在土壤中固存1000年。

第五节　生物质热裂解产物的应用

一、生物油应用概述

生物质快速热裂解产生的生物油可以直接应用或通过中间转换途径转变成次级产物。图6-17给出了生物油的主要用途。生物油可作为燃料炉、涡轮机、柴油机的代用燃料，并可从中提取高附加值的化学品，生物油还可制取黏合剂。荷兰、英国、意大利、加拿大、希腊、芬兰等国在上述领域开展了许多工作，本书仅就前人的工作加以总结，以期对我国生物油利用方面的研究与推广起到参考作用。

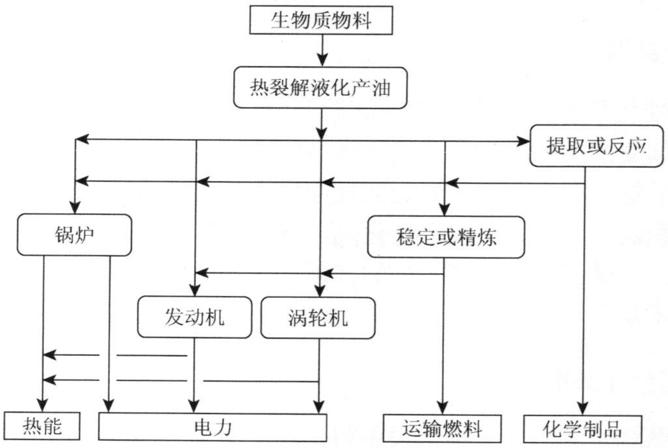

图6-17　生物油的主要用途

二、生物油用于燃烧

与生物质原料相比，由于生物油为液体燃料，它易于燃烧利用中运输、处理和储存，这些优点对现存设备的翻新改造也是重要的，可能只需对设备略加改造或根本不需要改造。尽管公开发表的有关生物油燃烧方面的文章较少，但是在欧洲和北美进行了大量有关生物油用于燃烧方面的试验，结果表明生物油易于燃烧，但对燃烧雾化器应经常维护。而对燃烧排放物的成分还不清楚，目前正进行这方面的实验。荷兰Twente大学生物质技术集团的研究表明：生物油作为单一燃料在燃烧器中燃烧，其燃烧时释放的NO_x量略高。NO_x释放量约占生物油中N含量的3%。目前，我国大型热裂解装置生产的生物油主要用于燃油燃烧炉燃烧。

三、生物油用于涡轮机发电

生物油一个较专门化的应用是作为涡轮机代用燃料发电，从原理上讲，涡轮机可以直接被热裂解生物油或改良后的生物油点燃。一种可能的途径是重新设计涡轮燃烧器使其适合燃用生物油；另一种途径是改变生物油的性质，减少生物油的C/H，使其适应现存的涡轮机。

在生物油改良方法中，大多数采用加氢处理全部除去生物油中的氧，这样改良后生物油能够完全符合涡轮机的要求，但改良成本较高。

四、生物油作为柴油机代用燃料

生物油乳状液是指不同比例（25%～75%）的生物油和柴油的混合液。英国 D. Ormrod 和 A. Webster 公司在改装的双燃料 Ormrod 柴油机上使用生物油乳状液使柴油机正常运转 400 多小时。六缸 250kWe 柴油机有三缸使用 95%的生物油作为启动燃料。发动机预热后，生物油可替换 100%的柴油作为动力燃油。柴油机排放物测试表明：除氮氧化物，其他排放物含量都低于正常使用柴油时的含量。目前，试验用六缸柴油机中未改装的三缸没有柴油供给。在这种情况下，发动机使用混有 5%柴油的生物油能够正常运转。此项技术上的突破为 9kWe（千瓦电能）的生物油柴油机应用奠定了基础。

五、生物油制取化学品

现阶段生物油作为燃料的使用备受关注。在短期内，生物油的工厂化生产主要用于制取化学品和替代燃料。加拿大 Resource Transforms International Ltd（RTI Ltd）在生物油制取化学品方面进行了相关研究并取得了一定的进展。生物油已经用于生产化学合成纤维、香料、有机肥料、燃料添加剂、去污剂、锅炉燃料和柴油机燃料。RTI Ltd 的研究人员指出应建造生物油精炼厂，利用生物油去提炼更有价值的产品。生物油中提取高附加值化学品的关键在于提高生物油某一组分的含量和成熟低成本的提取技术。要提高生物油某一组分的含量，需要寻找合适的反应条件或者加入某种催化剂使生物油中某一组分的含量有所增加。

六、生物油作为脱硫、脱硝剂

为了减少烟气中的酸性气体排放，燃煤电站锅炉通常采用炉内喷石灰或石灰石，但脱硫效率一般不高，对脱硝几乎没有作用。使用有机钙盐如乙酸钙、乙酸钙镁、苯甲酸钙等，在钙、硫摩尔比为 1 时脱硫率高达 90%，脱硝率也在 40%以上，可以实现同时脱硫、脱硝的目的。生物油可以作为制取这种有机钙盐的廉价原料，在生物质快速热裂解冷凝得到的生物油里加入熟石灰［$Ca(OH)_2$］就可以得到吸收剂 BioLime。这种富含有机化合钙的生物油在燃烧室尾部燃烧时会产生分散性很好的 CaO 细颗粒，它具有很高的与 SO_2 反应的活性。

七、生物油制取黏合剂

希腊 Adhesives Research Institute Ltd 的研究人员对生物油进行分析，发现生物油中含有石炭酸化合物，这为研究石炭酸的替代品提供了新的方法。经过技术改进后，以生物油为原料制取高达 50%的石炭酸替代品按传统工艺成功地合成了石炭酸-甲醛树脂。该树脂有两种特殊用途：用于导向夹板和仪器控制板的制造。

八、不可冷凝气体的应用

由生物质热裂解得到不可冷凝气体热值较高。它可以用作生物质热裂解反应的部分能量来源，如热裂解原料烘干，或用作反应器内部的惰性流化气体和载气。此外，这些气体还可用于生产其他化合物及为家庭和工业生产提供燃料。

九、生物炭的应用

生物炭呈粉末状，黑色物质。研究表明生物炭的特点是：①疏松多孔，具有良好的表面特性；②灰分低，具有良好的燃料特性；③低容重；④含硫量低；⑤易研磨。因此产生的生物炭可加工成活性炭用于化工和冶炼，改进工艺后，也可用于燃料加热反应器。

此外，生物炭还可应用于土壤，具有固碳作用，同时对土壤有改良作用。上海交通大学农业与生物学院生物质能工程研究中心王燕等的研究结果表明，生物炭可改善酸性土壤的特性。

7

第七章 生物质气化技术

第一节 生物质气化技术原理

一、气化基本原理

生物质气化是指在无氧或缺氧的高温环境下，使生物质固体原料发生热分解或不完全燃烧而转化为气体燃料和化工原料气（合成气）等气态物质的热化学转化过程。

生物质气化原理可以用下吸式固定床常压气化炉中的气化过程来表示。如图 7-1 所示，生物质从顶部加入，气化剂（如空气）由顶部吸入，气化炉自上而下可以分成干燥区、热解区、氧化区和还原区 4 个区域，各个区域的气化过程如下。

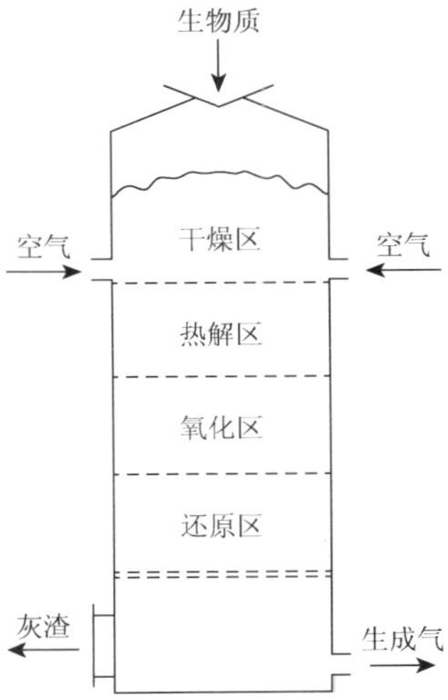

图 7-1 下吸式固定床常压气化炉的气化原理

（一）物料干燥

生物质物料和气化剂（空气）由顶部进入气化炉，气化炉的最上层为干燥区，含有水分的物料在这里同下面的热源进行热交换，使原料中的水分蒸发出去。首先是原料中外在水的蒸发，然后是内在水的蒸发。若原料块状体积较大时，其内在水分可能会有部分残留。

干燥区的温度为 50～150℃。干燥区的产物为干物料和水蒸气，干物料主要在重力作用下往下移动，水蒸气在气力抽吸下克服热浮力也往下移动。

（二）热解反应

来自干燥区的干物料、水蒸气和气化剂进入热解区后继续获得氧化区传递过来的热量，当温度达到或超过某一温度（最低约为 160℃）时，生物质将会发生热解反应而析出挥发分。此时的热分解总体上为放热反应，反应产物较为复杂，主要为炭、氢气、水蒸气、一氧化碳、二氧化碳、甲烷、焦油和其他烃类物质等，可用化学反应方程式来近似表示。

$$CH_xO_y = n_1C + n_2H_2 + n_3H_2O + n_4CO + n_5CO_2 + n_6CH_4 \tag{7-1}$$

式中，CH_xO_y 为生物质的特征分子式；n_1 ～ n_6 为气化时由具体情况待定的平衡常数。

（三）氧化反应

生物质热解产物连同水蒸气和气化剂在气化炉内继续下移，温度也会继续升高。当温度达到热解气体的最低着火点（为 250～300℃）时，可燃挥发分气体首先被点燃和燃烧，来自热解区的焦炭随后发生不完全燃烧，生成一氧化碳、二氧化碳和水蒸气，同时也放出大量热量。氧化区的最高温度可达 1000～1200℃，正是这个区域产生的反应热为干燥、热解和还原提供了热源。

氧化区发生的主要化学反应如下。

$$C+O_2 = CO_2+393.51kJ \quad (7\text{-}2)$$

$$2C+O_2 = 2CO+221.34kJ \quad (7\text{-}3)$$

$$2CO+O_2 = 2CO_2+565.94kJ \quad (7\text{-}4)$$

$$2H_2+O_2 = 2H_2O+483.68kJ \quad (7\text{-}5)$$

$$CH_4+2O_2 = CO_2+2H_2O+890.36kJ \quad (7\text{-}6)$$

（四）还原反应

还原区已没有氧气存在，二氧化碳和高温水蒸气在这里与未完全氧化的炽热的炭发生还原反应，生成一氧化碳和氢气等。由于还原反应是吸热反应，还原区的温度也相应降低，为 600～900℃。

还原区发生的主要化学反应如下。

$$C+CO_2 = 2CO-172.43kJ \quad (7\text{-}7)$$

$$H_2O+C = CO+H_2-131.72kJ \quad (7\text{-}8)$$

$$2H_2O+C = CO_2+2H_2-90.17kJ \quad (7\text{-}9)$$

$$H_2O+CO = CO_2+H_2-41.13kJ \quad (7\text{-}10)$$

$$3H_2+CO = CH_4+H_2O+250.16kJ \quad (7\text{-}11)$$

需要说明的是，将气化炉截然分为几个工作区与实际情况并不完全相符，仅仅是为了便于分析而这样做的。事实上，一个区域可以局部地渗入另一个区域，由于这个缘故，上述过程多多少少有一部分是互相交错进行的。

二、气化反应动力学

生物质气化反应动力学是研究气化的理论基础，内容主要包括热解过程机制及动力学表达式、燃烧及还原过程中主要化学反应及过程速率等。

（一）热解过程

热解是指固体生物质在非燃烧状态下受热分解成气体、焦油和炭的过程。温度和加热速率是影响热解效果的最主要参数。该过程包含许多复杂的反应，低温时的反应产物主要是 CO_2、CO、H_2O 和焦炭；温度升高至 400℃以上时，又发生另一些反应，主要产物是 CO_2、CO、H_2、H_2O、CH_4、焦炭、焦油等；温度继续升高至 700℃以上并有足够的停留时间时，将出现二次反应即焦油裂解等，产物也发生相应改变，氢气和不饱和烃类气体得到增加。图 7-2 是温度对热解产物分布的影响。由图 7-2 可见，随着温度升高，气体产率增加，焦油及焦炭的产率下降，且气体中氢气及碳氢化合物的产量增加，二氧化碳含量减少，气体热值提高。因此，提高反应温度，有利于以产气为主要目的的气化过程的进行。

进一步的研究表明，热解经历两步独立的反应过程：第一步是固相反应，即高分子聚合脱水反应，其反应速率非常快；第二步反应是气相反应，或气相与炭的反应，包括裂解（cracking）、重整（reforming）和变换（shifting）等。裂解是气相挥发分中重碳氢化合物如焦油裂解成低分子化合物的过程，在此吸热反应过程中，C—C 键、C—H 键、C—O 键、环分子链断裂，形成氢氧化物、碳氧化物、甲烷和不饱和碳氢化合物等；重整是碳氢化合物与水蒸气的吸热反应，生成碳氧化物及氢气；变换是水蒸气与一氧化碳的反应，生成二氧化碳和氢气。裂解和重整反应在热解的气相反应中占有相当重要的地位。

温度与滞留时间是决定气相反应程度的主要因素。热解过程中的初始挥发分在 700℃的滞留时间与不可冷凝气体产量之间的关系见图 7-3。由图 7-3 可见，滞留时间对气相反应的影响很大，尤其是在短的滞留时间情况下延长滞留时间的效果尤为明显，但滞留时间大于 8s 时，若再继续增加滞留时间，效果就不明显了。

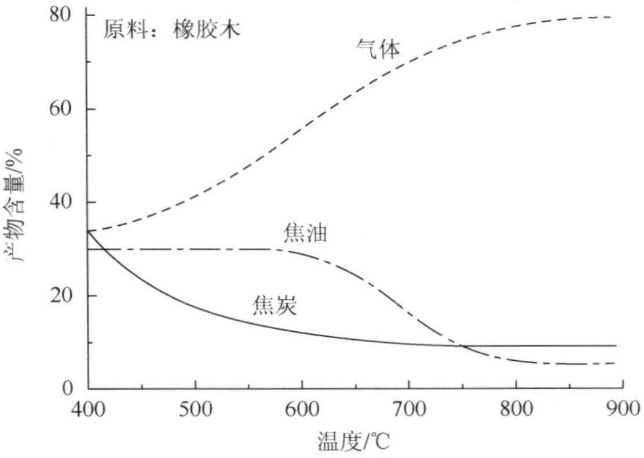

图 7-2　温度对热解产物分布的影响

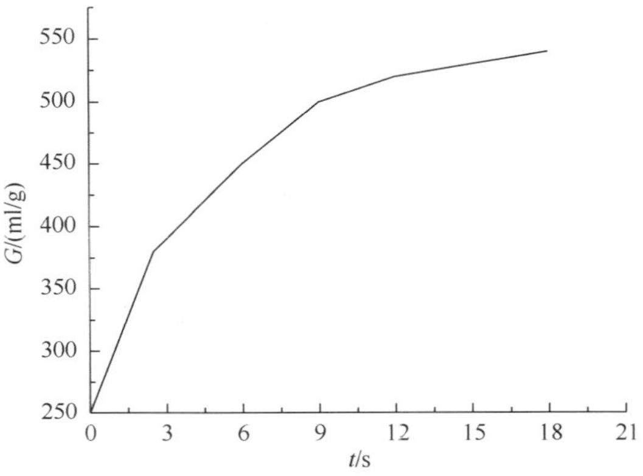

图 7-3　气体产量与气相滞留时间的关系

由图 7-3 进一步可以发现，气体产量与气相滞留时间呈近似指数关系，即

$$G = 260 + 270(1 - e^{-0.2927t}) \tag{7-12}$$

式中，G 为气体产量，ml/g；t 为气相滞留时间，s。

计算固体生物质气化动力学的表达式为

$$\frac{da}{dt} = Ae^{-E/RT}(1-a)^n \tag{7-13}$$

式中，a 为反应程度；n 为反应级数；E 为活化能，J/mol；A 为指前因子，s^{-1}；R 为气体常数，8.314J/（mol•K）；T 为反应温度，K。

一些生物质在不同温度下的热解动力学参数值见表 7-1。

表 7-1　一些生物质在不同温度下的热解动力学参数值

样品	T/K	a	A/s^{-1}	n	E/（J/mol）	相关系数 r
白松	710	0.293～0.950	9 865.90	0.635 4	17.852 3	0.999 8
白松	810	0.335～0.960	122.11	0.594 4	11.994 0	0.999 7
白松	900	0.148～0.959	40.83	0.675 6	8.555 9	0.999 4

续表

样品	T/K	a	A/s^{-1}	n	E/(J/mol)	相关系数 r
橡胶木	600	0.429～0.847	2.657×10^9	0.582 9	39.799 1	0.999 8
橡胶木	700	0.311～0.922	230 570.20	0.681 0	24.707 5	0.998 4
橡胶木	800	0.358～0.946	5 846.01	0.750 1	18.268 1	0.998 9
橡胶木	900	0.137～0.969	200.62	0.776 0	13.269 6	0.999 7

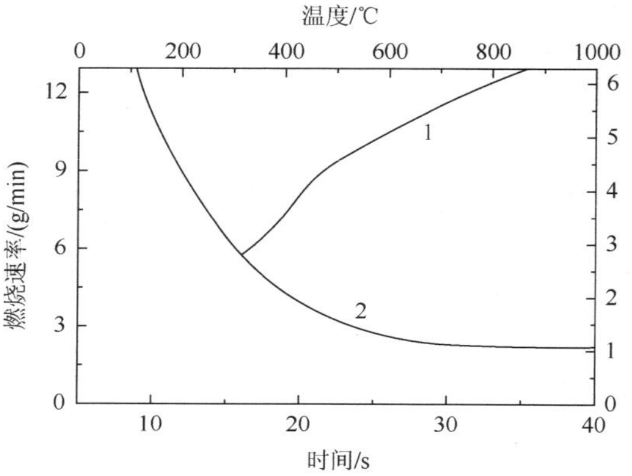

图 7-4　生物炭的燃烧速率

1. 不同温度下的燃烧速率曲线；2. 不同时间下的燃烧速率曲线

（二）燃烧过程

焦炭的燃烧速率受燃烧温度和燃烧时间控制。生物炭的燃烧速率如图 7-4 所示。焦炭的燃烧速率随温度增加而增大，且呈近似直线关系（曲线 1），当温度从 350℃增加至 900℃时，燃烧速率增加了一倍多。随着时间增加，焦炭颗粒将越来越少，燃烧速率按对数曲线递减（曲线 2）。

生物炭的燃烧速率又受氧通过包裹在炭黑外面灰层的扩散速率控制，细颗粒的燃烧速率比大颗粒快得多，见表 7-2。

表 7-2　900℃条件下颗粒尺寸对燃烧速率的影响

颗粒尺寸/mm	燃烧速率/(g/min)
6.250	0.648
0.833	5.040
0.074	55.900

（三）还原过程

还原过程中的化学反应主要是碳与二氧化碳、水蒸气和一氧化碳之间发生的反应，这些反应都是可逆的，增加温度与减少压力均有利于反应向右进行。

水蒸气与炽热的碳的反应虽然有几种可能的形式，但都是吸热反应，增加温度均有利于水蒸气还原反应的进行，但生成 CO 或 CO_2 的化学反应平衡常数是不同的：温度低于 700℃时，反应有利于 CO_2 的生成；反之，温度越高，越有利于 CO 的生成，同时也有利于 H_2 的生成。另外，温度低于 700℃时，水蒸气与碳的反应速率极为缓慢，在 400℃时，几乎没有反应进行，只有从 800℃开始，反应速率才有明显增加。

碳与水蒸气的反应速率与反应温度之间的关系式可用数学方法拟合得到，即

$$r = A_1 e^{BT} \tag{7-14}$$

式中，r 为碳与水蒸气的反应速率，s^{-1}；T 为反应温度，K；$A_1 = 2.695\times10^{-4}s^{-1}$；$B = 7.234\times10^{-3}K$。

表 7-3 是上述 3 个过程即热解过程、燃烧过程和还原过程的反应速度及其比较（注：以炭与水蒸气的反应速率为基准）。

表 7-3　生物质气化 3 个过程反应速度与速率比

温度/℃	反应速度与速率比	热解	炭的燃烧	炭-水蒸气气化
700	反应速度/[mg/(s·cm^2)]	3.170	0.937	0.039
	速率比	81.3	24.0	1.0
800	反应速度/[mg/(s·cm^2)]	4.117	1.063	0.103
	速率比	40.0	10.3	1.0
900	反应速度/[mg/(s·cm^2)]	5.893	1.141	0.194
	速率比	30.4	5.9	1.0

三、气化反应平衡分析

生物质气化反应如同其他大多数化学反应一样，在原始物料之间进行正反应的同时，反应生成物之间根据反应条件而存在不同程度的逆反应。可以正逆两方向进行的反应称为可逆反应。

假设如下反应是一个可逆反应。

$$\underset{c_1}{A}+\underset{c_2}{B} \rightleftharpoons \underset{c_3}{C}+\underset{c_4}{D} \tag{7-15}$$

式中，c_1、c_2、c_3、c_4 分别为 A、B、C 和 D 的浓度。

设正反应（$A+B\longrightarrow$）的速度为v_1,逆反应（$C+D\longrightarrow$）的速度为v_2。根据质量作用定律可知，化学反应速度与各反应物浓度的乘积成正比。因此，反应速度v_1和v_2可分别表示如下。

$$v_1 = k_1 c_1 c_2 \tag{7-16}$$

$$v_2 = k_2 c_3 c_4 \tag{7-17}$$

式中，k_1、k_2 分别为反应速度常数。

由此可写出化学反应方程式（7-15）的可逆反应速度为

$$v = v_1 - v_2 \tag{7-18}$$

如果$v=0$，说明该反应系统达到动态平衡，此时则有

$$k_1 c_1 c_2 = k_2 c_3 c_4 \tag{7-19}$$

或

$$\frac{k_1}{k_2} = \frac{c_3 c_4}{c_1 c_2} = K \tag{7-20}$$

式中，K 为化学反应平衡常数，它是反应温度和反应压力的函数。

根据化学反应平衡常数，可以确定在平衡条件下生成物的极限产率。对生物质气化而言，可以据此了解最佳气化反应状态和主动改变某些平衡条件以调节生成气的某些气体组分。

燃烧和气化过程中各种化学反应平衡常数的计算式列于表 7-4，其中反应温度以热力学温标来度量。

气化过程中几个主要化学反应的平衡状态随温度变化的趋势可以讨论如下。

（1）反应$C+CO_2 \rightleftharpoons 2CO$。

这是生物质气化过程中最重要的反应之一。当反应温度小于 850℃时，其逆反应速度很

快，因此二氧化碳很难还原为一氧化碳；当反应温度高于 850℃时，则还原反应生成的一氧化碳迅速增加；当温度升高到 1200℃以上时，相比之下逆反应速度极为缓慢，二氧化碳则可基本上全部还原为一氧化碳。因此，提高反应温度是增加一氧化碳含量的主要措施之一。

（2）反应 $CO + H_2O \rightleftharpoons CO_2 + H_2$。

这是制取以氢为主要成分的气体燃料的重要反应，也是提供气化过程中甲烷化反应所需氢源的基本反应。当温度高于 850℃时，此反应的正反应速度高于逆反应速度，故有利于生成氢气。为有利于此反应的进行，通常要求反应温度高于 900℃。

（3）反应 $C + 2H_2 \rightleftharpoons CH_4$。

这是制取高热值气体燃料的重要反应。随着温度的上升，逆反应速度加快，不利于甲烷的生成。常压气化时，此反应的适宜温度一般认为是 800℃左右。

（4）反应 $2CO + 2H_2 \rightleftharpoons CH_4 + CO_2$。

此反应既是气化过程中生成甲烷的一个主要反应，也是气化后对生成气进行甲烷化以增加甲烷含量的重要反应。与反应（3）不同，反应（4）属于均相反应。随着温度的上升，甲烷含量要比反应（3）下降缓慢，但温度升高毕竟对正反应还是不利，故应控制甲烷化的反应温度。

表 7-4　燃烧和气化化学反应平衡常数计算式

反应	平衡常数 K_r	平衡常数计算式
$C + O_2 \rightleftharpoons CO_2$	$\frac{CO_2}{O_2}$	$\lg K_r = \frac{20\,582.8}{T} - 0.302\lg T + 0.021\,43T - 0.072\,4T^2 + 0.622$
$2C + O_2 \rightleftharpoons 2CO$	$\frac{(CO)^2}{O_2}$	$\lg K_r = \frac{11\,635.1}{T} + 2.165\lg T - 0.089\,4T + 0.088\,76T^2 + 3.394$
$2CO + O_2 \rightleftharpoons 2CO_2$	$\frac{(CO_2)^2}{(O_2)(CO)^2}$	$\lg K_r = \frac{29\,530.5}{T} - 2.769\lg T + 0.001\,225T - 0.061\,356T^2 - 2.15$
$2H_2 + O_2 \rightleftharpoons 2H_2O$	$\frac{(H_2O)^2}{(O_2)(H_2)^2}$	$\lg K_r = \frac{25\,116.1}{T} - 0.946\,6\lg T - 0.087\,216T + 0.081\,618T^2 - 1.714$
$C + CO_2 \rightleftharpoons 2CO$	$\frac{(CO)^2}{CO_2}$	$\lg K_r = \frac{8947.7}{T} + 2.467\,5\lg T - 0.001\,082\,4T + 0.061\,16T^2 + 2.772$
$C + H_2O \rightleftharpoons CO + H_2$	$\frac{(CO)(H_2)}{H_2O}$	$\lg K_r = \frac{6\,740.5}{T} + 1.556\,1\lg T - 0.081\,092T - 0.063\,71T^2 + 2.554$
$C + 2H_2O \rightleftharpoons CO_2 + 2H_2$	$\frac{(CO)(H_2)^2}{(H_2O)^2}$	$\lg K_r = \frac{4\,533.3}{T} + 0.644\,6\lg T + 0.083\,646T - 0.081\,858T^2 + 2.336$
$CO + H_2O \rightleftharpoons CO_2 + H_2$	$\frac{(CO_2)(H_2)}{(H_2O)(CO)}$	$\lg K_r = \frac{2\,207.2}{T} + 0.911\,5\lg T - 0.097\,38T + 0.081\,487T^2 + 0.098$
$C + 2H_2 \rightleftharpoons CH_4$	$\frac{CH_4}{(H_2)^2}$	$\lg K_r = \frac{3\,348}{T} - 5.957\lg T + 0.001\,867T - 0.061\,059T^2 + 11.79$

第二节　生物质气化技术分类

生物质气化技术有多种形式，不同的分类方式对应有不同的气化种类。目前主要存在5种气化技术分类方式，详见表7-5。

表7-5　气化技术分类

分类条件	气化种类
气化压力	常压气化（–0.1～0.1MPa）、加压气化（0.5～2.5MPa）
气化温度	低温气化（700℃以下）、高温气化（700℃以上）
气化剂	干馏气化（不使用气化剂）、非干馏气化（使用气化剂）
加热方式	直接气化（氧化部分原料提供热量）、间接气化（外部加热提供热量）
气化炉结构	固定床气化、流化床气化、携带床气化等

一、按气化压力进行分类

生物质气化按气化压力的大小可以分为常压气化和加压气化两种。常压气化时气化反应器内的压力实为微负压或微正压，其压力一般为–0.1～0.1MPa；加压气化时气化反应器内的压力多数为0.5～2.5MPa，少数情况下可达5MPa或更高。

加压气化的原理与常压气化相同，但加压气化装置的构造、操作、维护等都比常压气化复杂得多，硬件加工制造的难度也大许多，且加压气化得到的气体组成也并不比常压气化的气体组成有明显优异。但加压气化可以使得气化炉的设计小型化，因为气化炉设计准则之一是要保证生成气体在气化炉内有足够的滞留时间（一般至少为5～6s），同时也知道，在温度保持不变的情况下，气体的体积与其压力成反比，如在1.0MPa下加压气化，生成气的体积将是常压气化的1/10，故而在保证相同滞留时间的情况下可以实现气化炉相当大比例的小型化。

生物质气化通常采用的都是常压气化，其原因主要是固体生物质物料实施加压密封供料的难度较大。但在某些应用场合采用加压气化的优点是显著的，如气化合成甲醇时的合成压力为8～10MPa，合成气体的相对密度也比较轻，为0.5～0.7kg/m^3，所以一次性以压力比80～100的加压非常困难，效率也很低，若气化以0.5MPa进行，压力罐的压力比为16～20，则工艺条件可以温和很多。

二、按气化温度进行分类

生物质气化按气化温度的高低可以分为低温气化和高温气化两种。低温气化时气化反应器内的温度一般不超过700℃，而高温气化时气化反应器内的温度将会超过700℃，甚至达到灰分熔点以上，导致灰分在气化炉内高温区域呈熔融态。

气化反应温度与气化炉内部温度场的形成方式密切相关。一般而言，间接气化大多属于低温气化，而直接气化则多半都属于高温气化。

三、按气化剂进行分类

生物质气化按是否使用气化剂可以分为使用气化剂和不使用气化剂两种。如图7-5所示，

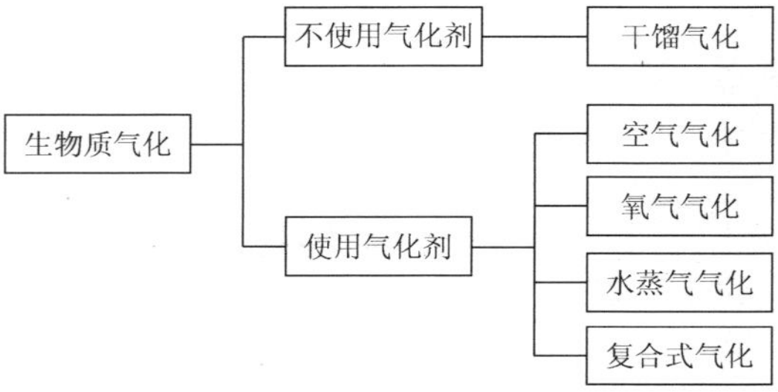

图 7-5　生物质气化按气化剂使用情况分类

不使用气化剂的气化只有干馏气化一种，而使用气化剂的气化又可以分为空气气化、氧气气化、水蒸气气化和复合式气化等几种常见形式。其实，使用气化剂的气化还有氢气气化和二氧化碳气化等，但由于使用氧气、氢气和二氧化碳作为气化剂时的反应条件相当苛刻，工程实践中很少应用，故而本书就不再对之作详细介绍。

干馏气化是生物质气化的一种特例，它是在完全无氧或只提供极有限氧（实为空气中的氧）的情况下进行的生物质气化。其原理是生物质在一定温度作用下析出挥发分并生成固体炭、木焦油、木醋液和生成气。各产物的质量产率大致为：固体炭 25%～30%、木焦油 5%～10%、木醋液 30%～35%和生成气 25%～30%。干馏气化按温度高低可分为低温干馏气化（300～500℃）和高温干馏气化（500～700℃）两种，但不论哪种干馏气化，都应提供外部热源以使干馏反应得以连续进行。干馏气化生成气的热值为 12～15MJ/m^3，属于中热值气体，既可用作气体燃料，也可用作化工合成气的原料。

空气气化是以空气为气化剂的气化过程。空气中的氧与生物质中的可燃组分发生不完全氧化反应，放出热量为气化反应提供所需的热量。由于空气可以任意取得，空气气化又能够做到自供热而不需要外部热源，故空气气化是所有气化过程中最简单、最经济，也是最容易实现的一种气化，但由于空气中含有 79%的 N_2，它基本不参加气化反应，但却降低了气化器中的反应温度和稀释了生成气中可燃组分的含量，使生成气中的氮气含量高达 50%左右，因而气体热值较低，只有 5MJ/m^3 左右，属于低热值气体，作燃气使用时输送效率较低，作为化工合成气原料使用时需要再作处理。

氧气气化是以氧气为气化剂的气化过程，其过程原理与空气气化相同，但没有惰性气体 N_2 稀释气化剂，在与空气气化相同的氧气当量比下，反应温度提高，反应速率加快，反应器容积减小，热效率提高。氧气气化生成气中的主要成分为一氧化碳、氢气和甲烷等，热值与城市煤气相当，为 12～15MJ/m^3，属于中热值气体，既可用作燃气，也可用作化工合成气的原料。

水蒸气气化是指水蒸气在高温下与生物质发生反应，它不仅包括水蒸气和碳的还原反应，也包含 CO 与水蒸气的变换反应和甲烷化反应等。水蒸气气化一般不单独使用，而是与氧气（或富氧空气）气化联合采用，否则仅由水蒸气本身提供的热量难以为气化反应提供足够的热源。典型的水蒸气气化生成气的组分为：H_2 20%～26%、CO 28%～42%、CO_2 16%～23%、CH_4 10%～20%、C_2H_2 2%～4%、C_2H_6 1%、C_nH_m 2%～3%。由于氢气和烷烃含量较高，故生成气的热值可以达 11～19MJ/m^3，属于中热值气体，既可用作燃气，也可用作化工合成气的原料。

复合式气化是指同时或交替使用两种或两种以上气化剂对生物质进行气化，如富氧空气-水蒸气气化和氧气-水蒸气气化等。从理论上分析，氧气-水蒸气气化比单用空气或单用水蒸气气化都优越：一方面，它是自供热系统，不需要复杂昂贵的外供热源；另一方面，气化所需要的一部分氧气可由水蒸气裂解来提供，减少了外供氧气的消耗量，并生成更多的氢气及碳氢化合物，特别是在有催化剂作用的条件下，一氧化碳可以与氢气反应生成甲烷，降低了气体中的一氧化碳含量，使得该气体燃料更适于用作城乡居民的生活燃气。在水蒸气（800℃）

与生物质比为 0.95、氧气当量比为 0.2、无甲烷化催化剂的情况下，氧气-水蒸气气化气体的典型组分为：H_2 32%、CO_2 30%、CO 28%、CH_4 7.5%、C_nH_m 2.5%。气体的热值为 11～12MJ/m^3，属于中热值气体，既可用作燃气，也可用作化工合成气的原料。

四、按加热方式进行分类

生物质气化按加热方式的不同可以分为直接气化和间接气化两种。直接气化采用的加热方式是向气化炉限量供应空气或氧气，使部分生物质原料发生氧化反应，用其所产生的热量直接为余下的生物质原料提供气化所需的反应热量；间接气化是采用外部加热的方式向气化炉内的生物质原料提供气化所需的反应热量。

五、按气化炉结构进行分类

生物质气化按气化炉结构的不同可以分为固定床气化、流化床气化和携带床气化 3 种主要形式，具体如图 7-6 所示。

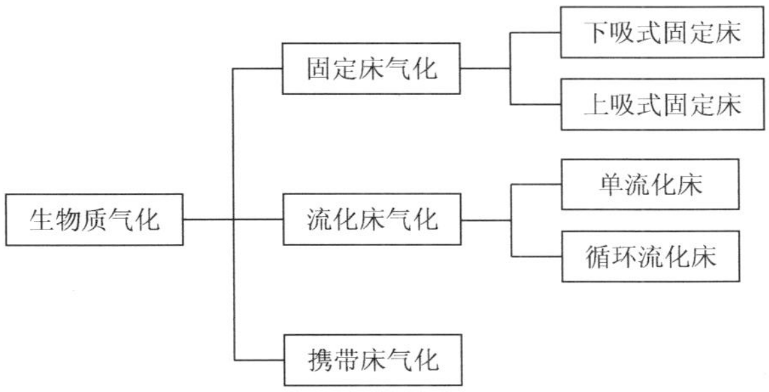

图 7-6 生物质气化按气化炉结构分类

（一）固定床气化炉

固定床气化炉的最大优点是制造简便、成本低、运动部件少、热效率高和操作简单等，缺点主要是气化过程难于控制、物料在炉内容易搭桥并形成空腔，且气化强度和单机最大气化能力相对较低，分别为 200kg/(m^2·h)和 400kg/h 左右。

固定床气化炉进一步又可分为下吸式固定床和上吸式固定床等多种炉型，图 7-7 是下吸式固定床气化炉和上吸式固定床气化炉的结构示意图，表 7-6 为这两种固定床气化炉对气化原料的要求。

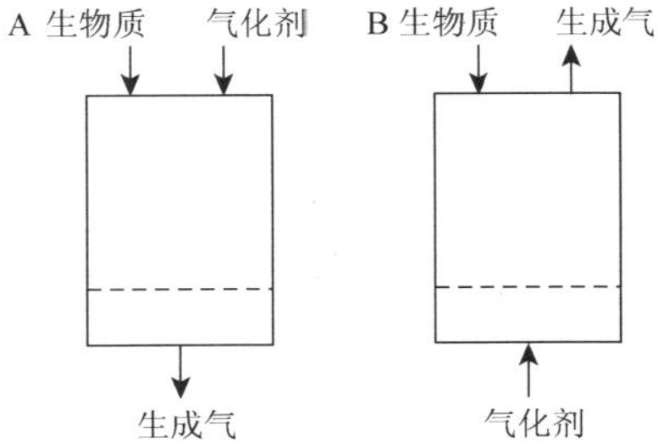

图 7-7 固定床气化炉结构示意图
A. 下吸式固定床；B. 上吸式固定床

表 7-6 两种固定床气化炉对气化原料的要求

气化炉类型	下吸式	上吸式
原料种类	废木、秸秆	废木、秸秆
原料尺寸/mm	5～100	20～100
原料湿度/%	＜30	＜50
原料灰分（干基）/wt%	＜25	＜6

1. 下吸式固定床气化炉

下吸式固定床气化炉的工作过程是：生物质原料从顶部加入，然后依靠重力逐渐由顶部移动到底部；空气从上部进入，向下经过各反应层，燃气由反应层下部吸出；灰渣从底部排出。由于原料移动方向与气体流动方向相同，所以也称顺流式气化。刚进入气化炉的原料遇到下方上升的热气流，首先脱除水分；下移过程中当温度升高到200～250℃时发生热解并析出挥发分；挥发分随之与空气一起向下流动，当进入氧化区时，挥发分和一部分生物质焦炭与空气中的氧气发生不完全氧化反应，并使炉内局部温度迅速升至1000℃以上；在氧气耗尽后的还原区，剩余焦炭与气体中的二氧化碳和水蒸气发生还原反应而生成一氧化碳、氢气和甲烷等可燃气体；最后，这些混合气体由气化炉下部引出炉外。

下吸式固定床气化的最大优点是气化气体中的焦油含量比上吸式固定床气化低许多，因为挥发分中的焦油在氧化层和还原层得到了一定程度的氧化和裂解，因此，这种气化技术比较适宜应用于需要使用洁净燃气的场合。下吸式固定床气化一般均采用安装在气化机组下游的罗茨风机或真空泵将空气吸进气化炉，气化炉内的工作环境为微负压，这样做的优点是加料口不需要严格密封即可实现连续进料。这对于秸秆一类的生物质非常重要，因为这类生物质的堆积密度很小，因此要设计一个能容纳一定时间料量的炉膛相当困难，即便能够做到，也很难保证气化能够稳定运行。但微负压工作环境同样也会导致炉膛下部连续出灰的困难，若不增加专门的连续出灰装置，则只能将炉膛底部做得足够大来存放灰渣，运行时每隔一段时间停机清除一次灰渣。下吸式固定床气化的最大缺点是炉排处于高温区，容易粘连熔融的灰渣，寿命难以保证。

保证下吸式固定床气化炉的稳定运行，对于木炭和木材等优质原料并不太难，但对于秸秆和草类等物理性质较差的低品质原料相对就难了许多，因为秸秆等物料在挥发分大量析出后，其体积会迅速缩小，从而使得秸秆半焦依靠自身重力向下移动的能力变得很差，因此，热解层和氧化层极易发生局部穿透。为了及时填充穿透空间并阻止气流短路，合理设计加料结构和炉腔形状、并辅以合理的拨火方式都是必需的。

2. 上吸式固定床气化炉

上吸式固定床气化炉的工作过程是：生物质原料从顶部加入，然后依靠重力逐渐由顶部移动到底部；空气从下部进入，向上经过各反应层，燃气从上部排出；灰渣从底部排出。由于原料移动方向与气体流动方向相反，所以也称逆流式气化。刚进入气化炉的原料遇到下方上升的热气流，首先脱除水分；当温度升高到200～250℃时发生热解反应，析出挥发分；挥发分和一部分生物质焦炭与空气中的氧气发生不完全氧化反应，使炉内局部温度迅速升至1000℃以上；剩余高温炽热的焦炭再与气体中的二氧化碳和水蒸气发生还原反应而生成一氧化碳、氢气和甲烷等可燃气体；最后，这些气体与热解层析出的挥发分混合，由气化炉上部引出炉外。

上吸式固定床气化炉补给气化剂的方式有两种：一种是采用安装在气化机组上游的风机将气化剂吹进气化炉，气化炉内的工作环境为微正压；另一种是采用安装在气化机组下游的罗茨风机或真空泵将气化剂吸进气化炉，气化炉内的工作环境为微负压。这两种方式都可以通过改变进风量的大小来控制气化炉的供氧量，但为防止燃气由生物质加料口向外泄漏，必须要采取专门的加料措施才可实现连续加料，或将炉膛上部做得较大，能储存一段时间的用料（如2h的用料量），运行时将加料口密闭，待炉内原料用完后再停炉加料。两种方式的不同之处在于炉膛下部的出灰，前者需要增加专门的装置才可连续出灰，而后者则不需要专门装置即可连续出灰。

上吸式固定床气化的优点主要有：①气化效率较高，主要是因为热解层和干燥层充分利用了还原反应后的气体余热；②燃气热值较高，主要是因为气化气直接混入了具有较高热值的挥发分；③炉排受到进风的冷却，不易损坏。

上吸式固定床气化的最大缺点是由于气化生成气直接混入了挥发分中的焦油而使气体中的焦油含量较高，故一般应用在粗燃气不需冷却和净化就可以直接使用的场合，如气化气体直接作为锅炉等热力设备的燃料气等。

（二）流化床气化炉

在流化床中，一般采用砂子作为流化介质和热载体（也可不用），向上流动的气流使砂子像液体沸腾一样漂浮起来。所以，流化床有时也称为沸腾床。除砂子外，石灰或催化剂等其他非惰性材料也可用作流化介质。流化床气化炉具有传热传质效率高的优点，气化强度为固定床气化炉的 2～3 倍，反应温度一般在 750～900℃，其气化反应和焦油裂解均在床内进行，原料适应性广，可大规模应用。

根据结构不同，流化床气化炉进一步又可分为单流化床和循环流化床等多种炉型。

1. 单流化床气化炉

单流化床气化炉是最基本也是最简单的一种流化床气化炉。如图 7-8 所示，单流化床气化炉只有一个流化床反应器，反应器一般可分为上、下两段，下部为气固密相段，上部为气固稀相段。气化剂从底部经由气体分布板进入流化床反应器，生物质原料从分布板上方进入流化床反应器。生物质原料与气化剂一边向上做混合运动，一边发生干燥、热解、氧化和还原等反应，这些反应主要发生在密相段，反应温度一般控制在 800℃左右。稀相段的作用主要是降低气体流速，使没有转化完全的生物质焦炭不致被气流迅速带出反应器而继续留在稀相段发生气化反应。

与固定床气化相比，流化床气化的优点主要有：①由于生物质物料粒度较细和剧烈的气固混合流动，床层内传热传质效果较好，因而气化效率和气化强度都比较高；②由于流态化的操作范围较宽，故流化床气化能力可在较大范围内进行调节，而气化效果和气化效率不会明显降低；③由于床层温度不是很高且比较均匀，因而灰分熔融结渣的可能性大大减弱。

与固定床气化相比，流化床气化的缺点主要有：①由于气体出口温度较高，故产出气体的显热损失较大；②由于流化速度较高、物料颗粒又细，故产出气体中的固体带出物较多；③流化床要求床内物料、压降和温度等分布均匀，故而启动和控制较为复杂；④对于鼓泡床气化，最好在床层内添加一些热容量比较大的惰性热载体，否则气化效率和气化强度都难以令人满意。

2. 循环流化床气化炉

图 7-9 为循环流化床气化炉的工作原理图。它与单流化床气化炉的主要区别是生成气中的固体颗粒在经过了旋风分离器或滤袋分离器后，通过料脚再返回到流化床，继续进行气化反应。循环流化床气化炉以空气为气化剂时的操作特性见表 7-7。

与单流化床气化相比，循环流化床气化的优点主要有：①由于操作气速可以明显提高而不必担心碳的转化率，故气化效率尤其是气化强度可以得到进一步提高；②可以适用更小的物料粒径，在大部分情况下可以不加流化热载体，运行较为简单。其缺点主要是回流系统控制较难，料脚容易发生下料困难，且在炭回流较少的情况下容易变成低速携带床。

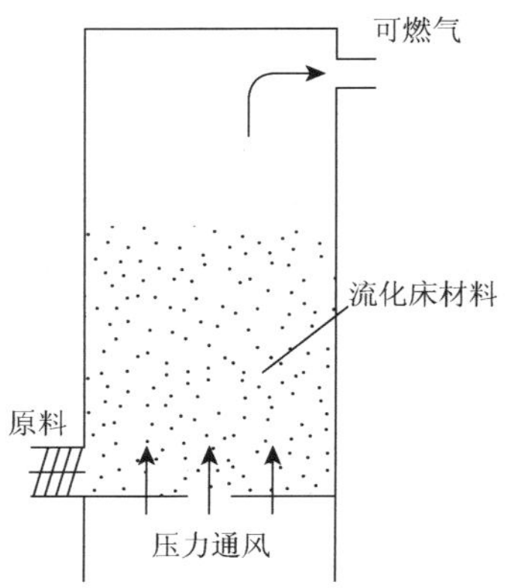

图 7-8　单流化床气化炉

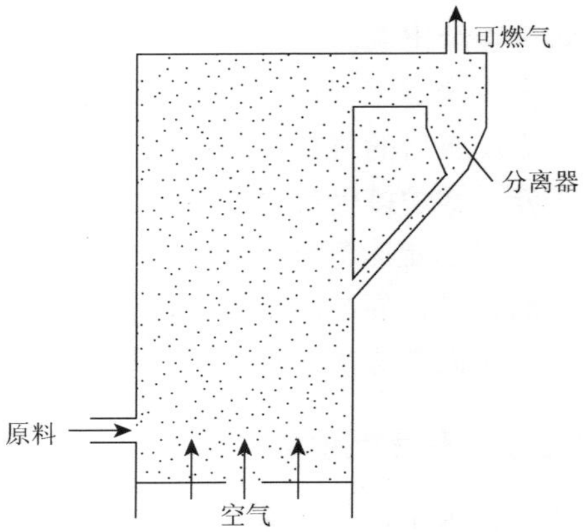

图 7-9　循环流化床气化炉

表 7-7　循环流化床气化炉以空气为气化剂时的操作特性

颗粒直径/μm	运行速度	当量比	反应温度/℃	固相滞留时间/min	气相滞留时间/s
150～360	3～5u_t	0.18～0.25	700～900	5～8	2～4

注：u_t为自由沉降速度

表 7-8 为循环流化床与单流化床的特性比较。由表 7-8 可见，循环流化床的运行速度不仅大于临界流化速度 u_{mf}，还大于自由沉降速度 u_t，而单流化床的运行速度却在临界流化速度和自由沉降速度之间，以免固体颗粒被带出。

表 7-8　循环流化床与单流化床的特性比较

炉型	原料	颗粒平均直径 d_{mp}/mm	临界流化速度 u_{mf}/（m/s）	运行速度 V_0/（m/s）	自由沉降速度 u_t/（m/s）	$\frac{V_0}{u_{mf}}$	$\frac{V_0}{u_t}$
单流化床	稻壳	0.47	0.37	0.74	0.85	2.0	0.9
循环流化床	木粉	0.33	0.12	1.40	0.40	11.7	3.5

（三）携带床气化炉

携带床是流化床的一种特例，该气化炉要求将生物质原料破碎成粉体状颗粒，且不使用惰性床料，而是由气化剂直接将粉体生物质原料载入后进行燃烧和气化，运行温度高达 1100～1300℃，气化速度非常快，气体在炉内的滞留时间只需 1～2s 即可，生成气中的焦油及可冷凝物含量很低，碳转化率可达 100%。

由于携带床气化属于高温气化，炉壁需要采用耐火材料隔热，以便能够保证气化炉的上部区域处于高温状态。此外，设计携带床气化炉时还要考虑灰熔点，当炉内温度高于灰熔点时，灰分附着在炉壁上，所以有必要采用烟灰吹除机之类的装置间歇地将其清除。

生物质灰分的熔点随生物质种类不同而不同，在 800～1500℃变动，在设计包括气流床在内的气化工艺时，对灰熔点的测定十分重要。一般情况下的设计是，气化炉内的工作温度要低于灰分的软化点（熔融开始的温度）。若灰分熔点较低时，气化温度升高后，灰分将发生熔融，则应在气化炉的炉底设计专门的排渣结构。

六、气化主要影响因素

生物质气化影响因素有很多，如生物质种类及其预处理、生物质进料与气化剂供给速率、反应器内温度和压力等。在以空气为气化剂的自供热气化系统中，当量比 ER 是最重要的一个影响因素，它不仅直接决定了生物质进料速率与气化剂供给速率之间的匹配关系，而且还间接决定了气化反应器内的温度和压力，以及气化气体的热值和气体组分等。

气化当量比 ER 是指气化时实际供给的空气量与生物质完全燃烧理论所需空气量之比，即

$$\mathrm{ER}=\frac{\mathrm{AR}}{\mathrm{SR}} \tag{7-21}$$

式中，AR 为气化时实际供给的空气量与生物质量之比，kg/kg，简称实际空燃比，其值取决于运行参数；SR 为生物质完全燃烧理论所需空气量与生物质量之比，kg/kg，简称化学当量比，其值取决于生物质的燃料特性。

由式（7-21）可以发现，气化当量比是由生物质的燃料特性所决定的一个参数，气化当量比 ER 越大，燃烧反应进行的就越多，反应器内的温度也就越高，因而越有利于气化反应的进行。另外，气化气体中的 N_2 和 CO_2 含量也会随之增加，从而使气化气体中的可燃成分得到稀释，气化气体的热值随之也降低。所以，气化时应综合考虑各种因素（包括生物质原料的含水率和气化方式等）来确定具体的气化当量比 ER。由于原料与气化方式的不同，实际运行中将生物质气化最佳当量比控制在 0.2～0.4 较为适宜。

第三节 生物质气化系统的设计

一、气化主要评价参数

（一）气体产率

气体产率 G_p 是指单位质量生物质气化后所获得的气体燃料在标准状态下的体积，即

$$G_p=\frac{V_g}{M_b} \tag{7-22}$$

式中，V_g 为气化气体在标准状态下的体积，m^3；M_b 为气化生物质的质量，kg。

（二）气体热值

气体热值是指标准状态下单位体积的气化气体所包含的化学能。一般而言，它有高位热值（HHV）和低位热值（LHV）之分。前者是指气化气体完全燃烧所释放的总能量，包括水蒸气所含的潜热；后者是指气化气体完全燃烧所释放的可供利用的能量，不包括水蒸气所含的潜热。

生物质气化气体中的可燃组分主要是一氧化碳（CO）、氢气（H_2）、甲烷（CH_4）和不饱和碳氢化合物 C_nH_m。如果知道了这些可燃成分的组分，则气化气体的低位热值 Q_g 除了实验测试外，还可以计算如下。

$$Q_g=126C_{CO}+108C_{H_2}+359C_{CH_4}+665C_{C_nH_m} \tag{7-23}$$

式中，C_{CO}、C_{H_2}、C_{CH_4}、$C_{C_nH_m}$ 分别为 CO、H_2、CH_4 和 C_nH_m 在气化气体中所占的体积百分数，%。

国家农业部生物质气化集中供气站建设标准（NYJ/T09-2005）规定，标准状态下的燃气低位热值应大于 4600kJ/m^3。一氧化碳和氧含量应分别小于 20%和 1%。

（三）气化效率

气化效率 η 定义为单位质量的生物质气化后，气化气体所包含的化学能与气化原料所包含的化学能之比，即

$$\eta = \frac{Q_g G_P}{Q_b} \times 100\% \tag{7-24}$$

式中，Q_b 为生物质原料的热值，kJ / kg；Q_g 为气化气体的低位热值，kJ / Nm^3；G_p 为气化气体的产率，Nm^3 / kg。

国家农业部生物质气化集中供气站建设标准（NYJ/T09-2005）规定，生物质气化率应大于 70%。

（四）碳转化率

碳转化率 η_C 为单位质量的生物质气化后，气化气体所含的碳与原料中所含的碳之比。

（五）气化强度

气化强度 P 是指单位横截面积的气化反应器在单位时间内气化生物质原料的能力，其值等于生物质进料速率除以气化炉横截面积，即

$$P = \frac{W_b}{A} \tag{7-25}$$

式中，W_b 为生物质进料速率，kg/h；A 为气化器横截面积，m^2。

（六）气体组分

生物质气化生成气可以分成两大部分：一部分是可燃气体，它们是 CO、H_2、CH_4 和 C_nH_m；另一部分是不可燃气体，它们是 CO_2、N_2 和 O_2。可燃气体所占的比例越大，气化气体的热值就越高，但可燃气体中的一氧化碳含量又不能随意增加，因为一氧化碳气体具有毒性。此外，为了保证燃气储存和输送安全，生物质气化生成气中的氧气含量也应有限制。

国家农业部生物质气化集中供气站建设标准（NYJ/T09-2005）规定，生物质气化生成气中的一氧化碳和氧含量应分别小于 20%和 1%。

（七）焦油含量

焦油是生物质气化的一种必然产物，但其负面作用是多方面的，如对气化设备的正常运行和使用寿命会带来不利影响，如果处理措施不当可能还会造成一定的二次污染。国家农业部生物质气化集中供气站建设标准（NYJ/T09-2005）规定，经水洗净化后的生物质燃气，在标准化状态下，其焦油和灰尘的含量应小于 30mg/m^3，且水洗净化产生的污水应采取相应的处理措施，处理后的污水必须达到国家允许的排放标准。

二、生物质气化系统的构成

由于生物质原料预处理用的破碎和烘干设备有定型产品可以购买，且许多原料如稻壳和玉米芯等，气化时不需要进行预处理，故生物质气化装置一般是由气化炉、气固分离器、冷却净化和燃气输送等设备构成的，且在我国现已推广应用的生物质气化装置采用最多的炉型是下吸式固定床气化炉和上吸式固定床气化炉。图 7-10 为中国科学技术大学于 1999 年研制的一种下吸式固定床生物质气化试验装置。

图 7-10　下吸式固定床生物质气化试验装置

三、气化炉设计计算举例

图 7-11 为编者于 2001 年为安徽某秸秆气化集中供气站设计的下吸式固定床气化炉结构示意图。现以此为例来叙述下吸式固定床生物质气化炉的设计计算。

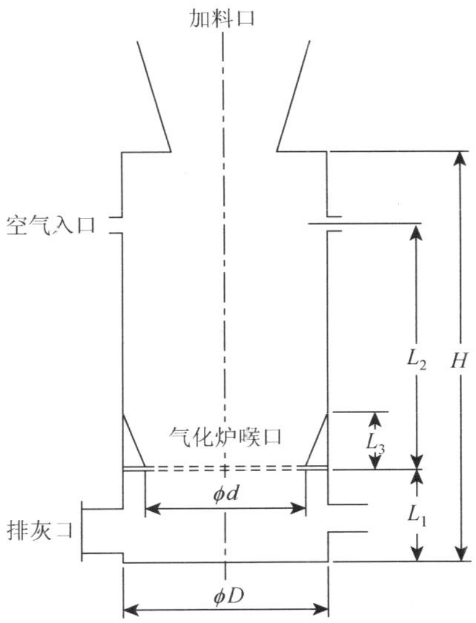

图 7-11　秸秆气化用下吸式固定床气化炉

（一）设计目的

由于农村社会发展和农民生活水平的提高，秸秆直接作为炊事燃料使用所占的比例越来越低，越来越多的富余秸秆被废弃田间地头，既浪费资源，又影响环境。因此，以农村、乡镇为单位建设秸秆气化集中供气系统，将富余秸秆转换成可燃气，然后通过管网输送到农村居民家中用作炊事燃料，势必是我国新农村建设的重要举措之一。

（二）气化炉的气化能力

根据当时供气户数的要求，并考虑到为将来发展留有一定的余力，确定气化炉以秸秆为原料时的气化能力 Q 为 250kg/h。

（三）气化炉的气化强度

考虑到秸秆和烟茎的堆密度较低，采用下吸式固定床气化炉作为设计炉型，并确定气化炉的气化强度 P 为 300kg/(m^2·h)。

（四）气化炉筒体内径

根据上述气化能力和气化强度进行计算，气化炉筒体内径 D 确定为 800mm。

（五）气化炉喉口底部直径

考虑到秸秆堆密度较低，气化炉在炉排上部采用喉口式结构。根据经验，其喉口底部直径 d 确定为 600mm。

（六）气化炉筒体高度

根据设计经验和上述计算获得的气化炉筒体内部直径，气化炉筒体总高度 H 确定为 2000mm。

（七）气化炉灰室高度

根据烟茎灰分和排灰时间间隔最大为 10h 的要求，气化炉灰室高度 L_1 确定为 400mm。

（八）气化炉进气口高度

根据设计经验和炉内热解层、氧化层和还原层厚度的需要，气化炉进气口距离炉排的高度 L_2 确定为 1350mm。

（九）气化炉喉口高度

根据设计经验和秸秆半焦顺利下滑的要求，气化炉喉口高度 L_3 确定为 300mm。

（十）气化生成气流量估算

假设气化当量比 ER 为 0.26、每千克秸秆完全燃烧需要 5m^3 空气、气化时秸秆质量转化率为 80%（注：另有 20%假设转化为水蒸气、焦油和灰分），则气化能力 Q 为 250kg/h 时，气化生成气在标准状态下的流量约为 500m^3/h。据此，可进一步根据气化系统的压力降和不同类型风机的特性曲线选配合适的风机。

（十一）实际运行效果

根据上述计算结果设计的下吸式固定床气化炉，实际使用时其气化能力可在 80～120kg/h 调节，当气化当量比控制在 0.25～0.28 时，标准状态下气化气体的低位热值为 4800～5000kJ/m^3，气化效率为 72%～75%，完全可以满足秸秆气化集中供气的要求。

第四节　生物质气化技术应用案例分析

一、生物质气化集中供气

（一）生物质气化集中供气简介

生物质气化集中供气是我国于 20 世纪 90 年代发展起来的一项生物质气化应用技术，它是以自然村为单位的小型燃气发生和供应系统，该系统将以各种秸秆为主的生物质原料气化转换成可燃气，然后通过管网输送到农村居民家中用作炊事燃料。整个系统由燃气发生、燃气输配和燃气使用 3 个系统组成，如图 7-12 所示。

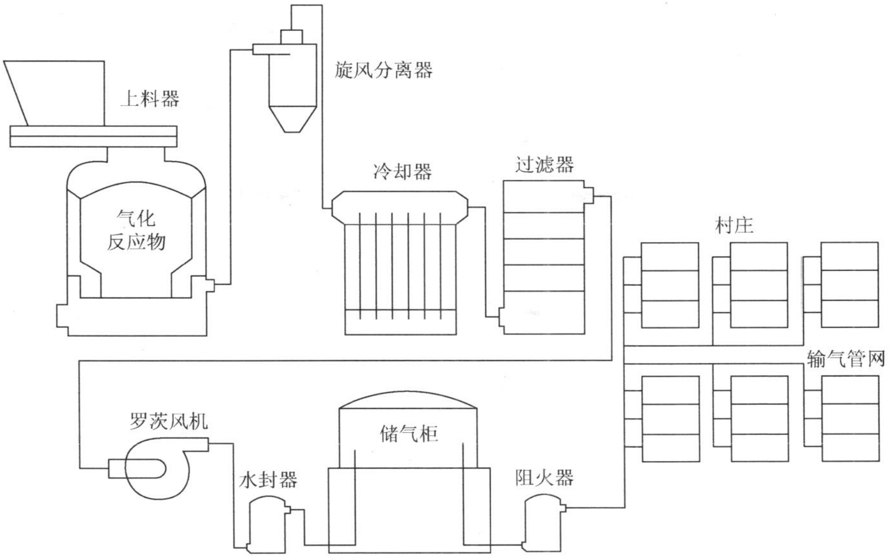

图 7-12　生物质气化集中供气示意图

燃气发生系统的作用是将固体生物质原料转变成可燃气。该系统包括气化器、燃气净化器、燃气输送设备和必要的原料预处理设备如铡草机等，其中气化器、燃气净化器和燃气输送设备组成了生物质气化机组，是整个系统的核心部分。

燃气输配系统包括储气柜、输气管网和必要的管路附属设备如阻火器和水封器等。储气柜的作用是以恒定压力储存一定量的燃气，当外界燃气负荷发生变化时仍能保持稳定供气，从而使得用户燃气灶具能够稳定燃烧。

用户燃气使用系统包括室内燃气管道、阀门、燃气计量表和燃气灶。用户打开阀门，将燃气引入燃气灶并点燃，就可以方便地获得炊事能源。燃气灶的燃烧将燃气的化学能转换成热能，最终完成对生物质能的转换和利用。

（二）生物质气化集中供气经济性分析

生物质气化集中供气系统较为典型的规模为 100 户、200 户、300 户、400 户、500 户和 600 户。按照现行设计要求，每户每天消费 5m^3 生物质燃气。生物质气化集中供气设备寿命按 10 年计算，按照现行财务制度规定，一般固定资产的净残值率为 3%～5%，此处取 4%，并据此计算其预计净残值，则设备年折旧费用计算如下。

$$年折旧费用=\frac{固定资产价值-预计净残值}{预计折旧年限}$$

由此得到生物质气化集中供气工程的经济效益分析，如表 7-9 所示。

表 7-9　生物质气化集中供气经济效益分析

供气户数	100	200	300	400	500	600
系统总投资/万元①	60	100	135	165	190	210
年供气量/m^3	182 500	365 000	547 500	730 000	912 500	1 095 000
年秸秆消耗量/t	100	200	300	400	500	600

续表

供气户数	100	200	300	400	500	600
年运行成本/万元②	11	17	23	29	35	41
年折旧费用/万元	5.76	9.60	12.96	15.84	18.24	20.16
燃气成本/(元/m^3)						
不计设备折旧	0.60	0.47	0.42	0.40	0.38	0.37
计入设备折旧	0.92	0.73	0.66	0.62	0.58	0.55
年燃气销售收入/万元③	7.30	14.60	21.90	29.20	36.50	43.80
年收支相抵/万元						
不计设备折旧	−3.70	−2.40	−1.10	−0.20	1.50	2.80
计入设备折旧	−9.46	−12.00	−14.06	−16.04	−16.74	−17.36

①气化集中供气系统总投资包括气化机组、储气柜、管网和灶表等；②年运行成本包括秸秆原料费（300 元/t）、人工费（3 万元/人年）、水电费和设备维护费等；③比照天然气的热值和售价，再加上要让农民受益，故生物质燃气售价为 0.4 元/m^3

由表 7-9 可见：①供气户数规模越大，建立生物质气化站每户的初始投资越低，且燃气成本也越低；②按照现有劳动力成本和价格水平估算，生物质气化集中供气大约要达到 500 户的供气规模，在不计设备折旧的前提下才有可能实现盈亏平衡；③若计入设备折旧，则生物质气化集中供气的供气规模不论多大，其运行都将是亏本的，因此该项工程只能作为农村社会公益事业，需要政府资助和集体投入来建设，但运行和管理则又必须实行市场化；④为了提高生物质气化集中供气的经济效益，在尽可能降低秸秆原料的收购成本和储运成本的同时，还应确保实际用气户数达到设计用气户数。

二、生物质气化发电

（一）生物质气化发电简介

生物质气化发电的基本原理是把生物质转化为可燃气，然后再利用可燃气推动燃气发电设备进行发电。生物质气化发电过程包括 3 个方面：一是生物质气化，把固体生物质转化为气体燃料；二是气体净化，气化出来的燃气都带有一定的杂质，包括灰分、焦炭和焦油等，需经过净化系统把杂质除去，以保证燃气发电设备的正常运行；三是燃气发电，利用燃气轮机或燃气内燃机进行发电，有的工艺为了提高发电效率，可以增加余热锅炉和蒸汽轮机。

根据采用气化技术和燃气发电技术的不同，生物质气化发电系统的构成和工艺过程有很大差别。从气化过程来看，生物质气化发电可以分为固定床气化发电和流化床气化发电两大类。从燃气发电过程来看，生物质气化发电又可以分为内燃机发电、燃气轮机发电和蒸汽轮机发电等多种形式，如图 7-13 所示。

生物质气化发电按照发电规模又可分为小型、中型和大型 3 种。小型发电系统的发电功率不大于 200kW，简单灵活，特别适宜缺电地区作为分布式电站使用，或作为中小企业的自备发电机组；中型发电系统的发电功率一般为 500～3000kW，适用性强，是当前生物质气化发电的主要方式，可用作大中型企业的自备电站或小型上网电站；大型发电系统的发电功

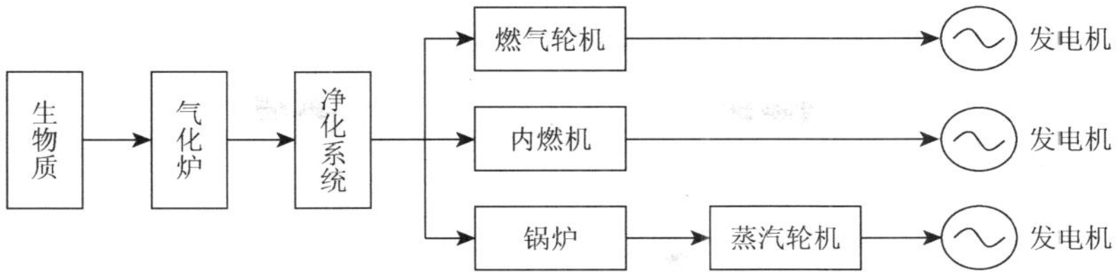

图 7-13 生物质气化发电

率一般在 5000kW 以上，虽然与常规能源相比仍显得非常小，但在能源与环保双重压力的作用下，将是今后替代化石燃料发电的主要方式之一。

各种类型生物质气化发电的技术特点及应用列于表 7-10。总而言之，生物质气化发电是所有可再生能源技术中最经济的一种发电技术，综合发电成本已接近小型常规能源的发电水平，是一种很有前途的现代生物质能利用技术。

表 7-10 各种类型生物质气化发电的技术特点及应用

规模	气化设备	发电设备	主要应用
小型系统 功率≤200kW	固定床气化 流化床气化	内燃机	分布式用电 中小企业用电
中型系统 功率 500～3000kW	常压流化床气化 循环流化床气化	内燃机组 微型燃气轮机	大中企业自备电站 小型上网电站
大型系统 功率≥5000kW	循环流化床气化 高压流化床气化 双流化床气化	燃气轮机 蒸汽轮机 燃气轮机＋蒸汽轮机	大型企业自备电站 上网电站 独立能源系统

（二）生物质气化发电经济性分析

以采用内燃机发电的兆瓦级生物质气化发电站为例进行分析，图 7-14 为其工艺流程图，气化炉产生的燃气经惯性除尘器去除大部分灰渣等固体颗粒后，进入旋风除尘器进一步去除细微颗粒，然后再经喷淋塔作进一步洗涤净化，最后由鼓风机输送进储气柜。表 7-11 为其发电技术指标，表 7-12 为其投资概算，生物质气化发电成本核算表如表 7-13 所示。

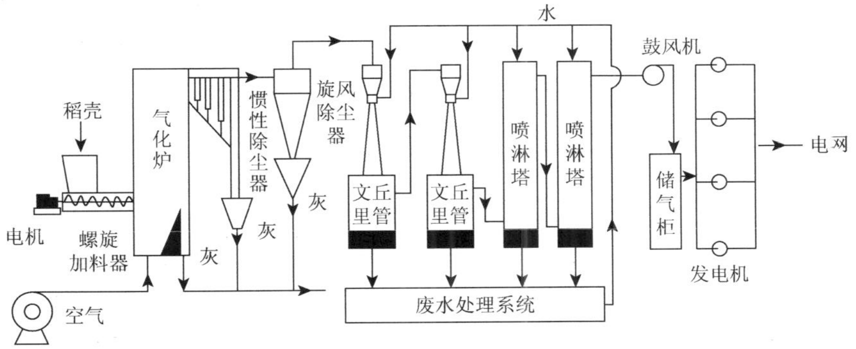

图 7-14 兆瓦级生物质气化发电站工艺流程图

表 7-11　生物质气化发电技术指标

指标名称	指标参数
气化效率	75%
厂自用电率	10%
电站发电效率	18%
年运行时间	6000h
生物质用量	1.35kg/(kW·h)

表 7-12　兆瓦级生物质气化发电站的投资概算

工程名称	工程费用
主体设备（气化炉、燃气发电机等）/万元	900
安装材料和配件/万元	120
配套设备和配件/万元	100
其他不可预见费/万元	80
电站总投资/万元	1200
单位投资成本/（元/kW）	6000

表 7-13　生物质气化发电成本核算表

项目	成本	计算依据
年销售电量/（kW·h）	10 800 000	生产量减去自用和损耗量
年折旧费用/万元	115.2	折旧期 10 年，净残值 4%
年修护费用/万元	2.3	折旧费的 2%
运行费用/万元	647	
①原料费用/万元	486	秸秆成本 300 元/t
②人员费用/万元	85	人员 25 名，人均 3.4 万元/年
③管理费用/万元	36	月管理费用 3 万元
④其他费用/万元	40	水处理费、低值易耗品等
年生产成本合计/万元	764.5	
年发电销售收入/万元	842.4	上网电价 0.75 元/（kW·h）（含税）
税前利润/万元	77.9	
年缴税费/万元	7.8	综合税率 10%
税后利润/万元	约 70	
投资回报率/%	约 5.8	

由表 7-13 可见，生物质气化发电站的发电成本主要由设备折旧费用、生物质原料费用和人员费用等构成，其中又以生物质原料成本所占比例最高，达到 70%以上。生物质原料成本和并网电价是决定生物质气化发电经济性的两个重要因素，二者均受到市场和政策的影响。

综上，在现有市场规则和财税政策情况下，生物质气化发电技术的经济性也不是很好，即便经营管理做得很到位，也只能微利运行。

8 第八章 沼气技术

第一节 沼气发酵的基本过程

沼气发酵是一个复杂的微生物学过程，只有了解这一过程中各类微生物的作用及其活动规律，才能更好地掌握沼气发酵过程。在沼气发酵过程中，不能只注意修建什么样的沼气池或消化器，供给什么样的原料，产了多少沼气，而忽略了怎样才能使沼气发酵微生物进行旺盛地生长繁殖这一最重要的内容。因为只有有了大量的沼气发酵微生物，并使各种类群的微生物得到最佳的生长条件，各种有机物原料才会在微生物的作用下转化为沼气。

一、什么是沼气发酵

沼气发酵又称厌氧消化，是指各种有机物在厌氧条件下，被各类沼气发酵微生物分解转化，最终生成沼气的过程。目前为大家所公认的沼气发酵的过程如图 8-1 所示，其中共有五大类群的细菌参与沼气发酵活动。它们是：①发酵性细菌；②产氢产乙酸菌；③耗氢产乙酸菌；④食氢产甲烷菌；⑤食乙酸产甲烷菌。各种复杂有机物，无论是固体还是溶解状态，都可以经微生物的发酵作用而最终生成沼气。

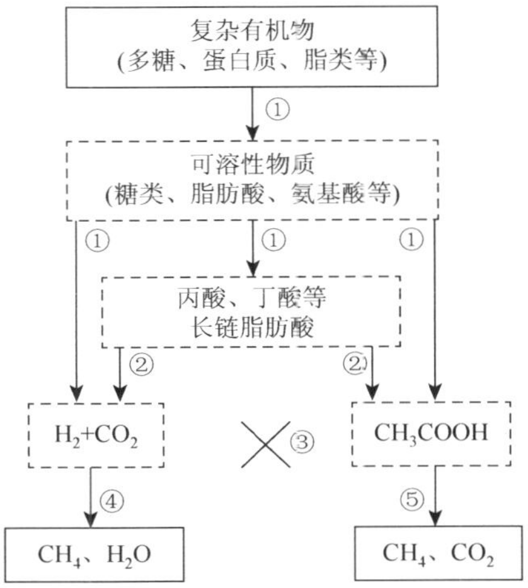

图 8-1 沼气发酵过程中五大类群细菌的作用及碳素转化

粗线所示为主要过程

二、沼气发酵过程的产酸阶段

在沼气发酵过程中，五大类群细菌构成一条食物链，从各群细菌的生理代谢产物或它们的活动对发酵液 pH 的影响来看，可分为产酸阶段与产甲烷阶段。前三大类群菌的活动可使有机物形成各种有机酸。现分别加以叙述。

（一）发酵性细菌

用作沼气发酵原料的有机物种类繁多，如禽畜粪便、作物秸秆、食品加工废物和废水及乙醇废醪等，其主要化学成分为多糖、蛋白质和脂类。其中多糖类物质又是发酵原料的主要成分，它包括淀粉、纤维素、半纤维素、果胶质等。这些复杂有机物大多数在水中不能溶解，必须首先被发酵性细菌所分泌的胞外酶水解为可溶性的糖、肽、氨基酸和脂肪酸后，才能被微生物所吸收利用。发酵性细菌将上述可溶性物质吸收进入细胞后，经发酵作用将它们转化为乙酸、丙酸、丁酸等脂肪酸和醇类及一定量的氢、二氧化碳。以纤维素$(C_6H_{10}O_5)_n$（n为聚合度）为例，其反应过程如下。

$$\underset{\text{(纤维素)}}{(C_6H_{10}O_5)_n+nH_2O}\xrightarrow[\text{(水解酶类)}]{\text{发酵性细菌}}\underset{\text{(葡萄糖)}}{n(C_6H_{12}O_6)}$$

$$2C_6H_{10}O_6\xrightarrow{\text{发酵性细菌}}\underset{\text{(乙酸)}}{CH_3COOH}+\underset{\text{(丙酸)}}{CH_3CH_2COOH}+\underset{\text{(丁酸)}}{CH_3CH_2CH_2COOH}+3CO_2+3H_2$$

在沼气发酵测定过程中，发酵液中的乙酸、丙酸、丁酸总量称为总挥发酸（TVA）。

蛋白质被发酵性细菌分解为氨基酸，又可被细菌合成细胞物质而加以利用，多余时也可进一步被分解生成脂肪酸、氨和硫化氢等，其反应过程如下。

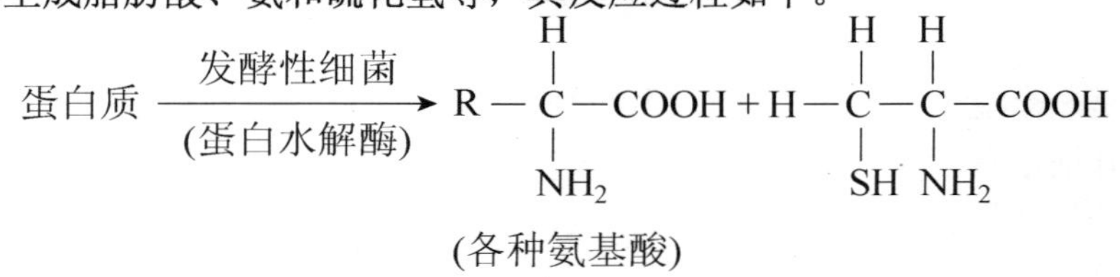

式中，R为C_3以上的链烃。

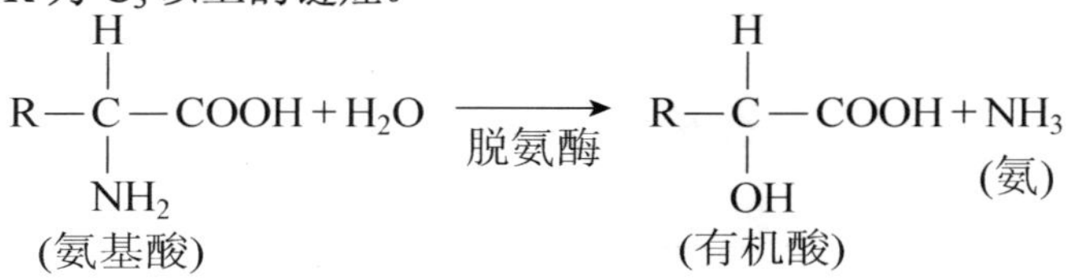

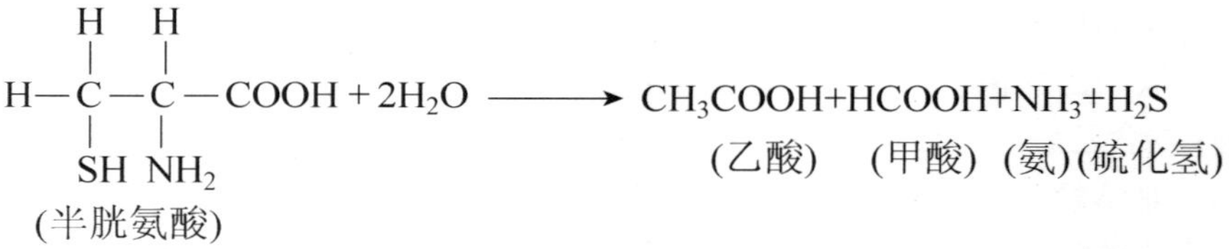

从上述反应式中可以看出，蛋白质含量的多少，直接影响沼气中氨及硫化氢的含量，而氨基酸分解时所生成的有机酸类，则可继续转化而生成甲烷、二氧化碳和水。

脂类物质在细菌脂肪酶的作用下，首先水解生成甘油和脂肪酸，甘油可进一步按糖代谢途径被分解，脂肪酸则进一步被微生物分解为多个乙酸，其反应过程如下。

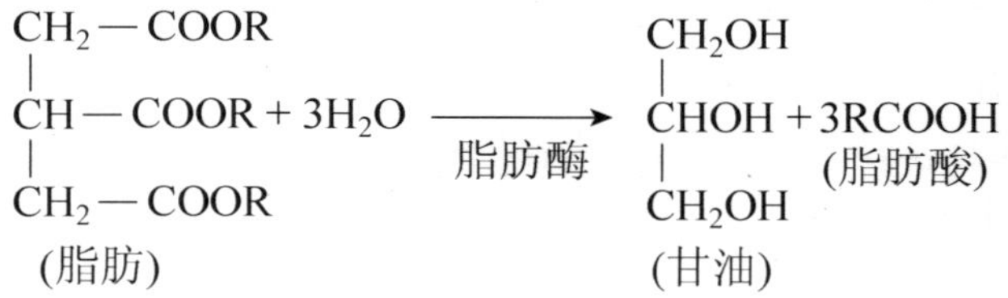

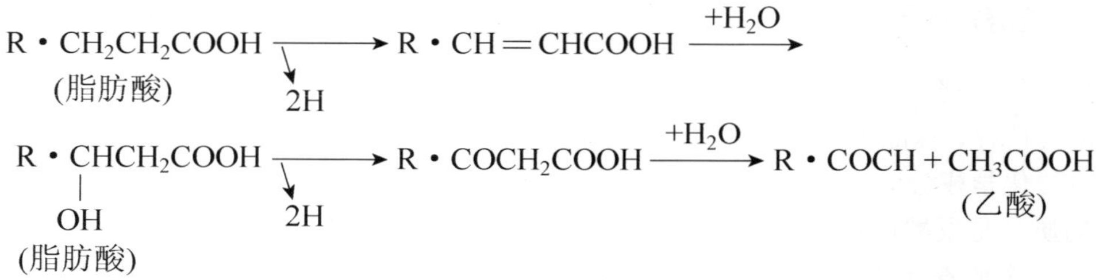

上面是一个方程式，由上述方程可知：脂肪酸在微生物的作用下脱氢后，生成不饱和的脂肪酸（烯酸），在水解的作用下，又生成另一种饱和脂肪酸，在微生物的作用下脱氢，又生成不饱和的脂肪酸（酮酸），在水解的作用下，最后生成乙酸。

参与上述水解发酵过程的发酵性细菌种类繁多，已研究过的就有几百种，包括梭状芽孢杆菌、拟杆菌、丁酸弧菌、乳酸菌、双歧杆菌和螺旋体等属的细菌。我国已分离到的有乳酸链球菌、粪链球菌、乳酸杆菌、嗜热双歧杆菌、产气梭状芽孢杆菌、产琥珀酸梭菌、北京丙酸杆菌和产氢螺旋体等，这些菌多数为厌氧菌，也有兼性厌氧菌。在沼气发酵液中甲烷细菌的数量可用 MPN（most probable number）法计数，测定接种的试管中有无甲烷存在，作为计数的数量指标，是一种利用统计学检测微生物的方法。在厌氧活性污泥中，发酵性细菌的数量可达 10^8～10^{10} 个/ml。

（二）产氢产乙酸菌

发酵性细菌将复杂有机物分解发酵所产生的有机酸和醇类，除甲酸、乙酸和甲醇外，均不能被产甲烷菌所利用，必须由产氢产乙酸菌将其分解转化为乙酸、氢和二氧化碳。其主要反应过程举例如下。

		$\Delta G^{\ominus}$
丙酸	$CH_3CH_2COOH+2H_2O \longrightarrow CH_3COOH+CO_2+3H_2$	+76.1kJ
丁酸	$CH_3CH_2CH_2COOH+2H_2O \longrightarrow 2CH_3COOH+2H_2$	+48.1kJ
乙醇	$CH_3CH_2OH+H_2O \longrightarrow CH_3COOH+2H_2$	+9.6kJ
乳酸	$CH_3CHOHCOOH+H_2O \longrightarrow CH_3COOH+CO_2+2H_2$	–4.2kJ

$\Delta G^{\ominus}$ 代表自由能，可用自由能判断过程进行的可能性，$\Delta G^{\ominus}$ 越小，过程反应越容易。经研究证明，上述反应过程除乳酸降解外，在标准状况下不但不能产生能量，反而要消耗能量，因而反应不能进行，丙酸、丁酸等长链有机酸则不能降解。只有当利用氢的产甲烷菌等和产氢产乙酸菌生活在一起时，将所产的氢利用掉，使环境条件维持极低的氢分压时，上述反应才能进行。布赖恩特通过一系列设计精良的实验证明，原来认为可以发酵乙醇产生乙酸和甲烷的奥氏甲烷杆菌，是由产氢产乙酸菌的 S 菌株和一种产甲烷菌联合进行的。为了纪念布赖恩特的卓越工作，该产甲烷菌被定名为布氏甲烷杆菌（*Methanobacterium bryantii*），这两株菌联合发生的反应过程如下。

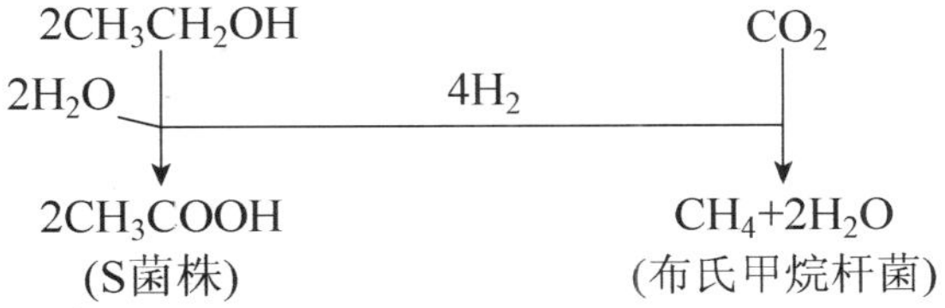

在沼气发酵过程中，这种在不同生理类群菌种之间氢的产生和利用的偶联现象称为种间氢转移。产氢微生物只有在耗氢微生物共存的条件下才能生长，并使底物降解为较短链的乙酸，从而放出更多的能。这种产氢微生物与耗氢微生物间的生理代谢的联合称为互营联合。互营联合菌之间的种间氢转移是推动沼气发酵得以稳定而连续进行的生物力。在沼气发酵的场所，无论是在厌氧消化器还是反刍动物的瘤胃内，其中的用氢菌主要是食氢产甲烷菌，所以种间氢转移也主要是在不产甲烷菌和产甲烷菌之间进行。在互营联合的菌种之间，有一些化能异养菌（化能异养菌是指不能以无机碳化合物作为唯一的碳源，必须利用有机碳化物的

细菌）绝对依赖种间氢转移进行其代谢活动。例如，丙酸、丁酸的氧化就是由这类化能异养的产氢产乙酸菌进行的。

测定结果表明，在标准状况下，即当氢分压 P_{H_2} 为一个大气压时，丙酸、丁酸氧化作用的自由能为正值，即吸能反应，这样反应就不能进行。然而在厌氧消化器中，这些反应的确作为细菌的产能反应存在，细菌才得以生长繁殖。所以在消化器中，这种反应的产物浓度必定与标准状况下的浓度差别很大，只有当环境中的氢分压下降至有利于反应向氧化方向进行时，该反应才变为放能反应。氢分压（P_{H_2}）对丙酸、丁酸的降解及由 H_2+CO_2 生成甲烷时自由能变化的影响如图 8-2 所示。从图 8-2 可以看出，只有当氢分压分别小于 10^{-4} 和 10^{-6} 个大气压时，丁酸盐的降解和丙酸盐的降解才变成放能反应，即自由能为正值。由图 8-2 还可以看出，当氢分压小于 10^{-8} 个大气压时，H_2+CO_2 生成甲烷的反应则变成吸能反应，反应则不能进行。所以在厌氧消化器中，由脂肪酸顺利产生甲烷的氢分压必定是 10^{-6}～10^{-8} 个大气压，这样才有利于互营联合中两种菌的生存。所以在正常运行的消化器所产的沼气中很难测得氢的存在，只有当这种互营联合受到破坏，用氢菌的活性受到抑制时，如 pH 的下降使产甲烷的活性受到抑制时，沼气中才会测得氢的存在。

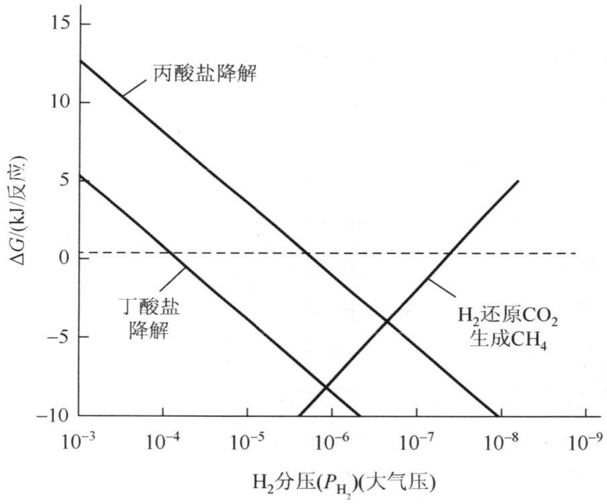

图 8-2　氢分压（P_{H_2}）对丙酸、丁酸的降解及由 H_2+CO_2 生成甲烷时自由能变化的影响

在沼气发酵过程中，氢分压的高低对有机物降解的影响称为厌氧降解中氢的调节作用。氢的调节作用不仅影响产氢产乙酸菌的活动，同时也影响发酵性细菌代谢产物的形成，当环境中氢分压高时，则会更多地产生丁酸和丙酸，环境中氢分压低时则主要形成乙酸和氢及二氧化碳。对厌氧消化过程中种间氢转移及氢分压的调节作用的认识，只是近 20 年的事情，是在布赖恩特 1967 年发现了原奥氏甲烷杆菌（*Methanobacillus omeilianskii*）是产氢菌和食氢菌的互营联合体后，通过许多研究者的工作，才对此问题有了较为深刻的认识。这一重要发现，为沼气发酵过程的调控和厌氧消化器的稳定运行提供了理论根据。

对产氢产乙酸菌的研究必须是在它们和食氢菌的共培养物的条件下才能进行。由于技术上的困难，有关产氢产乙酸菌的报道不多，布赖恩特实验室报道了两个分别代谢丙酸盐和丁酸盐的共培养物，其中的产氢产乙酸菌分别为沃林氏互营杆菌（*Syntrophobacter wolinii*）和沃尔夫氏互营单胞菌（*Syntrohomonas wolfei*）。我国也对沃尔夫氏互营单胞菌的共培养物进行了研究。

（三）耗氢产乙酸菌

耗氢产乙酸菌也称同型乙酸菌，这是一类既能自养生活又能异养生活的混合营养型细菌。它们既能利用 H_2+CO_2 生成乙酸，也能代谢糖类产生乙酸。这些菌在沼气发酵过程中的重要性还未被广泛研究，有人估计这些菌形成的乙酸在中温消化器中占 1%～4%，在高温消化器中占 3%～4%。其反应式如下。

$$2CO_2+4H_2 \longrightarrow CH_3COOH+2H_2O$$

$$C_6H_{12}O_6 \longrightarrow 3CH_3COOH$$

已分离到的耗氢产乙酸菌有伍德乙酸杆菌（*Acetobacterium woodii*）、威林格乙酸杆菌（*A. wieringae*）、嗜热自养梭菌（*Clostridium thermoautotrophicum*）等多种。这些菌在厌氧消化中的作用在于增加了形成甲烷的直接前体物质——乙酸，同时由于它们在代谢 H_2+CO_2 时要消耗氢，而在分解有机物时又不产生氢，因而在保持厌氧消化系统中较低的氢分压方面起一定作用。耗氢产乙酸菌在自然界中分布广泛，它们能转变多种有机物为乙酸。尽管大量的乙酸形成并不仅仅是耗氢产乙酸菌所推动，还有其他类型细菌的参与，但它们在厌氧消化中的地位不可忽视。

通过上述三大类群微生物的活动，各种复杂有机物可生成有机酸和 H_2/CO_2 等，而生成有机酸的种类与沼气发酵过程中氢的调节作用有关。氢分压低时，三大类群菌的活动结果主要是生成乙酸；氢分压高时，除积累乙酸外还会有丙酸、丁酸等较长链的有机酸生成。因此，通过有机酸成分及含量的测定，可以知道厌氧消化过程的进行是否正常。

三、沼气发酵过程的产甲烷阶段

（一）产甲烷菌的生理特性

在沼气发酵过程中，甲烷的形成是由一群生理上高度专化的古细菌——产甲烷菌所引起的，产甲烷菌包括食氢产甲烷菌和食乙酸产甲烷菌，它们是厌氧消化过程食物链中的最后一组成员，尽管它们具有各种各样的形态，但它们在食物链中的地位使它们具有共同的生理特性。它们在厌氧条件下将前三大类群细菌代谢终产物，在没有外源受氢体的情况下，把乙酸和 H_2/CO_2 转化为气体产物——CH_4/CO_2，使有机物在厌氧条件下的分解作用得以顺利完成。

1. 产甲烷菌的生长要求严格厌氧环境

产甲烷菌广泛存在于水底沉积物和动物消化道等极端厌氧的环境中。由于产甲烷菌对氧高度敏感，使其成为难于研究的细菌之一。例如，甲烷八叠球菌（*Mthanosarcina* sp.）暴露于空气中时会很快死亡，其数量半衰期仅为 4min。经测定，环境中的氧化还原电位高于–0.33V 时，产甲烷菌则不能生长。饱和了空气的水氧化还原电位为+0.80V，水中的氧浓度每降低 10 倍，氧化还原电位降低 0.015V，也就是说饱和了空气的水中的氧浓度要降低 10^{75} 倍时产甲烷菌才能生长，这时每升水中的氧含量为 1.48×10^{-55} 个氧分子。要人工获得这样低的氧浓度是相当困难的，只是在亨盖特厌氧微生物培养技术发展起来以后（1969 年），才使产甲烷菌的研究较为容易进行。然而在自然生态环境中或厌氧消化器中，由于产甲烷菌和前述产酸细菌共同生活在一起，特别是发酵性细菌的代谢活动，不仅可将氧气消耗殆尽，并且可产生大量还原物质，使环境氧化还原电位下降，为产甲烷菌的生长繁殖创造了条件。所以在厌氧消化生态系中，产酸菌既为产甲烷菌制造了食物，又创造了生活条件；而产甲烷菌则将产酸菌的代谢终产物——乙

酸及 H_2/CO_2 加以清除，保证了产酸菌代谢路线的畅通。在厌氧污泥的微生态颗粒中，产甲烷菌生存于颗粒内，处于产酸菌及胶体物质的包围之中，因而容易得到低氧化还原电位的保护。

2. 产甲烷菌食物简单

产甲烷菌只能代谢少数几种碳素底物生成甲烷，其主要反应及生成 1mol 甲烷的自由能如下。

		$\Delta G^{\ominus}$
H_2/CO_2：	$4H_2+CO_2 \longrightarrow CH_4+2H_2O$	–135kJ
甲酸：	$4HCOOH \longrightarrow CH_4+3CO_2+2H_2O$	–145kJ
甲醇：	$4CH_3OH \longrightarrow 3CH_4+CO_2+2H_2O$	–105kJ
乙酸：	$CH_3COOH \longrightarrow CH_4+CO_2$	–31kJ

除上述 4 种基质外，有的产甲烷菌可代谢甲胺、二甲胺和三甲胺生成甲烷。利用放射性同位素标记的底物研究表明，在厌氧消化器中 70%以上的甲烷是由乙酸裂解形成的，而其余的大多数来自 H_2 对 CO_2 的还原。因此，乙酸是厌氧消化器中最重要的产甲烷前体物质，无论中温消化器还是高温消化器均是如此。

所有产甲烷菌均以 NH_4^+ 作为主要氮素来源，它们利用有机氮源的能力很弱。所有产甲烷菌的生长需要微量的镍、钴、钼和铁，实验表明这些元素的加入可有效地提高产甲烷活性。这些元素是构成产甲烷菌特有辅酶的重要成分。

3. 产甲烷菌适宜生长于 pH 中性条件

大多数产甲烷菌生长的最适 pH 在中性范围，甲酸甲烷杆菌最适生长 pH 为 6.6～7.8，史氏甲烷短杆菌最适 pH 为 6.9～7.4，巴氏甲烷八叠球菌最适 pH 为 6.7～7.2，索氏甲烷丝菌最适 pH 为 7.4～7.8。但也有个别种类可在 pH 为 4.0 或 9.2 条件下生长。在厌氧消化器中，当 pH 低于 5.5 时沼气发酵会完全停止。

4. 产甲烷菌生长缓慢

在生物界，微生物是繁殖最快的生物。例如，大肠埃希式杆菌在最适条件下繁殖一代只要 17min，乳酸链球菌繁殖一代的时间为 26min。但由于产甲烷菌“吃”的是产酸菌代谢的废物，如乙酸、甲酸、H_2/CO_2 等结构简单含能量少的物质，又生活于严格厌氧条件下，因此生长繁殖缓慢。例如，可利用乙酸、甲醇、H_2/CO_2 的梅氏甲烷八叠球菌，在以甲醇为底物时繁殖一代的时间为 8h，以乙酸为底物时为 17h，巴氏甲烷八叠球菌为 24.1h，最适生长温度为 60℃的嗜热甲烷丝菌为 24～26h，索氏甲烷丝菌则为 3.4 天。由于产甲烷菌繁殖缓慢，给沼气发酵带来很多困难和问题。

（二）产甲烷菌的类群

迄今为止已分离到近 70 种产甲烷菌，分属于 3 目、7 科、19 属，我国已分离到近 20 种产甲烷菌。根据它们所利用的主要产甲烷底物的不同，可分为食氢产甲烷菌和食乙酸产甲烷菌两大类群。食氢产甲烷菌包括甲烷杆菌目（Methanobacteriales）和甲烷球菌目（Methanococcales）的全部及甲烷微菌目（Methanomicrobiales）的大部分种，它们均能以 H_2/CO_2 为底物生成甲烷，并且大部分种可以利用甲酸生成甲烷，如瘤胃甲烷短杆菌（*Methanobacterium ruminantium*）、沃尔塔甲烷球菌（*Methanococcus voltae*）和亨氏甲烷螺菌（*Methanospirillum hungatie*）等（图 8-3）。食乙酸产甲烷菌只有甲烷八叠球菌（*Methanosarcina*）和甲烷丝菌（*Methanothrix*）或称甲烷毛发菌（*Mthanosaeta*）两属，甲烷八叠球菌除利用乙酸外，有的种还可利用甲醇、甲胺生成甲烷，多数种还可利用 H_2/CO_2 生成甲烷，甲烷丝菌只能利用乙酸。研究较多的种有巴氏甲烷八叠球菌（*M. barkeri*）和索氏甲烷丝菌（*M. soehngenii*）（图 8-4）。在稳定运行的消化器里，这两属代谢乙酸的产甲烷菌是甲烷生成的优势菌类。

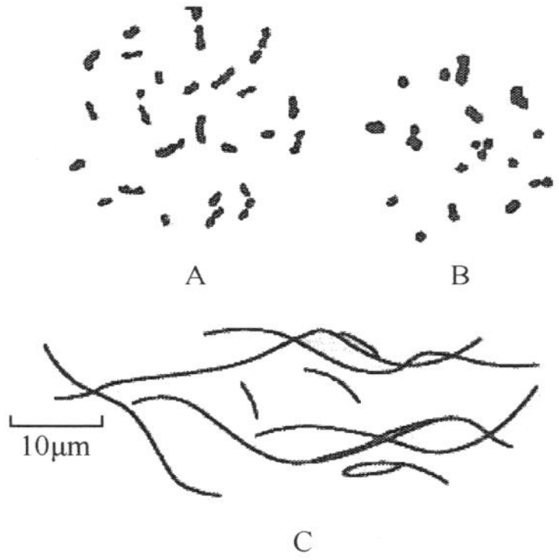

图 8-3　食氢产甲烷菌

A. 瘤胃甲烷短杆菌；B. 沃尔塔甲烷球菌；C. 亨氏甲烷螺菌

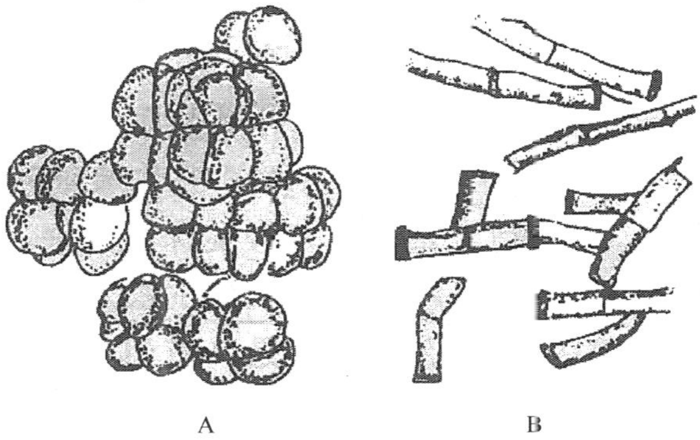

图 8-4　食乙酸产甲烷菌（×1 万）

A. 巴氏甲烷八叠球菌；B. 索氏甲烷丝菌

由于乙酸裂解产甲烷反应是一个产能少的反应，因而它们的生长较慢，甲烷八叠球菌在乙酸上生长时其倍增时间为 1～2 天，甲烷菌丝倍增时间为 4～9 天。而 70%的甲烷又是通过乙酸裂解生成，因此在沼气发酵过程中乙酸裂解产甲烷反应往往是限速步骤，也是发酵液因酸积累而导致酸化抑制的主要原因。此外，甲烷八叠球菌适宜生长的乙酸浓度较高，其米氏常数（K_m）为 210～700mg/L（3～10mmol），而甲烷丝菌适宜生长的乙酸浓度较低，其 K_m 为 4.9mg/L（0.7mmol）。因此，在厌氧消化器的启动阶段或超负荷运行时，发酵液内乙酸浓度较高，此时甲烷八叠球菌较多见。当消化器进入稳定运行状态时，发酵液内乙酸浓度一般很低，因而更适宜甲烷丝菌的生长，经过长期运行，甲烷丝菌则成为消化器内乙酸裂解的优势菌类。在颗粒污泥形成过程中，也可观察到类似情况。

从上述内容可以看出，产甲烷阶段由产甲烷菌来完成。产甲烷菌在产生甲烷的同时又降低了氢分压，并清除了乙酸，使厌氧环境保持中性。因而产甲烷菌的活动对氢分压及环境 pH 的调节起着决定性作用。

厌氧消化的最终产物如图 8-5 所示。由图 8-5 可知，有机废物经过上述两个阶段的微生物分解作用，最终生成了以 CH_4 和 CO_2 为主要成分的气体及水，只有小部分难以降解的物质和新生长出的微生物细胞以厌氧消化污泥的形式残存，使大部分有机物经厌氧消化而去除，生成的 CH_4 经燃烧或经大气中紫外线照射而氧化为 CO_2 和 H_2O。有机物经厌氧消化最终被分解为基本上无害的气体和水，使废物无害化。在环境保护方面，这样的处理废物的过程或结果，称为稳定废物或废物稳定化，表示使废物转化成不再污染环境的稳定状态。这也是厌氧消化一词当初由来的原因，它强调有机物经厌氧消化而稳定化的环境效果，而沼气发酵一词则强调有机物经厌氧消化而生产沼气。在国际上两者已统一为厌氧消化一词，在中国仍习惯称沼气发酵。

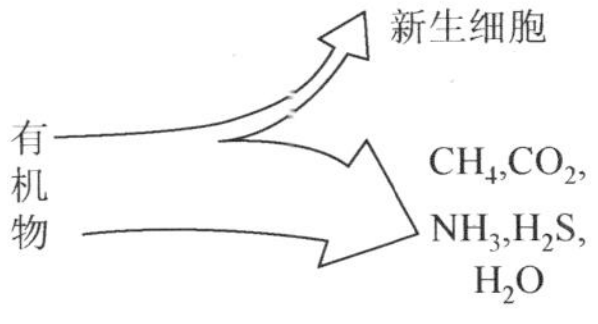

图 8-5　厌氧消化的最终产物

四、产酸菌与产甲烷菌之间的相互关系

在沼气发酵系统中，无论是在自然界还是在沼气池中，产酸菌与产甲烷菌都各自按照自己的遗传特性进行着代谢活动，它们之间相互依赖又相互制约，构成一条食物链。它们之间的相互关系主要表现在以下几个方面。

（一）产酸菌为产甲烷菌提供食物

产酸菌把各种复杂有机物如碳水化合物、脂肪、蛋白质进行厌氧降解，生成游离氢、二氧化碳、氨、乙酸、甲酸、丙酸、丁酸、甲醇、乙醇等产物，其中丙酸、丁酸、乙醇等又可被产氢产乙酸细菌转化为氢、二氧化碳、乙酸等。这样，产酸菌通过其生命活动为产甲烷细菌提供了合成细胞物质和产甲烷所需的食物。产甲烷细菌充当厌氧环境有机物分解中微生物食物链的最后一组成员。

（二）产酸菌为产甲烷菌创造适宜的厌氧环境

沼气发酵过程中，由于加料使空气进入发酵池，原料、水本身也携带有溶解氧，这显然对于产甲烷细菌是有害的。它的去除需要依赖产酸菌中那些需氧和兼性厌氧微生物的活动。各种厌氧微生物对氧化还原电位的适应也不相同，通过它们有顺序地交替生长和代谢活动，逐步将氧消耗掉，使发酵液氧化还原电位不断下降，逐步为产甲烷菌生长和产甲烷创造适宜的厌氧环境，使环境的氧化还原电位降低到–330mV 以下，这时产甲烷细菌才旺盛活动。

（三）产酸菌为产甲烷菌清除有毒物质

在以工业废水或废弃物为发酵原料时，其中可能含有酚类、苯甲酸、氰化物、长链脂肪酸、重金属等对于产甲烷细菌有毒害作用的物质。产酸菌中有许多种类能裂解苯环从中获得能源和碳源，有些能以氰化物作碳源，有些则能降解长链脂肪酸，生成乙酸和较短的脂肪酸。这些作用不仅解除了对产甲烷菌的毒害，而且给产甲烷菌提供了养分。此外，产酸菌产生的硫化氢，可以与重金属离子作用生成不溶性的金属硫化物沉淀，从而解除一些重金属的毒害作用。

$$H_2S+Cu^{2+} \longrightarrow CuS\downarrow+2H^+$$
$$H_2S+Pb^{2+} \longrightarrow PbS\downarrow+2H^+$$

（四）产甲烷菌为产酸菌清除代谢废物解除反馈抑制

产酸菌发酵产物在环境中的积累可抑制同样产物的继续形成，这种作用称为反馈抑制。例如，氢的积累可抑制氢的继续产生，酸的积累可抑制产酸菌继续产酸，并且积累浓度越高反馈抑制作用越强。在沼气发酵过程中产酸菌最终形成的氢、乙酸、二氧化碳等，是产酸菌的代谢废物，这些物质在环境中的积累，就会产生反馈作用。

在正常的沼气发酵过程中，产甲烷菌会及时将产酸菌所产生的氢、乙酸、二氧化碳等利用掉，使沼气发酵系统中不致有氢和酸的过多积累，就不会产生反馈抑制，产酸菌也就得以继续正常生长和代谢。

（五）产酸菌与产甲烷菌共同维持发酵环境的 pH

在沼气发酵初期，产酸菌首先降解原料中的糖类、淀粉等物质，产生大量有机酸，产生

的二氧化碳也部分溶于水，使发酵液 pH 明显下降。而此时一方面，产酸菌类群中的氨化细菌迅速进行氨化作用，产生的氨中和部分酸；另一方面，产甲烷细菌利用乙酸、甲酸、氢和二氧化碳形成甲烷，消耗酸和二氧化碳。两个类群共同作用使 pH 稳定在一个适宜范围，不使发酵液 pH 出现对沼气发酵不利的程度。

五、产酸与产甲烷的速度平衡

在稳定运行的厌氧消化器内，产酸与分解酸产生甲烷的速度处于一个相对平衡状态，在发酵液内既无过多的有机酸积累，又可以保持较高的甲烷产率。如果发酵液中易分解的有机物浓度过高，则产酸菌繁殖旺盛，产酸过快，而产甲烷菌繁殖缓慢会造成有机酸的积累，使发酵液酸化，pH 下降，产甲烷菌的活动受到抑制。这样就打破了产酸与产甲烷的速度平衡，导致沼气发酵运行过程的失败。如果发酵液中有机物浓度过低，酸的生成满足不了产甲烷菌的需求，则会使沼气发酵的速率降低。

产酸和产甲烷速度的平衡依赖于产酸菌和产甲烷菌的增长速度。经过大量试验，人们公认式（8-1）可计算细菌的增长速度，该方程式称为莫诺（Monod）方程。

$$\frac{\mathrm{d}x}{\mathrm{d}t}=\frac{\hat{u}X[\mathrm{S}]}{K_{\mathrm{S}}+[\mathrm{S}]} \tag{8-1}$$

式中，$\frac{\mathrm{d}x}{\mathrm{d}t}$为细菌的增长速度；$\hat{u}$ 为细菌在适宜条件下的最高繁殖速度（各种细菌繁殖速度快慢不同）；X 为消化器内该种细菌的总量；[S]为底物浓度；K_S 为底物的饱和常数，即出现细菌最大繁殖速度时的底物浓度。

从式（8-1）中可以看出，在沼气发酵过程中各种微生物的增长速度与该种微生物的最高繁殖速度 $\hat{u}$ 成正比，与该细菌的总量 X 成正比，与底物浓度[S]成正比，而与该种底物的饱和常数成反比。方程式中起始时的细菌总量 X 及消化器内的底物浓度是可以控制的，$\hat{u}$ 与 K_S 为常数，根据测定，在不同底物条件下，各类群细菌 $\hat{u}$ 与 K_S 的值列于表 8-1。

表 8-1　在中温条件下 $\hat{u}$ 、K_S 的值

细菌类群	$\hat{u}$ /（代/天）	K_S/（g/L）
葡萄糖酸化	7.20	0.4
污泥酸化	3.48	26.0
纤维素粉酸化	1.70	36.8
乙酸甲烷化	0.49	4.2

从表 8-1 中可以看出，葡萄糖的酸化阶段细菌繁殖最快，最高每天可繁殖 7.2 代，而其 K_S 值又很低，为 0.4g/L，即在 0.4g/L 浓度时，葡萄糖酸化菌群的繁殖速度即可达最高速度，每天可繁殖 7.2 代。也就是说发酵原料中只要含有少量的葡萄糖，即可出现很快的产酸速度。而纤维素的 $\hat{u}$ 则只有 1.7 代/天，而其 K_S 值则高达 36.8g/L。也就是说纤维素原料即使浓度很高，其产酸速度也不会太快。乙酸甲烷化阶段细菌的 $\hat{u}$ 值最低，每天只繁殖 0.49 代，其 K_S 值为 4.2g/L，就是说裂解乙酸的产甲烷菌可能出现的最大繁殖速度比葡萄糖酸化菌群要慢得多，产酸菌的繁殖速度大约是产甲烷菌的 15 倍。这种在繁殖速度上产酸菌与产甲烷菌的差距，是构成产酸与产甲烷速度失调的主要原因。

怎样才能控制产酸与产甲烷阶段的速度平衡呢？从莫诺方程来看，$\hat{u}$ 和 K_S 是常数，人们无法控制，但可以通过控制[S]与 X 来实现。例如，在消化器启动时，一是投入原料底物的浓度不能太高，特别是含葡萄糖类等易生成有机酸的物质不能太多。二是要投入大量厌氧活性污泥，使发酵启动一开始消化器内具有较多的产甲烷菌群。在消化器运行阶段，一是要控制消化器负荷，即每单位体积消化器每日投入有机物的量，使消化器负荷不能波动太大。二是设法使消化器内生长着的活性污泥，特别是污泥中的产甲烷菌保留于消化器内，减少出料时微生物的冲出。当然要实现上述控制，就要根据原料性质的不同，采用不同的厌氧消化工艺及运行管理措施才能达到。

第二节　沼气发酵的工艺条件

沼气发酵微生物对温度、酸碱度、氧化还原势及其他各种环境因素都有一定的要求。沼气发酵工艺条件就是在工艺上满足微生物的这些生活条件，使它们在合适的环境中生活，以达到发酵旺盛、产气量高。沼气发酵产气的好坏与发酵条件的控制密切相关，综合起来包括沼气发酵的原料、厌氧消化活性污泥、消化器负荷、发酵温度、pH、碳氮比、有害物质的控制及搅拌等。在发酵条件比较稳定的情况下，产气旺盛，否则产气不好。实践证明，往往由于某一条件没有控制好而引起整个运转失败。例如，原料干物质浓度过高时，产酸量加大，酸大量积累而抑制产气。因此，控制好沼气发酵的工艺条件是维持正常发酵产气的关键。

一、严格的厌氧环境

沼气发酵微生物包括产酸菌和产甲烷菌两大类，它们都是厌氧性细菌，尤其是产生甲烷的甲烷菌是严格厌氧菌，对氧特别敏感。它们不能在有氧的环境中生存，哪怕微量的氧存在，生命活动也会受到抑制，甚至死亡。因此，建造一个不漏水、不漏气的密闭沼气池（罐），是人工制取沼气的关键。

沼气发酵需要在厌氧环境下进行，也就是说不能有氧气，在沼气池刚修好投料时，料液和气相中都有氧气，另外，每天投入的新料中也有氧气。这些氧气用不着人工去除，沼气池内的发酵细菌能自动将这些氧气消耗完以保证甲烷菌的正常工作。判断厌氧程度可用氧化还原电位来表示，单位是 mV，它可用 pH 计测定，需用专门的电极。厌氧条件下氧化还原电位是负值，沼气正常发酵时，氧化还原电位是–300mV。沼气微生物通常能自动调节到这一范围。

二、温　度

发酵温度是影响沼气发酵的重要因素。在一定温度范围内，发酵原料的分解消化速度随温度的升高而提高，也就是产气量随温度升高而提高，但也不是越高越好。沼气发酵细菌和其他微生物一样，有其适宜的温度范围，因而发酵温度也各有不同。一般认为 50～60℃为高温沼气发酵；30～40℃为中温沼气发酵。发酵温度、负荷与沼气产量的关系如图 8-6 所示。我国农村中的沼气池都在自然温度下进行发酵，发酵温度随气温和季节而变化，故称为自然温发酵。

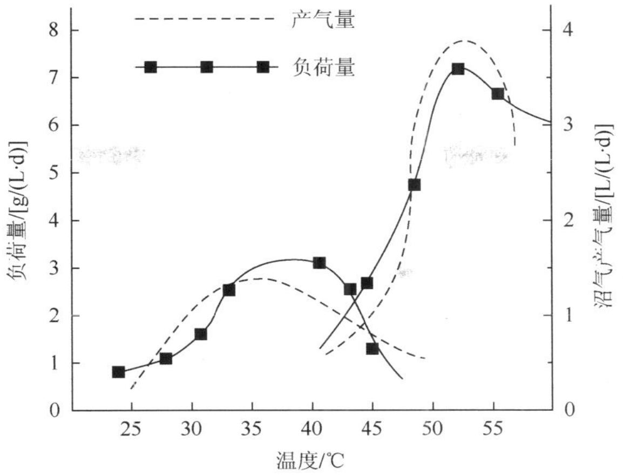

图 8-6　发酵温度、负荷与沼气产量的关系

如图 8-6 所示，一个高峰在 35℃左右，另一个高峰在 54℃左右。出现这两个高峰的原因是在这两个高峰温度下，有两种不同的微生物菌群参与作用。

沼气发酵可在较为广泛的温度范围内进行，4～65℃都能产气。随着温度的升高，产气速度加快，但不是线性关系。自然温度发酵时，发酵温度常常低于 30℃，这种条件下发酵产生的速率与温度的关系如表 8-2 所示。

表 8-2　温度对产气速度的影响

沼气发酵温度/℃	10	15	20	25	30
沼气发酵时间/d	90	60	45	30	27
有机物产气率/（ml/g）	450	530	610	710	760

当温度为 10℃时尽管发酵了 90 天，但产气率只有 30℃发酵 27 天的 59%。从表 8-2 也可以看出温度与发酵时间的关系，即温度越低，有机物发酵时间越长；温度越高，有机物发酵时间越短。我国南方农村水压式沼气池池内温度一般为 8～30℃，因此，全年产气量会有一定的变化。温度的突然变化会对产气产生很大影响。大中型沼气发酵工程，尤其是恒温工程，温度是必需的监控指标。温度变化超过 3℃，产气就会发生明显的变化。我国农村沼气池在不同温度下的产气量见表 8-3。

表 8-3　我国农村沼气池在不同温度下的产气量

原料	温度/℃	产气率/[m^3/（m^3·d）]
稻草+猪粪+青草	29～31	0.55
	24～26	0.21
	16～20	0.10
	12～15	0.07
	8 以下	微

此外，气温、地温和池温有着密切关系，直接影响池温（发酵液温度）的不是气温而是地温，而地温又随着气温而变化。离地表面越近，温度变化越大，越接近气温；越深变化越小，与气温差异越大。夏天离地面越近，温度越高，冬天离地面越近，温度越低。在 100cm

以下的地温变化缓慢，几乎不受气温日变化的影响。而在190cm处的地温与发酵温度基本一致，差异不大。这一结果说明，从维持比较稳定的发酵温度考虑，在气温较低的地区，农村沼气池应适当建深一点。

温度与产气的关系是外在表现，而其内部实质是发酵原料的消化速度。温度越高，原料分解速度越快。平均温度为23.9℃时，牛粪需50天才能全部消化，植物废料70天才全部消化，牛粪与植物废料的混合原料需50～60天。若人工控制发酵温度为32.2～37.8℃，牛粪的发酵周期不超过28天，植物废料不超过45天，同时有实验证明，在15～35℃时，在一个发酵周期中，每吨原料的产气总量大致相等。15℃时一个发酵周期为12个月，而35℃时一个发酵周期仅需一个月，也就是一个月的产气总量相当于12个月的产气总量。

沼气发酵温度的突然上升或下降，对产气量都有明显的影响。一般认为，温度突然上升或下降5℃，产气量显著降低，若变化过大则产气停止。例如，一个35℃条件下正常产气的沼气池，温度突然下降到20℃，则产气几乎完全停止。但温度恢复后，基本不因前期温度下降而阻碍气体的产生，且能迅速恢复原状。倘若沼气池的装料接近饱和，也就是接近最大负荷时，温度下降对甲烷菌活力的影响要大于对产酸菌的影响，导致产酸和产甲烷之间的严重不平衡，使正常发酵失调。同样，一个35℃条件下正常发酵的沼气池，若将温度突然大幅度上升至50℃，则产气迅速恶化。

为了防止沼气发酵温度的突然上升或下降，大中型沼气工程建设时，一定配备完善的加热和保温装置，农村沼气池必须采取适当的保温措施。例如，将沼气池建于背风向阳处，发酵间建于冻土层以下；进、出料口不要修得过大，避免发酵间的水大量溢到进、出料口，受到外界冷空气的影响使水温降低；进、出料口和水压间都要加盖，冬季还要在沼气池表面覆盖柴草、塑料膜或塑料大棚等保温，三结合沼气池要在畜圈上搭保温棚，以防粪便冻结；利用太阳能加温保温是一种非常经济有效的办法；采用覆盖法进行保温或增温，其覆盖面积都应大于沼气池的建筑面积，从沼气池壁向外延伸的长度应稍大于当地冻土层深度。采取保温措施，可以保证比较稳定的发酵温度。

三、pH

沼气发酵正常进行时，通常是中性至微碱性环境，最适pH为6.8～7.4，pH低于6.4，或高于7.6都对产气有抑制作用。pH在5.5以下，产甲烷菌的活动则完全受到抑制。发酵料液的pH取决于挥发酸、碱度和CO_2的含量百分比，也与温度等各种因素有关。其中影响最大的是挥发酸浓度。试验证明，正常的挥发酸浓度以乙酸计应在2000mg/kg以下。

在沼气发酵过程中，pH也有其规律性的变化。在发酵初期大量产酸，pH下降，以后由于氨化作用所产生的氨可以中和一部分有机酸，同时使pH上升，其化学变化过程如下。

发酵初期：COHNS（有机物）$\longrightarrow CO_2+H_2O+NH_3+CH_4$等。

氮化作用期：$CO_2+H_2O+NH_3\longrightarrow NH_4HCO_3$。

我国农村沼气池的发酵pH也有这样一个相似的变化过程。变化的速度与发酵温度等因素有关。发酵速度越快，变化过程的时间越短；发酵越慢，变化过程的时间越长。测定表明，在发酵温度为22～26℃时，6天即可达到沼气发酵的恒定pH，而不再有大的变化。在发酵温度为18～20℃时，经过14～18天才能达到恒定的pH。由于农村沼气发酵的温度较低，发酵速度较慢，pH的变化不像高温沼气发酵那样明显。一般情况下，pH的变化幅度不会超出适宜范围。

在沼气工程启动和运行过程中，影响pH变化的因素主要有3点：①发酵原料中含有大量有机酸。如果在短时间内大量向发酵装置内投入这类原料，就会引起发酵装置内 pH 的下降，如乙醇废醪、丙酮丁醇废醪等，这些原料中由于含有大量有机酸，因而 pH 一般为 3.5～5.5。如果在短时间内大量向消化器内投入这类原料，也会引起消化器内 pH 的下降。但如果向正常运行的发酵装置内按发酵装置可承受的负荷投入原料，有机酸会很快被分解掉，因而不会引起发酵装置的酸化，酸性原料进出料 pH 的变化如表 8-4 所示，所以不必对进料的 pH 进行调整。②发酵装置启动时投料浓度过高，接种物中的产甲烷菌数量又不足，或在发酵装置运行阶段突然升高负荷，使产酸与产甲烷的速度失调而引起挥发酸的积累，导致 pH 下降。③进料中混入大量强酸或强碱，会直接影响发酵液的 pH。如味精废水中含有较多盐酸或硫酸，造纸黑液中含有大量 NaOH，这些原料都会直接影响发酵液的酸碱度，在进料前应适当加以调整。在有条件的地方，可以把含强酸和强碱的废水混合处理，如将造纸黑液与糠醛废水进行混合后其 pH 接近中性，则使厌氧消化容易进行。

表 8-4 酸性原料进出料 pH 的变化

原料种类	进料 pH	出料 pH	负荷/[kg COD/（m^3·d）]
乙醇废醪	4.0～4.4	7.8	7.2～9.6
豆制品废水	4.5～5.5	7.2	9.9
合成脂酸废水	4.3～4.6	7.0～7.3	5.0～6.0

在正常情况下沼气发酵的 pH 有一个自然平衡过程，一般不需要进行调节。只有在配料管理不当的情况下才会出现挥发酸大量积累，pH 下降。提高 pH 的办法有几种：①稀释发酵液中的挥发酸，提高 pH；②农村中采用加草木灰和适量氨水调节 pH；③用石灰水、Na_2CO_3 溶液或 NH_4HCO_3 溶液调节 pH。特别指出的是加石灰的时候最好是加石灰澄清液，同时也要保证石灰与发酵液完全混合，否则在强碱区域内微生物活性会受到破坏。加石灰的量也要严格控制，如果加量过大就会造成过碱，超过微生物的适宜 pH 范围，降低沼气池的生物活性，使产气量降低，甚至停止。加入石灰后，与沼气池中的 CO_2 结合生成碳酸钙。如果碳酸钙浓度过大将形成碳酸钙沉淀。CO_2 是 H 的受体，接受 H 形成甲烷。CO_2 减少过量，就会降低甲烷的产量。

沼气池在启动或运行过程中，一旦发生酸化现象应立即停止进料，如 pH 在 6.0 以上，可适当投入石灰水、Na_2CO_3 溶液或 NH_4HCO_3 溶液加以中和，也可靠因停止进料产酸作用下降，产甲烷作用相对增强，使积累于发酵液内的有机酸逐渐分解，pH 则逐渐恢复正常。如果 pH 降至 6.0 以下，则应在调整 pH 的同时，大量投入接种污泥，以加快 pH 的恢复。

为防止沼气发酵酸化作用的发生，应当加强对消化器的检测，如果所产气体中 CO_2 比例突然升高或发酵液中挥发酸含量突然上升，这都是 pH 要下降的预兆，这时就应采取措施减少进料，降低消化器负荷，酸化现象就可避免。一旦酸化现象发生，再进行补救，就困难得多。

四、接 种 物

有机物质厌氧分解产生甲烷的过程，是由多种沼气微生物来完成的。因此，在沼气发酵中，加入足够的所需要的微生物作为接种物（也称菌种）是极为重要的。有没有接种物决定了沼气发酵的成败，而接种物中的有效成分与活性直接关系发酵过程的好坏。接种物中的有效成分是活的沼气微生物群体。不同来源的接种物，活性是不同的。因此，在选择接种物时，不但要有占投料量20%～30%的接种物，而且更应选择活性强的接种物。

若沼气池修好投料时微生物数量和种类都不够，应人工加入微生物。含有丰富沼气微生物的污泥称为接种物。工业废水中，沼气微生物没有或很少，使用这类原料的沼气池启动时，如果没有接种物或接种物过少，投料后很长时间才能启动或根本就不能正常运转。针对这一情况，目前已有专供大中型沼气工程启动的高质量接种物出售。一般粪便中含有一定量的沼气微生物，启动时如果不另添加接种物，若温度较高（料温大于 20℃），经过一段时间可以达到正常发酵，不过浪费了时间。农村沼气池启动时，若接种物足够多，投料后第二天就可正常用气。沼气池彻底换料时，应保留少部分底脚沉渣作为接种物，可使停滞期大大缩短，很快开始正常发酵产气。

（一）接种物的作用

在沼气发酵池启动运行时，加入足够的所需微生物特别是产甲烷微生物作为接种物是极为重要的。原料堆沤而又添加活性污泥作接种物，产甲烷速度很大，第六天所产沼气中的甲烷含量可达50%以上。发酵33天，甲烷含量达72%左右。这说明沼气发酵必须有大量菌种，而且接种量的大小与发酵产气有直接的关系。

（二）接种物的富集培养

为了获得足够的质量好的接种物，必须对接种物进行富集培养。富集培养的主要办法是选择活性较强的污泥，使其逐渐适应发酵的基质和发酵温度，然后逐步扩大，最后加入沼气池作为接种物。

（三）接种物的来源

城市下水污泥、湖泊、池塘底部的污泥、粪坑底部沉渣都含有大量沼气微生物，特别是屠宰场污泥、食品加工厂污泥，由于有机物含量多，适于沼气微生物的生长，因此是良好的接种物。大型沼气池投料时，由于需要量大，通常可用污水处理厂厌氧消化池里的活性污泥作接种物。在农村，来源较广、使用最方便的接种物是沼气池本身的污泥。

（四）接种量

对农村沼气发酵来说，采用下水道污泥作为接种物时，接种量一般为发酵料液的10%～15%，当采用老沼池发酵液作为接种物时，接种数量应占总发酵料液的30%以上，若以底层污泥作接种物时，接种数量应占总发酵料液的10%以上。接种物数量对产气的影响见表8-5。使用较多的秸秆作为发酵原料时，需加大接种物数量，其接种量一般应大于秸秆质量。

表 8-5　接种物数量对产气的影响

原料	接种量/%	产气量/ml	甲烷含量/%	每克人粪产气量/ml
人粪 50g	10	1 435	48.2	28.70
	20	4 805	56.4	96.10
	50	10 093	66.3	201.86
	150	16 030	68.7	320.60

五、沼气发酵原料

在沼气发酵过程中，发酵原料既是产生沼气的底物，又是沼气发酵细菌赖以生存的养料来源，是不断生产沼气的物质基础。各种农业剩余物，如猪、马、牛、羊等家畜及家禽饲养场的粪便等，各种农作物的秸秆、杂草、树叶等，以及农产品加工的废物、废水，如乙醇废醪、丙酮丁醇废醪、味精、柠檬酸、淀粉、豆制品等加工的废水都是良好的沼气发酵原料，或者说各种有机废物、废水都可以用厌氧消化方法来进行处理。目前城市有机垃圾及餐厨垃圾的厌氧处理技术也正在发展之中。

（一）沼气发酵原料的类型

发酵原料的性质取决于原料的物理化学性质，从而决定了适宜的消化工艺、发酵时间和沼气产率的不同。根据原料的溶解性和固体物含量的高低，可将发酵原料划分成若干范围，沼气发酵原料的类型如表 8-6 所示。一般可溶性废水容易消化，有机物分解率可达 90%以上，适宜采用升流式厌氧污泥床或厌氧滤器等发酵工艺，如乙醇废醪及丙酮、丁醇废醪的滤液，豆制品废水，啤酒废水及柠檬酸废水等。低、中固体含量的原料一般所含固体物较细碎，纤维素和木质素含量较低，也较容易分解，通常经沼气发酵后的分解率在 60%以上，这些原料适宜采用厌氧接触工艺，升流式固体反应器或塞流式反应器进行处理。高固体低木质的原料多含大量纤维素，分解周期长，又难以用泵输送，适宜采用干发酵及喷淋式固体床工艺。高固体高木质原料难以厌氧消化，适宜采用热解工艺制造燃气。有些原料可以通过粉碎加工及加水稀释后，使高固体原料变为中固体原料，或中固体原料变为低固体原料进行厌氧消化。

表 8-6　沼气发酵原料的类型

类型	固体物含量/%	举例
可溶性的	＜1	酒醪滤液、豆制品废水
低固体的	1～5	乙醇废醪，丙丁醪，鸡、猪舍冲水
中固体的	6～20	牛粪、马粪
高固体低木质的	＞20	玉米秸、生物质垃圾
高固体高木质的	＞20	杂白杨、锯末

人畜禽粪、作物秸秆、杂草菜叶、有机污水等都可以作为沼气发酵原料。各种发酵原料的产气量有所不同，不同原料的产气量如表 8-7 所示。在 35℃条件下，常用原料每千克干物质的产气量为 0.3～0.5m^3，在 20℃条件下，每千克干物质的产气量为表 8-7 的 60%。

表 8-7　不同原料的产气量

原料种类	麦秸	稻草	玉米秸	青草	牛粪	马粪	猪粪	人粪	鸡粪
产气量/（m^3/kg）	0.45	0.40	0.50	0.44	0.30	0.34	0.42	0.43	0.49

注：发酵温度为 35℃；发酵时间粪便为 60 天，秸秆为 90 天

有些有机物比较容易消化，容易分解产气，而另一些则较难分解产气，因此，各种有机物的产气速度相差很大，产气快慢很不一致。

例如，秸秆类原料的特点是：①随农事活动批量获得，能长时间存放不影响产气，可随时满足沼气池进料需要，但存在原料的收集与储存安全问题；②入池前要进行切短、堆沤等处理；③秸秆原料流动性差，进出料较为困难，特别对以秸秆为原料的大中型沼气工程应合理选择进出料的工艺与设备；④日常运行应维持回流和接种，和粪便一起发酵时效果好；⑤需要较长时间才能分解达到预期的沼气产量。

粪便类的特点是：①每天都要产生一定量的固体粪便和污水，原料存放后产气量大大减少，因此适合每天进入沼气池；②分解速度相对较快；③入池和发酵后取出都很方便；④单独使用产气效果也很好。

（二）沼气发酵原料的配比

我国农村沼气发酵的一个明显特点就是采用混合原料（一般为农作物秸秆和人畜粪便）发酵。因此，根据农村沼气原料的来源、数量和种类，采用科学、适用的配料方法是很重要的，配制沼气发酵原料时一般应遵从以下原则。

1. 碳氮比

（1）要适当多加些产甲烷多的发酵原料达到多产优质沼气的目的，就必须投入产甲烷数量多的发酵原料。

（2）将消化速度快与慢的原料合理搭配进料，产气均衡和持久。作物秸秆含纤维素多，消化速度慢，产气速度慢，但持续产气时间长（如玉米秸秆产气持续时间可达 90 天以上）。人畜粪便等原料，消化速度快，产气速度快，但持续时间短（只有 30 天），因此应做到合理搭配进料。

（3）要注意含碳素原料和含氮素原料的合理搭配，即要有合适的碳氮比。含碳量高的原料，发酵慢，含氮量高的原料，发酵快，因此应合理搭配。一般鲜粪和作物秸秆的质量比应控制在 2∶1 左右，碳氮比保持在 25∶1 为宜。

正常的沼气发酵要求一定的原料碳氮比。因此，在原料配比中，除了考虑上述产气特性外，还应考虑有适当的碳氮比。实践证明，原料的碳氮比过高（30∶1 以上），发酵就不易启动，而且影响产气效果。农村沼气发酵原料的碳氮比以多少为适宜，目前看法不一。有些学者认为在沼气发酵中，原料的碳氮比要求不很严格。根据我国农村发酵原料是以农作物秸秆和人畜粪便为主的情况，在实际应用中，原料的碳氮比以（20～30）∶1 搭配较为适宜。

碳氮比较高的发酵原料如农作物秸秆，需要同含氮量较高的原料，如人畜粪便配合以降低原料的碳氮比，取得较佳的产气效果，特别是在第一次投料时，可以加快启动速度。在使用作物秸秆为主要发酵原料时，如果人畜粪便的数量不够，可添加适量的碳酸氢铵等氮肥，以补充氮素。表 8-8 是农村常用沼气发酵原料的碳氮比。

表 8-8 农村常用沼气发酵原料的 C/N 值

原料种类	碳素/%	氮素/%	C/N
干麦秸	46	0.53	87∶1
干稻草	42	0.63	67∶1
玉米秸	40	0.75	53∶1

续表

原料种类	碳素/%	氮素/%	C/N
树叶	41	1.00	41∶1
大豆秧	41	1.30	32∶1
花生秧	11	0.59	19∶1
野草	11	0.54	26∶1
鲜羊粪	16	0.55	29∶1
鲜牛粪	7.3	0.29	25∶1
鲜猪粪	7.8	0.60	13∶1
鲜人粪	2.5	0.65	2.9∶1
鲜马粪	10	0.24	24∶1

根据各种原料的碳素和氮素百分含量，可以计算出混合原料的C/N值，其计算公式如下。

$$\mathrm{C/N}=\frac{C_1m_1+C_2m_2+C_3m_3+\cdots}{N_1m_1+N_2m_2+N_3m_3+\cdots}$$

式中，C为每种原料的碳素含量，%；N为每种原料的氮素含量，%；m为每种原料的质量。

2. 浓度

在沼气发酵中保持适宜的发酵料液浓度，对于提高产气量，维持产气高峰是十分重要的。发酵料液浓度是指原料的总固体（或干物质）质量占发酵料液质量的百分比。国内外研究资料表明，能够进行沼气发酵的发酵料液浓度范围是很宽的，以1%～30%，甚至更高的浓度都可以生产沼气。我国目前大中型沼气工程通常采用3%～10%的发酵料液浓度。总之，确定一个适宜的发酵料液浓度，要在保证正常沼气发酵的前提下，根据当地不同季节的气温、原料的数量和种类来决定。合理的搭配原料，才能达到均衡产气的目的。从经济的观点分析，适宜的发酵料液浓度不但应获得较高的产气量，而且具有较高的原料利用率。

为了保持适宜的原料浓度，保证沼气发酵微生物能经常得到新鲜的营养物质，维持产气正常而持久，必须经常补充新鲜原料。加进新鲜原料和排出废料的速度要一致。按体积计算，加入的新鲜原料和排出的废料是相等的。按质量计算，加进新鲜原料中有机物的质量应重于所排出液中分解物的质量。

配制发酵料液的浓度，要根据发酵原料的含水率和不同季节所要求的浓度确定，常用发酵原料的含水率如表8-9所示。当沼气池容积一定时，如果发酵料液浓度过低，滞留期短，原料未经充分发酵就被排出，这不但影响产气，还浪费了发酵原料；如果发酵料液浓度过高，使有机酸聚积过多，发酵受阻，产气率会降低。

表8-9 常用发酵原料的含水率

发酵原料	含水率/%	含干物质量/%
干麦秆	18.0	82.0
干稻草	17.0	83.0
玉米秆	20.0	80.0
野（杂）草	76.0	24.0

续表

发酵原料	含水率/%	含干物质量/%
鲜牛粪	83.0	17.0
鲜马粪	78.0	22.0
鲜猪粪	82.0	18.0
鲜人粪	80.0	20.0
鲜鸡粪	70.0	30.0
鲜人尿	99.6	0.4

进料浓度关系到发酵浓度，对不同沼气装置来说，所需的最佳浓度是不同的。例如，以工业有机废水为原料的沼气池，如升流式厌氧污泥床（UASB）、厌氧滤器（AF）、厌氧颗粒污泥膨胀床（EGSB）对原料的固体含量要求很低，一般不超过 1%，但对可溶性 COD 浓度则无限制。大多数沼气发酵原料液是不可能浓缩的，即使可能，在经济上也是不合算的，所以进料浓度就采用废水原有浓度。实际工程中根据厌氧发酵对最终产物的要求，配合发酵工艺和消化池型的选择，调整发酵料液的浓度。

3. 粪草比

人畜粪便和秸秆是我国农村最主要的发酵原料，也是产气性质有较大区别的两类原料。对于采用秸秆和粪混合的发酵原料，根据所要用的原料确定适宜的粪草比例是很重要的。实践证明，即使原料相等，由于粪和草的比例不同，发酵产气效果差异是很大的。所谓粪草比，是指投入的发酵原料中粪的质量与秸秆类质量之比。

实验表明，采用半连续发酵或批量发酵工艺，在沼气池第一次投料启动时，混合原料中的粪草比是影响产气效果的一个重要因素。考虑到农村目前的实际情况，在生产应用中，粪草比一般应达到 2∶1 以上，不宜小于 1∶1。如果粪草比小于 1∶1，为了加快启动速度，提高产气量，需要采取措施，如可添加适量的氮素化肥。

（三）有机物产沼气量的测定和计算

各种原料可产生多少沼气，其产气速度如何，都可通过测定而得到。也可通过计算而求得每千克 COD 的甲烷或沼气产量。

1. 沼气产量的测量

各种有机物的产气量和产气速度，可采用成批投料发酵的实验方法而测定。所使用发酵装置如图 8-7 所示。发酵瓶采用容积为 3L 的烧瓶，气体的储存和计量采用容积为 7L 的肺活量计，肺活量计内装入饱和食盐水，以防沼气溶解。

实验投料为：实验底物浓度约 20g/L，厌氧活性污泥 500ml，最后加沼气发酵液或水至总量为 2500ml。但要注意厌氧活性污泥要用 2mm 筛孔的土壤筛去除粗大固体残渣，发酵液用不再产气的发酵液为好，以免影响实验结果。将发酵瓶封装好后置于 35℃条件下保温发酵。同时再设一个不加原料的对照瓶来测定污泥及发酵液本身的产气量。以后逐日记录产气量，并且每天将发酵瓶摇动一次。根据原料的产气快慢发酵可进行 30～60 天。将所得结果作图就可看出各种原料的产气量及产气速度。各种原料累计沼气产量变化曲线如图 8-8 所示。各原料的产气量减去对照的产气量，则为实际产气量。可进一步计算出每克原料的产气量。常见农业剩余物的产气量及产气速度见表 8-10。

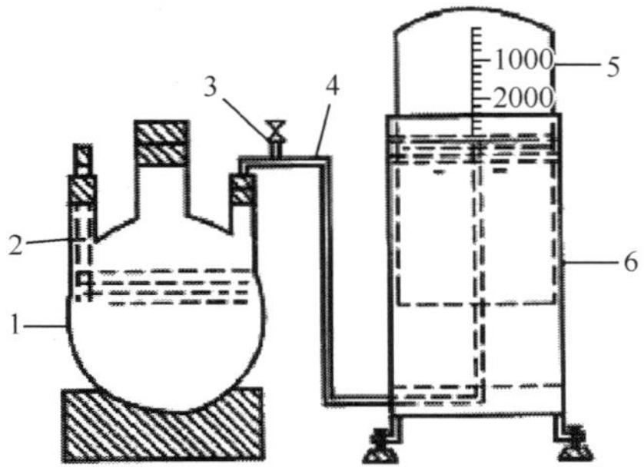

图 8-7　沼气产量测定实验装置图

1. 发酵瓶；2. 进料取样管；3. 排气取样口；4. 导气管；5. 浮罩；6. 储水桶

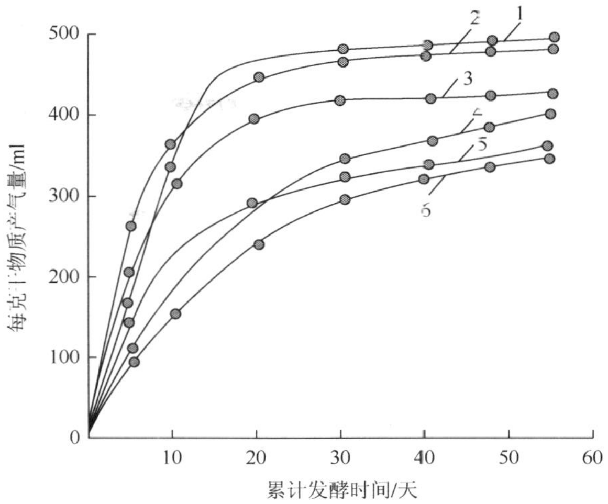

图 8-8　各种原料累计沼气产量变化曲线

1. 猪粪；2. 玉米秸；3. 青草；4. 麦秸；5. 马粪；6. 稻草

表 8-10　常见农业剩余物的产气量及产气速度

农业剩余物	不同发酵天数下各原料产气速度/%					产气量/（m^3/kg）
	10	20	30	40	60	
猪粪	74.2	86.3	97.6	98.0	100	0.42
人粪	40.7	81.5	94.1	98.2	100	0.43
马粪	63.7	80.2	89.0	94.5	100	0.34
牛粪	34.4	74.6	86.2	92.7	100	0.30
玉米秸	75.9	90.7	96.3	98.1	100	0.50
麦秸	48.2	71.8	85.9	91.8	100	0.45
稻草	46.2	69.2	84.6	91.0	100	0.40
青草	75.0	93.5	97.8	98.9	100	0.44

2. 沼气产量的计算

有机物沼气发酵时所产生沼气的量和成分，取决于发酵原料的组分，由碳水化合物构成的有机物厌氧发酵时的沼气产量可按巴斯维尔公式计算。

$$C_nH_aO_b+\left(n-\frac{a}{4}-\frac{b}{2}\right)H_2O$$
$$=\left(\frac{n}{2}+\frac{a}{8}-\frac{b}{4}\right)CH_4+\left(\frac{n}{2}-\frac{a}{8}+\frac{b}{4}\right)CO_2$$

事实上只有当有机物的成分为已知时，其产气量才可进行理论计算。例如，葡萄糖的分子式为 $C_6H_{12}O_6$，在沼气发酵时如不考虑微生物的生长，其产气量按巴斯维尔公式计算可简化为

$$C_6H_{12}O_6 \longrightarrow 3CH_4+3CO_2$$
$$180\text{g} : 3\times 22.4\text{L}$$
$$1000\text{g} : x$$

由于在标准状态下每摩尔气体的体积均为 22.4L，则每千克葡萄糖可产 CH_4 及 CO_2 均为 x。

$$x=\frac{1000\times 3\times 22.4\text{L}}{180}=373.3\text{L}$$

根据计算，几种主要有机物的沼气产量和成分列于表 8-11。

表 8-11　几种主要有机物的沼气产量和成分

有机物/（m^3/kg）	气体成分/%		干物质产气量/（L/kg）	
	CH_4	CO_2	CH_4	沼气
糖类	50	50	370	740
脂肪	72	28	1040	1400
蛋白质	50	50	490	980

表 8-11 所列气体成分及产气量为有机物全部转化为沼气时的理论产气量，这里既未考虑细菌生长所需的有机物，又未考虑 CH_4 及 CO_2 在发酵液中的溶解。在以糖类为原料时，微生物细胞的最大理论生成量为代谢糖量的 20%，生成的细胞又逐渐被腐解，最终只有 20%的细胞成分难以被分解而残存，葡萄糖在厌氧消化时产物的比例关系如图 8-9 所示。于是可以算出被消耗的糖量中只有 4%转化成最终不可被分解产生沼气而残留的细胞物质。照此计算，1kg 葡萄糖理论产甲烷量约为 350L。

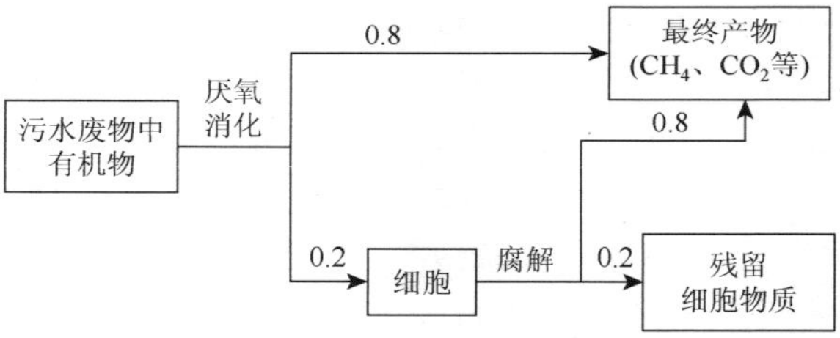

图 8-9　葡萄糖在厌氧消化时产物的比例关系

葡萄糖的热值为 2883kJ/mol，即 16kJ/g。若取甲烷的热值为 39 800kJ/m^3，则每克葡萄糖所产 350ml 甲烷的热值为 13.93kJ。由此可见厌氧消化的能量转换效率可高达 87%，为其他加工转换技术所难以达到的。

六、搅　拌

搅拌对正常的沼气发酵也是重要的。在生物反应器中，生物化学反应是依靠微生物的代谢活动而进行，这就要使微生物不断接触新的食物。在分批投料发酵时，搅拌是使微生物与食物接触的有效手段，而在连续投料系统中，特别是高浓度产气量大的原料，在运行过程中由于进料和产气时气泡形成和上升过程所造成的搅拌则构成了食物与微生物接触的主要动力。

我国农村的沼气发酵原料以秸秆、杂草和树叶等为主，更需要进行搅拌才能达到较好的发酵效果。在不搅拌的情况下，沼气池内明显地分为 4 层，从上到下分别为浮渣层、上清液、活性层和沉渣层。在这种情况下，厌氧微生物活动较为旺盛的场所只限于活性层内。而其他各层或因可被利用的原料缺乏，或因条件不适宜微生物的活动，使厌氧消化进行缓慢。因此，在这类消化器中，采用搅拌措施可使微生物与发酵原料充分接触，同时打破分层现象，使活性层扩大到全部发酵液内。

搅拌的目的是使发酵原料均匀分布，增加微生物与原料的接触面，加快发酵速度。发酵液面经常处于活动状态，不利于液面结壳，经常搅拌回流沼气池内的发酵原料，不但可以破除池内浮壳，而且能使原料与沼气细菌充分接触，促进沼气细菌的新陈代谢，使其迅速生长繁殖，加快发酵速度，提高产气量。

沼气工程常用的搅拌方法有机械搅拌、沼气回流气体搅拌和发酵液回流液体搅拌 3 种，沼气发酵装置搅拌方法如图 8-10 所示。

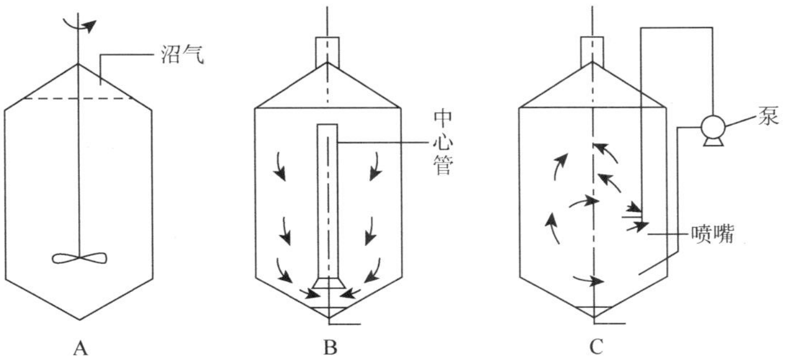

图 8-10　沼气发酵装置搅拌方法

A. 机械搅拌；B. 气体回流搅拌；C. 液体回流搅拌

（一）机械搅拌

在沼气池内安装机械搅拌装置，每天搅拌 1～2 次，每次 5～10min，搅拌有利于沼气的释放。对于大中型沼气工程，每天多次少量分批进料也可以起到一定的搅拌作用。

（二）气体回流搅拌

将沼气池内的沼气抽出来，通过输送管道从沼气池下部送进去，使池内产生较强的气体回流，达到搅拌的目的。

（三）液体回流搅拌

用抽渣器从沼气池的出料间将发酵液抽出，再通过进料管注入沼气池内，产生较强的料液回流以达到搅拌和菌种回流的目的。

农村沼气工程常采用发酵液回流液体搅拌方式，其搅拌方法有 3 种：一是通过手动回流搅拌装置，进行强制回流搅拌；二是通过在出料池设置小型污泥泵，依靠电力将发酵料液回流进发酵间，进行强制搅拌；三是采用生物能气动搅拌和旋动搅拌装置，利用产气和用气的动力，自动搅拌池内发酵原料。

七、沼气发酵添加剂和抑制剂

许多物质可以加速发酵过程，而有些物质却抑制发酵的进行；还有些物质在低浓度时有刺激发酵作用，而在高浓度时产生抑制作用。

（一）添加剂

能促进有机物质分解并提高产气量的各种物质统称添加剂。添加剂的种类很多，包括一些酶类、无机盐类等。

进料时加入一定数量的纤维素酶可起到加速物质分解、提高产气量的作用。添加黑曲霉可提高下水污泥的甲烷发酵能力，使甲烷产量提高 1.4～1.6 倍。中国科学院成都生物研究所的研究表明，在沼气发酵液中加入 5mg/kg 的稀土元素（R_2O_3）可提高产气量 17%以上。少量的钾、钠、钙、镁对沼气发酵有刺激作用。浓度为 100～200mg/L 的钠、200～400mg/L 的钾、100～200mg/L 的钙和 75～150mg/L 的镁，都能刺激发酵过程。添加少量的活性炭粉末可提高产气量 2～4 倍。在碳的浓度为 500～4000mg/L 时，产气量的增加与浓度成比例，且气体中的甲烷含量增加，挥发性固体减少。

在牛粪的沼气发酵中添加尿素、$CaCO_3$ 和油饼的实验表明，添加尿素能得到较高的产气速度，较大的产气量（257ml/g 干物质）和分解率（36.92%）；添加 $CaCO_3$ 可促进沼气的产生和提高沼气中的甲烷含量；用油饼作为有机氮，所产沼气中甲烷和氢的比例有所提高。

向沼气发酵器中通入氢可大大提高甲烷产量。产甲烷量和通入的氢量成适当的比例关系，通入 29μmol 的氢能使甲烷产量增加 4 倍，通入 474μmol 氢则增加 12 倍。甲烷产量的增加与 H_2 的减少相当。当氢耗尽后，产甲烷的速度回到原有水平。

上海工业生物研究所采用添加 0.25%～0.5%的甲醇和 0.25%～0.5%乙酸钠，实际上是添加产甲烷的前体物质，可较大幅度提高产气量。

（二）抑制剂

沼气发酵微生物的生命活动受很多因素的影响，很多物质都可抑制这些微生物的生命活动。沼气池内挥发酸浓度过高（中温发酵 2000mg/kg 以上；高温发酵 3600mg/kg 以上）时，对发酵有阻抑作用；氨态氮浓度过高时，对沼气发酵菌有抑制和杀伤作用；各种农药，特别是剧毒农药，都有极强的杀菌作用，即使微量也可使正常的沼气发酵完全破坏。大多数重金属包括它们的有机或无机盐类，如汞、银、铅、锌、铜等超过一定浓度时都有强烈的抑制作用。这是因为它们多是蛋白质的沉淀剂，当它们与蛋白质或酶结合时则使其变性，引起酶反应的抑制或细胞的死亡，经研究表明，如果含有重金属盐类时的产气量与不含时的产气量相比不低于 80%为允许浓度。

以上叙述了沼气发酵所要求的各方面条件，从中可以看出，沼气发酵受多方面因素的影响。同时各种因素的影响并非独立存在，而多互相关联、交叉作用。有很多问题还要通过更深入的研究与实践进一步明确。

第三节　沼气发酵工艺类型

沼气发酵工艺是指从发酵原料到生产沼气的整个过程所采用的技术和方法，包括原料的收集和预处理，接种物的选择和富集，沼气发酵装置的发酵启动和日常操作管理及其他相应的技术措施。由于沼气发酵是由多种微生物共同完成的，各种有机物质的降解及发酵过程的生物化学反应极为复杂，因而沼气发酵工艺也比其他发酵工艺复杂，发酵工艺类型较多。

一个完整的养殖场大中型沼气发酵工程，无论其规模大小，都包括了如下的工艺流程：原料（废水）的收集和预处理，厌氧消化器（沼气池），出料的后处理，沼气的净化、储存和输配等（图 8-11）。

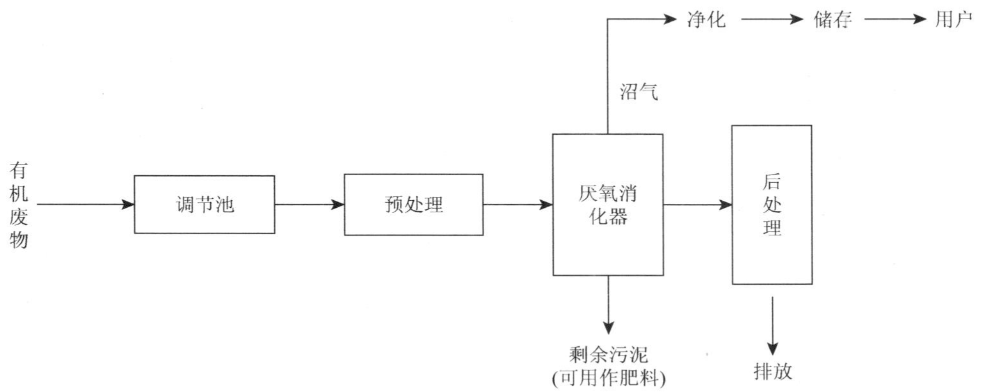

图 8-11　沼气发酵的基本工艺流程

对沼气发酵工艺，从不同角度，有不同的分类方法。一般从发酵温度、投料方式、发酵阶段、发酵级差、发酵料液浓度、料液流动方式等角度进行分类。

一、按发酵温度划分

沼气发酵的温度一般为 10～60℃，温度对沼气发酵的影响很大，温度升高，沼气发酵的产气率也随之提高。发酵工艺通常以沼气发酵温度区分为：高温发酵、中温发酵和常温发酵 3 种。

（一）高温发酵

高温发酵工艺是指发酵料液温度维持在 50～60℃，实际控制温度多在（53±2）℃。该工艺的特点是微生物生长活跃，有机物分解速度快，产气率高，滞留时间短。采用高温发酵可以有效地杀灭粪便中各种致病菌和寄生虫卵，具有较好的卫生效果，从除害灭病和发酵剩余物肥料利用的角度看，选用高温发酵是较为实用的。

维持发酵温度的办法有很多种，最常见的是烧锅炉加温。锅炉加温有两种方法：一种是蒸汽加温，将蒸汽通入安装于池内的盘旋管中加温发酵料液。由于管内温度很高，管外很容易结壳，影响热的扩散，也可以将蒸汽直接通入沼气池中，但会对局部微生物菌群造成伤害。另一种方式是用 70℃的热水在盘管内循环，效果比较好。但是不论采用哪种加温方式，都应该注意要尽量减少运行中散失的热量，特别是在冬季要提高新鲜原料进料的温度，因此原料的预热和沼气池的保温都是非常重要的。

高温发酵对原料的消化速度很快，一般都采取连续进料和连续出料。高温沼气发酵必须进行搅拌，对于蒸汽管道加温的沼气池，搅拌可使管道附近的高温区迅速消失，使池内发酵温度均匀一致。

（二）中温发酵

高温发酵消耗的热能太多，发酵残余物的肥效较低，氨态氮损失较大，这使中温发酵工艺得到了比较普遍的应用。中温发酵工艺是指发酵料液温度在 30～40℃，实际控制温度多在（35±2）℃。与高温发酵相比，这种工艺消化速度稍慢一些，产气率要低一些，但维持中温发酵的能耗较少，沼气发酵能总体维持在一个较高的水平，产气速度比较快，料液基本不结壳，可保证常年稳定运行。这种工艺因料液温度稳定，产气量也比较均衡。

有研究表明，如发酵温度从 35℃变为 25℃仍能获得 85%的产气率。即使降至 15℃仍有 65%的沼气产生。因此，在进行中温发酵时，不仅要考虑产能的多少，还要考虑为保持中温所消耗的加热能量有多少，选择最佳的投入产出比，即最大的净产能发酵温度。近年来出现了低于 35℃的“近中温”发酵工艺，净产能取得了很好的效果。

（三）常温发酵

常温发酵也称为自然温发酵，是指在自然温度下进行的沼气发酵，发酵温度受气温影响而变化。我国农村户用沼气池基本采用这种工艺。这种埋地的常温发酵的沼气池结构简单、成本低廉、施工容易，便于推广。其特点是发酵料液的温度随气温、地温的变化而变化，其好处是不需要对发酵料液温度进行控制，节省保温和加热投资，沼气池本身不消耗热量；缺点是在同样投料条件下，一年四季产气率相差较大。南方农村沼气池建在地下，一般料液温度最高时为 25℃，最低温度仅为 10℃，冬季产气效率虽然较低，但在原料足的情况下，还可以维持用气量。但北方地区建的地下沼气池冬季料液温度仅达到 5℃，无论是产酸菌和产甲烷菌都受到了严重抑制，产气率不足 $0.01m^3/(m^3 \cdot d)$，当发酵温度在 15℃以上时，产甲烷菌的代谢活动才活跃起来，产气量明显升高，产气率可达 $0.1 \sim 0.2m^3/(m^3 \cdot d)$。因此北方的沼气池为了确保安全越冬维持正常产气，一般需建在太阳能暖圈或日光温室下，这样可确保沼气池安全越冬。低于 10℃以后，产气效果很差。

二、按投料方式划分

沼气发酵微生物的新陈代谢是一个连续过程，根据该过程中的进料方式的不同，可分为连续发酵、半连续发酵和批量发酵 3 种工艺。

（一）连续发酵

连续发酵是指沼气池加满料正常产气后，每天分几次或连续不断地加入预先设计的原料，同时也排走相同体积的发酵料液，使发酵过程连续进行下去。

养殖场大中型沼气工程通常采用这种工艺。发酵装置不发生意外情况或不检修时，均不进行大出料。采用这种发酵工艺，沼气池内料液的数量和质量基本保持稳定状态，因此产气量也很均衡。这种发酵工艺的最大优点就是“稳定”。它可以维持比较稳定的发酵条件，可以保持比较稳定的原料消化利用速度，可以维持比较持续稳定的发酵产气。这种工艺流程是先进的，但发酵装置结构和发酵系统比较复杂，因而仅适用于大型的沼气发酵工程系统，如大型畜牧场粪污、城市污水和工厂废水净化处理。该工艺要求有充足的物料保证，否则就不能充分有效地发挥发酵装置的负荷能力，也不可能使发酵微生物逐渐完善和长期保存下来。因为连续发酵，不致因大换料等原因而造成沼气池利用率上的降低，从而使原料消化能力和产气能力大大提高。

处理大、中型集约化畜禽养殖场粪污和工业有机废水的大、中型沼气工程，一般都采用连续发酵工艺，连续发酵工艺流程如图 8-12 所示。

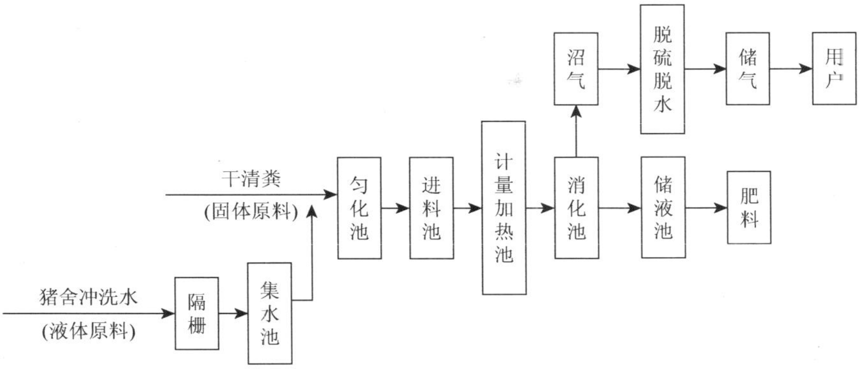

图 8-12　连续发酵工艺流程

连续发酵工艺流程控制的基本参数为进料浓度、水力滞留期、发酵温度。启动阶段完成之后，发酵效果主要靠调节这 3 个基本参数来进行控制。例如，原料产气率、体积产气率、有机物去除率等都是由这 3 个参数所决定的。

在连续发酵工艺中，当每天处理的总固体量相同时，料液浓度和水力滞留期不同，要求发酵装置的有效容积也不同，并且变化幅度较大。由于进料浓度和水力滞留期都可以在较大范围内变化，这就给人们选择最佳方案造成了极大的困难。目前尚未找到一个大家接受的、能在实际设计上广泛应用的最佳参数选择的方法，许多沼气工程是依据定点条件试验或单因子试验结果，甚至是经验来进行设计的，它们离“最佳化”还有相当长的距离。

连续自然温发酵工艺，一般不考虑最高池温，但要考虑最低池温。也就是说在沼气池内的温度变化到最低点时，在选定的进料浓度和水力滞留期条件下，发酵不至于全部失效。根据我国大多数地方地下沼气池全年的温度变化数据及一些试验数据，可供选择的水力滞留期大都在 40～60 天，进料总固体浓度为 6%左右。由于发酵原料一般不随温度而增减，夏季选择这种参数的沼气池在某种程度上是处于“饥饿”状态，冬季则处于“胀肚子”状态。尽管如此，从当前情况看，采用这种连续自然温发酵工艺，在我国仍有广泛的发展前景。

在设计连续恒温发酵工艺时，对参数的选择必须十分谨慎。实际生产中如果原料自身温度高，或者附近有余热可利用以加温和保温，则应尽量按高温或中温设计。因为任何一个参数的变化不仅将引起投资成本的变化，还引起沼气工程自身耗能的变化，给工程的效益带来较大的影响。

（二）半连续发酵

在沼气池启动时一次性加入较多原料（一般占整个发酵周期投料总量的 1/4～1/2），正常产气后，定期、不定量地添加新料。在发酵过程中，往往根据其他因素（如农田用肥需要）不定量地出料。到一定阶段后，将大部分料液取走另作他用。这种发酵方法，沼气池内料液的多少均有变化。池容产气率、原料产气率只能计算平均值。水力滞留期则无法计算。我国农村沼气池常采用这一方法。其中的三结合沼气地，就是将猪圈、厕所里的粪便随时流入沼气池，在粪便不足的情况下，可定期加入粉碎并堆沤后的作物秸秆等纤维素原料，起到补充碳源的作用。

半连续发酵工艺流程如图 8-13 所示。这种发酵工艺采用的主要原料是粪便和秸秆，应控制的主要参数是启动浓度、接种物比例及发酵周期。启动浓度一般小于 6%，这对顺利启动有利。接种物一般占料液总量的 10%以上，秸秆较多时应加大接种物数量。发酵周期根据气温情况和农业用肥情况而定。

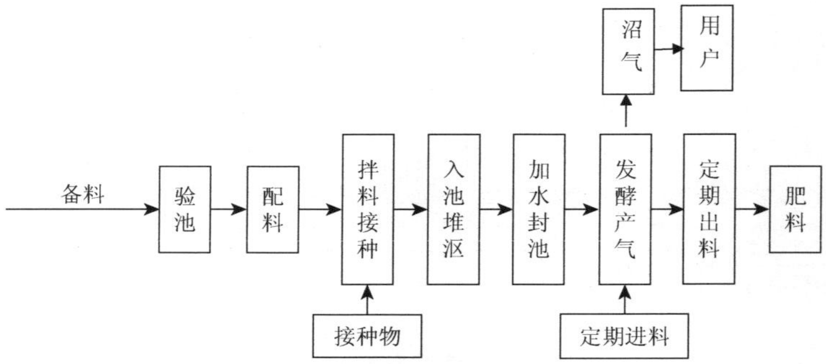

图 8-13　常温单级半连续发酵工艺基本流程

采用这种工艺要经常不断地补充新鲜原料，因为发酵一段时间之后，启动加入的原料已大部分分解，此时不补料，产气必然很快下降。为解决这一问题，在建池时应把猪圈、厕所与沼气池连通起来，以便粪尿能自动地流入池中。采用这种工艺，出料所需劳力比较多，有条件的地方尽量采用出料机具。

（三）批量发酵

批量（batch）发酵是一种简单的沼气发酵类型，即将发酵原料和接种物一次性装满沼气池，中途不再添加新料，产气结束后一次性出料。批量发酵工艺基本流程见图 8-14。产气特点是初期少，以后逐渐增加，然后产气保持基本稳定，再后产气又逐步减少，直到出料。一个发酵周期结束后，再成批地换上新料，开始第二个发酵周期，如此循环往复。

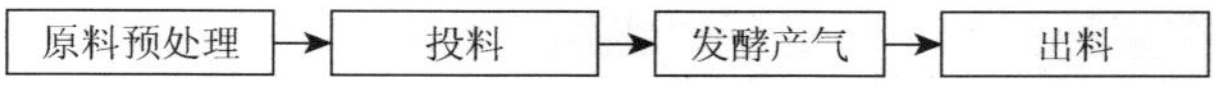

图 8-14　批量发酵工艺基本流程

科学研究测定发酵原料产气量时常采用这一方法。固体含量高的原料，如作物秸秆、有机垃圾等，由于日常进出料不方便，进行沼气发酵也采用这一方法。这类发酵方式的有机负荷率、池容产气率都只能计算平均值。这种工艺的优点是投料启动成功后，不再需要进行管理，简单省事，其缺点是产气分布不均衡，高峰期产气量高，其后产气量低。

采用这种工艺的主要问题，一是启动比较困难，二是进出料不方便。造成启动困难的主要原因是进料浓度较高，启动时容易出现产酸过多，发生有机酸积累，使发酵不能正常进行。为避免这种问题的出现，应准备质量较好、数量较多的接种物，调节好碳氮比，并对秸秆原料进行预处理。该方法多在试验研究中采用，而在实际工程中很少应用这种工艺。

三、按发酵阶段划分

以沼气发酵不同阶段，可将发酵工艺划分为单相发酵工艺和两相（步）发酵工艺。

（一）单相发酵

单相发酵将沼气发酵原料投入到一个装置中，使沼气发酵的产酸和产甲烷阶段合二为一，在同一装置中自行调节完成。我国农村全混合沼气发酵装置和现在建设的大中型沼气工程，大多数采用这一工艺。

（二）两相发酵

两相发酵也称两步发酵，或两步厌氧消化，是 1971 年才开始研究的沼气发酵新工艺。该工艺是根据沼气发酵的三阶段理论，把原料的水解、产酸阶段和产甲烷阶段分别安排在两个不同的消化器中进行。水解、产酸池通常采用不密封的全混合式或塞流式发酵装置，产甲烷池则采用高效厌氧消化装置，如污泥床、厌氧过滤等。

由于水解酸化细菌繁殖较快，酸化发酵器体积较小，通常靠强烈的产酸作用将发酵液的 pH 降低到 5.5 以下，这样在该发酵器内就足以抑制产甲烷菌的活动。产甲烷菌繁殖速度慢，常成为厌氧消化器的限速因素，因而产甲烷消化器体积较大，其进料是经酸化和分离后的有机酸溶液，悬浮固体含量很低。两阶段厌氧消化适用于处理固体物含量高并且产酸较多的废物。

从沼气微生物的生长和代谢规律及对环境条件的要求等方面看，产酸细菌和产甲烷细菌有着很大差别。因而为它们创造各自需要的最佳繁殖条件和生活环境，促使其优势生长，迅速繁殖，将消化器分开来，是非常适宜的。这既有利于环境条件的控制和调整，也有利于人工驯化、培养优异的菌种，总体上便于进行优化设计。也就是说，两步发酵较单相发酵工艺过程的产气量、效率、反应速度、稳定性和可控性等都要优越，而且生成沼气中的甲烷含量也比较高。从经济效益看，这种工艺流程加快了挥发性固体的分解速度，缩短了发酵周期，从而也就降低了生成甲烷的成本和运转费用。

两步发酵工艺流程如图 8-15 所示。按发酵方式可将沼气两步发酵工艺划分成全两步发酵法和半两步发酵法。

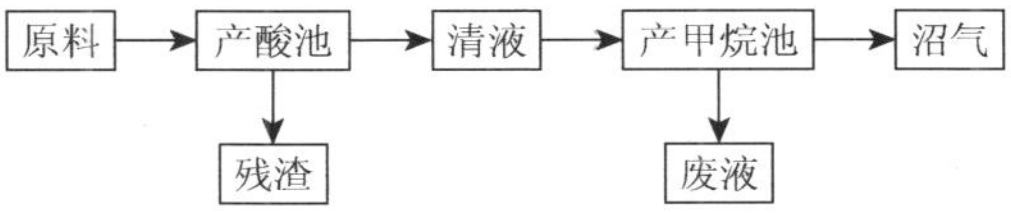

图 8-15 两步发酵工艺流程

全两步发酵法按原料的形态、特性可划分成浆液和固态两种类型。浆液型和固态型的原料可以先经预处理或者不预处理，然后进入产酸池。产酸池的特点在于：①控制固体物和有机物的高浓度和高负荷；②采用连续或间歇式进料（浆液原料）和批量投料（固态原料）；③浆液原料用完全混合式发酵，固态原料用干发酵。

产酸池形成的富含挥发酸的“酸液”进入产甲烷池。产甲烷池常采用升流式厌氧污泥床（UASB）、厌氧过滤器、部分充填的升流式厌氧污泥床或者厌氧接触式反应器等高效反应器，能间歇或连续进料，固体物负荷率比产酸池低，可溶性有机物负荷率高。

半两步发酵法是利用两步发酵工艺原理，将厌氧消化速度悬殊的原料综合处理，达到较高效率的简易工艺。它将秸秆类原料进行池外沤制，产生的酸液进入沼气池产气，残渣继续加水浸沤。这种工艺秸秆类原料不进入沼气池，减少了很多麻烦。

四、按发酵级差划分

（一）单级沼气发酵

单级发酵是最常见的沼气发酵类型。简单地说，就是产酸发酵和产甲烷发酵在同一个沼气发酵装置（单相发酵）中进行，而不将发酵物再排入第二个沼气发酵装置中继续发酵。从充分提取生物质能量、杀灭虫卵和病菌的效果及合理解决用气、用肥的矛盾等方面看，它是很不完善的，产气效率也比较低。但是装置结构比较简单，管理比较方便，因而修建和日常管理费用相对来说比较低廉。

（二）两级沼气发酵

两级发酵就是有两个容积相等的沼气池，第一个供消化之用，总产气量达到80%时，用虹吸管或泵将消化液输送到第二个沼气池内，使残余的有机物彻底分解。第一个沼气池主要是产气，安装有加热和搅拌系统，第二个沼气池主要是对有机物彻底处理，不需要加温和搅拌。这既有利于物料的充分利用和彻底处理废物中的生化需氧量（BOD），也在一定程度上能够缓解用气和用肥的矛盾。例如，目前我国大中型沼气工程所采用的储液储气一体化装置就可以作为第二级沼气消化器。

（三）多级沼气发酵

多级沼气发酵一般不被采用，仅在污水处理上有这样的例子。其工艺流程和两级发酵相似，只是发酵物经过三级、四级甚至更多级的发酵后，更彻底地去除BOD。

把多个发酵装置串联起来进行多级发酵，可以保证原料在装置中的有效停留时间，但是总的容积与单级发酵装置相同时，多级装置占地面积较大，装置成本较高。另外，由于第一级消化器较单级消化器水力滞留期短，其新料所占比例较大，承受冲击负荷的能力较差。如果第一级消化器失效，有可能引起整个装置的发酵失效。

五、按发酵料液浓度划分

（一）液体发酵

发酵料液的干物质浓度控制在10%以下的发酵方式，在发酵启动时，加入大量的水或新鲜粪肥调节料液浓度。由于发酵料液浓度较低，出料时大量残留的沼渣、沼液如用作肥料，运输、储存或施用都不方便，如经处理后实现达标排放，水处理运行所需高昂的费用是难以承受的。目前，液体发酵所面临的问题是发酵后大量沼渣和沼液的利用和消纳，如果不解决好发酵料液的后续处理问题，很可能会带来对环境的二次污染。因此，提高发酵料液的浓度，减少粪污水的排放量已成为沼气发酵工艺中亟待研究的问题。

（二）干发酵

干发酵又称固体发酵，其原料的干物质含量在20%左右，水分含量占80%。生产中如果干物质含量超过30%，则产气量会明显下降。干发酵用水量少，其方法与我国农村沤制堆肥基本相同。此方法可一举两得，既沤了肥，又生产了沼气。

由于干发酵时水分太少，同时底物浓度又很高，在发酵开始阶段有机酸大量积累，又得不到稀释，因而常导致pH的严重下降，使发酵原料酸化，导致沼气发酵失败。为了防止酸化现象的产生，常用的方法有：①加大接种物用量，使酸化与甲烷化速度能尽快达到平衡，一般接种物用量为原料量的1/3～1/2；②将原料进行堆沤，使易于分解产酸的有机物在好氧条件下分解掉一大部分，同时降低了C/N值；③原料中加入1%～2%的石灰水，以中和所产生的有机酸。堆沤会造成原料的浪费，所以在生产上应首先采用加大接种量的办法。

但干发酵工艺因发酵原料的流动性差，进出料困难而在大中型沼气工程中的应用受到了一定的限制，目前，不同原料的干发酵工艺研究正在进行。

六、按料液流动方式划分

（一）无搅拌的发酵工艺

当沼气池未设置搅拌装置时，无论发酵原料为非匀质的（草粪混合物）还是匀质的（粪），只要其固形物含量较高，在发酵过程中料液会自动出现分层现象（上层为浮渣层，中层为清液层，中下层为活性层，下层为沉渣层）。这种发酵工艺，因沼气微生物不能与浮渣层原料充分接触，上层原料难以发酵，下层沉淀又占有越来越多的有效容积，因此原料产气率和池容产气率均较低，并且必须采用大换料的方法排除浮渣和沉淀。

（二）全混合式发酵

由于采用了混合措施或装置，池内料液处于完全均匀或基本均匀状态，因此微生物能和原料充分接触，整个投料容积都是有效的。它具有消化速度快、容积负荷率和体积产气率高的优点。处理禽畜粪便和城市污泥的大型沼气池属于这种类型。

上述各种沼气发酵工艺，各适用于一定原料和发酵条件及管理水平。目前固体物含量低的废水多采用 UASB，固体物含量较高的乙醇废醪、丙酮丁醇废醪及畜禽粪便污水等应采用升流式固体反应器（USR）和厌氧接触工艺，高固体原料可结合生产固体有机肥料采用两步发酵和干发酵工艺。同时还要考虑沼气发酵操作人员技术素质和投资、运行费用的多少，来最后确定所要选择的发酵工艺类型。

七、按厌氧消化器的分类划分

在我国，沼气发酵经过 100 多年的发展历程，形成了各种各样的沼气池。按储气方式，可分为水压式、浮罩式和气袋式三大类；按几何形状，可分为圆筒形、球形、椭球形、拱形、长方形、坛形等多种类型；按埋设位置，可分为地下式、半埋式和地上式三大类；按建池材料，可分为砖结构、混凝土结构、钢筋混凝土结构、玻璃钢、塑料和钢丝网水泥等；按发酵机制，可分为常规型、污泥滞留型和附着膜型三大类；一个厌氧消化器，无论是哪一种类型工艺，决定其功能特性的构成因素主要是水力滞留期（HRT）、固体滞留期（SRT）和微生物滞留期（MRT），并应据此对消化器进行分类。

（一）水力滞留期

厌氧消化器的 HRT 是指一个消化器内的发酵液按体积计算被全部置换所需要的时间。通常以天（d）或小时（h）为单位，可按下式计算：

$$\text{HRT(d)}=\frac{\text{消化器有效容积}(\text{m}^3)}{\text{每天进料量}(\text{m}^3)} \tag{8-2}$$

从式（8-2）可以看出，对一个消化器来说，HRT 与每天进料量互为函数，即

$$\text{每天进料量}(\text{m}^3)=\frac{\text{消化器有效容积}(\text{m}^3)}{\text{HRT}(\text{m}^3)} \tag{8-3}$$

例如，一个消化器有效容积为 300m^3，每天进料量为 30m^3，则 HRT 为 10 天。同样如果知道了 HRT，也可求出每天的投料量。无论是半连续投料运行还是连续投料运行的消化器，都可以根据 HRT 来确定投料量。在生产上习惯使用投配率一词，即每天进料体积占消化器有效容积的百分数，计算如下。

$$投配率(\%)=\frac{每天进料体积(m^3)}{消化器有效容积(m^3)}\times 100\% \tag{8-4}$$

按式（8-4）计算前面举例消化器的投配率则为 10%，而 HRT 则为投配率的倒数 10 天。当消化器在一定容积负荷条件下运行时，其 HRT 与发酵原料有机物含量成正比，有机物含量越高，所需 HRT 则越长，这有利于提高有机物的分解率。降低发酵原料的有机物浓度或增加消化器的负荷都可适当缩短 HRT，但过短的 HRT 会使大量沼气发酵细菌从消化器里冲走，除非采取一定措施增加固体和微生物滞留期，否则有机物的分解率和沼气产量就会大幅度降低。消化器的运行将难以稳定。

确定了 HRT 后，对一个每天污水产量一定的工程来说，就可以得出消化器的体积。例如，一个 5000 头的猪场每头猪每天产生污水量为 12L（采用干清粪），则每天共产生污水 60m^3，如果 HRT 定为 10 天，则消化器的有效容积为 600m^3，为防止发酵液产生的泡沫堵塞导气管，所以常留 10%体积作为缓冲，因此消化器有效容积只占消化器总体积的 90%。这样即可按式（8-5）求出消化器体积。

$$消化器体积=\frac{每天的污水量(m^3)\times HRT(天)}{消化器有效容积百分数(\%)} \tag{8-5}$$

则上面举例猪场的消化器体积为

$$该猪场消化器体积=\frac{60\times 10}{90\%}=666.7(m^3)$$

常规消化器的设计是根据 HRT，然而在大型沼气工程的设计上常根据消化器的容积负荷而定。一般可溶性有机物容易分解，固体有机物分解较慢，所以固体滞留期（SRT）就显得更为重要。

（二）固体滞留期

固体滞留期（SRT）是指悬浮固体物质从消化器中被置换的时间。在一个混合均匀的完全混合式消化器中，SRT 与 HRT 相等。而在一个非完全混合式消化器中，如果能测定出消化器内和出水中的悬浮固体的浓度和密度，则其 SRT 可通过式（8-6）算出。

$$SRT=\frac{TSSr\times RV\times Dr}{TSSe\times EV\times De} \tag{8-6}$$

式中，TSSr 为消化器内总悬浮固体的平均质量分数；TSSe 为消化器出水的总悬浮固体的平均质量分数；RV 为反应器体积；EV 为每天出水的体积；Dr 为消化器内固体物的密度；De 为出水中固体物的密度。

从式（8-6）可以看出，SRT 在非完全混合消化器中与 HRT 无直接关系，在消化器内污泥密度与出水中的污泥密度基本相等的情况下，消化器体积与出水体积不变时，SRT 与消化器内总悬浮固体的平均质量分数成正比，而与出水中总悬浮固体的平均质量分数成反比。按式（8-6）计算，一个 HRT 为 5 天的实验用鸡粪消化器，其 SRT 长达 25 天。实验表明，固体有机物的分解率与 SRT 呈正相关。因此，延长 SRT 是提高固体有机物消化率的有效措施。

（三）微生物滞留期

微生物滞留期（MRT）是指从微生物细胞的生成到被置换出消化器的时间。在一定条件下，微生物繁殖一代的时间基本稳定，如果 MRT 小于微生物增代时间，微生物将会从消化器中被冲洗干净，厌氧消化将被终止。如果微生物的增代时间与 MRT 相等，微生物的繁殖与被冲出处于平衡状态，则消化器的消化能力难以增长，消化器则难以启动。如果 MRT 大于微生物增代时间，则消化器内微生物的数量会不断增长。根据 Monod 方程，消化器的反应速度与微生物的量成正比。可见在一定条件下，消化器的效率与 MRT 呈正相关。如果 MRT 无限延长，则老细胞会不断死亡而被分解掉。这样也可使微生物的繁殖和死亡处于平衡状态，就不会有多余的微生物排出。因此，延长 MRT 不仅可以提高消化器处理有机物的效率，并且可以降低微生物对外加营养物的需求，还可减少污泥的排放，减轻二次污染物的产生。

当处理低浓度有机污水时，在 HRT 很短的情况下运行，这就必须设法延长 MRT 来维持厌氧消化过程的产酸与产甲烷的平衡。只有延长了 MRT 才能阻止生长缓慢的产甲烷菌的冲击，增加产甲烷菌在消化器内的积累，防止微生物生长不平衡现象的产生。

用什么方法来延长 MRT 呢？在完全混合式消化器中，MRT 与 HRT、SRT 相等，因此无法使 MRT 单独增加，所以完全混合型消化器只适用于高浓度有机废水的处理，靠延长 HRT 来使 MRT 延长，因而完全混合型消化器必须有长的 HRT，负荷难以提高。要想使消化器有比 HRT 更长的 MRT，就必须使 HRT 与 MRT 分离，在污水经过消化器的条件下，使微生物滞留于消化器内，这就产生了 UASB 和厌氧滤器等使 HRT 与 MRT 分离的消化器类型，前者靠污泥的沉降而使微生物滞留，后者靠微生物附着于支持物的表面形成生物膜而滞留，这样就可使 MRT 大大延长，从而提高了消化器的效率，因而使消化器的负荷大幅度提高，并使厌氧消化器只适用于处理高浓度有机污水，而发展到今天也可以用来处理低浓度污水。由此可见增加 MRT 在理论和实践上的重要性。

八、厌氧消化器类别

经过多年的研究和生产实践，我国已掌握了各种各样的厌氧消化工艺类型。对于同一种发酵原料和有机废水，可以使用不同结构的消化器进行沼气发酵，从而实现不同的 HRT、SRT 和 MRT，并得到不同的负荷去除率。HRT、SRT 和 MRT 的长短直接影响着消化器的性能，根据 HRT、SRT 和 MRT 的不同，可将厌氧消化器分为 3 种类型（表 8-12）。第一类消化器为常规型消化器，其特征为 MRT、SRT 和 HRT 相等，即液体、固体和微生物混合在一起，在出料同时被淘汰，消化器内没有足够的微生物，并且固体物质由于滞留期较短而得不到充分消化，因而效率较低。第二类消化器为污泥滞留型消化器，其特征为通过各种固液分离方式，将 MRT 和 SRT 与 HRT 加以分离，从而在较短 HRT 的情况下获得较长 MRT 和 SRT。即在发酵液排出时，微生物和固体物质所构成的污泥得到保留，因而称为污泥滞留型。第三类消化器为附着膜型消化器，其特征为在消化器内安放有惰性介质供微生物附着，使微生物呈膜状固着于支持物表面，在进料中液体和固体穿流而过的情况下固着滞留微生物于反应器内，从而使消化器有较高的效率。

表 8-12　厌氧消化器分类

类型	滞留期特征	消化器举例
常规型消化器	MRT=SRT=HRT	常规消化器 塞流式消化器 全混合式消化器
污泥滞留型消化器	（MRT 和 SRT）＞HRT	厌氧接触工艺 升流式固体反应器 升流式厌氧污泥床 内循环厌氧反应器
附着膜型消化器	MRT＞（STR 和 HRT）	折流式消化器 厌氧滤器 流化床和膨化床

（一）常规型消化器

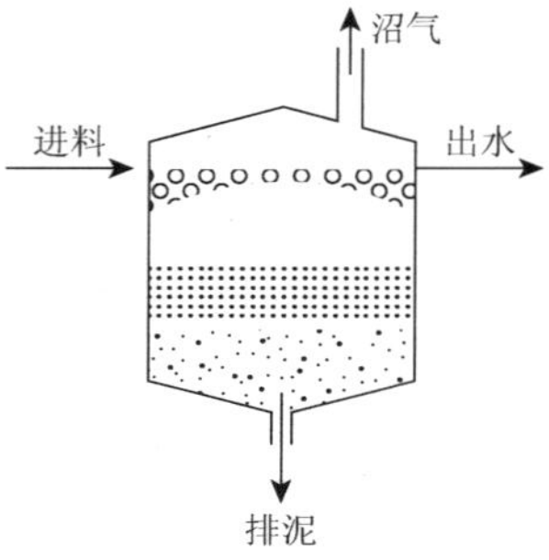

图 8-16　常规消化器示意图

常规型消化器是一种结构简单、应用广泛的发酵装置。这类消化器的 HRT、SRT 和 MRT 完全相等，消化器内由于没有足够的微生物，并且固体物质得不到充分消化，因而效率较低。此类消化器包括人们通常所说的常规消化器、全混合式消化器和塞流式消化器等。

1. 常规消化器

该消化器无搅拌装置，原料在消化器内呈自然沉淀状态，一般分为 4 层，从上到下依次为浮渣层、上清液层、活性层和沉渣层，其中厌氧消化活动旺盛场所只限于活性层内，因而效率较低。该消化器结构见图 8-16。

2. 全混合式消化器

全混合式消化器是在常规消化器内安装了搅拌装置，使发酵原料和微生物处于完全混合状态，与常规消化器相比使活性区遍布整个消化器，其效率比传统常规消化器有明显提高，故名高速消化器（图 8-17）。该消化器常采用恒温连续投料或半连续投料运行，适用于高浓度及含有大量悬浮固体原料的处理。例如，污水处理厂好氧活性污泥的厌氧消化过去多采用该工艺。在该消化器内，新进入的原料由于搅拌作用很快与消化器内的全部发酵液混合，使发酵底物浓度始终保持相对较低状态。

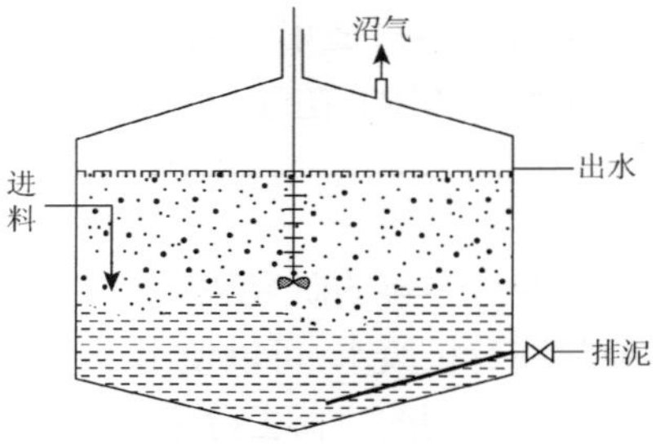

图 8-17　全混合式消化器示意图

而其排出的料液又与发酵液的底物浓度相等，并且在出料时微生物也一起被排出，所以出料浓度一般较高。该消化器是典型的 HRT、SRT 和 MRT 完全相等的消化器，为了使生长缓慢的产甲烷菌的增殖和冲出速度保持平衡，要求 HRT 较长，一般要 10～15 天或更长的时间。中温发酵时负荷为 3～4kgCOD/（m^3 · d），高温发酵为 5～6kgCOD/（m^3 · d）。

全混合式消化器的优点：可以进入高悬浮固体含量的原料；消化器内物料均匀分布，避免了分层状态，增加了底物和微生物接触的机会；消化器内温度分布均匀；进入消化器的抑制物质，能够迅速分散，保持较低浓度水平；避免了浮渣、结壳、堵塞、气体逸出不畅和短流现象；易于建立数学模型。

缺点：由于该消化器无法做到使 SRT 和 MRT 在大于 HRT 的情况下运行，所以需要消化器体积较大；要有足够的搅拌，所以能量消耗较高；生产用大型消化器难以做到完全混合；底物流出该系统时未完全消化，微生物随出料而流失。

3. 塞流式消化器

塞流式发酵也称推流式发酵，是一种长方形的非完全混合式消化器，高浓度悬浮固体原料从一端进入，从另一端流出（图 8-18）。由于消化器内沼气的产生，呈现垂直的搅拌作用，而横向搅拌作用甚微，原料在消化器的流动呈活塞式推移状态。在进料端呈现较强的水解酸化作用，甲烷的产生随着向出料方向的流动而增强。由于进料段缺乏接种物，所以要进行固体回流。为了减少对微生物的冲出，在消化器内应设置挡板，有利于运行的稳定。

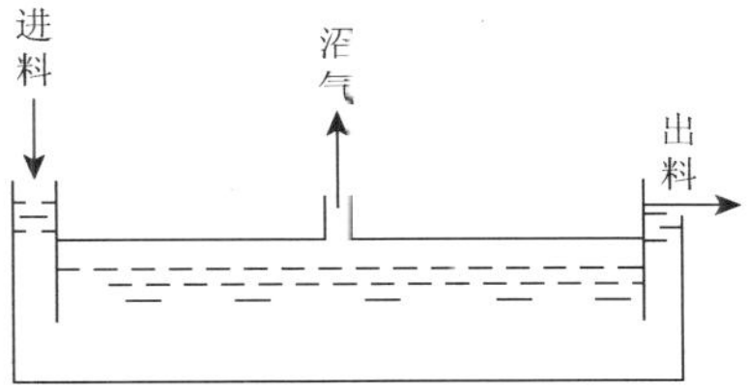

图 8-18　塞流式消化器示意图

塞流式消化器在牛粪厌氧消化上较广泛应用，因牛粪质轻，浓度高，长草多，本身含有较多产甲烷菌，不易酸化，所以用塞流式消化器处理牛粪较为适宜。

塞流式消化器的优点：不需搅拌装置，结构简单，能耗低；适用于高悬浮物废物的处理，尤其适用于牛粪的消化；运转方便，故障少，稳定性高。

缺点：固体物可能沉淀于底部，影响消化器的有效体积，使 HRT 和 SRT 降低；需要固体和微生物的回流作为接种物；因该消化器面积/体积较大，难以保持一致的温度，效率较低；易产生结壳。

（二）污泥滞留型消化器

污泥滞留型消化器的特征为通过采用各种固液分离方式使污泥滞留于消化器内，提高消化器的效率，缩小消化器的体积，包括厌氧接触工艺、升流式厌氧污泥床、升流式固体反应器和内循环厌氧反应器等。

1. 厌氧接触工艺

该工艺是在全混合式消化器之外加一个沉淀池，从消化器排出的混合液首先在沉淀池中进行固液分离，上清液由沉淀池上部排出，沉淀污泥重新回流至消化器内（图 8-19）。这样既减少了出水中的固体物含量，又提高了消化器内的污泥浓度，从而在一定程度上提高了设备的有机负荷率和处理效率。实践表明，该工艺允许污泥中含有较高的悬浮固体，耐冲击负荷，具有较大缓冲能力，操作过程比较简单，工艺运行比较稳定。

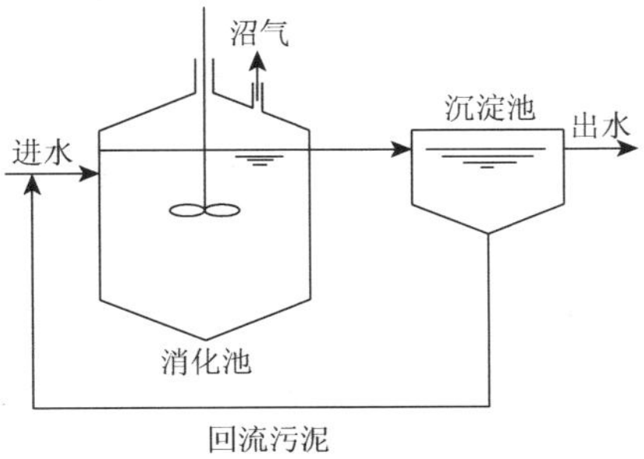

图 8-19　厌氧接触工艺示意图

该工艺的优点与全混合式消化器相同，并可采取较高的负荷率运行。其缺点是需要额外的设备来使固体和微生物沉淀与回流。

2. 升流式厌氧污泥床

升流式厌氧污泥床（UASB）是由 Lettinga 等于 1974～1978 年研制成功的一项新工艺，

是目前世界上发展最快的消化器，由于该消化器结构简单，运行费用低，处理效率高而得到广泛应用。该消化器适于处理可溶性废水，要求较低的悬浮固体含量。

UASB 内部分为 3 个区，从下至上为污泥床，污泥层和气、液、固三相分离器。消化器的底部是浓度很高并且有良好沉淀性能和凝聚性的絮状或颗粒状污泥形成的污泥床，污水从底部，经布水管进入污泥床，向上穿流并与污泥床内的污泥混合，污泥中的微生物分解污水中的有机物，将其转化为沼气。沼气以微小气泡形式不断放出，并在上升过程中不断合并成大气泡。在上升的气泡和水流的搅动下，消化器上部的污泥处于悬浮状态，形成一个浓度较低的污泥悬浮层。在消化器上设有气、液、固三相分离器（图 8-20）。在消化器内生成的沼气气泡受反射板的阻挡，进入三相分离器下面的气室内，再由管道经水封而排出。固、液混合液经分离器的窄缝进入沉淀区，在沉淀区内由于污泥不再受到上升气流的冲击，在重力作用下而沉淀。沉淀至斜壁上的污泥沿着斜壁滑回污泥层内，使消化器内积累起大量的污泥。分离出污泥后的液体从沉淀区上表面进入溢流槽而流出。

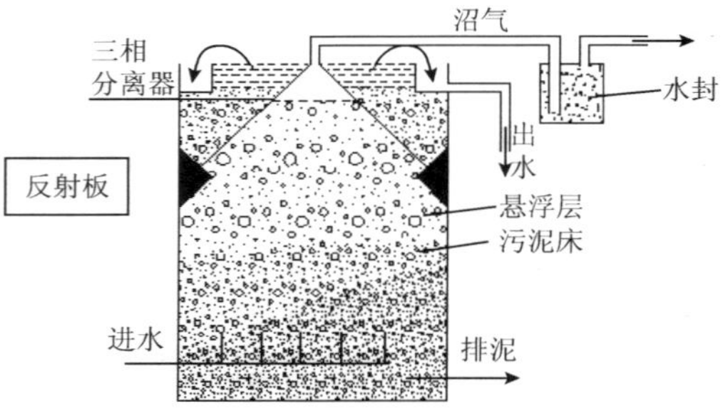

图 8-20　UASB 结构示意图

该工艺的优点为：除三相分离器外，消化器结构简单，没有搅拌装置及供微生物附着的填料；长的 SRT 和 MRT 使其达到了很高的负荷率；颗粒污泥的形成，使微生物天然固定化，改善了微生物的环境条件，增加了工艺的稳定性；出水的悬浮固体含量低。

缺点：需要安装三相分离器；进水中只能含有低浓度的悬浮固体；需要有效的布水器使进料能均布于消化器的底部；当冲击负荷或进料中悬浮固体含量升高，以及遇到过量有毒物质时，会引起污泥流失。

3. 内循环厌氧反应器

内循环（internal circulation，IC）厌氧反应器是目前世界上效能最高的厌氧反应器。该反应器是集 UASB 和流化床反应器的优点于一身，利用反应器所产沼气的提升力实现发酵料液内循环的一种新型反应器。

IC 厌氧反应器的基本构造如图 8-21 所示，如同把两个 UASB 叠加在一起，反应器高度可达 16～25m，高径比可达 4～8。在其内部增设了沼气提升管和回流管，上部增加了气液分离器。该反应器启动时，投加了大量颗粒污泥。运行过程中，用第一反应室所产沼气经集气罩收集并沿提升管上升作为动力，把第一反应室的发酵液和污泥提升至反应器顶部的气液分离器，分离出的沼气从导管排走，泥水混合液沿回流管返回第一反应室内，从而实现

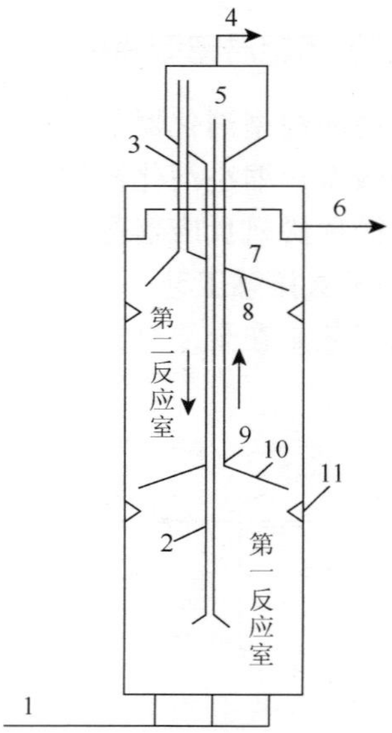

图 8-21　IC 厌氧反应器构造原理示意图

1. 进水管；2. 回流管；3. 集气管；4. 沼气导管；5. 气液分离器；6. 出水管；7. 沉淀区；8. 第二反应室集气罩；9. 沼气提升管；10. 第一反应室集气罩；11. 气封

了下部料液的内循环。如处理低浓度废水时循环流量可达进水流量的 2～3 倍，处理高浓度废水时循环流量可达进水流量的 10～20 倍。结果使第一反应室不仅有很高的生物量，很长的污泥滞留期，还有很大的升流速度，使该反应室的污泥和料液基本处于完全混合状态，从而大大提高第一反应室的去除能力。经第一反应室处理的废水，自动进入第二反应室。废水中的剩余有机物可被第二反应室内的颗粒污泥进一步降解，使废水被更好地净化。经过两级处理的废水在混合液沉淀区进行固液分离，清液由出水管排出，沉淀的颗粒污泥可自动返回第二反应室，这样废水完成了全部处理过程。

IC 厌氧反应器的优点：①IC 厌氧反应器由于存在着内循环，传质效果好，生物量大，污泥龄长，具有很高的容积负荷率。其进水有机负荷率远比普通的 UASB 高，一般可高出 3 倍左右。处理高浓度有机废水，如马铃薯加工废水，当 COD 为 10 000～15 000mg/L 时，进水容积负荷率可达 30～40kgCOD/（m^3·d）。处理低浓度有机废水，如啤酒废水，当 COD 为 2000～3000mg/L 时，进水容积负荷率可达 20～25mgCOD/（m^3·d），HRT 仅为 2～3h，COD 去除率可达 80%。②节省基建投资和占地面积。由于 IC 厌氧反应器比普通 UASB 有高出 3 倍左右的容积负荷率，则 IC 厌氧反应器的体积为普通 UASB 的 1/4～1/3，所以可降低反应器的投资。由于 IC 厌氧反应器不仅体积小，还有很大的高径比，所以占地面积特别省，非常适用于土地面积紧张的单位采用。③沼气提升实现内循环，不必外加动力，IC 厌氧反应器是以自身产生的沼气作为提升的动力实现强制循环，从而可节省能耗。④抗冲击负荷能力强。⑤具有缓冲 pH 的能力，使反应器的 pH 保持稳定，可减少进水的投碱量。

4. 升流式固体反应器

升流式固体反应器（USR）是一种结构简单，适用于高悬浮固体原料的消化器。它的结构如图 8-22 所示。原料从底部进入消化器内，消化器内不需要安置三相分离器，不需要污泥回流，也不需要全混合式消化器那样的搅拌装置。未消化的生物质固体颗粒和沼气发酵微生物靠被动沉降滞留于消化器内，上清液从消化器上部排出，这样就可以得到比 HRT 高得多的 SRT 和 MRT，从而提高了固体有机物的分解率和消化器的效率。

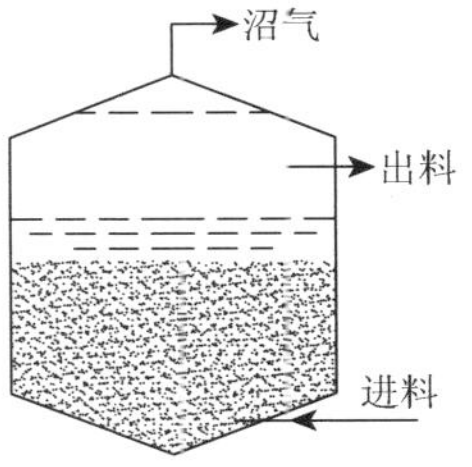

图 8-22 升流式固体反应器示意图

（三）附着膜型消化器

这类消化器的特征是，使微生物附着于安放在消化器内的惰性介质上，使消化器在允许原料中的液体和固体穿流而过的情况下，固定微生物于消化器内。应用或研究较多的附着膜型反应器有厌氧滤器、流化床和膨胀床。

1. 厌氧滤器

厌氧滤器（AF）内部安置有焦炭、煤渣、塑料制品、合成纤维等惰性介质（又称填料），沼气发酵细菌，尤其是产甲烷菌呈膜状附着于惰性介质上，并在介质之间的空隙互相黏附成颗粒状或絮状存留下来，当污水自下而上或自上而下通过生物膜时，有机物被细菌利用而生成沼气（图 8-23）。

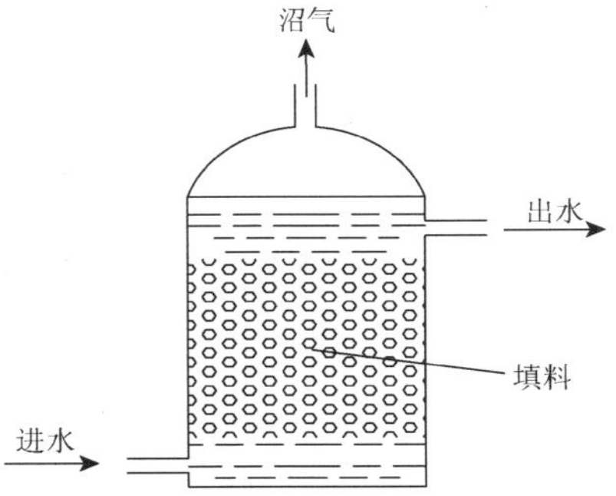

图 8-23 厌氧滤器示意图

2. 流化床和膨胀床

流化床（FBR）和膨胀床（EBR）内部填有像砂粒一样大小（0.2～0.5mm）的惰性（如细砂）或活性（如活性炭）颗粒供微生物附着，如焦炭粉、硅藻土、粉煤灰或合成材料等，当有机污水自下而上穿流过细小的颗粒层时，污水及所产气体的气流速度足以使介质颗粒呈膨胀或流动状态。每一个介质颗粒表面都被生物膜所覆盖，其比表面积可达 $300m^2/m^3$，能支持更多的微生物附着，创造了比 HRT 更长的 MRT，因而使消化器具有更高的效率。

第四节　水压式沼气池和分离储气浮罩沼气池的构造及工作原理

各种有机质通过微生物的作用，进行厌氧人工制取沼气的密闭装置称为“厌氧消化器”，在我国俗称为沼气池（罐），根据厌氧消化器的建设规模和相关配套设备等，又分为大中型沼气工程和户用沼气池，目前在我国农村推广建造的沼气池主要是圆形或球形水压式沼气池。

一、水压式沼气池

（一）构造

水压式沼气池一般都设有进料口及进料管、发酵间、储气间、出料管、出料口及水压间、活动盖、导气管等部分。其结构示意图见图 8-24。

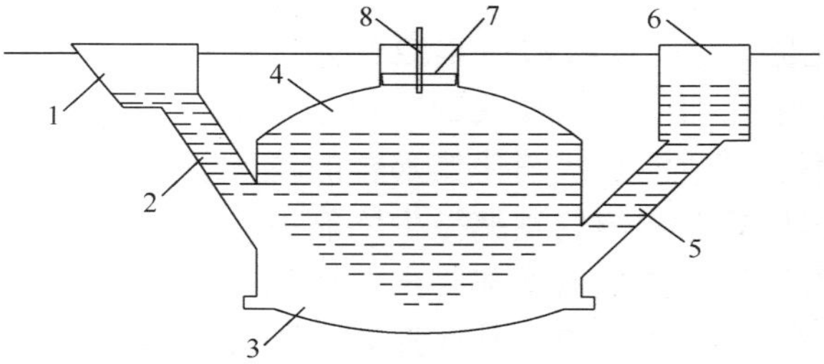

图 8-24　水压式沼气池结构示意图

1. 进料口；2. 进料管；3. 发酵间；4. 储气间；5. 出料管；6. 出料口及水压间（出料间）；7. 活动盖；8. 导气管

1. 进料口

进料口设在猪舍地面，由设在地下的进料管与沼气池相通，用于进料。

2. 进料管

进料管一般采取直管斜插方式插入发酵间，以方便施工，并保证进料顺畅、搅拌方便。其下端开口位置的下沿大约在池底到池盖的 1/2 处。太高了，会减少发酵间上部储气的容积；太低了，投入的沼气发酵原料不易进入发酵间的中心部位。进料口的大小，根据沼气池的大小而定，不易过大。

3. 发酵间

发酵间是沼气池的主体，是储存发酵料液的空间。按一定配料比的发酵原料堆放在发酵间进行发酵。发酵间的容积根据发酵原料情况及其产气率和用户需求而定。一般四口之家，建一个 8～10m^3 的沼气池就够用了。

4. 储气间

水压式沼气池的储气间与发酵间处于同一池体之中，发酵间内发酵料液以上的空间就是储气间，是储存沼气的空间。

5. 出料管

出料管是连接发酵间和水压间的管道。

6. 出料口及水压间

水压间是根据储存沼气和维持沼气气压和出料的需要而设置的，其大小及高度由沼气气压及储气量决定。一般一个 8m^3 的沼气池，水压间以 1.5m^3 为宜。

7. 活动盖

活动盖设置在池盖的顶部，呈瓶塞状，上大下小。活动盖是一个装配式的部件，可以按需要打开或关闭。活动盖的功能是：①在进行沼气池的维修和清除沉渣时，打开活动盖，排除池内有害气体，通风、采光，操作安全；②在沼气池大换料时，活动盖口可作吞吐口用；③当采用土模法施工时，可作为挖取芯土的出入口；④当遇到某种情况（如导气管堵塞、气压表失灵）造成池内气体压力过大时，活动盖即被冲开，从而降低池内气体压力，保护池体；⑤当池内发酵液表面结壳较厚，影响产气时，可以打开活动盖，破碎浮渣层，搅动料液。

8. 导气管

导气管是安装在活动盖上的管件，用于连接输气管道输出沼气。安装导气管时，一定要严紧，严防漏气、跑气。

（二）工作原理

在水压式沼气池中，当沼气逐渐增多时，气压随之增高，水压间液面和池内液面形成了压力差，将发酵间内的清液压到水压间，直至内外压力平衡。当用户使用沼气时，池内压力减少，池外水压间内的液体便压回池内，以维持新的平衡。这样不断地产气和月气，使池内外的液面不断地上升、下降，始终处于内外压力平衡状态，这便是水压式沼气池的工作原理。

二、分离储气浮罩沼气池

（一）构造

分离储气浮罩沼气池是将发酵间产生的沼气由浮沉式气罩储存起来。气罩可分离放置于池旁或直接安置于发酵间池顶，其余构造基本与水压式沼气池相同。其结构示意图见图 8-25。

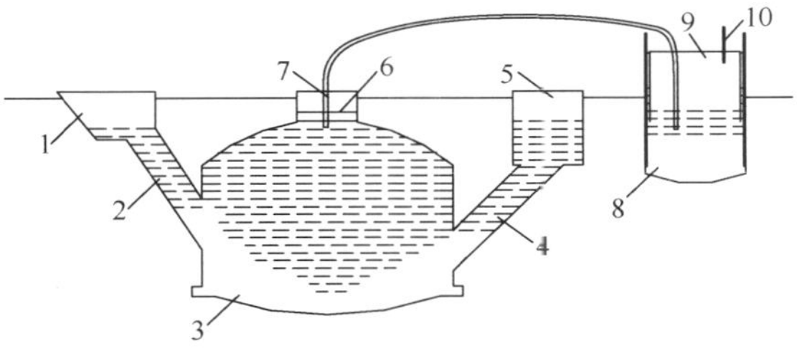

图 8-25　分离储气浮罩沼气池结构示意图

1. 进料口；2. 进料管；3. 发酵间；4. 出料管；5. 出料间（水压间）；6. 活动盖；7.导气管；8. 水封池；9. 气罩；10. 出气管

（二）工作原理

浮沉式气罩由水封池和气罩两部分组成，当沼气压力大于气罩质量时，气罩便沿水封池内壁的导向轨道上升，直至平衡为止；当用气时，罩内气压下降，气罩随之下沉，这便是分离储气浮罩沼气池的工作原理。

第五节　沼气、沼液、沼渣的利用

一、沼气的成分及其物理性质

（一）沼气的成分

沼气是一种混合可燃气体，其成分不但取决于发酵原料的种类及其相对含量，而且在不同的发酵条件和发酵阶段其成分也不同。一般情况下，沼气的主要成分是甲烷（CH_4）和二氧化碳（CO_2）。此外，还有少量的氢（H_2）、一氧化碳（CO）、氮（N_2）、硫化氢（H_2S）等气体。其中甲烷占50%～70%，二氧化碳占30%～40%，其他成分含量极少。

（二）沼气的性质

沼气是无色气体，由于它常含有微量的硫化氢（H_2S）气体，脱除硫化氢前，有轻微的臭鸡蛋味，燃烧后臭鸡蛋味消除，沼气的主要成分是甲烷，它的理化性质也近似于甲烷（表8-13）。

表8-13　甲烷与沼气的主要理化性质

理化性质	甲烷（CH_4）	标准沼气（CH_4 60%，CO_2<40%）
体积百分比/%	54～80	100
热值/（kJ/m^3）	35 820	21 520
密度/（g/L 标准状态）	0.72	1.22
密度（与空气相比）	0.55	0.94
临界温度/℃	–82.5	–48.42～–25.7
临界压力/（$\times10^5$Pa）	46.4	53.93～59.35
爆炸范围（与空气混合的体积百分比）	5～15	8.80～24.4
气味	无	微臭

1. 热值

甲烷是一种发热值相当高的优质气体燃料。1m^3 纯甲烷，在标准状况下完全燃烧，可放出35 820kJ的热量，最高温度可达1400℃。沼气中因含有其他气体，发热量稍低一点，为20 000～29 000kJ，最高温度可达1200℃。因此，在人工制取沼气时，应创造适宜的发酵条件，以提高沼气中甲烷的含量。

2. 密度

与空气相比，甲烷的密度为0.55，标准沼气的密度为0.94。所以，在沼气池气室中，沼气较轻，分布在上层；二氧化碳较重，分布于下层。沼气比空气轻，在空气中容易扩散，扩散速度比空气快3倍。当空气中甲烷的含量达25%～30%时，对人畜有一定的麻醉作用。

3. 溶解度

甲烷在水中的溶解度很小，在 20℃、一个大气压下，100 单位体积的水只能溶解 3 个单位体积的甲烷，这就是沼气不但在厌氧条件下生成，还可用排水法收集的原因。利用水封储存沼气也是利用这一原理。

4. 沼气的含湿量

沼气中一般都含有不同程度的水蒸气，特别是高、中温发酵，水蒸气含量较多。每一标准立方米沼气中所含有的水蒸气质量称为沼气的绝对湿度。绝对湿度在数值上等于水蒸气在其分压力与温度下的质量。绝对湿度只表示湿沼气中实际所含水蒸气的多少。

相对湿度 Φ 可以用沼气中实际的水蒸气分压力 Pvp 和同温度下饱和水蒸气的分压力 Pn 的比值来表示。相对湿度反映了湿沼气中水蒸气含量接近饱和的程度，当 Φ=1 时，即饱和湿沼气。含湿量是指厌氧发酵所生成的沼气相对于 1kg 干沼气所含水蒸气的质量。由于沼气中含有一定水分的缘故，在沼气燃烧前要进行脱水。

5. 临界温度和临界压力

气体从气态变成液态时，所需要的温度和压力称为临界温度和临界压力。标准沼气的平均临界温度为–37℃，平均临界压力为 56.64×10^5Pa（即 56.64 个大气压力）。这说明沼气液化的条件是相当苛刻的，这也是目前沼气只以管道输气，不能液化装罐作为商品能源交易的原因。

6. 分子结构与尺寸

甲烷的分子结构是一个碳原子和四个氢原子构成的等边三角四面体，相对分子质量为 16.04。其分子直径为 3.76×10^{-10}m，约为水泥砂浆孔隙的 1/4，这是研制复合涂料、提高沼气池密封性的重要依据。

7. 燃烧特性

甲烷是一种优质气体燃料，一个体积的甲烷需要两个体积的氧气才能完全燃烧。氧气约占空气的 1/5，而沼气中甲烷含量为 60%～70%，所以，一个体积的沼气需 6～7 个体积的空气才能充分燃烧。这是研究沼气用具和正确使用用具的重要依据。

8. 爆炸极限

当沼气与空气混合到一定浓度时，遇到明火会引起爆炸，这种能爆炸的混合气体中所含沼气的浓度范围称为爆炸极限，用百分数表示。沼气在空气中的浓度如低于某一限度时，氧化反应产生的热量不足以弥补散失的热量，因此，无法燃烧，此时称为爆炸下限；当沼气在空气混合物中含量增加到能形成爆炸混合物时的最大浓度，称为爆炸上限。

在常压下，标准沼气与空气混合的爆炸极限是 8.80%～24.4%；沼气与空气按 1∶10 的比例混合，在封闭条件下，遇到火会迅速燃烧、膨胀，产生很大的推动力，因此，沼气除了可以用于炊事、照明外，还可以用作动力燃料。

二、沼气的利用

沼气燃烧的空燃比为 1∶（6～7），燃烧时最高温度可达 1200℃。沼气与空气按 1∶10 的比例混合，在封闭条件下，遇到火会迅速燃烧、膨胀，产生很大的推动力，因此，沼气除了可以用于炊事、照明外，还可以用作动力燃料，配置燃气内燃发电机组即可实现沼气发电。

（一）作为能源直接燃烧利用

沼气作为一种生活能源向居民供气时需要通过输配管网将沼气输送至用户灶具前，对于大中型沼气工程来说，主要由中低压力的管网、居民小区的调压器组成。对于小规模居民区或大中型沼气工程站内的供气系统，主要包括低压管网及管路附件。用户最终输配压力应满足灶具燃烧的稳定压力要求。

家用沼气灶的性能最重要的是燃烧稳定性、烟气中 CO 含量、热效率、热流量及电点火器的性能。家用沼气灶国家标准灶前压力为 800～1600Pa，用量最多的是 800Pa 的沼气灶。选购沼气灶具时，要选择符合国家标准的并经过技术鉴定的优良产品。

（二）沼气发电

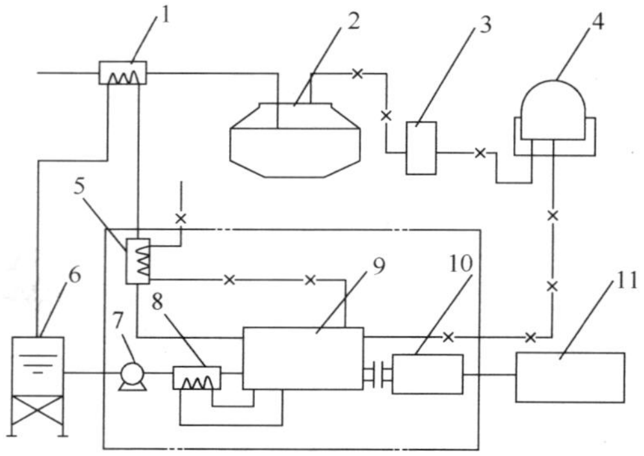

图 8-26　沼气发电系统流程图

1. 燃料加热器；2. 厌氧消化器；3. 脱硫器；4. 储气柜；5. 废气热交换器；6. 热水箱；7. 循环泵；8. 润滑油冷却器；9. 沼气发动机；10. 发电机；11. 受变电设备

构成沼气发电系统的主要设备有沼气脱硫及稳压装置、燃气内燃式发动机组、余热回收装置和并网控制系统。由厌氧发酵装置产出的沼气，经过水封、脱硫后至储气柜。然后沼气再从储气柜出来，经脱水、稳压供给燃气发动机，驱动燃气内燃发电机组发电，发电机组排出的冷却水和废气中的热量，通过余热回收装置回收余热，作为厌氧发酵装置的加热源。沼气发电系统流程见图 8-26。

（三）沼气提纯净化

从沼气中分离提纯出 CH_4，经压缩制成生物天然气，既可以用作车用燃料，也可以民用，该技术已经在世界范围内得到广泛应用，尤其是在石油和天然气资源日益紧张、汽车排放标准不断提高的今天，利用沼气生产车用清洁燃料技术更是得到了广泛的关注。

目前采用的沼气提纯技术为变压吸附（pressure swing adsorption，PSA）工艺，对 CH_4-CO_2 体系进行分离，其基本的技术原理是利用吸附剂对吸附质在不同的分压下有不同的吸附容量、吸附速度和吸附力，并且在一定压力下对被分离的气体混合物的各组分有选择吸附的特性，加压吸附除去原料气中的杂质组分，减压脱附这些杂质从而使吸附剂获得再生。整套工艺设备包括压缩机、冷干机、过滤机、干燥塔和吸附塔等构成的变压吸附循环系统，从而实现沼气更宽广的高质高效利用。

除此之外，利用膜技术进行沼气提纯的新方法也正在研究之中。

三、沼气发酵残留物的性质

各种有机物质经过一个多菌群相互交替作用的沼气发酵过程，不仅产生了沼气能源，还残余了大量的废渣与废液（俗称沼渣与沼液）。沼渣和沼液统称沼气发酵残留物，也称沼肥。沼气发酵残留物含有丰富的营养物质，并因发酵原料种类、配比和发酵条件的不同而有所差异。一般沼气发酵残留物的主要养分含量见表 8-14。

目前已经确认沼气发酵残留物除含有大量 N、P、K 等大量元素外，还含有钙、铜、铁、锌、锰等多种微量元素和水解酶、氨基酸、有机酸、腐殖酸、生长素、赤霉素、B 族维生素、

表 8-14　一般沼气发酵残留物的主要养分含量

肥料种类	有机质/%	腐殖质/%	全氮/%	全磷/%	全钾/%
沼液			0.03～0.08	0.02～0.06	0.05～0.10
沼渣	30～50	10～20	0.80～1.50	0.40～0.60	0.60～1.20

细胞分裂素及某些抗生素等生物活性物质。这些活性物质的产生与参与沼气发酵的三大类微生物——发酵性细菌、产氢产乙酸菌、产甲烷菌的代谢活动密切相关，见图 8-27。沼气发酵残留物含有较全面的养分和丰富的有机质，其中一部分已被转化成腐殖酸类物质，是一种速缓兼备又具改良土壤功能的优质肥料。

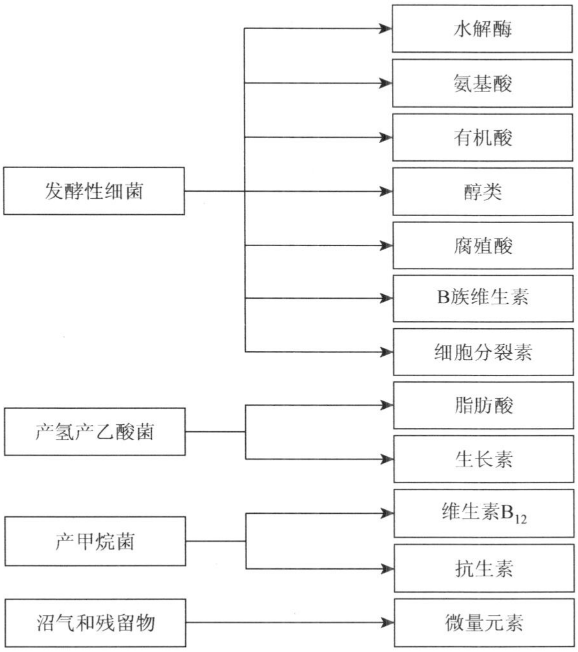

图 8-27　厌氧发酵过程所产生的生物活性物质

（一）沼渣

有机物质在厌氧发酵过程中，除了碳、氢、氧等元素逐步分解转化，最后生成甲烷、二氧化碳等气体外，其余各种养分元素基本都保留在发酵后的剩余物中，其中一部分水溶性物质保留在沼液中，另一部分不溶解或难分解的有机、无机固形物则保留在沼渣中，在沼渣的表面还吸附了大量的可溶性有效养分。所以，沼渣含有较全面的养分元素和丰富的有机物质，具有速缓兼备的肥效特点。又因为沼渣中的纤维素、木质素可以松土，腐殖酸有利于土壤微生物的活动和土壤团粒结构的形成，所以沼渣具有良好的改良土壤的作用。

（二）沼液

沼液总固体含量小于 1%。沼液与沼渣相比，虽然养分含量不高，但其养分主要是速效性养分。这是因为发酵物长期浸泡于水中，一些可溶性养分自固相转入液相，提高了速效养分含量。

四、沼肥的利用技术

沼气发酵不仅是一个生产沼气能源的过程，也是一个造肥的过程。在这个过程中，作物生长所需的氮、磷、钾和微量元素基本上都保留下来，同时，存留了丰富的氨基酸、B 族维生素、各种水解酶、生长素、对病虫害有抑制作用的物质或因子。因此，沼肥是很好的有机肥料，具有广泛的综合利用前景。同时，由于厌氧发酵主要消耗碳水化合物，特别是淀粉、糖类等易分解的碳水化合物，基质总量变小，相对提高了不易损失的蛋白质和矿物质含量，使得沼肥可作为淡水养殖和腐食动物的营养饵料。

沼肥分为固体（沼渣）和液体（沼液）两部分，沼液大体占全部发酵物重的 1/3～2/3，全氮含量占全池总氮量的 1/3 左右，全池总氮素的 2/3 保存在沼渣中，在使用时应根据种植的需要合理施用。沼液可用于浸种，用作无土栽培的营养液，叶面喷施，与水耦合灌溉根部追施，防治作物病虫害等。沼渣可作基肥及追肥利用。

9 第九章 燃料乙醇的生产技术

燃料乙醇是未加变性剂的、可作为燃料的、一般体积浓度达 99.5%以上的无水乙醇。变性剂（denaturant）是添加到燃料乙醇中使其不能饮用，而适于作为车用点燃式内燃机燃料的无铅汽油。变性剂在燃料乙醇中的体积百分含量为 1.96%～4.79%。燃料乙醇经变性后与汽油按一定比例混合可制成车用乙醇汽油。变性燃料乙醇国家标准（GB18350-2001）规定，加入燃料乙醇的变性剂，应符合 GB17930-1999《车用无铅汽油》的要求。以生物物质为原料获得的燃料乙醇是可再生能源，其生产技术依生物物质原料种类有所不同，以糖质为原料生产乙醇的工艺流程一般包含发酵、蒸馏、脱水；以淀粉质为原料要在发酵前增加液化、糖化工艺；以木质纤维素质为原料生产乙醇，还需要对原料进行预处理，即脱木质素、纤维素水解，待纤维素分解为可发酵糖后，才能进行发酵、蒸馏和脱水。本章主要介绍以生物质原料制取燃料乙醇的技术。

第一节 乙醇的性质和发酵机制

一、乙醇的性质

（一）乙醇的理化性质

乙醇（ethanol）又称酒精，是由 C、H、O 三种元素组成的有机化合物，乙醇分子由烃基（—C_2H_5）和羟基（—OH）两部分构成，分子式为 C_2H_5OH，相对分子质量为 46.07。常温常压下，乙醇是无色透明的液体，具有特殊的芳香味和刺激味，吸湿性强，可与水以任何比例混合并产生热量。乙醇易挥发、易燃烧。含乙醇 99.5%以上的称为无水乙醇。含乙醇 95.6%、水 4.4%的乙醇是恒沸混合液，沸点为 78.15℃，其中少量的水无法用蒸馏法除去。制取无水乙醇时，通常把工业乙醇与生石灰混合后蒸馏获得。

乙醇在液态时呈多分子缔合状态，要使液体气化形成单个气体分子除了要克服液体分子间范德瓦耳斯力外，还要破坏氢键（氢键≈25kJ/mol），这也是乙醇比与其分子质量相当的烃类物质沸点高的原因。乙醇能与一些无机盐（如 $MgCl_2$、$CaCl_2$、$CuSO_4$ 等）形成结晶状的分子络合物，称为结晶乙醇，如 $CaCl_2 \cdot 4C_2H_5OH$。

乙醇能与 K、Na、Li、Ca、Mg 等活泼金属反应，生成乙醇盐和 H_2。乙醇与含氧无机酸或有机酸及其酸酐发生酯化反应，生成酯和水。乙醇在加热到 400～800℃时，发生分子内脱水，生成乙烯或乙醚，在浓硫酸、磷酸等催化下，脱水反应的温度可降低到 100～200℃。

乙醇能使细胞蛋白质凝固，尤以 75%（体积分数）的乙醇作用最为强烈，浓度过高，细胞表面的蛋白质迅速凝固形成一层薄膜，阻止乙醇向组织内部渗透，作用效果反而降低，浓度过低则不能使蛋白质凝固。因此，常用75%（体积分数）的乙醇作消毒杀菌剂。乙醇易被人体肠胃吸收，吸收后迅速分解放出热量，少量乙醇对大脑有兴奋作用，数量较大则有麻醉作用，大量乙醇对肝脏和神经系统有毒害作用。

（二）乙醇的燃料性质

乙醇在氧气中燃烧后生成CO_2和H_2O，同时放出大量热量，其单独或与汽油混合可以用于内燃机的燃料。但乙醇和汽油性质不同，主要差别有：在20℃时，无水乙醇的密度为0.7893g/cm^3，汽油为0.7～0.75g/cm^3；无水乙醇的比热容为2.72J/（g·K），汽油为2.43J/（g·K）。无水乙醇的比热容比汽油大，会使发动机压缩行程末端温度低，启动困难。

无水乙醇的沸点为78.3℃，随含水率的增加而增高，汽油由多种烃类组成，其沸点为20～210℃。无水乙醇在沸点下的汽化潜热为839.31J/g，汽油为272J/g，乙醇的汽化潜热比汽油大得多，汽化时吸热量大，会使汽油机燃用乙醇时启动困难。

无水乙醇的燃烧热值为29 676.69J/g，仅为汽油的2/3。但由于乙醇含有35%的氧，燃烧时所需的空气量比汽油少得多。

无水乙醇的辛烷值（RON）为111，抗爆性好，许用压缩比可达13～14。这是乙醇重要的燃料特性。乙醇的十六烷值很低，为8，所以作柴油机的代用燃料时难于压燃着火。

无水乙醇有很强的亲水性，在空气中会吸收水分而降低纯度。随含水率的增加，乙醇的燃烧热值、汽化性、空燃比都下降。还由于相分离作用使其与汽油发生分层，给使用带来困难。

燃料乙醇的使用有两种方法，一种是以乙醇为汽油的“含氧添加剂”（oxygenate additive），这是美国施用燃料乙醇的基本方法。这种无铅汽油含约10%的乙醇。另一种施用方法是用乙醇代替汽油，这是巴西普遍采用的方法。燃料乙醇在添加变性剂后，与无铅汽油按一定比例混配成乙醇汽油，当乙醇混配比在25%以内时，基本可以保持其原有动力性。因乙醇的辛烷值（RON）较高，可以替代四乙基铅作汽油的防爆剂，大大减少汽油燃烧时对环境的污染。更重要的是，乙醇是太阳能的一种表现形式，在自然系统中，燃料乙醇可形成无污染的闭路循环，可再生、燃烧后的产物对环境没有危害，是一种新型绿色环保型燃料，因此越来越受到重视。

二、乙醇的发酵机制

乙醇在工业上可通过生物发酵法和化学合成法两种方法制得。生物发酵法是以生物质为原料，经微生物发酵作用将其中的碳水化合物转化成乙醇。化学合成法是以石油、煤炭裂化所得到的乙烯经酸催化发生水合作用生成乙醇。目前，我国近90%的乙醇由生物发酵法生产，石油裂化合成的仅占3.5%左右。本书主要讨论生物发酵法生产乙醇技术。

生物发酵法生产乙醇的生物质原料可以分为3类：糖质原料，如甘蔗、甜高粱、甜菜等；淀粉质原料，如玉米、小麦、甘薯、木薯等；木质纤维素原料，如作物秸秆、木材、林业边脚余料等。

乙醇的发酵机制是：乙醇发酵微生物将原料中的己糖脱氢、脱羧、还原生成乙醇和CO_2。反应过程首先是$C_6H_{12}O_6$在己糖脱氢酶催化下脱氢分解生成丙酮酸（$CH_3COCOOH$），丙酮酸在丙酮酸脱羧酶的作用下脱羧，生成乙醛和CO_2，随后乙醛在乙醇脱氢酶催化下由脱氢作用产生的氢还原生成乙醇。总反应式可以表示为

$$C_6H_{12}O_6 \longrightarrow 2C_2H_5OH + 2CO_2$$

由此总反应式可以计算出每 100g 葡萄糖理论上可以产 51.14g 乙醇，每 100g 蔗糖可以产 53.81g 乙醇，每 100g 淀粉质原料可以产 56.78g 无水乙醇。实际上，由于酵母生长和各种副产物都要消耗一定的碳源，实际出酒率要比理论值低。生产上通常用原料利用率来衡量发酵过程的优劣，原料利用率可以表示为

原料利用率（%）=（实际出酒率/理论出酒率）×100%

乙醇发酵的主要产物是乙醇和 CO_2，同时也伴随产生 40 多种发酵副产物，主要是醇、醛、酸、酯四大类化合物，有些是由于酵母菌的生命活动过程产生的，如甘油、杂醇油、琥珀酸等；有些是由于细菌污染所致，如乙酸、乳酸、丁酸等。这些发酵副产物在乙醇蒸馏时可以被收集或除去。

一般的乙醇酵母不能发酵木糖和阿拉伯糖，以前曾把这两种五碳糖称为非发酵性糖。但目前人们已经开发出了能发酵木糖和阿拉伯糖的微生物，对这两种五碳糖的发酵过程可表示如下。

$$3C_5H_{10}O_5 \longrightarrow 5CH_3CH_2OH + 5CO_2$$

理论上 100g 五碳糖发酵同样可得 51.1g 乙醇。但微生物发酵五碳糖的途径比发酵葡萄糖复杂，发酵过程中所需消耗能量也较多，故五碳糖发酵中的实际乙醇得率常低于葡萄糖发酵。

三、乙醇发酵过程

目前工业上生产乙醇的菌种多为酿酒酵母，其发酵过程一般可以分为：发酵前期、主发酵期和发酵后期 3 个阶段。

（一）发酵前期

在发酵前期，糖液与酿酒酵母混合，酵母细胞经过较短的适应期后，由于糖液中溶有一定数量的溶解氧，发酵液中的各种养分比较充足，这一阶段酵母繁殖较快，糖分的消耗主要用于菌体生长。由于酵母细胞的浓度较低，发酵作用的强度不大，同时由于发酵液中溶解氧的存在，因而，CO_2 和乙醇的生成量都较少，糖分的消耗也比较小，在此阶段发酵液的表面显得比较平静。一般而言，发酵前期的长短取决于酵母菌种接种量的多少，接种量大，发酵前期的时间就较短，接种量小，发酵前期的时间就较长。一般实际生产酵母的接种量为醪液的 5%～10%较宜，间歇发酵的发酵前期的时间为 6～8h。

（二）主发酵期

酵母细胞已经在发酵前期完成了对数生长过程，发酵液中的酵母数量一般可以达到 10^8 个/ml 以上，发酵液中的溶解氧已基本被酵母生长消耗完，处于厌氧环境，从而使酵母的代谢活动主要处于厌氧乙醇发酵，而酵母生长基本停止。在主发酵阶段，糖分的消耗速率和乙醇的浓度显著提高。酵母代谢产生大量乙醇和 CO_2，同时还放出大量的热量，致使发酵液的温度快速上升，此时，应及时采用冷却措施。对于一般菌种而言，主发酵阶段的温度不宜超过 34℃。由于大量 CO_2 的产生，从表观上看，发酵液上下翻动，发酵程度较为激烈。主发酵时间的长短取决于发酵液糖浓度的高低，糖分高，主发酵期的持续时间就较长，反之则较短，对于一般的间歇发酵，主发酵期持续时间为 12h 左右。

（三）发酵后期

发酵液中的大部分糖分已被酵母利用，可发酵糖浓度降低，酵母利用葡萄糖发酵生成乙醇的速度也逐渐降低，CO_2的产生量和产热量也相应减少。从发酵液的表观上看，在发酵液表面虽仍有气泡产生，但发酵液停止上下翻动，酵母和发酵后固形物逐渐絮凝沉淀。

上述的3个发酵时段只是根据发酵特征大体上划分的，在实际的生产过程中很难将它们截然分开。但是在实际生产中，尽量缩短发酵前期的时间，这对于提高生产效率将有很大的意义。

四、乙醇发酵副产物

酵母菌乙醇发酵的主要产物是乙醇和二氧化碳，同时也伴随生成40多种发酵副产物，按照化学性质分，主要是醇、醛、酸和酯四大类化学物质。在这些物质中，有些是由糖分转化而来，有些则是由发酵液中的其他物质转化而来。乙醇发酵的目的是将更多的糖分转变成乙醇，其他副产物越少越好。因此，必须了解由糖分转变为副产物的机制，从而来控制其生成。

（一）甘油和琥珀酸的生成

正常的乙醇发酵，总要产生或多或少的甘油，一般发酵成熟醪液中甘油含量为0.3%～0.5%（*m/m*）。发酵之初，酵母细胞内没有足够的乙醛作为受氢体，致使还原辅酶Ⅰ（NADH）浓度升高，磷酸二羟丙酮被α-磷酸甘油脱氢酶用于还原反应，生成α-磷酸甘油。NADH被氧化成辅酶Ⅰ（NAD^+）。α-磷酸甘油则在磷酸酶的作用下水解，生成甘油。在发酵醪中加入$NaHSO_3$或者使发酵醪处于碱性条件下，则酵母的发酵以甘油生成为主。为了避免甘油过多的产生，影响乙醇得率，必须保证乙醇正常发酵的酸性条件。

（二）杂醇油的生成

杂醇油是以蔗糖（糖蜜）和淀粉糖为原料发酵生产乙醇的主要副产物之一，主要有异戊醇、异丁醇、正丙醇、癸酸乙酯等十多种高沸点化合物的混合物，颜色呈黄色或棕色，具有独特的气味，它们溶于高浓度乙醇而不溶于低浓度乙醇及水。杂醇油的产生主要是由于原料中蛋白质水解产生了氨基酸，氨基酸的氨基被酵母用作氮源，余下的部分脱羧后而生成的，因此其生成量与原料中的蛋白质含量关系密切。正常情况下，醪液中杂醇油的产生量为醪液量的0.3%～0.7%。

（三）有机酸的生成

在酵母菌乙醇发酵过程生成的有机酸包括乳酸、乙酸和丁酸等，主要是由于发酵过程乳酸菌、乙酸杆菌和丁酸菌污染发酵醪液后产生的。杂菌污染不仅消耗了碳源，降低原料的乙醇得率，还增加了乙醇提纯的难度。因此，控制杂菌污染是乙醇发酵的重要环节。

第二节　糖质原料制取乙醇工艺

一、糖质原料预处理

糖质原料主要有：甘蔗、甜菜、甜高粱及制糖工业产生的糖蜜等。由于甘蔗、甜菜、甜高粱等作物的糖分存在于茎秆或块茎组织中，发酵前要经过一定的预处理工序将其提取出来。而糖蜜中糖的浓度较高，焦糖、氨基糖、灰分及胶体物质含量较多，也需要经稀释等处理才能进行发酵。

（一）甘蔗、甜高粱的预处理

甘蔗（*Saccharum officenarum* L.）属于禾本科甘蔗属，其生物产量很高，一般可达 75～100t/hm^2。用于制糖或制乙醇的甘蔗，糖分含量高，纤维较为发达，利于压榨。目前，巴西利用甘蔗生产车用燃料乙醇最为成功。甜高粱（*Sorghum bicolor* L. Moench）是粒用高粱的一个变种，每公顷可产 55～75t 富含糖分（15～20°Bx）的茎秆，因此是制取乙醇的理想原料。

甘蔗和甜高粱中的糖分均存在于茎秆之中，工业生产通常采用压榨法榨取富含糖分的汁液，再用来制糖或乙醇。图 9-1 是甘蔗和甜高粱发酵前预处理工艺流程。如图 9-1 所示，去除叶子后的甘蔗或甜高粱茎秆经喷水洗涤去除泥砂，用切蔗机切断，再经撕裂机撕裂，用多级轴辊式压榨机榨汁，得到粗蔗汁。初榨后，用热水喷淋蔗渣进行二次、三次压榨，提高糖分提取率。喷淋用水量一般为甘蔗或甜高粱质量的 25%～30%，糖的提取率可达 85%～90%。再进行调酸、澄清处理，去除其中的杂质。澄清汁液灭菌、添加营养盐后即可进行乙醇发酵。以上预处理工艺适用液态发酵方式。

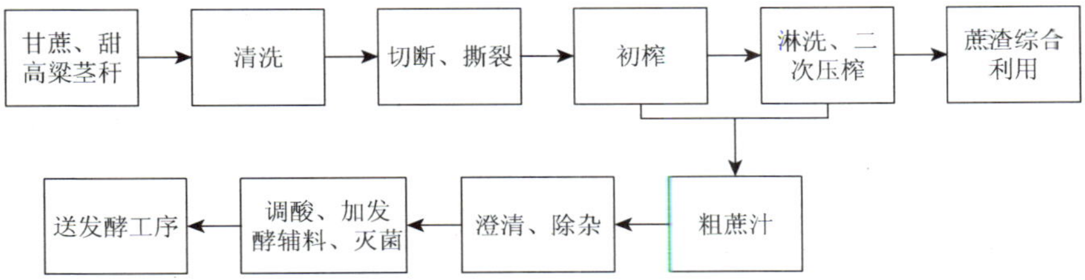

图 9-1　甘蔗和甜高粱发酵前预处理工艺流程

由于固态发酵是酿酒微生物直接将茎秆中的糖分转化成乙醇，具有无污水排放、发酵生产周期短、工艺设备较简单、投资少等优点。近年来，国内外对以甘蔗、甜高粱茎秆为原料的固态发酵技术给予了高度重视。采用固态发酵技术的原料预处理工艺与以上工艺的不同之处是：用茎秆“破碎”和“揉搓”代替“压榨”、“淋洗”、“澄清”工序，充分破碎的甘蔗渣或茎秆渣经灭菌（化学或热力灭菌）、调 pH、添加营养盐后，即可进入发酵流程。茎秆破碎的程度以越碎越好，但要考虑破碎、揉搓工序的功耗。一般认为茎秆破碎的粒度为 3～8mm 较为适宜。

（二）甜菜的预处理

甜菜（*Beta vulgaris* L.）古称忝菜，属藜科甜菜属。用作制糖或乙醇生产的为糖用甜菜，俗称糖萝卜，块根的含糖一般达 15%～20%。甜菜生产乙醇的工艺有两种：一种是先将甜菜制成甜菜汁，再采用液态发酵生产乙醇；另一种是将甜菜制成半固态的浓醪液，再采用固态发酵生产乙醇。两种方法的预处理工艺也有所不同。

1. 用于液态发酵的甜菜预处理

甜菜含有较多胶质，不能像甘蔗、甜高粱一样用压榨方法提取汁液。工业生产上是将甜菜破碎、切丝后使用热水浸提法溶出其组织内的糖分，得到的糖汁中含有大量果胶类物质，需要采用加絮凝剂、调节 pH 等方法进行澄清除杂，甜菜中含氮量较大，无需添加氮源，但含磷不足，通常用过磷酸钙或磷酸补充。甜菜汁灭菌通常结合热水浸提工序进行，也有采用化学药剂法灭菌的。灭菌后温度降低到 35～40℃时即可接入乙醇发酵菌种进入液态发酵。图 9-2 是甜菜制取乙醇预处理工艺流程。

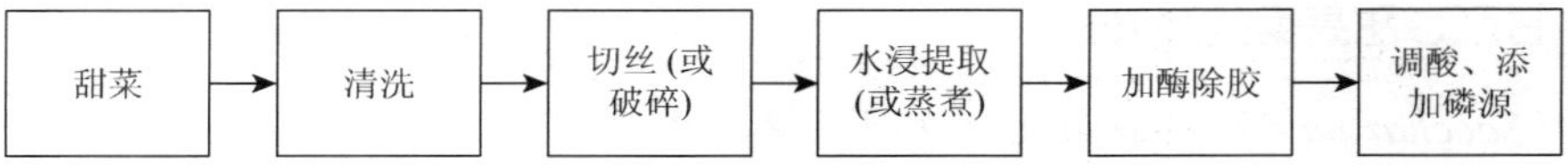

图 9-2　甜菜制取乙醇预处理工艺流程

2. 用于半固态发酵的甜菜预处理

用于半固态发酵的甜菜预处理是将甜菜清洗切碎后进行蒸煮糖化，制成甜菜浓醪液，再经除胶、调酸、添加营养盐后进入发酵工序。蒸煮工艺通常用蒸汽加热至 90～95℃保持半小时后，升压至 9.8×10^4Pa 保持 1h。入糖化锅后加入一定剂量的果胶酶，水解部分果胶物质，降低醪液的黏度，可避免发酵时结盖。尽管这样，主发酵期产生的泡沫还是较多，因此发酵时发酵罐装满系数应不大于 0.7，必要时要加消泡剂，防止溢罐。

（三）糖蜜的预处理

糖蜜是制糖工业产生的副产品，含有丰富的可发酵糖，依制糖原料不同可以分为甘蔗糖蜜、甜菜糖蜜和炼糖糖蜜 3 种。甘蔗糖蜜是以甘蔗为原料在制糖过程中产生的副产品，主要出产于我国广东、广西、云南、福建、台湾、四川、江西等，其产率为甘蔗的 2.5%～3.0%。甜菜糖蜜是以甜菜为原料在制糖过程中产生的副产品，主要产于我国黑龙江、吉林、辽宁、甘肃、宁夏、山东、山西、内蒙古等甜菜糖区，其产率为甜菜量的 3%～4%。炼糖糖蜜是粗糖精炼加工过程中产生的副产品，其产率为粗糖量的 2%～3%。

糖蜜的组成随制糖原料的品种、产区的土壤和气候、栽培方法、使用的肥料和农药不同而有所差异，也随糖的生产季节和加工工艺等不同而不同。糖蜜的主要组成成分如表 9-1 所示。

表 9-1　糖蜜的主要组成成分

组分	甘蔗糖蜜	甜菜糖蜜	炼糖糖蜜
水分/%	18.00	20.04	23.06
总糖分/%	54.80	49.40	63.48
蔗糖/%	35.80	49.24	28.64
还原糖/%	19.00	0.16	34.84
灰分/%	11.10	10.00	3.26
粗蛋白质/%	0.54～0.65	2.16～6.25	0.84

糖蜜预处理工艺流程如图 9-3 所示。糖蜜预处理工艺包括稀释、酸化、添加营养盐、灭菌和澄清。目的是降低糖的浓度和无机盐（灰分）的浓度，并添加部分缺乏的营养成分使其适合于酵母生长、繁殖和发酵。

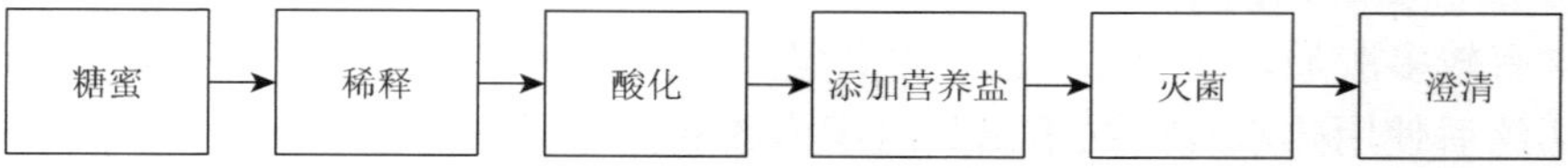

图 9-3　糖蜜预处理工艺流程

1. 稀释

生产中采用间歇稀释法、连续稀释法稀释糖蜜。间歇稀释法是在稀释罐内分批进行；连续稀释法是将经过计量的糖蜜和水不断加入连续稀释器，稀糖液不断排出。实际生产中，多采用连续稀释法，根据使用的稀释器种类不同，可使稀释、酸化、添加营养盐及灭菌同时完成。图 9-4 是 3 种类型糖蜜连续稀释器工作原理。

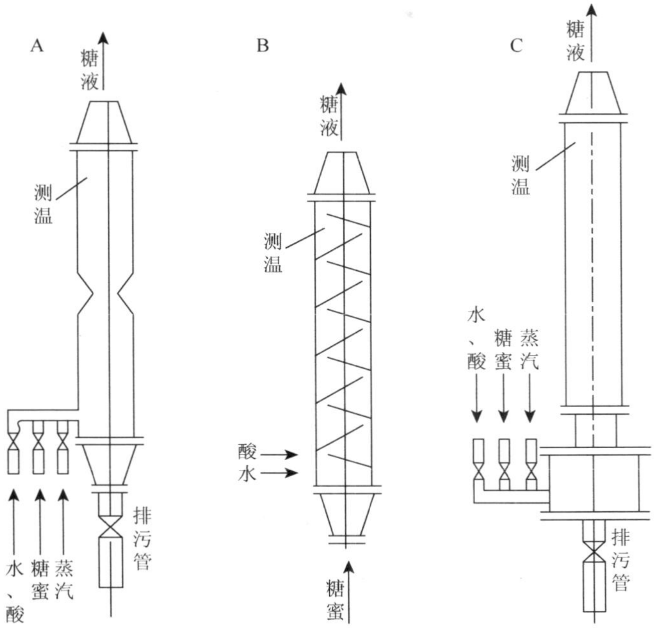

图 9-4 3 种类型糖蜜连续稀释器工作原理

A. 胀缩式；B. 错板式；C. 异管式

在糖蜜乙醇的早期生产中，多采用双浓度流程，即配制两种浓度的稀糖液，较稀的糖液（12%～14%）用于酒母的培养，称为酒母稀糖液，较浓的则用于乙醇发酵，称为基本稀糖液（33%～35%）。随着菌种性能的改良和生成工艺的进步，酒母培养和发酵采用同一浓度的稀糖液也可以达到良好的发酵指标，因而简化成目前普遍采用的单浓度流程，一般单浓度流程的稀释糖液浓度为 22%～25%。糖蜜用量和稀释水用量分别用式（9-1）、式（9-2）计算。

$$M=\frac{V\cdot d\cdot C_1}{C_0} \tag{9-1}$$

式中，M 为稀释前糖蜜用量，kg/h；V 为稀释后稀糖液的体积，m^3/h；C_0 为稀释前糖蜜浓度，°Bx；C_1 为稀释后糖液浓度，°Bx；d 为稀释后糖液密度，kg/m^3。

$$G=\frac{M\cdot(C_0-C_1)}{C_1} \tag{9-2}$$

式中，G 为稀释水用量，kg/h；M 为稀释前糖蜜用量，kg/h。

2. 酸化

糖蜜酸化的主要目的是抑制杂菌繁殖，取得适合 pH 的糖液。调节 pH 还可以使 Ca^{2+}等金属离子和胶体物质沉淀，有利于去除糖液中对发酵有害的部分灰分和胶体物质。酸化常用的酸是硫酸、盐酸。使用盐酸具有设备无结垢等优点，但其用量较大，费用较高。

加酸的方式随着糖质原料乙醇生产技术的发展有了很大的变化，在最初间歇发酵时，酸是直接加到稀糖液中的，而在连续发酵的工艺中，酸加入到稀释至40%～60%浓度的稀糖液中，随后再将此稀糖液进一步稀释到所需的浓度。近年来，还出现将酸直接加到原浓缩糖汁中，糖液可以一次稀释到所需浓度，同时增强了酸化抑菌的效果，在一定程度上降低了生产成本。

单浓度流程，加酸量应该保证稀糖液 pH 在 4.0～4.5（相应的酸度为 5°～6°）；双浓度流程，基本稀糖液一般不加酸，酒母稀糖液的浓度为 14～18°Bx，pH 要求为 3.8～4.4（相当于酸度 6°～7°）。酸化时用酸量 G_{H^+} 的计算公式为

$$G_{H^+}=\frac{V_d \cdot K \cdot 0.0049 \cdot L}{10} \tag{9-3}$$

式中，G_{H^+} 为酸化时用酸量，g；V_d 为稀糖液的体积，ml；K 为稀糖液的酸度，°；L 为纯硫酸换算到已知硫酸浓度的换算系数；0.0049 为 1ml 0.5mol/L 的硫酸中纯硫酸的质量为 0.0049g；10 为测定酸度时稀糖液体积为 10ml。

甜菜糖液酸化的时候，由于其呈碱性，中和其中的碱需要消耗一部分酸。中和所需酸的用量计算公式为

$$G_{H^+}=\frac{V_c \cdot A \cdot 0.0049 \cdot L}{10} \tag{9-4}$$

式中，V_c 为浓糖汁的体积，ml；A 为浓糖汁的碱度，°。

3. 添加营养盐

糖蜜原有成分通常不能满足酵母正常生长繁殖和发酵，需要有针对性地添加缺少的营养物质，根据糖蜜原料的化学组分，必须在糖液中添加酵母所必需的营养。不同品种，不同产地和年份的糖蜜成分有较大差异，要根据分析结果确定添加营养盐种类、数量。甘蔗糖蜜缺乏氮源；甜菜糖蜜缺磷。生产中用硫酸铵、尿素补充氮，用过磷酸钙、磷酸补充磷。

此外，镁盐在葡萄糖转化为乙醇的生化反应中具有激活相应酶的作用，镁盐不仅能促进酵母的生长、繁殖，还能促进乙醇发酵。因此通常还要添加一定量的硫酸镁，其用量一般为稀糖蜜液的 0.04%～0.05%。

4. 灭菌

糖蜜在生产、输送、储存过程中常污染有大量杂菌，这些杂菌主要是野生酵母、白念球菌及乳酸菌等产酸菌，为保证稀糖液的正常发酵，除了添加硫酸或磷酸提高糖液酸度、抑制杂菌生长繁殖外，还必须对糖蜜进行灭菌。常用的灭菌方法有化学法和物理法。化学灭菌是采用化学药剂杀灭或抑制杂菌的方法。生产中糖蜜灭菌常用的化学药剂及用量见表 9-2。

表 9-2　生产中糖蜜灭菌常用的化学药剂及用量

名称	用量	备注
漂白粉	每吨糖蜜用 200～500g	有效氯 30%
甲醛	每吨糖蜜用 600ml	浓度 40%
氟化钠	为稀糖液的 0.01%	毒性较大
五氯苯酚钠	为糖蜜量的 0.002%～0.004%	残留多对环境有害
灭菌灵	为糖蜜量的十万分之二	对环境无毒无害

糖蜜物理灭菌法是将糖液加热至 80～90℃，保持 40～60min 的灭菌方法。该方法除了灭菌外，还可使糖蜜中的胶体絮凝，使糖液得到澄清。加热灭菌可以在专门的灭菌罐内进行，也可以在酸化槽内加装加热蛇管，使加热和酸化工序在一个设备内完成。加热灭菌要消耗大量蒸汽，又要增加设备，生产中一般不采用，只有糖蜜被严重污染时，才采用此法进行灭菌。

5. 澄清

糖液中通常含有较多的胶体物质、色素、灰分和其他的悬浮物质，它们的存在对于酵母的正常生长、繁殖和代谢有一定的害处，应尽量给予去除。糖液澄清的方法主要有机械澄清法、加酸澄清法和加絮凝剂澄清法。

（1）机械澄清法：最常用的是压滤法和离心法，是将糖液稀释加硫酸调节到 pH 为 3.7 时酸化 12h，然后用离心机械或者压滤机械将沉淀分离。机械澄清方法虽能耗和劳动力消耗量大，但效果较好，国内多采用此法。

（2）加酸澄清法：加酸澄清法分为冷酸通风澄清法和热酸通风澄清法。

冷酸通风澄清法：又称加酸通风沉淀法，是将糖液加水稀释至 50°Bx 左右，加入 0.2%～0.3%浓硫酸，同时加入 0.01%的 $KMnO_4$，通入压缩空气 1h，静止澄清 8h，取出上清液作为制备糖液用。通风一方面可赶走 SO_2 或 NO_2 等有害气体，以及挥发性酸和其他挥发物质；另一方面可增加糖液中的含氧量，提高糖液的溶氧系数，以利发酵初期的酵母增殖。

热酸通风澄清法：在较高的温度和酸度下，对糖蜜中有害微生物的灭菌作用和胶体物质、灰分杂质的澄清沉降作用均较强。采用热酸处理法，通常把酸化灭菌和澄清同时进行，工艺上在原糖蜜稀释时，采用阶段稀释法。第一阶段先用 60℃温水将糖蜜稀释至 55～58°Bx，同时添加浓硫酸调整酸度，pH3.0～3.8，进行酸化，然后静止 5～6h。第二阶段则将已经酸化的糖液再稀释到酵母培养液所需的浓度（12%～14%），而供发酵醪用的糖蜜经连续稀释器一次加水稀释至所需要的浓度，然后流入主发酵罐内。

两者比较，冷酸通风澄清法具有设备投入少，腐蚀程度低，不需冷却设备，生产周期短等优点。因此，大规模生产采用冷酸通风澄清法较为适宜。

（3）加絮凝剂澄清法：是利用絮凝剂活性基团产生的吸附和架桥作用，对带正电荷的 Ca^{2+}、Mg^{2+}和胶体微粒产生吸附、碰撞作用而凝聚成团，经静置沉淀而得以除去。国内常用的絮凝剂有聚丙烯酰胺（PAM）等。工艺过程为：先将糖液加水稀释到 40～50°Bx，加一定量硫酸调 pH 至 3.0～3.8，加热到 100℃，添加 8ppm 的 PAM，搅拌均匀，静置 1h，即可取清液制备稀糖液用。

糖液澄清处理应该注意的问题如下。

（1）糖液浓度低、黏度低，有利于不溶性无机盐的生成析出，有利于清液的分离，但无机盐在糖液中或水中的溶解度是有一定限度的，碱土金属（Ca、Mg）盐类的溶解度和糖浓度成反比，糖浓度越稀，其溶解度就越大，可以析出的沉淀物越少。此外，糖液越稀，酸化及加热容器越大，蒸汽耗用量也就增加。

（2）糖液经澄清处理后，可进行高浓度发酵，发酵率和产品的质量较不澄清的高，但发酵速率比未澄清的糖液及澄清后的残渣都低。

（3）胶体去除过多，会使酵母细胞失去保护，削弱了酵母对高浓度乙醇的抵抗。正是因为如此，糖液在澄清处理时糖浓度不宜低于 40°Bx；不要单纯从量的方面追求最大限度的去除非糖物质，而应从质的方面研究除去糖液中有碍乙醇发酵工艺的成分，保留对酵母生长繁殖和代谢有利的物质，以达到既提高乙醇发酵率和产品质量，又保持理想的发酵速率的目的。

二、糖质原料乙醇发酵技术

糖质原料乙醇的发酵方式很多，按发酵的连续程度可分为：间歇式发酵、半连续式发酵与连续式发酵三大类；按发酵醪状态可分为固态发酵、半固态发酵和液态发酵。目前，生产中大多采用液态连续发酵法，其生产技术比较成熟，自动化程度和生产效率较高。也有一些产量较少的工厂采用间歇式发酵法。

（一）间歇式发酵

间歇式发酵也称单罐发酵，发酵过程在一个发酵罐内完成。其主要过程是把制备好的糖化醪加到发酵罐中接入菌种进行发酵，发酵结束后排出成熟发酵醪送蒸馏工段。排空的发酵罐经清洗、消毒后重复下一个发酵过程。根据工艺和设备不同，间歇发酵法又可分为开放式、密闭式、分割式、分段添加和连续流加等发酵方法。

1. 开放式间歇发酵法

此法的特点是糖化醪在敞开的发酵槽内进行发酵，操作是间歇进行的，发酵槽一般用水泥制成，也可用钢板制成，发酵槽内装有冷却管和蒸汽加热管，使用时先用石灰乳、热水充分洗涤及消毒。培养酒母稀糖蜜浓度为 12%～15%，pH4.0～5.0，接入 10%的种子，25～30℃培养，至糖浓度为 6%～8%时即成熟酒母。浓度为 20%的稀糖液送入发酵槽，同时接入 20%的酒母，接种温度随季节而改变，夏季 27℃，冬季为 32℃，酒母添加后不久就进行前发酵，再经约 10h 进入主发酵，温度逐渐上升，这时要注意降温，发酵时间需 30～40h，成熟醪含乙醇 6%～7%（*V*/*V*）。

开放式间歇发酵法的优点是设备简单，容易上马，操作简便。缺点是直接与空气接触不利于嫌气性发酵，容易感染杂菌，同时也容易导致乙醇挥发损失及 CO_2 无法回收，设备利用率低。

2. 密闭式间歇发酵法

此法的特点是在密闭的容器内进行，嫌气性发酵条件较好，能防止杂菌感染，发酵率稳定，可以回收 CO_2，乙醇损失较少。其操作过程是，酒母罐预先以 100℃空消 1h，送入 12%～15%的稀糖液后，再加热到 100℃，灭菌 30min，实消后加入浓硫酸调节 pH4.5～5.0，冷却到 30℃时接入种母，培养至浓度降至 6%～8%时即成熟酒母。将已杀菌的浓度为 20%的稀糖液送入密闭式发酵槽，冷却至 80℃时接入 10%的酒母，30～35℃保温发酵，发酵时间一般为 30～40h，成熟醪含乙醇 6.5%～7.0%（*V*/*V*），发酵率为 86%～87%。

3. 分割式发酵法

此法是利用发酵正常的主发酵醪，把它抽出一部分（1/3 或 1/2）送入第二发酵罐，作为第二发酵罐的酒母，两个发酵罐各用稀糖液添加满，第一个罐发酵完毕送去蒸馏，而第二个发酵罐在进入主发酵期时，再分割出 1/3 或 1/2 的发酵醪送入第三个发酵罐，作为第三个发酵罐的酒母，并分别添加满稀糖液，如此依次进行下去。

此法的优点是节省酒母的制备工序，用前一个发酵罐分割出来的主发酵醪作为酒母，接种量较大，可以缩短发酵时间，提高生产效率。缺点是容易感染杂菌。为了减少杂菌感染的机会，每天更换新种两次，或在重复分割时，将发酵醪酸度调整为 pH4.0，或添加适量的氟化钠或五氯代苯酚钠等化学防腐剂。稀糖液浓度以全糖分为标准，冬季为 12%～13%，夏季为 11%～12%，酒母稀糖液的浓度一般比发酵所用的低 2%～3%，发酵时间只需要 30～36h，成熟醪含乙醇量为 6.0%～7.0%（*V*/*V*）[夏季 6.0%～6.5%（*V*/*V*），冬季 6.5%～7.0%（*V*/*V*）]。

4. 分段添加发酵法

分段添加发酵法是在发酵罐中加入 10%～20%的成熟酒母，并且分 3 次或更多次加入基本稀糖液。第一、第二次添加发酵罐容积 20%的糖液，第三次加入发酵罐容积 40%～50%的糖液。为了使酵母很好地增殖，在第一次及第二次添加时，通空气 1h，而第三次添加时则通气 15～20min，如果没有通风设备，添加速度应尽量慢。当糖度降到 5.5%～6.0%时，才开始添加基本稀糖液，稀糖液混入后的浓度应在 7.5%左右，最后一次添加的稀糖液浓度应该保证成熟醪的乙醇含量为 8.5%～9.0%（*V*/*V*），发酵温度宜控制在 30～35℃，发酵时间为 36～45h。

分段添加发酵法的特点是将酵母培养阶段和发酵阶段明显地区分开来，根据两者不同的目的要求，采取不同的技术条件，在发酵过程中尽可能维持醪液中的糖分一致，使酵母在较稳定的情况下发酵，由于采用分段添加糖液，保持了醪液中较低的糖分和较高的乙醇分。

5. 连续流加发酵法

连续流加发酵法是先将占发酵醪总容量约 30%的成熟酒母醪一次放入发酵罐中，然后加入相同数量的浓度为 14%的稀糖液，通入空气，使其与酒母混匀，促使酒母很快增殖，约经过 2h，发酵度降低 7.0%～7.5%，这时就连续地加入浓度为 32%～35%的基本稀糖液，连续流加基本糖液的速度，主要是维持加入过程中发酵醪的浓度在 10%左右。采用连续流加发酵法，发酵最高温度需控制在 33～34℃，发酵总时间只有 15～20h，发酵醪的乙醇含量可达 9.0%（*V*/*V*）以上。

连续流加发酵法的特点是把成熟的酒母一次加入发酵罐中，然后连续流加基本糖液，连续流加基本糖液的速度应控制，使发酵糖液的浓度大致相同，这样可使发酵时间大大缩短，发酵醪中乙醇含量增高。

（二）半连续式发酵

半连续式发酵是主发酵阶段采用连续发酵，后发酵阶段采用间歇发酵的方法。按照发酵醪液的流加方式不同，半连续式发酵法分为下述两种方法。

1. 串联罐发酵法

将发酵罐连接起来，使前几只发酵罐始终保持连续发酵的主发酵状态，从第三只或第四只罐流出来的发酵醪液顺次加满其他发酵罐，完成后发酵，此法由于前几只发酵罐处于连续发酵的主发酵状态，因而可以节省去大量酵母菌种，并可以缩短时间。要注意及时消毒灭菌，以免杂菌污染。

2. 串联溢流发酵法

将若干个发酵罐组成一个罐组，每只罐之间用溢流管相连接。生产时，先制备发酵罐体积 1/3 的酵母，加入第一只发酵罐，并保持主发酵状态的前提下，流加发酵醪液。满罐后，通过溢流管流入第二罐，当充满到 1/3 体积时，向第二只发酵罐加入醪液，第二只罐加满后，溢流入第三只罐，依次直至加满最后一个罐。发酵成熟后，从首罐到尾罐逐个将成熟醪液送去蒸馏。该方法也可以节省大量的酵母菌种，当然每次新发酵周期开始要制备新的酵母。

（三）连续式发酵

间歇式发酵是始终在一个容器内进行，酵母始终处在一个变动的环境中，即酵母的繁殖与生命活动是在糖分不断下降，乙醇含量逐步增加的变化过程中进行的。连续式发酵则不然，发酵的每一个阶段是在不同的容器中进行的，对每个容器来讲，醪液的浓度、乙醇的含量、

pH、温度等因素是相对恒定的。酵母在这样相对稳定的环境中，其发酵能力加强，发酵率也相应提高。整个生产过程实现连续化，方便操作和管理，大大减轻了劳动强度，为实现仪表自动控制提供了有利条件。最大限度地较少了设备的非生产时间，提高了发酵设备利用率。我国南方利用甘蔗糖蜜与北方利用甜菜糖蜜生产乙醇的工厂，大都采用连续发酵法。糖蜜乙醇连续发酵的方法较多，现归纳如下。

1. 多级连续发酵法

多级连续发酵法又称自流式连续流动发酵法，是在一组几个串联发酵罐中进行的，罐的数量及位置可以不同。通常采用 9～10 个罐串联起来，它们的位置可以在高度相同的一个平面上或者高度不同的两个平面上，呈梯级式。酒母和基本稀糖液，以一定的速度连续地流入前两个发酵罐，发酵时醪液从 1#发酵罐上部沿连通管流入 2#发酵罐底部，再经 2#发酵罐上部流入 3#发酵罐底部，这样顺序连续流动，经过一组串联的发酵设备所连接的空间，酵母完成增殖和发酵作用的全过程，成熟醪从最后的发酵罐中连续排出，送去蒸馏。

多级连续发酵法可分为单浓度连续发酵法和双浓度连续发酵法两种。单浓度连续发酵法是酒母培养与连续发酵醪的糖液均采用同一种浓度（22%～25%）；双浓度连续发酵法酒母的培养液采用低浓度糖液，浓度为 12%～15%；连续发酵法添加基本稀糖液采用高浓度糖液，浓度为 32%～35%。

多级连续发酵法的特点是：把前两个发酵罐作为主体罐，在酒母与基本稀糖液连续流加的条件下，酵母处在对数生长期，保持旺盛的生命活动能力，发酵一开始便达到主发酵期，发酵时间可以大大缩短。在间歇分批发酵过程中，酵母的萌发期较长，然而在连续发酵过程中，酵母萌发期的时间取决于主罐中醪液交换的速度和第一次加入酵母的数量。如果交换速度过大，在营养物质丰富的情况下，虽然酵母的生长速度加大，但不利于酵母的积累，往往酵母来不及繁殖就有可能被流掉，酵母积累便在后面几个罐内进行，并且速度缓慢。为了消除这一现象，主罐的发酵醪交换速度应比其他发酵罐的低一些，为此可加大主发酵罐的容量，或者利用一组罐的前两罐作主罐，这种方法使酵母的积累在第一罐内结束，而使第二、第三发酵罐酵母细胞含量变化不大，使连续发酵稳定在一定的酵母数量。酵母在主罐中积累过程也取决于它的初始含量，在连续发酵过程中控制主发酵罐的酵母数量甚为重要，需要掌握好发酵醪的流加速度，使其交换速度与酵母的生长速度达到相对平衡。另外，糖蜜连续发酵一些重要的因子，如糖浓度、pH、温度、酵母数量和乙醇浓度在各个发酵罐内虽不相同，但能控制保持相对稳定性，因而可以避免代谢产物的反馈抑制作用，使酵母连续发酵作用得到充分发挥，发酵率可以相应提高。多级连续发酵节约了非生产时间，设备利用率提高。多级连续发酵的缺点是：经常会因杂菌感染使连续发酵不可能长期维持下去，必须定期更换酵母种子，一般每隔几天，必要时甚至每隔 2～3 天各发酵罐需要交替排空灭菌，再重新接入酵母种子进行发酵。

灭菌方法是先用泵将 1#发酵罐中的发酵液抽入 2#发酵罐，1#发酵罐于 100℃灭菌 1h 后，再用泵将 2#发酵罐中发酵液抽入 3#发酵罐，按顺序下去，直至各发酵罐灭菌完毕为止，在灭菌换种过程中仍不停止流加基本稀糖液。目前我国四川内江糖厂、广东阳江糖厂等乙醇车间发酵过程采用高酸灭菌和抑制杂菌繁殖，不通空气进行酒母培养，不停生产抽醪洗罐，以及在抽醪洗罐时，提高培养糖液酸度，洗涤酒母罐等措施，实现糖蜜乙醇连续发酵长期不换酒母种，通常 6 个月才换一次新种，这样不仅减轻酒母培养管理工作难度，节约水、电、汽，更重要的是酵母适应能力强，发酵率稳定，如果经常更换新种，还需要一段适应过程，直接影响发酵率及生产任务的完成。

2. 循环（往复）多级连续发酵法

循环（往复）多级连续发酵使用的发酵设备与多级连续发酵法相同，由 9～10 个发酵罐为一组串联起来，但管道布置与换种操作有所不同。两者的共同点是：酒母与基本稀糖液的流加都是由 1#、2#罐开始，依次经过所有的发酵罐完成连续发酵的全过程，成熟醪从最终发酵罐排出，送去蒸馏。不同点是：最终发酵罐成熟醪送去蒸馏后，立即对此罐清洗灭菌，接入酵母新种，连续流加基本糖液，其他各发酵罐依次灭菌接入发酵醪，以相反的方向连续流动进行连续发酵，这样尾罐变为首罐，实现了循环连续发酵法。该法的优点是不需用泵转换，可简化操作，节省电力消耗。

3. 通气搅拌多级连续发酵法

为了使糖蜜乙醇连续发酵在均匀相（或均质）情况下进行，同时保证有足够或较多的酵母数量。我国一些糖蜜乙醇厂，在一组发酵罐串联起来的发酵系统中，第一个罐采用通气搅拌或间歇通气搅拌措施，保持足够和较多量酵母的情况下，通过连续流加基本稀糖液，使酵母迅速处于对数生长阶段，保持其旺盛的生命力，提高了酵母的比生长速度，是获得高发酵率的关键。在随后的各级发酵罐中，随着糖液浓度降低，酵母比生长速度也逐渐缓慢降低。所以，设计糖蜜乙醇连续发酵方案时，宜采用双流和多流系统，即糖液同时流入前 2～3 个发酵罐，以便保持酵母一定的比生长速度。间歇通气搅拌对稳定和保证较高的比生长速度更为有利。

4. 回收酵母多级连续发酵法

回收酵母多级连续发酵是在 4 个为一组串联的发酵罐中进行，连续发酵用糖液浓度为 30%～34%，来自活化罐的成熟酒母及发酵浓糖液送入第一个发酵罐的底部，发酵醪向上升起，沿导管流入第二发酵罐的底部，依次流入第三个发酵罐。这样的输送方向保证了酵母在整个发酵期间都处于悬浮状态。由于发酵作用产生代谢产物乙醇和二氧化碳，醪液密度沿罐高度而逐渐降低，这样能防止发酵醪把刚送来的糖液带走。第三与第四两个发酵罐之间上部用导管相连，发酵醪由第四发酵罐的下部放出，使酵母沉降，便于回收再用。发酵醪的流动速度需调节到保证第一罐发酵度 14%，第二罐发酵度 10%，第三罐发酵度 6.5%，第四罐发酵度 6.1%，成熟醪乙醇浓度约为 8.8%（V/V）。

从发酵醪分离回收的酵母浆约为发酵醪容积的 15%，此酵母浆送至酒母罐，添加浓度 11%～12%稀糖液并添加硫酸，使酸度达 1.0°～1.3°，再加过磷酸钙，而不加氮源养料，当浓度降低至 4.5%～5.0%时，即将酒母醪送至发酵罐，在发酵过程所释出的二氧化碳通过捕集器收集，而洗水用来稀释糖蜜，发酵醪用泵送入沉降槽，通过高速离心分离器将醪液和酵母分离，醪液送去蒸馏，酵母重回至活化罐中，如此可以反复使用 15 次左右。由于回收的大量酵母经活化后，用于新糖液的发酵，发酵一开始便有足够多量的酵母，发酵特别旺盛，代谢产物乙醇立即大量积聚。最终乙醇产率可增加 2%左右，连续发酵时间可缩短 8～10h。此法的优点是：发酵周期短、产率高、设备利用率高。

三、酵母培养工艺技术

酵母培养可分为两个阶段，即酵母纯粹扩大培养阶段和酒母扩大培养阶段。

（一）酵母纯粹扩大培养工艺

1. 原菌种斜面培养

培养基斜面用米曲汁琼脂或麦芽汁琼脂，接种后在 25～30℃培养 3～5 天。长好后放入冰箱 4℃保存备用。为防止酵母衰老，固体斜面应两个月传代一次。

2. 液体试管培养

培养基用 10°Bx 麦芽汁或米曲汁，灭菌后，冷却至 25～30℃，在无菌条件下挑取一环菌体接入液体试管，摇匀后置 25～30℃培养 20h。

3. 三角瓶培养

培养基用 1/3 麦芽汁或米曲汁与 2/3 糖蜜稀释且添加营养盐的稀糖液，稀糖液浓度为 14～15°Bx，酸度为 5°～6°，糖分为 6.5%～7.0%，塞好棉塞后用 1.5×10^5Pa 蒸汽灭菌 15min，冷却至 25～30℃，无菌操作接种，摇匀后置 25～30℃培养 12～14h 便可移入卡氏罐。

三角瓶培养阶段采用两种混合培养基，一方面为了保证在纯培养阶段使酵母有较好的条件生长繁殖，得到健壮饱满的种子，另一方面使菌种能够逐步适应大量生产的条件。

4. 卡氏罐培养

培养基全部用添加营养盐的稀糖液，稀糖液浓度为 14～15°Bx，酸度为 5°～6°，糖分为 6.5%～7.0%，用 1.5×10^5Pa 蒸汽灭菌 15min，冷却至 25～30℃，无菌操作接种，摇匀后置于卡氏罐于 25～30℃培养 12～14h 后，即可接入第一纯粹培养器，培养 10～12h，当糖度降到原来的 1/2 时，即可接入第二纯粹培养器，同样培养 10～12h，即可用作酒母罐的种子。卡氏罐酵母种子醪成熟指标是：耗糖 50%左右，酸度基本上不升高，酵母细胞数为 1.5×10^8～2.0×10^8 个/ml，出芽率 20%，即培养成熟。

从固体试管到卡氏罐的扩大培养是在实验室进行的，而第一和第二纯粹培养罐则是在生产酒母车间中进行的。全部培养过程的培养温度都为 25～30℃，每个工序的扩大比例是 1∶10。如果液体试管装液量是 10ml，三角瓶装液则为 100ml，则用 3 只三角瓶接到卡氏培养罐，最后可以获得 300L 的种子酵母。

（二）酒母扩大培养工艺

酒母培养的扩大级数，可根据各生产企业实际需要来决定。酒母的制备方法一般可分为间歇式、连续式和半连续式 3 种。

1. 间歇式酒母培养

间歇式酒母培养是将每次培养的新酵母从卡氏罐接入小酒母罐，培养成熟后，再接入大酒母罐，大酒母培养成熟后，即可供接种发酵罐用。因为这种接种方法每次都需要重新培养新酵母种子，不但操作麻烦，而且不能使酵母得到生产条件的驯养，生产成绩往往不好。因此，很多工厂采用循环接种法，即将第一次接入的种子培养成熟后，接入大酒母或发酵罐一部分，另一部分留下，再加入新鲜稀糖液进行培养，如此反复进行，用这种方法接种，可以连续几个月，甚至更长时间不需要更换酒母种子，但要求保证严格的无菌操作。在新建工厂开工生产时，采用纯种培养扩大，在正常生产的时候，可取上次培养酒母 15%～25%作为酒母种，放入已杀菌的酒母罐中，然后加入浓度 12%～14%，酸度 6°～7°的稀糖液，控制温度在 28～29℃，继续培养至酒母发酵度为 65%时，即通入无菌空气，通气量为每立方米稀糖液每小时 2～3m^3，一直通到接近酒母成熟为止。

酒母由接种到成熟的时间一般为 12～14h，成熟的酵母醪中含乙醇 3.0%～3.5%，发酵度达 50%，酵母细胞数 1.0×10^8～1.2×10^8 个/ml，将其中取出 15%～25%作为酒母种，其余送入发酵罐中，如此反复循环。

2. 连续式酒母培养

连续式酒母培养是将 3 个酒母罐用排出管连接，把酒母稀糖液连续地流入罐的上部，酒母也连续地排入发酵罐中，不断地向酒母通气，每小时对 1m^3 酒母醪通入 2～3m^3 无菌空气。酒母罐的总体积应等于每天所用发酵罐体积的 12%～15%，制得的酒母数量应等于发酵醪体积的 50%，此时 1m^3 的酒母罐有效容积的生产能力约为每天 4m^3 的酒母，可以在长时间内进行连续培养，每经过 5～7 天，把 3 个酒母罐中的一个空出来，以便洗涤及杀菌。

流加糖液的浓度为 12%～14%，温度为 15～20℃，酸度为 6°～7°，培养温度应为 27～28℃。排入发酵罐的酒母发酵度应保持在 55%～60%，乙醇含量为 3.0%～3.5%（*V/V*），酵母细胞数 1.5×10^8～1.8×10^8 个/ml 酒母。

连续培养酒母以保持酒母中酵母数量恒定为原则。在不断交换基质的酒母罐中连续添加糖液，在单位体积及单位时间内所生成的酵母数量，应该等于在同一时间内，自容器中取出同样体积液体时其中所含的酵母数量。当生成的酵母数量大于取出的酵母数量，则酵母将由容器中流走。因此，不保持这个原则，连续培养酒母便往往不能实现。此外，还应该维持酵母繁殖的最适条件，如糖液的浓度、酸度、通风量、发酵度等。

3. 半连续式酒母培养

半连续式酒母培养在我国也有不少的糖蜜乙醇工厂采用。酒母在第一、第二纯培养罐中是采用间歇培养方式，进入中间酒母罐阶段便采用半连续培养方法，酒母用的稀糖液连续进入酒母罐内，而成熟的酒母醪则自酒母罐的底部定时送至主发酵罐，它的培养工艺如下。

（1）第一纯培养罐培养：移种前用水冲洗然后通蒸汽至 100℃，空罐杀菌 10min，再于纯培养罐中配制 18°Bx 的糖液，用蒸汽煮沸 10min，冷却后加营养盐硫酸铵 0.3%，粗磷酸 0.1%，制成培养基，并调整酸度 pH 为 3.8～4.2，接种卡式罐酵母，保持 32～33℃，间歇通风，每小时通风 10min，培养 16～18h。当锤度为原来的 50%左右，酵母数在 1.0×10^8～1.2×10^8 个/ml，繁殖旺盛便可移接于第二纯培养罐。

（2）第二纯培养罐培养：培养基的制备、培养方法及培养工艺同上，培养时间为 12～16h。移种条件也同上，它的有效体积为第一纯培养罐的 4～5 倍。

（3）中间酒母罐培养：接种前用水冲洗后通蒸汽至 100℃，杀菌 10min，冷却后加入酸化稀释糖液制成的培养液，糖分为 11%～12%，接入第二纯培养罐的纯种，保持恒温为 32～33℃，并微量通风，培养至酒母成熟，酒母成熟指标为糖分消耗 1/2，酵母细胞数为 1.0×10^8～1.2×10^8 个/ml，每 8h 向主发酵罐放成熟酒母醪一次，保留 1/10 成熟酒母，再连续接入培养液，并微量通风，8h 再向主发酵罐送成熟酒母醪，如此重复循环，每隔 5～7 天，将中间酒母罐醪液放尽，清洗杀菌，再进行第二批酒母的半连续培养，中间酒母罐有效体积为第二纯培养罐的 10 倍。

四、糖质原料乙醇发酵副产物的处理与利用

（一）糖蜜原料乙醇废液处理与利用

糖蜜原料生产 1t 乙醇排出的废糟液为 13～15t，比淀粉质原料的废糟液量多，直接排放会造成严重污染，因其含钾量较高，故不宜直接作为饲料使用。目前，糖蜜乙醇废液处理方向主要为发酵工艺回用水和肥料。

（二）蔗渣、甜高粱茎秆渣处理与利用

蔗渣、甜高粱茎秆渣的主要成分是纤维素、半纤维素和木质素，其低位热值为 7500kJ/kg

左右，生产上多用于锅炉燃料，用来补充生产用能。蔗渣、甜高粱茎秆渣通过适当处理还可以制成动物饲料、食用菌培养基、纤维板及纸浆等产品。

第三节　淀粉质原料糖化及乙醇连续发酵的工艺技术

淀粉质原料主要有甘薯、木薯、马铃薯、山药等薯类和玉米、小麦、高粱、水稻等谷类。其主要化学组分有：淀粉、蛋白质、灰分、脂肪、纤维素、单宁、纤维素等。只有淀粉水解生成单糖和双糖后才能被酵母利用生产乙醇，可见淀粉质原料与糖质原料生产乙醇的主要不同点是增加了淀粉水解为可发酵糖的过程。

一、淀粉糖化机制

淀粉糖化分为淀粉糊化和糖化两个步骤。淀粉糊化是淀粉在α-淀粉酶的作用下降解为可溶性淀粉、低分子的糊精、低聚糖、双糖和单糖，由颗粒状态变为溶解状态的糊液；糖化是在糖化酶作用下，进一步水解为可被酵母利用的单糖或双糖的过程（即糖化醪）。这两个步骤可表述如下。

$$\underset{\text{淀粉}}{m(C_6H_{10}O_5)_n} \xrightarrow{\alpha\text{-淀粉酶}} \underset{\text{低分子糊精}}{n(C_6H_{10}O_5)_m} + \underset{\text{水}}{mnH_2O} \xrightarrow{\text{糖化酶}} \underset{\text{糖}}{mnC_6H_{12}O_6}$$

参与淀粉糖化的主要酶如下。

（1）α-1，4-葡萄糖苷酶：α-1，4-葡萄糖苷酶对淀粉、糊精作用是从淀粉、糊精分子的非还原末端逐一打开 α-1，4-键，将葡萄糖分子逐个切下，切到分支点时，越过 α-1，6-键，继续将 α-1，4-键打开。其主要产物是葡萄糖。

（2）α-1，4-糊精酶：该酶以任意方式将淀粉、糊精的 α-1，4-键打开，因不能水解 α-1，6-键，其水解产物为界限糊精、麦芽糖和少量葡萄糖。

（3）β-淀粉酶（α-1，4-麦芽糖酶）：水解淀粉、糊精的非还原性末端的 α-1，4-键，顺次切下麦芽糖单位。β-淀粉酶水解直链淀粉和支链淀粉的直链部分，生成麦芽糖，不能切开支链淀粉分支点附近和其内侧的 α-1，4-键，此酶作用后的主要产物是 β-界限糊精。

（4）界限糊精酶（α-1，6-葡萄糖苷酶）：能切开 α-1，6-键，可使异麦芽糖、潘糖、分支寡糖等不可发酵糖水解为可发酵糖。其含量决定淀粉利用率指标，含量合适，发酵醪中残糖低，出酒率高。

除上述 4 种酶外，还有一些酶类与糖化作用有关：麦芽糖酶（水解麦芽糖为葡萄糖）、葡萄糖苷转移酶（催化以葡萄糖为受容体、麦芽糖为供与体生成异麦芽糖；催化麦芽糖生成潘糖）、蛋白酶（水解蛋白质为氨基酸）、磷酸酯酶（水解磷酸糊精为葡萄糖和磷酸）、果胶酶（水解果胶为甲醇和果酸）、纤维素酶和脂肪酶等。

图 9-5 是淀粉类生物质原料预处理及糖化一般工艺流程。

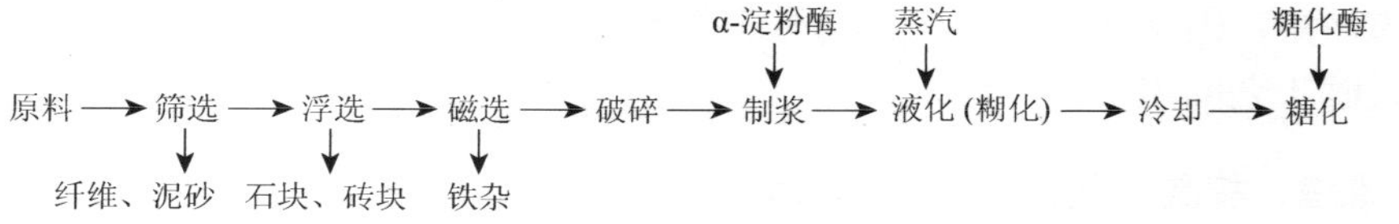

图 9-5　淀粉类生物质原料预处理及糖化一般工艺流程

二、薯类原料糖化工艺

薯类原料的特点是：淀粉含量高，淀粉结构松软，易于蒸煮糊化，脂肪、蛋白质含量较少，基本上不含单宁，利于糖化和乙醇发酵，发酵产酸少；发酵残渣无毒且含有丰富的纤维和酵母菌体蛋白质等营养物质，是良好的动物饲料。但薯类原料含果胶较多，甲醇的生成量较大，薯类原料若带有青霉病、软腐病等病害会降低乙醇得率。薯类原料的淀粉颗粒存在于植物组织之中，需进行一定的预处理使其释放出来，再进行蒸煮、糊化、酶解完成糖化工艺。

（一）薯类原料的预处理

薯类原料预处理工序包括：除杂、清洗、破碎和调浆等。

薯类原料中含泥砂等杂质较多，通常采用振动筛选并配合水洗方法去除。除杂清洗后需对其进行破碎，达到减少物料粒径，增加物料表面积的目的。破碎工艺又有湿式和干式两种，对于鲜薯采用湿式破碎法，薯干多采用干式破碎法。由于薯类原料尺度较大，需采用先粗碎再细碎的二级粉碎来减少破碎功耗。粗碎粉碎比控制在 1∶（10～15），细碎粉碎比控制在 1∶（30～40）。原料破碎后调整料水比[薯干∶水=1∶（2～2.2），鲜薯∶水=1∶1.5]即完成了调浆工序。

（二）薯类原料的蒸煮糊化

调浆完成后即可加入淀粉酶类进行蒸煮（水热处理）糊化。蒸煮的目的是使水与酶渗入细胞壁与淀粉颗粒接触，淀粉颗粒吸水膨胀后涨破细胞壁，溶解于水中发生糊化，以利于酶促糊化反应顺利完成。蒸煮工序还可以达到杀菌的目的。

薯类原料的蒸煮温度及保温时间应根据所用淀粉酶的最适温度确定。一般为 60～70℃，最高不超过 85℃。温度过高或保温时间过长不仅增加蒸汽用量，还可能使副反应加剧，对糖化反应和后续发酵产生不利影响。这些副反应糖主要有：羰氨反应（氨基糖反应）、焦糖反应、脱水反应等。羰氨反应是在温度大于 95℃时，还原糖与氨基酸作用生成深色半胶体状氨基糖，氨基糖虽对糖化酶和酵母活动没有显著影响但可造成糖分损失；焦糖是糖在接近其熔化温度下脱水形成的红褐色大分子无定形聚合物，焦糖阻碍糖化酶对糊精的水解作用，还影响酵母生长及发酵。此外，薯类原料中含 0.2%左右的果胶，果胶在加热过程中分解为果胶酸和甲醇，此反应随处理压力的增加、时间延长而加强。果胶酸和甲醇对糖化酶和酵母活动虽然没有显著影响，但其对食用乙醇质量影响较大。因此，要控制好蒸煮温度和时间并使加热均匀。

糊化率是可溶物与总糖之比，是检验蒸煮糊化工序优劣的主要指标，一般糊化率在 90%左右较合适。糊化率过高，糖分损失量大；糊化率过低，淀粉溶解差，一部分淀粉不能转化为糖，出酒率也会下降。

（三）薯类原料的糖化

糖化是将溶解状态的淀粉、糊精和低聚糖等大分子碳水化合物进一步水解成能被酵母利用的单糖或双糖的过程，为乙醇发酵提供含糖适量并保持一定糖化酶活力的无菌或极少杂菌的糖化醪液。

根据生产规模，糖化可以分为间歇式糖化和连续式糖化。间歇式糖化是将糊化醪液冷却至（60±2）℃，加糖化酶搅拌均匀，保温25～30min，冷却后分批进入发酵罐糖化的方式。此方法单罐作业，投资较少，但劳动强度较大。连续糖化方式又可分为混合冷却连续糖化和真空冷却连续糖化两种。混合冷却连续糖化是前冷却和糖化在糖化罐内完成，边冷却边糖化，此工艺必须注意加糖化酶时醪液的温度不能高于62℃，否则会造成糖化酶消耗增加和后糖化度的不足，影响原料的淀粉利用率。真空冷却连续糖化法是将糊化醪液用真空冷却器中瞬时冷却至规定的温度，然后加入糖化酶，糖化结束后将糖化醪泵送至喷淋冷却器或螺旋板冷却器冷却，冷却至发酵温度后送往发酵车间。这种方法可精确控制糖化温度，脱除糊化醪中的有害气体（乏气），避免糊化淀粉的老化结晶，有利于提高乙醇转化率和成品质量。

三、谷类原料糖化工艺

与薯类原料相似，谷类原料糖化工艺也包含原料预处理、粉碎、蒸煮糊化、糖化等工序。因谷类原料的成分、质地与薯类原料有所不同，在一些工艺上也有所差异。谷类原料的碳水化合物存在于籽粒种皮下的胚乳中，胚芽中还含有较多的蛋白质、脂肪等。例如，玉米胚芽中脂肪含量占胚芽干物质的30%～40%，高粱种皮中含有少量单宁和色素等，这些物质对乙醇生产极为不利，应在糖化工序前加以处理，既有利于乙醇发酵又可提高原料利用水平。

（一）谷类原料的清杂破碎

谷类原料中的杂质主要是泥砂、纤维及铁削等，通常用筛选和磁选予以去除，即在粉碎前使用振动筛和磁选机处理，机械去除原料中的较大杂质及泥砂及铁削、铁钉等磁性杂质。不同原料配备不同孔径的筛板，以保证最大限度降低杂质含粮率的同时，尽可能多地除去杂质。原料在磁选过程中，应定期清除磁铁上吸附的铁屑、铁钉等杂物，以防聚积过多，影响除铁效果。

谷类原料的粉碎方式按粉碎过程是否带水，分为干式粉碎和湿式粉碎，实际生产中多采用干式粉碎。原料粉碎的粒度越小，其表面积越大，水热处理时耗用蒸汽越少，越有利于酶的作用和淀粉的转化。但粉碎粒度越小耗电越多。在实际生产中一般采用筛板孔径是1.5～3.0mm。原料含水分较高时（新粮），多采用2.0～3.0mm筛孔。玉米原料干式粉碎采用撞击式脱胚法，利用玉米胚芽与胚乳粉渣密度不同通过涡轮吸风加以分离。

（二）谷类原料的蒸煮糊化

原料蒸煮糊化工艺包括粉浆制备、添加α-淀粉酶、蒸煮和冷却等工序。谷类原料连续蒸煮糊化工艺流程如图9-6所示。该工艺流程是我国于20世纪90年代应用于乙醇生产的低压蒸汽喷射液化工艺流程。该工艺的关键设备为低压蒸汽喷射液化器。由图9-6可知，原料粉渣与配料水、淀粉酶在粉浆罐混合，粉浆干物质含量控制在25%～30%，泵送至换热器预热后，进入低压蒸汽喷射器与热蒸汽混合，经气液分离器脱气，进入液化罐，喷射器出料温度控制在95～100℃，液化罐温度保持在95～97℃，保温液化时间为90～110min。液化（糊化）反应完成后，将热醪液泵入换热器与粉浆换热后冷却至60℃即可进入糖化工序。

该工艺具有蒸汽压力要求低、节省蒸汽、连续液化、操作稳定、加热均匀、无堵塞、无振动等优点。

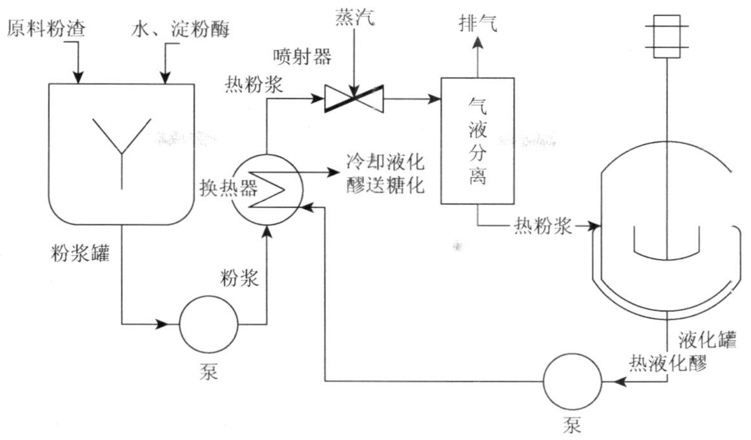

图 9-6　谷类原料连续蒸煮糊化工艺流程

（三）谷类原料的糖化

冷却至 60℃的液化醪液进入糖化罐，加入糖化酶，在 60℃条件下保温 20～30min，然后将料液用泵送至冷却器冷却至 30℃左右即可送发酵工序。

本液化、糖化工艺实现了蒸煮、液化、糖化工艺的连续操作，用时短、效率高，温度、压力、反应时间可实现准确控制，确保糖化醪液的质量。

谷类原料液化、糖化处理过程中，蛋白质发生水解，形成游离态氨基酸和多肽，使可溶性氮增加，对酵母的生长有利。有少部分氨基态氮参与羰氨反应和糠醛反应，生成氨基糖和黑色素等对发酵有害的物质。原料中的纤维素吸水膨胀基本不会发生化学变化，脂肪也基本不发生变化。少量糖分分解生成的乳酸，果胶水解产生的果胶酸，磷化物溶解产生的磷酸移入醪液，使水热处理后料液的酸度增加。需要注意的是，在以高粱为原料生产乙醇时，应采用含单宁分解酶的黑曲作糖化剂并适当延长水热处理时间，可减少单宁的影响。

为使后续乙醇发酵顺利进行，谷类原料糖化醪液应具有黏度低、流动性好的流体性质，其中淀粉、糊精、可发酵糖的比例适中，适量保留糖化酶活力，维持在发酵罐内醪液的继续糖化。因此应根据原料特点通过以下工艺措施对糖化程度加以控制：①确定糖化剂种类和用量；②控制糖化温度及时间，糖化酶在 30～70℃均有活性，温度高反应速度快，杀菌作用好，酶活性损失也大，温度低反应时间长，糖化酶不易失活，但杀菌效果不好，生产效率低；③调整醪液酸度到糖化酶最适 pH4.2～5.0；④加强设备系统的清洗杀菌，控制杂菌污染。

（四）生料无蒸煮糖化工艺

薯类及淀粉类原料蒸煮液化、糖化耗能较大，近年来，无蒸煮糖化等低耗能技术研究和应用有较大进展。目前比较成熟的是玉米粉生料无蒸煮工艺。该工艺的关键是应用高效酶制剂，可以在较低温度下完成液化和糖化反应，节省了大量蒸煮用能。在加酶量 50～60U/g 原料、30℃、酵母数 10^6～10^7 个/ml、发酵 100h，成熟醪乙醇含量（*V*/*V*）可达 13.5%～14.5%。

需要注意的是：生玉米粉浆浓度不宜超过 50kg/m^3，否则糖化作用不彻底影响原料利用率；发酵醪液未经高温灭菌，含杂菌较多，需要使用灭菌药剂和降低发酵温度来控制杂菌生长和繁殖。

四、淀粉质原料乙醇连续发酵的工艺

淀粉质原料乙醇连续发酵的工艺流程主要有顺流式连续发酵流程和全封闭式连续发酵流程两种。现分述如下。

（一）顺流式连续发酵流程

顺流式连续发酵流程如图 9-7 所示。酵母种子与糖化醪同时连续加入 1＃罐，在 1＃罐中发酵一定时间后，连续流入 2＃罐，在 2＃罐中停留一定时间后，再流入 3＃罐……直至最后一个罐发酵结束，发酵成熟醪不断从最后一个罐取出。为了补充糖分，要分别向 2＃、3＃等前面的罐中流加糖化醪。此工艺的设备利用率高，可以实现连续化生产。为防止杂菌感染，实施过程中应定期对酵母增殖罐、糖化醪流加罐及其罐内醪液灭菌。

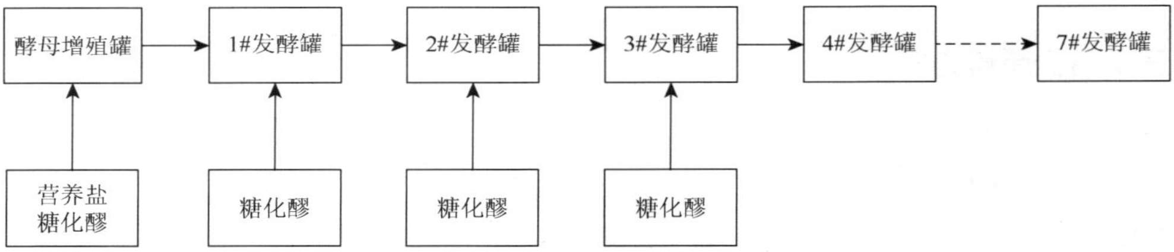

图 9-7　顺流式连续发酵流程

（二）全封闭式连续发酵流程

全封闭式连续发酵是从醪液糖化、冷却、到储料罐再到发酵罐的全过程都在封闭的系统中进行。该流程最大限度消除了各种污染的可能，延长了预防性灭菌周期，提高了连续发酵的效率。

第四节　木质纤维素类原料水解工艺技术

用糖类或粮食生产乙醇工艺简单，但是其产量的增加有一定限度，成本也难以显著降低。含木质纤维素的生物质是未来生产燃料乙醇的另一大宗原料来源。它包括农作物秸秆、林业加工废料、甘蔗渣及城市垃圾中所含的废弃生物质等。木质纤维素由纤维素、半纤维素和木质素组成，这些物质不能被乙醇发酵菌直接利用，需经水解处理成可发酵糖才能生产乙醇。

一、木质纤维素水解机制

（一）木质纤维素水解反应

木质纤维素由纤维素、半纤维素和木质素组成。纤维素是由葡萄糖脱水生成的糖苷，通过 β-1，4-葡萄糖苷键连接而成的直链聚合体，其分子式可简单表示为$(C_6H_{10}O_5)_n$，这里的 n 为聚合度，表示纤维素中葡萄糖单元的数目，其值一般为 3500～10 000。纤维素经水解可生成葡萄糖，理论上每 162kg 纤维素水解可得 180kg 葡萄糖。该反应可表示为

$$(C_6H_{10}O_5)_n + nH_2O \longrightarrow nC_6H_{12}O_6$$

纤维素大分子间通过大量的氢键连接在一起形成晶体结构，这种结构使得纤维素的性质很稳定，它在常温下不发生水解，在高温下水解也很慢。只有在催化剂存在下，纤维素的水解反应才能显著地进行。

半纤维素是由不同多聚糖构成的混合物。这些多聚糖由不同的单糖聚合而成，有直链也有支链，上面连接有不同数量的乙酰基和甲基。半纤维素的水解产物包括两种五碳糖（木糖和阿拉伯糖）和 3 种六碳糖（葡萄糖、半乳糖和甘露糖）。各种糖所占比例随原料而变化，一般木糖占一半以上，以农作物秸秆和草为水解原料时还有相当量的阿拉伯糖生成（可占五碳糖的 10%～20%）。半纤维素中木聚糖的水解过程可表示为

$$(C_5H_8O_4)_m + mH_2O \longrightarrow mC_5H_{10}O_5$$

故每 132kg 木聚糖水解可得 150kg 木糖，这里的 m 也为聚合度。

半纤维素的聚合度较低，所含糖原数为 60～200，无晶体结构，所以较易水解，在 100℃左右就能在稀酸中水解，也可在酶催化下完成水解。但因生物质里的半纤维素和纤维素互相交织在一起，只有当纤维素被水解时，半纤维素才能水解完全。

木质素不能被水解为单糖，且在纤维素周围形成保护层，影响纤维素水解。

（二）木质纤维素水解工艺

常用的催化剂是无机酸和纤维素酶，由此分别形成了酸水解和酶水解工艺，其中的酸水解又可分为稀酸水解工艺和浓酸水解工艺。

1. 酸水解

在纤维素的稀酸水解中，溶液中的氢离子可和纤维素上的氧原子相结合，使其变得不稳定，容易和水反应，纤维素长链即在该处断裂，同时又放出氢离子，从而实现纤维素长链的连续解聚，直到分解成为最小的单元葡萄糖。所得葡萄糖还会进一步反应，生成羟甲基糠醛（HMF）、1, 6-葡萄糖酐、乙酰丙酸和甲酸等不希望得到的副产品。其他存在于液相中的产物还有果糖、纤维二糖、乙酸、腐殖酸和某些气体产物。

高温下半纤维素的水解机制类似于纤维素，即串联一级反应。但在较低温度下（小于160℃）时，半纤维素各部分水解难易程度不同。一般认为，反应初期半纤维素在酸的作用下会生成聚合度不同的低聚糖，低聚糖再进一步水解为单糖。整个水解过程是半纤维素的连续解聚过程。另外，半纤维素中还存在大量的乙酸基团，它们通常在预处理时转化为乙酸。

浓酸水解的原理是结晶纤维素在较低温度下可完全溶解在硫酸中，转化成含几个葡萄糖单元的低聚糖。把此溶液加水稀释并加热，经一定时间后就可把低聚糖水解为葡萄糖。浓酸水解的优点是糖的回收率高（可达 90%以上），可以处理不同的原料，相对迅速（总共 10～12h），水解后的糖降解较少。但对设备要求高，且酸必须回收。

2. 酶水解

酶水解是在纤维素酶催化下的生化反应。自然界中有很多细菌、霉菌和放线菌都能产纤维素酶，把纤维素分解为单糖，不过自然条件下微生物分解纤维素的速度很慢。

纤维素酶是降解纤维素成为葡萄糖单体所需的一组酶的总称，一般认为其主要包括 3 个组分：内切葡聚糖酶、外切葡聚糖酶和纤维二糖酶。每一组分又有若干亚组分组成。纤维素水解生成葡萄糖的过程必须依靠这 3 种组分的协同作用才能完成。

内切葡聚糖酶（EG）能以随机形式水解 β-1，4-葡聚糖，主要产物是纤维糊精。EG 能水解部分降解的纤维素，但不能单独作用于结晶纤维素。

外切葡聚糖酶（CBH）能从纤维素链的端点上依次切下纤维二糖单位。CBH 单独作用于天然结晶纤维素时活力较低，但它能同内切葡聚糖酶协同作用，彻底水解结晶纤维素。

β-葡萄糖苷酶也称纤维二糖酶（CB），它能把纤维二糖和短链的纤维寡糖水解成葡萄糖。它对纤维二糖和纤维三糖的水解很快，随着寡糖中所含葡萄糖单元的增加，水解速度下降。

酶解纤维素时，对于非结晶区仅 EG 即可单独完成，对于结晶区则需要有 EG 和 CBH 的协同作用。因此，在纤维素水解过程中，EG 与 CBH 的比值会显著地影响酶的活力，而 CB 组分的加入会使这种协同作用大大加强。

近年来，人们应用凝胶过滤、离子交换层析、凝胶电泳及等电聚焦等生化分离分析手段对纤维素酶进行了研究，发现其组成非常复杂。对纤维素酶作用方式的研究虽取得了很大的发展，但详细机制仍不很清楚。

二、木质纤维素原料预处理工艺

不管采用何种水解工艺，木质纤维素原料都需要进行预处理，目的是去除原料中的泥砂等杂质，缩小原料粒径和尽可能破坏纤维素结晶结构。对于采用稀酸水解工艺的原料预处理主要包括原料的清洗和机械粉碎。而对于采用酶水解工艺的原料预处理要求较高，除了要求粒度小，还要求尽可能破坏纤维素结晶结构，以使酶水解顺利进行。预处理方法可分为：物理法、物理-化学法、化学法和生物法 4 类。

（一）物理法

物理法预处理包括机械粉碎、液相热水处理等工艺。机械粉碎是通过切、碾、磨等机械作用使原料的粒度变小，增加其和介质的接触表面积，破坏纤维素的晶体结构。但粉碎的粒度越细小所需能耗越大。据研究，在较小粒度下，用于原料粉碎的能耗可占到乙醇生产过程总能耗的 1/3。

液相热水预处理又称为水压热解、非催化溶剂分解或者水溶解等。把 200～230℃的高压水和原料混合 15min 后，40%～60%的生物质可被溶解，其中包括 4%～22%的纤维素、35%～60%的木质素及所有的半纤维素。再对得到的液体用稀酸水解，90%的半纤维素都能以单糖的形式回收。图 9-8 是该方法 3 种类型反应器工作原理图。

木质纤维素的热水预处理不需要减小原料的粒径、不需要添加酸或碱，减少了后续处理污染风险和成本，半纤维素转化为糖的效率很高。它对秸秆的效果很好，对软木的效果就较差。目前，该工艺仍处于实验室研究阶段。

（二）物理-化学法

物理-化学法主要包括蒸汽爆裂、氨纤维爆裂、CO_2 爆裂等。

1. 蒸汽爆裂

蒸汽爆裂是使高温蒸汽与生物质混合，经一定时间后迅速开阀降压，水蒸气提供了一个有效的热载体，可使原料迅速升温而不使生成的糖过分稀释，喷射出的蒸汽和液化物质由于压力降低而很快冷却。该预处理过程中，高压蒸汽渗入纤维内部，再以气流的方式从封闭的孔隙中释放出来，使纤维发生一定的机械断裂；同时，高温高压加剧了纤维素内部氢键和有序结构的破坏，游离出新的羟基，增加了纤维素的吸附能力，也促进了半纤维素的水解和木质素的转化。

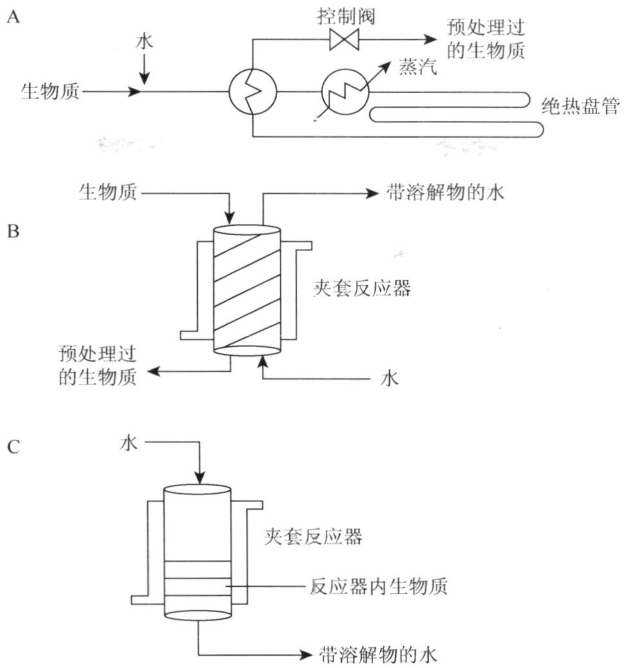

图 9-8 3 种液相热水预处理反应器工作原理图

A. 并流式；B. 逆流式；C. 流通式

蒸汽爆裂的效果主要决定于停留时间、处理温度、原料粒度和含水率等。在较高温度和较短停留时间（270℃，1min）下处理，或在较低温度和较长停留时间（190℃，10min）下处理，效果都很好。但蒸汽爆破过程中生成的降解副产物会阻碍后续的酶水解及发酵，因此要用水洗掉这些副产品，同时也洗去可溶于水的半纤维素。

以稀硫酸或 SO_2 湿润生物质后再以蒸汽爆裂更有利于提高预处理效率。一般通过用稀硫酸或 SO_2 湿润的蒸汽爆裂，再加上水洗，几乎所有的半纤维素都能除去。

蒸汽爆裂法比机械粉碎能耗低，可间歇也可连续操作，主要适合于硬木原料和农作物秸秆。缺点是木糖损失多，对软木的效果较差，且产生对发酵有害的物质。预处理强度越大，纤维素酶水解越容易，但由半纤维素得到的糖也越少，而产生的发酵有害物越多。

2. 氨纤维爆裂

氨纤维爆裂（AFEX）的原理类似于蒸汽爆裂。它是在高温和高压下使固体原料和液态的氨反应，同样经一定时间后突然开阀减压，造成纤维素晶体的爆裂。典型的 AFEX 中，处理温度在 90～95℃，维持时间 20～30min，每千克固体原料（干）用 1～2kg 氨。

氨纤维爆裂预处理可去除部分半纤维素和木质素，并降低纤维素的结晶性，提高纤维素酶和纤维素的接近程度。草本作物及其农业废弃物十分适合于 AFEX 法，该方法不适合于有高木质素含量的原料。对于硬木只有中等效果，而对于软木则不大适宜。氨纤维爆裂不产生有害物质，半纤维素中的糖损失也少。但经此处理的半纤维素并未分解，需另用半纤维素酶水解，故处理成本较大。

为降低 AFEX 的成本，氨需要回收。为此用温度高达 200℃的过热氨蒸汽将残留在固体原料上的氨气化后回收。为使氨和水分离，可先用预冷凝器把大部分水蒸气冷凝下来，留下纯度达 99.8%的氨蒸汽。预冷凝器中的液体进入精馏塔，塔顶也可得 99.8%的氨蒸汽。这些氨蒸汽经冷凝压缩后循环使用。

3. CO_2 爆裂

CO_2 爆裂与氨纤维爆裂相似，只是以 CO_2 取代了氨，但其效果比前者差。有人在 5.62MPa 下用该法对草类原料进行处理，每千克原料用 4kg CO_2，24h 后原料中有 75%的纤维素可被酶水解。

（三）化学法

化学法包括碱处理、酸处理及臭氧处理等。

碱处理法是利用木质素能溶解于碱性溶液的特点，用稀碱溶液处理生物质原料，破坏其中木质素的结构，从而便于酶水解的进行。

稀 NaOH 溶液常用在碱预处理研究中，它可以引起木质纤维素溶胀，内表面积增加，纤维素结晶性降低，木质素和碳水化合物之间的结构链分离，以及木质素结构破坏。该预处理可在常温常压下进行，预处理效果很好。但处理结束后部分碱会转化成不可回收的盐，后处理比较麻烦。

氨易挥发，通过加热易回收，而预处理效果很好。氨循环渗滤是研究较多的预处理工艺，其流程如图 9-9 所示。在 Kim 等的研究中，玉米秸秆用氨预处理后，可以除去 70%～85%的木质素。在酶用量充足的条件下，几乎所有的纤维素都可被水解。而未用氨处理时仅有 7.8%可被水解。该工艺对其他农作物秸秆也很有效。

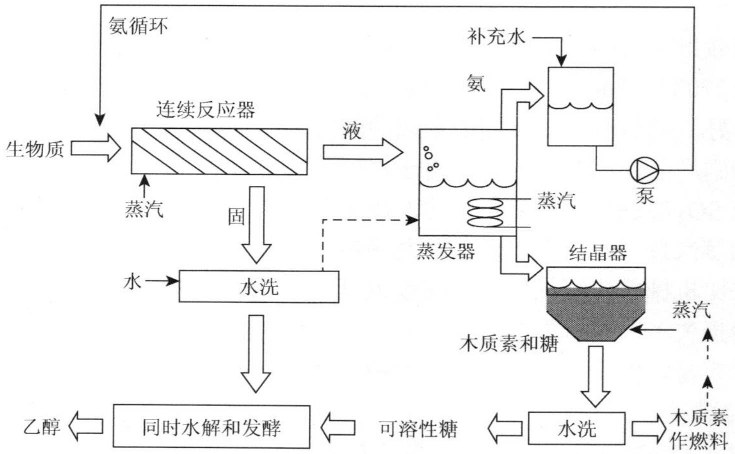

图 9-9　采用氨循环渗滤预处理的生物质制乙醇流程

也有人研究了 $Ca(OH)_2$ 的预处理。其方法是先把石灰（主要成分为 CaO）浆化成 $Ca(OH)_2$，然后把石灰浆喷洒到生物质上，将原料放置几个小时到几个星期，高的温度可以缩短预处理时间。把氧气（空气）通入到石灰和生物质的混合物中，可显著加快对木质素的脱除。该法对高度木质化的生物质十分有效。

稀酸及浓酸水解工艺将在后面侧重介绍。

（四）生物法

生物法是使木质素在真菌作用下的生物降解过程，目前研究最多的是白腐菌，它能够有效地和有选择性地降解植物纤维原料中的木质素。该预处理在常温、常压和 pH 近于中性的条件下进行，降解的最终产物是二氧化碳和水，故具有能耗低、无污染、条件温和的特点。然而，到目前为止，该过程的速度还是太慢，无法实际应用。生物法还可与化学法、蒸汽爆裂法组合在一起使用。

三、木质纤维素稀酸水解工艺技术

稀酸水解工艺较简单，原料处理时间短，但糖产率较低，且会生成对发酵有害的副产品。但近年来的研究表明，在适当的条件下，也能获得高的糖产率。根据生物质原料和水解液的流动方向，可把稀酸水解工艺分为固定式、活塞流式、渗滤式、并流式、逆流式和错流式等几种类型。

本节以并流式和逆流式水解工艺为例，说明稀酸水解工艺。

并流式水解反应器的形式类似造纸工业中的纸浆蒸煮器。在该反应器中，呈泥浆状的生物质原料在螺旋输送器的推动下前进，可实现连续进出料。原料在反应器内停留时间短（几分钟），可在较高温度和较低液固比下操作，水解效率高，所需场地和人工也较少。但该设备内包括运动部件，构造较复杂，控制要求高，且需另加液固分离设备。

逆流式和并流式水解反应器的主要区别在于液固两相的相对流动方向，如图 9-10 所示。在逆流式水解反应器中，大部分糖产生于接近液体出口的区域，因为该区域中纤维素的含量最高，这就使这部分糖在反应器中停留时间很短，降低了其发生二次反应的机会，故得糖率很高。逆流式水解反应器的构造比并流式更复杂，因为此时呈泥浆状的生物质原料必须逆着压力的方向运动。

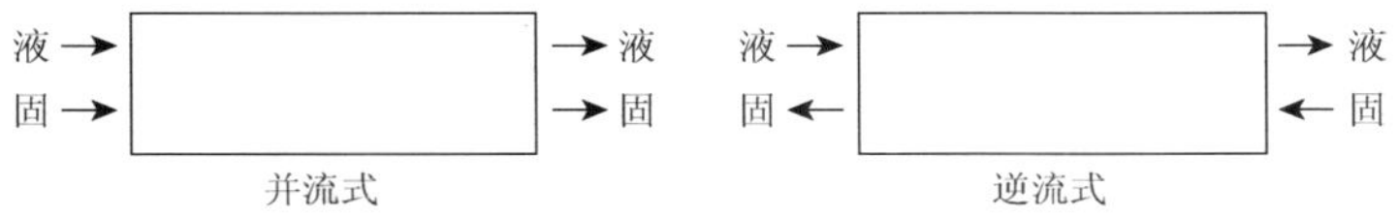

图 9-10　并流式和逆流式水解反应器

四、木质纤维素浓酸水解工艺技术

美国 Arkenol 公司采用如下步骤进行浓酸水解：把洗去污物的生物质原料干燥至含水10%左右，粉碎到 3～5mm，和 70%～77%的浓硫酸混合，破坏纤维素的晶体结构，最佳酸液和固体的质量比为 1.25∶1（以纯硫酸为基准）。为了减少糖的损失，这一步的处理温度较低（60～80℃）。然后把酸浓度稀释到 20%～30%，并加热到 80～100℃，在常压下进行水解。所用时间取决于水解温度和原料中纤维素和半纤维素的含量，可在 40～480min 变化，时间过长会造成糖的损失。水解完成后用压滤法进行液固分离。以上过程可称为第一级水解。

为提高糖的产率，还要进行第二级水解，即把经第一级水解的固体原料再和浓硫酸混合，破坏剩余的纤维素结晶，然后同样再进行稀释水解和液固分离。第二级水解中所用酸浓度和第一级水解相同，但处理时间较短。

两级水解所得糖液可混合在一起处理。用过滤法分离出的固体主要是木质素，可作燃料或其他用途。

Arkenol 公司所开发的浓酸水解工艺主要以稻草为原料，而稻草中硅的含量很高，为此该工艺中也考虑到了硅的回收问题。其方法为把经过水解并压干的固体原料和 5%～10%的氢氧化钠溶液混合，以把稻草中的硅以硅酸钠的形式提取出来。再用压滤法进行液固分离后，向含硅酸钠的液体中加入酸把 pH 降低到 10 左右，硅酸即会沉淀下来，用过滤的方法回收。

浓酸水解中一个关键问题是酸的回收，如能以经济的方法把酸和糖分离，则不仅酸可回用，还方便了糖液在后续工艺的处理，经济意义很大。盐酸因挥发性大，可用真空蒸馏回收，但不很容易。例如，在 von Sivers 等设想的浓盐酸水解工艺中，酸回收系统包括吸收塔、解吸塔、降膜蒸发器和几个换热器，但也不能把酸全部回收，平均每处理 1t 生物质需补充 25% 的盐酸 0.3t。

Arkenol 公司采用离子排斥法分离水解液中的酸和糖。其方法是使水解糖液流过充填有多孔树脂的固定床层，树脂直径 200～500mm，含有不少于 2meq/g（毫克当量/g）的酸性基团。这些含酸性基团的树脂会阻止酸分子进入床层，糖分子进入则不受影响。这样当水解液通过床层时，酸分子将较快移动，而糖分子由于不断进出树脂的多孔结构而移动得较慢，从而达到了两者的分离。床层温度保持在 40～60℃，当糖在床层内的吸附接近饱和时，用无氧的气体吹扫床层，把剩余的酸脱除。最后用无氧的水清洗床层，把吸附在床层内的糖洗下来。由于该过程的原理类似色谱分离，故在 Arkenol 公司的中试工厂中把该工艺称为色谱法酸糖分离。

图 9-11 为 Arkenol 公司的浓酸水解流程。该流程中对生物质原料采用两级浓酸水解工艺，水解中得到的酸糖混合液经离子排斥法（或所谓的色谱分离）分为净化糖液和酸液。糖液中还含少量酸，可用石灰中和，生成的石膏在沉淀槽和离心机中分离。色谱分离中得到的稀硫酸经过脱水浓缩后可回到水解工段中再利用。

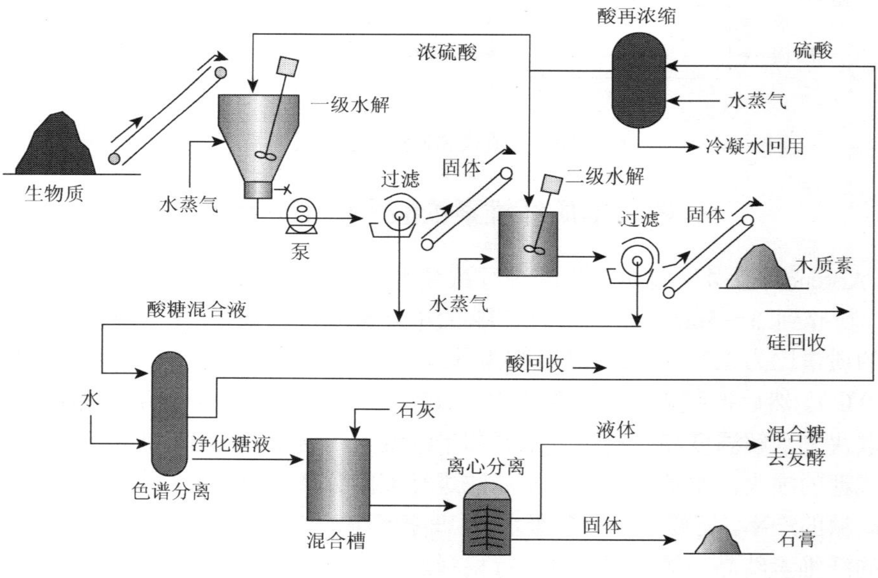

图 9-11　Arkenol 公司的浓酸水解流程

据中试实验，该水解工艺可得 12%～15%浓度的糖液，纤维素的转化率稳定在 70%，最佳条件下可达 80%。酸回收率也可达 97%。

五、木质纤维素酶水解技术

与化学法水解技术比较，酶水解的优点是：在常温下进行，能耗低，微生物的培养与维持仅需较少的原料；糖产率高（大于 95%）；由于酶水解中基本上不加化学药品，且仅生成很少的副产物，提纯过程相对简单，也避免了污染。但酶水解也有诸多的问题需要研究解决，主要是：①高效低耗原料预处理技术；②低成本水解酶生产技术；③高效酶水解反应器研发。

第五节 乙醇蒸馏的原理及工艺

一、乙醇蒸馏的基本原理

蒸馏是利用液体混合物中各组分挥发性的不同而分离各组分的方法。在乙醇生产中，将乙醇和其他所有的挥发性杂质从发酵成熟醪中分离出来的过程，称为乙醇蒸馏。发酵醪的主要成分是乙醇和水，还含有 40 多种杂质，但其含量极少，可以将发酵醪近似看作乙醇和水的二元混合物。由于乙醇和水的沸点不同，当发酵醪（或粗酒）加热时，其中乙醇成分因沸点低而先行挥发，水成分因沸点高而挥发慢，将此蒸气冷凝，可达到与水分离的目的，将蒸馏过程连续进行多次，可得到较高浓度的乙醇。

图 9-12 是乙醇平衡浓度曲线。如图 9-12 所示，在液相、气相两条曲线包围的温度区间内，相同温度下，气相中乙醇含量大于液相中的乙醇含量。当温度达到 78.15℃时，液、气相中乙醇含量相同[95.57%（质量分数）]，这一温度是乙醇-水混合物恒沸点。也就是说，达到这个浓度以后，再用一般的蒸馏方法已不能得到更高浓度的乙醇了。

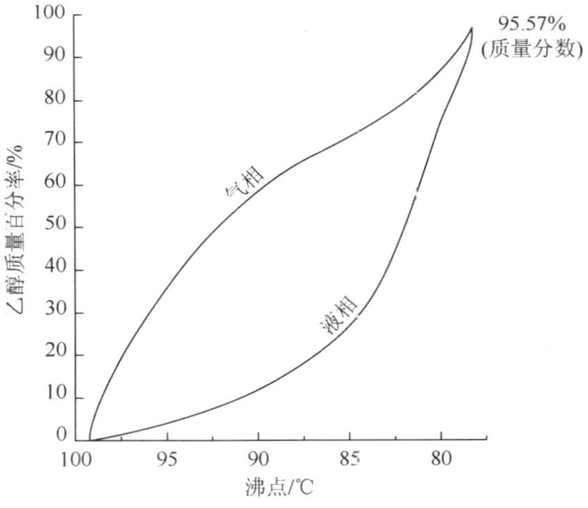

图 9-12 乙醇平衡浓度曲线

图 9-13 是根据上述原理设计的理想蒸馏器工作原理图。如图 9-13 所示，以 5%的发酵醪作原料，用 100℃的蒸汽加热（1）釜内 5%的发酵醪，其乙醇蒸气浓度为 37%，冷凝得到浓度为 37%的酒液进入（2）釜，再用降为 83.5℃蒸汽加热（2）釜中 37%的酒液，其蒸汽中乙醇浓度为 73.8%，冷凝得到浓度 73.8%的酒液进入（3）釜，再以此蒸汽加热（3）釜中的 73.8%的酒液，依此类推，乙醇浓度逐釜增加。若有足够的釜数，则可得到 95.57%（质量分数）的乙醇。各釜经加热蒸发后，其酒液的浓度都要降低，靠其上一釜之回流液来保持其原有浓度。若将此理想蒸馏器重叠到一起，即蒸馏塔。由于实际操作与理想状态有很大差别，相同浓度乙醇所用釜数，实际蒸馏器釜数要比理想蒸馏器增多一些。只要有足够多的釜数（塔板数）即可得到 95.57%的乙醇。

在蒸馏过程中许多杂质也被去除，这些杂质包含醇、醛、酸、酯四大类。杂质中有比乙醇更易挥发的，称为头级杂质，如乙醛、乙酸乙酯等；中级杂质的挥发性与乙醇接近，所以较难分离干净，如异丁酸乙酯、异戊酸乙酯等；尾级杂质的挥发性比乙醇低，沸点多数比乙醇高，如高级醇脂肪酸及其酯类，它们呈油状漂浮，故称杂醇油。头级和尾级杂质都易于与乙醇分离，较难除净的是中级杂质。

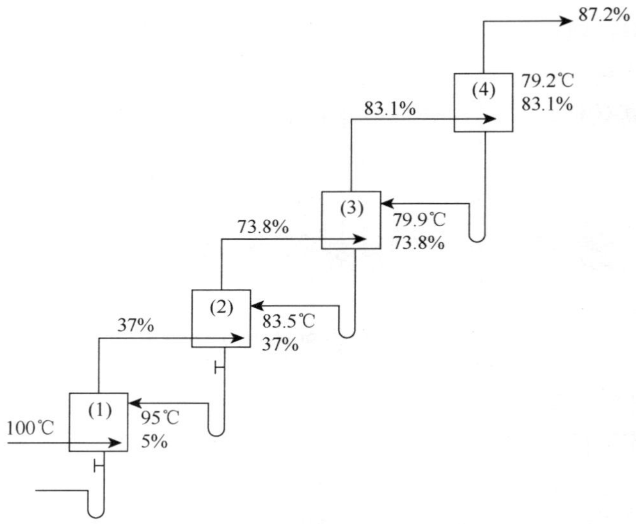

图 9-13　理想蒸馏器工作原理图

二、乙醇蒸馏的工艺

蒸馏塔是根据乙醇蒸馏原理制造的分离设备。蒸馏塔的顶部和上部设有冷凝器、冷却器、不凝气体排出口、温度测定口，上部侧线有来自冷凝器的冷凝液进口、半成品乙醇出口；塔的中部有进料口、杂醇油出口、温度测定口；塔的底部有直接蒸汽进口、蒸馏残液排出口、温度测定口、塔压测定口、液位计等。由几个不同功能的塔组合而成蒸馏系统，可以将乙醇浓度为 12%～18%（体积分数）的发酵成熟醪液，浓缩成 95%（体积分数）左右的、含杂质极低的高浓度乙醇。

常用的蒸馏系统由 6 个功能不同的蒸馏塔组成。表 9-3 是六塔系统中各塔的名称和主要功能。

表 9-3　六塔系统中各塔的名称和主要功能

塔名	主要功能	备注
醪塔	将发酵成熟醪蒸馏成粗乙醇	又称：粗馏塔
粗辅塔	辅助醪塔浓缩低浓度乙醇	
水萃取塔	将较高浓度的粗乙醇稀释，以利于清除杂质	又称：稀释塔、洗涤塔、萃取塔
精馏塔	经水萃取后的低浓度乙醇再次除杂、浓缩	
脱甲醇塔	将从精馏塔出来的含较少杂质的乙醇再次除甲醇等杂质	
含杂馏分处理塔	把源于水萃取塔、精馏塔、脱甲醇塔的含杂馏分进行处理	又称：工业乙醇塔

一个蒸馏系统中各蒸馏塔的塔高、塔径、塔板数、塔板结构、填料类型及相应的辅助设施均有较大差异。图 9-14 是蒸馏塔的基本结构示意图。蒸馏塔的热源为塔釜，位于塔底部，塔内温度随塔高逐渐降低，而乙醇浓度逐渐升高。塔内设置的多层塔板或填料使气液充分接触并维持一定高度塔板上的温度相对稳定。板式精馏塔内有 70 多层塔板，乙醇蒸气浓度自下而上逐渐升高，从塔顶引出的乙醇蒸气经冷凝器冷凝成为高浓度乙醇。在连续精馏流程中，为保持各层塔板上一定的乙醇浓度和相对稳定的温度，需要将一定比例的冷凝液引回到塔顶

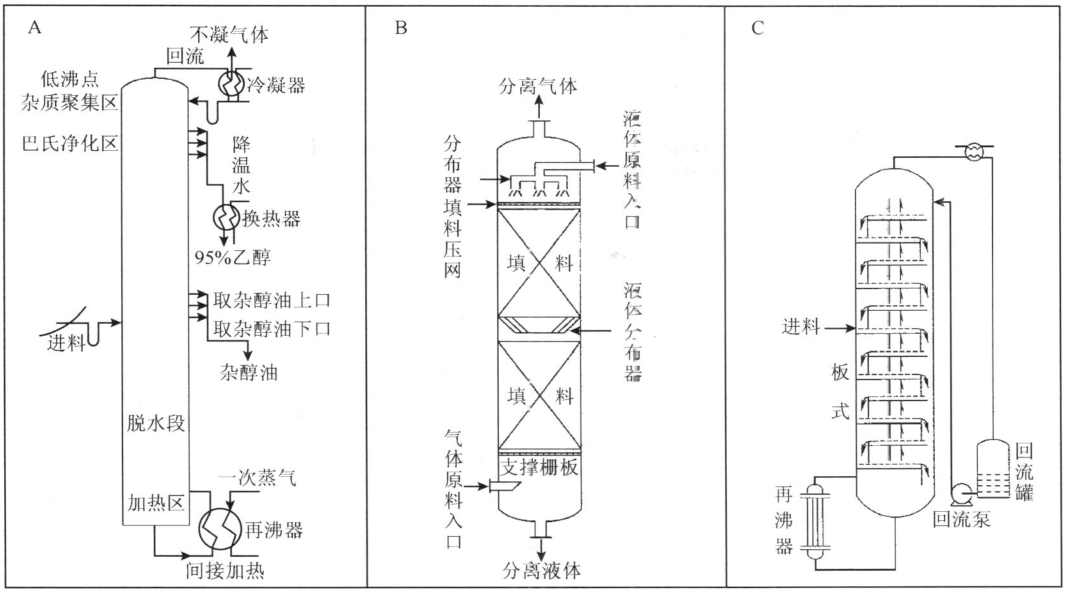

图 9-14　蒸馏塔的基本结构

A. 传统精馏塔；B. 填料塔；C. 板式塔；

的塔板上，称为回流（图 9-14C）。当某层塔板上的乙醇浓度与入塔醪液的乙醇浓度相等或相近时，入塔醪液就由此板进入，该塔板称为加料塔板。加料塔板以上部分称为精馏段，以下部分称为提馏段。精馏段的作用是使原料中易挥发组分增浓与除杂，提馏段的作用是回收料液中易挥发组分。

由于填料塔中的填料占据一定的空间，其持液量大大减小，可以在短时间内将塔内温度、压力调整到稳定状态，在增浓效率、分离效率和节省能源等方面表现出较多的优势。近年来，国内外对填料塔及填料的研究应用取得较快进展，大型填料塔已经得到较广泛的应用。

10

第十章　生物质制氢及生物柴油技术

利用丰富廉价的生物质资源作为环境友好型的清洁能源制备原料是可再生能源科学与工程技术重要的研究领域，生物质制氢及生物柴油技术成为现代最具发展前景的生物质能转换技术之一。本章主要阐述生物质制氢及生物柴油的原理、技术现状和工程实例。

第一节　生物质制氢技术

氢是宇宙中最为丰富的元素，在地球上广泛存在于水、甲烷、氨及各种含氢的化合物中，氢可以通过各种一次能源得到，也可以通过二次能源或可再生能源开采得到。氢能是环境友好型的能源，清洁无污染，燃烧热值高，便于储存，是解决目前全球能源紧缺和环境污染问题的首选能源。

一、氢的性质与氢能利用

（一）氢的性质

1. 氢的物理性质

氢气的主要物理性质如表 10-1 所示。氢的原子量为 1.008，氢元素位于化学周期表的第一位，通常状况下氢气是无色、无味、无毒的气体，极难溶于水，不易液化。氢气是所有气体中最轻的，只有空气密度的 1/14。氢有固、液、气三态，在液化和固化后质量密度和能量密度都大大提高。在所有的气体中，氢的比热容最大、热导率最高、黏度极低，是良好的冷却工质和载热体。氢的热值很高，约为汽油热值的 3 倍，高于所有的化石燃料和生物质燃料，且燃烧效率很高。

表 10-1　氢气的主要物理性质

性质	数值
相对分子质量	2.0158
沸点/℃	−252.77
汽化潜热/(kJ/kg)	445.6
熔点/℃	−259.2
密度(0.1013MPa，273K)/(kg/m³)	0.0899
定压比热容(273～473K)/[kJ/(kg·K)]	14.4
定容比热容(273～473K)/[kJ/(kg·K)]	10.3
热导率(0.1013MPa，293K)/[W/(m·K)]	18.97

续表

性质	数值
扩散系数(0.1013MPa，293K)/(cm^2/s)	0.61
扩散速度(0.1013MPa，293K)/(cm/s)	2.00
1kg 氢气的高位热值/(MJ/kg)	143
1kg 氢气的低位热值/(MJ/kg)	121
1kg 氢气燃烧的理论空气量/kg	34.27
1m^3（标准状态下）氢气燃烧的理论空气量/m^3	2.38
氢焰传播速度(0.1013MPa，293K)/(m/s)	2.65～3.25

2. 氢的化学性质

氢的化学性质比较活泼，和所有气态元素一样，一般不存在单原子的氢，都是以双原子构成气体氢分子或与其他元素结合的形式存在。氢分子能级较高，还原性强。氢是一种易燃易爆的物质，氢气在氧或空气中着火范围非常宽广，燃烧时若不含杂质可产生无色的火焰，火焰的传播速度很快，达 2.7m/s，着火能很低，为 0.2MJ。在大气压力及 293K 时氢气与空气混合物的燃烧体积分数是 4%～75%（以体积计），当混合物中氢的体积分数为 18%～65%时特别容易引起爆炸。因此，进行液氢操作时需要特别小心，而且应对液氢纯度进行严格的控制与检测。

（二）氢能的特点

氢能是一次能源的转换储存形式，是氢所含有的能量，因此它是一种二次能源。氢气的主要特点有如下 4 个方面。

1. 氢是最洁净的燃料

氢是一种优质的燃料，热值高，燃烧性能好，与空气混合时有广泛的可燃范围，燃烧速度快。其最突出的优点是与氧反应后生成的是水，可实现真正的零排放，不会像化石燃料那样产生诸如 CO、CO_2、碳氢化合物、硫化物和粉尘颗粒等对环境有害的污染物质，是最洁净的燃料。氢在空气中燃烧时可能产生少量的氮化氢，经过适当处理不会污染环境，而通过燃料电池转换为电能则完全转化为洁净的水，而且生成的水还可继续制氢，反复循环使用，氢能的利用将使人类彻底消除对温室气体排放造成全球变暖的担忧。

2. 氢是可储存的二次能源

氢可通过各种一次能源（煤炭、石油、天然气）得到，也可以通过可再生能源（太阳能、生物质、风能等）或二次能源（电）得到。氢能和电、热能最大的不同在于能被大规模的储存，氢能以气态、液态或固态的金属氢化物形式出现，能够储存运输，适用于各种不同场合。可储存携带的二次能源中氢能清洁无污染、能量密度高、可再生、应用形式多，是一种理想的能源载体，氢既可通过燃烧产生热量，在热力发动机中产生机械功，又可用于燃料电池高效供电，被能源界公认为最理想的化石燃料的替代能源。

3. 氢能的效率高

根据热力学第二定律，所有将燃料的化学能转化为机械能的热机都伴随着一定比例的冷源损失，目前效率最高的火力发电厂的能源转化效率只不过在 40%左右，内燃机的效率一般不超过 30%。科学家一直在寻找不受热力学第二定律限制的能源转换方式，燃料电池就是其中一种，理论上燃料电池可以使用多种气体燃料，但目前真正技术上取得突破的只有氢气，这使得氢能成为目前转换效率最高的能源。目前燃料电池的转换效率为60%～70%，还有继续提高的潜力。

4. 氢的资源丰富

氢是宇宙中分布最广泛的物质，宇宙质量的75%都由氢构成，因此氢能称为人类的终极能源。地球上的氢主要以其化合物，如水、碳氢化合物、石油、天然气等的形式存在。水是氢的大“仓库”，如把海水中的氢全部提取出来，其释放的热量将是地球上所有化石燃料热量的9000倍，而且在氢能的转换过程中，水是循环再生的，因此在理论上可以说氢是取之不尽、用之不竭的资源。生物质则是另一个巨大的氢源，植物通过光合作用，把太阳能和水转换成生物质，使之成为氢和能量的载体。

（三）主要制氢工艺

自然界中的氢都是以氢化合物的形式存在，所以氢能制备都必须以含氢化合物为资源，任何制氢工艺都是能量转移的过程，只是利用的能源不同而已。例如，电解水制氢是由电能向氢能的转移，煤制氢是由煤炭向氢能的转移，石油、生物质等也是如此。目前制氢的方法很多，如水制氢、化石能源制氢、生物质制氢等。

1. 水制氢

水制氢包括水电解制氢、热化学制氢、高温热解水制氢。其中，水电解制氢有普通水电解制氢、重水电解制氢、煤水浆电解制氢及超临界压力电解水制氢。水电解制氢的能量转换效率一般为75%～85%，工艺过程简单，无污染，但消耗电量大。热化学制氢是指在水系统中，在不同温度下，经历一系列不同但又相互关联的化学反应，最终将水分解为氢气和氧气的过程。在这个过程中，仅消耗水和一定热量，参与制氢过程的添加元素或化合物均不消耗，整个过程构成一封闭循环系统。

2. 化石能源制氢

化石能源制氢包括煤制氢、气体原料制氢、液体化石能源制氢等，其中，煤制氢主要是煤炭气化技术制氢及煤炭的焦化制氢。煤炭的气化是指煤炭在高温常压或加压下，与气化剂反应转化成气体产物，气化剂为水蒸气或氧气（空气）；焦化是指煤炭在隔绝空气条件下，在900～1000℃制取焦炭，副产品为焦炉煤气，也是制取氢气的原料。气体原料制氢包括天然气水蒸气重整制氢、部分氧化重整制氢、天然气催化热裂解制氢、天然气新型催化剂制氢等。液体化石能源制氢主要有甲醇、乙醇、石油等重整制氢。化石能源制氢生产成本主要取决于化石能源原料价格，成本较高，因此其应用受到限制。

3. 生物质制氢

生物质制氢包括微生物转化技术制氢、热化学转化技术制氢等，其中，微生物转化技术制氢包括光合微生物产氢和厌氧微生物产氢等。生物质制氢方法示意图如图10-1所示。

生物质制氢技术具有清洁、节能和不消耗矿物资源等突出优点，生物质作为可再生资源，可通过光合作用进行能量和物质转换，在常温常压下通过酶的催化作用得到氢气。

（四）氢的储存和利用

1. 氢的储存

氢的储存是氢能利用过程中一个至关重要的技术，其输送比固态煤、液态石油、天然气更困难。氢能一般以气体、液体、化合物等形式储存，目前，主要有常压、高压、液氢、金属氢化物、非金属氢化物5种储氢方式。

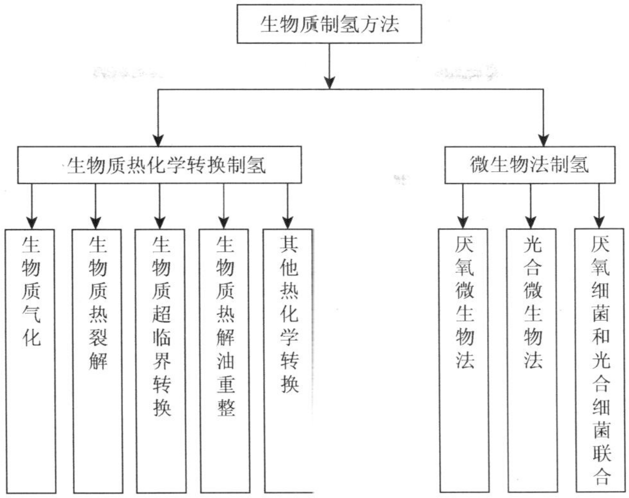

图 10-1　生物质制氢方法示意图

（1）常压储氢方法适合大规模储存气体，使用巨大的水密封储罐。因氢气的密度太小，常压储氢方法应用不多。

（2）高压储氢是最普通和最直接的储氢方式，压缩后的氢气直接装入专用高压储氢钢瓶中，使用时通过减压阀的调节就可将氢气直接放出。但此法储氢钢瓶容积利用率低，还需要考虑氢气压缩的能耗、运输成本及安全等问题。

（3）液化储氢是指在标准大气压下将氢气冷冻，或在高压下将氢气绝热膨胀至液态储存的一种储氢方法。但氢的液化需要消耗大量能源，1kg 氢气的液化需要消耗 28.90MJ 的能量；利用储氢罐进行储存时还存在热分层问题，下热上冷，稍有扰动两层就会翻动、爆沸，发生爆炸事故，一般通过加装阻止热分层的装置，防止事故发生。液氢与外界环境的温度有很大差距，悬殊的温度差容易导致液氢蒸发，存在不经济、不安全因素。液化储氢技术存储效率高、液氢能量密度高，但能耗大、且有自然挥发，不适合汽车等间歇使用能源的情况，但在一些特殊情况下，如航天运载火箭，则适合采用液化储氢。

（4）金属氢化物储氢是指氢可以和许多金属或合金化合形成金属氢化物而达到储氢的方法。在一定温度和压力下，金属会大量吸收氢形成金属氢化物，反应具有很好的可逆性，升高温度或减小压力即可释放出氢气，是一种极其简便易行的理想储氢方法。储氢的反应原理即 $x\mathrm{M}+y\mathrm{H_2}\longrightarrow \mathrm{M}_x\mathrm{H}_{2y}$（M 为金属元素）。金属氢化物储氢容量较大，单位体积储氢的密度是同温同压下气态氢的 1000 倍。充放氢循环寿命长，成本低，但储氢金属或合金易粉化，微细的粉末在释氢时易混杂在氢气中。另外，金属的氧化膜及杂质气体对储氢金属性能的负面影响较大。目前研究发展中的储氢合金，主要有钛系储氢合金、锆系储氢合金、铁系储氢合金及稀土系储氢合金。

（5）非金属氢化物储氢主要包括碳质材料储氢和有机化合物储氢等方式，针对不同的用途，这些储氢方式各有利弊，储氢材料的性能及掺杂技术目前已有所突破。

2. 氢的利用

氢作为最有发展前景的一种清洁能源，可以直接作为内燃机、燃料电池、热核反应等的燃料被加以利用。

（1）氢主要作为内燃机燃料燃烧放热，也可与其他燃料混合作混合燃料。随着化石能源储量日益减少，依赖有限化石燃料的现代交通工具如汽车、飞机、轮船等又无法直接使用从发电厂输出的电能，氢能的燃烧热值很高且清洁环保，是理想的替代能源。氢内燃机与汽油内燃机相比，系统效率高，发动机寿命长，环境友好，使用经济。目前氢内燃机汽车还在示范阶段，困难在于没有适宜的车载储氢技术，而氢内燃机飞机和氢燃料火箭展现出的前景更加美好。

（2）氢用于燃料电池直接释放电能，是氢能利用的最理想方式，它是电解水制氢的逆反应。英国科学家格罗夫首次进行燃料电池的实验，消耗掉氢气和氧气的同时得到电。燃料电池汽车就是将燃料电池发电机作为驱动源的电动汽车，可用作燃料电池汽车的燃料有纯氢、甲醇和汽油等。利用纯氢，系统较简化且可提高燃料电池的效率，但氢的储存量有限，因而汽车行驶距离会受限，目前科学家正在研究合适的储氢方式。自 1999 年我国的第一辆氢燃料电池车在清华大学试验成功，紧接着其他公司及科研单位也试验成功各种用途的汽车，氢燃料电池将引发一场汽车技术革命。燃料电池除了用在交通运输方面，还可用在固定式电站，也可用作小型或微型便携电源。

（3）利用氢的热核反应释放核能。氢及氢的同位素可用于核聚变的原料，^{3}He 作为核聚变燃料更清洁，操作安全，效益更高，但是地球上不存在 ^{3}He，只能去月球开采，据推算，月球上的 ^{3}He 只可供地球使用几百年，因此，氢的同位素还是实现核聚变的可靠原料。

二、生物质制氢的基本原理

（一）热化学转换法制氢原理

生物质热化学转换法制氢过程是化工过程，热化学转换可以从生物质中获得更大量的可用能源（H_2、CO 等），提高生物质在能源领域的利用比例，并可在生物质气化反应器固定床和流化床中进行大规模的生产，热化工过程易于控制。生物质气化是以生物质为原料，以氧气（空气）、水蒸气或氢气等作为气化剂，在高温条件下通过热化学反应将生物质中可以燃烧的部分转化为可燃气的过程。气化产生的气体主要有效成分有 H_2、CO、CH_4、CO_2 等，要得到纯氢还需进行气体分离。

1. 生物质气化制氢

生物质气化制氢过程在生物质气化炉中发生，最常用的反应器为流化床式生物质反应器。气化过程主要是生物炭与氧的氧化反应，与 CO_2、H_2O 等的还原反应和生物质的热分解反应，通常气化炉中经历了干燥、热解、氧化、还原 4 个阶段，各层燃料同时进行着各自不同的化学反应过程。

2. 生物质热裂解制氢

生物质热裂解过程是指在隔绝空气或供给少量空气的条件下使生物质受热而发生分解的过程。在生物质热裂解过程中有一系列复杂的化学反应，同时伴随着热量的传递，根据工艺的控制不同可得到不同的目标产物，一般生物质热裂解产物有气体、生物油和木炭。在生物质热裂解制氢过程中，生物质被加热分解为可燃气体和烃类，为增加气体中的氢含量，其热解产物被持续加热，烃类物质继续被催化裂解，最后进行气体分离。

3. 其他热化学转换制氢

除生物质气化制氢和热裂解制氢等方法外，还有生物质超临界转换制氢、生物质热解油的水蒸气重整制氢、甲醇和乙醇的水蒸气重整制氢及甲烷重整制氢等方法。生物质超临界转换制氢是将生物质原料与水按一定比例混合，置于超临界条件下（压力 22～35MPa，温度 450～650℃），使其发生热化学反应，生成氢气含量较高的气体和残炭。超临界水是具有高扩散性、特性均匀的非极性溶剂，可以溶解生物质，使生物质超临界转换制氢过程能在热力学平衡条件下实现，其生物质原料与水的混合体系在没有界面传递限制的情况下可以进行高效率的转化，发展前景十分广阔。生物质热解油的水蒸气重整制氢是指利用水蒸气重整催化生物质热裂解油制取氢气，这种制氢方法的突出优点是重整制氢过程的中间体“热裂解油”易于储存和运输，热裂解油是在生物质快速热解过程中制取的。甲醇和乙醇的水蒸气重整制氢类似于生物质热解油的水蒸气重整制氢，只是它利用的是生物质转化后得到的甲醇和乙醇进而通过水蒸气的催化重整制得氢气。为了提高转化率，近期研究较多的还是催化剂的改进，以及如何减少氢气中一氧化碳的含量。甲烷重整制氢原理与生物质热解油的水蒸气重整制氢、甲醇和乙醇的水蒸气重整制氢相似，新催化剂的研制及如何减少氢气中二氧化碳的含量，提高甲烷转化率是目前研究的重点。

（二）生物法制氢

生物法制氢是把有机化合物中的能量通过产氢细菌的生物作用转化为氢气。100 多年前人类就已经发现生物法制氢，最先是 Lewis 在 1966 年提出的，直至 20 世纪 70 年代世界性能源危机爆发，生物法制氢的实用性及可行性才得到高度重视，90 年代起，人们清醒地认识到石化燃料造成的大气污染和对全球气候变化产生的不利影响，现在世界再次密切关注生物法制氢技术。

由于生物法制氢是微生物自身新陈代谢的结果，反应在常温、常压和接近中性的温和条件下即可进行，原料来源丰富，价格低廉，可以是生物质、城市垃圾或者有机废水，制氢过程清洁、节能，不消耗化石能源，在制备氢气的同时净化了环境，具有废弃物资源化利用和环境保护的双重功效，成为国内外制氢技术的一个重要发展方向。

能够产氢的微生物主要有两个类群：暗发酵产氢细菌和光合产氢细菌。在这些微生物体内存在着特殊的氢代谢系统，固氮酶和氢酶在制氢过程中发挥重要作用。生物法制氢均属于产氢微生物厌氧发酵有机质的过程。根据所用微生物种类和工艺条件的不同，生物制氢技术主要可分为暗发酵制氢技术、光发酵制氢技术和光-暗发酵联合制氢技术。在国内，暗发酵制氢技术通常称为厌氧微生物法制氢，是生物发酵制氢出现最早的研究方向。光发酵制氢习惯上称为光合微生物法制氢，后来则又出现了许多有关光暗联合的两段式制氢技术，通常也称为厌氧-光合细菌联合制氢技术。

1. 厌氧微生物法制氢

厌氧微生物法制氢是通过厌氧细菌将有机物降解制取氢气。许多厌氧细菌在氮化酶或氢化酶的作用下能将多种底物分解而得到氢气，这些底物主要包括 HCOOH、$CH_3COCOOH$、CO 和各种短链脂肪酸等有机物、硫化物、淀粉纤维素等糖类，广泛存在于工农业生产的高浓度有机废水和人畜粪便中。厌氧微生物发酵制氢工艺示意图见图 10-2。

在厌氧条件下进行发酵的厌氧微生物中，存在着产氢的细菌菌种，能够发酵有机物产氢的细菌包括专性厌氧菌和兼性厌氧菌，如丁酸梭状芽孢杆菌、大肠埃希式杆菌、褐球固氮菌、根瘤菌等。制氢反应有两种过程，一种是利用氢化酶进行，另一种是利用氮化酶进行。在厌氧发酵中，主要使用氢化酶制备氢气。总的来说，产氢过程就是发酵性细菌利用多种底物在固氮酶或氢酶的作用下分解底物制取 H_2。典型的厌氧微生物产氢发酵途径如图 10-3 所示。

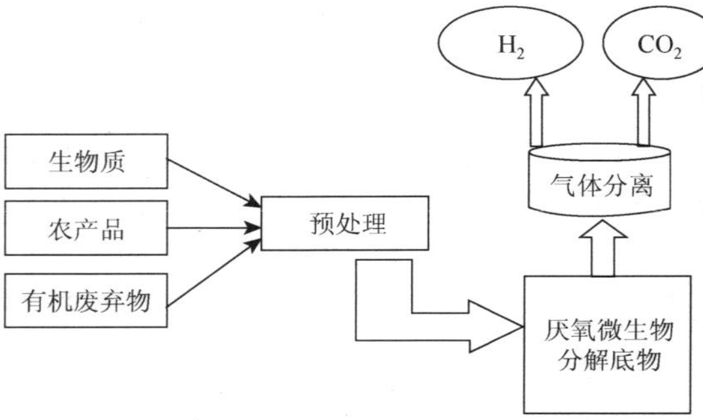

图 10-2　厌氧微生物发酵制氢工艺示意图

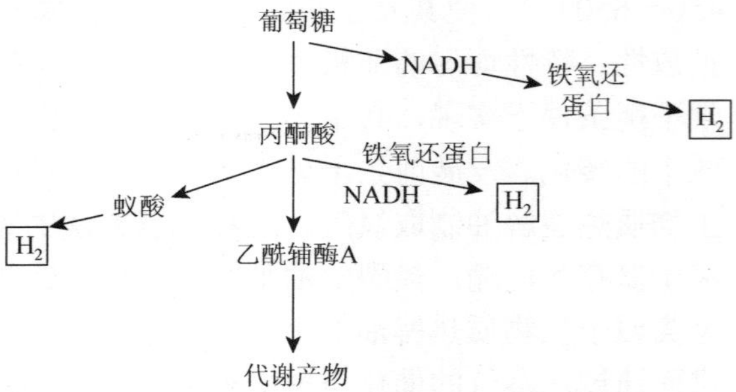

图 10-3　典型的厌氧微生物产氢发酵途径

中间代谢物质经过还原型的 NADH（烟酰胺腺嘌呤二核苷酸），以及铁氧还蛋白（Fd）的共同作用或直接经 Fd 作用，或蚁酸在氢化酶的作用，最终生成 H_2，葡萄糖到丙酮酸的途径是所有发酵的通用途径。厌氧微生物发酵产氢主要有两种途径，一是甲酸分解产氢，二是通过 NADH 的再氧化产氢。

2. 光合微生物法制氢

光合微生物法制氢是指微生物（细菌或藻类）通过光合作用将底物分解制备 H_2 的方法。藻类（如绿藻等）在光照条件下，通过光合作用分解 H_2O 产生 H_2 和 O_2，所以通常也称为光分解水产氢途径，其作用机制和绿色植物光合作用机制相似，光合作用路线见图 10-4。这一光合系统中，具有两个独立但协调起作用的光合作用中心：接收太阳能分解水产生 H^+、电子和 O_2 的光合系统Ⅱ（PSⅡ）及产生还原剂用来固定 CO_2 的光合系统Ⅰ（PSⅠ）。PSⅡ产生的电子，由铁氧还蛋白携带经由 PSⅡ和 PSⅠ到达氢酶，H^+在氢酶的催化作用下在一定的条件下形成 H_2。氢酶是所有生物产氢的关键因素，绿色植物由于没有氢酶，所以不能产生 H_2，这是藻类和绿色植物光合作用过程的重要区别，因此除 H_2 的形成外，绿色植物的光合作用规律和研究结论可以用于藻类新陈代谢过程分析。

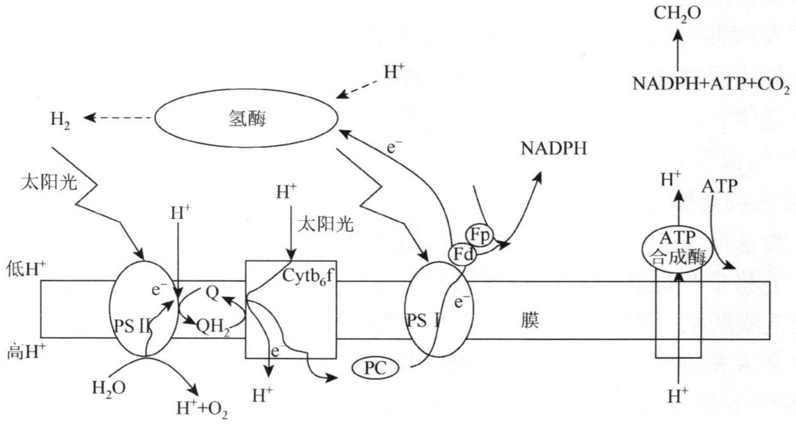

图 10-4　藻类光合产氢过程电子传递示意图

PSⅡ. 光合系统Ⅱ的反应中心；PSⅠ. 光合系统Ⅰ的反应中心；Q. PSⅡ阶段的主要电子接受体；PC. 质体蓝素；$Cytb_6f$. 细胞色素 b_6，细胞色素 f 复合体；Fd. 铁氧还蛋白；Fp. Fd-NADP 氧化还原酶；NADPH. 氧化还原酶

光合细菌简称 PSB（photosynthetic bacteria），是一群能在光照条件下利用有机物作供氢

体兼碳源进行光合作用的细菌，而且具有随环境条件变化而改变代谢类型的特性。它是地球上最早（约 20 亿年以前）出现的，具有原始光能合成体系的原核生物，广泛分布于水田、湖沼、江河、海洋、活性污泥和土壤中。1937 年，Nakamura 观察到 PSB 在黑暗中释放氢气的现象。1949 年，Gest 和 Kamen 报道了深红螺菌在光照条件下的产氢现象，同时还发现深红螺菌的光合固氮作用。研究表明，光照条件下产氢和固氮在 PSB 中是普遍存在的。光合细菌与绿藻相比，其光合放氢过程中不产氧，只产氢，且产氢纯度和产氢效率较高。光合细菌产氢原理示意图如图 10-5 所示。

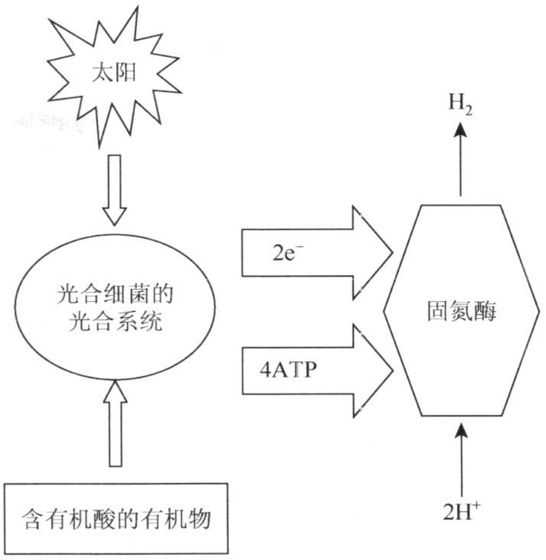

图 10-5　光合细菌产氢原理示意图

光合细菌产氢和藻类一样都是太阳能驱动下光合作用的结果，但是光合细菌只有一个光合作用中心（相当于蓝、绿藻的光合系统Ⅰ），由于缺少藻类中起光解水作用的光合系统Ⅱ，只进行以有机物作为电子供体的不产氧光合作用，光合细菌光合作用及电子传递的主要过程见图 10-6。

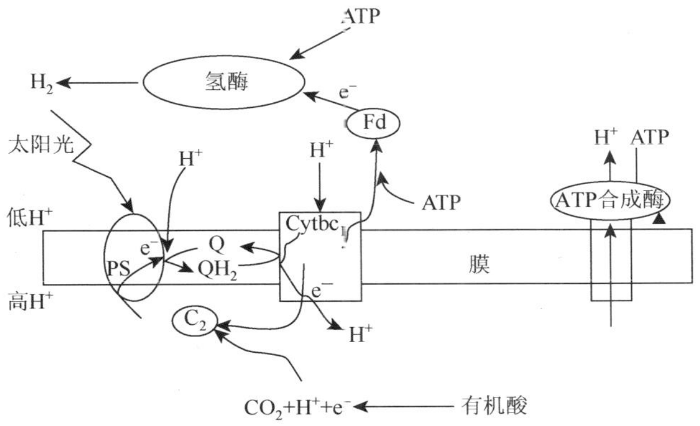

图 10-6　光合细菌光合产氢过程电子传递示意图

光合细菌光分解有机物产生氢气的生化途径为：$(CH_2O)_n$→Fd→氢酶→H_2，以乳酸为例，光合细菌产氢的化学方程式可以表示如下。

$$C_3H_6O_3+3H_2O \xrightarrow{\text{光照}} 6H_2+3CO_2$$

该反应的自由能为+8.5kJ/mol H_2，此外，研究发现光合细菌还能够利用 CO 产生 H_2，反应式如下。

$$CO+H_2O \xrightarrow{\text{光照}} CO_2+H_2$$

目前认为光合细菌产氢由固氮酶催化，已经证明光合细菌可利用多种有机酸、食品加工和农产品加工的废弃料液产氢，计算所得光合细菌的光转化效率接近 100%，但这一计算忽略了有机物中所含的能量，有关专家认为，在理想光照度下（低光照度）实际光转化效率要远远小于 100%，而且由于光合细菌的光合系统和藻类一样存在着光饱和效应，在太阳光充足的条件下实际的光转化效率更低。提高光转化效率是所有光合生物制氢技术中有待解决的问题，但光合细菌所固有的只有一个光合作用中心的特殊简单结构，决定了它所固有的相对较高的光转化效率。

3. 厌氧-光合细菌联合产氢

厌氧细菌产氢和光合细菌产氢联合起来组成的产氢系统称为混合产氢。图 10-7 给出了混合产氢系统中发酵细菌和光合细菌利用葡萄糖产氢的生物化学途径和自由能变化。厌氧细菌可将各种有机物分解成有机酸以获得它们维持自身生长所需的能量和还原力，同时为消除电子积累产生出部分 H_2。

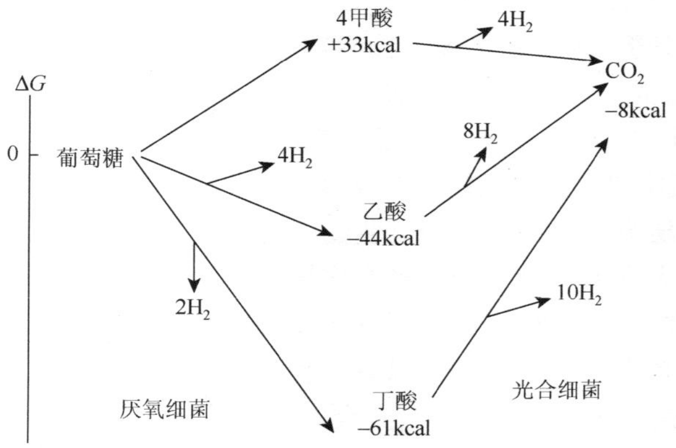

图 10-7　厌氧细菌和光合细菌联合产氢途径

从图 10-7 中所示自由能可以看出，由于反应只能向自由能降低的方向进行，在分解所得的有机酸中，除甲酸可进一步分解出 H_2 和 CO_2 外，其他有机酸不能继续分解，这正是厌氧细菌产氢效率低的原因，产氢效率低是厌氧细菌产氢在实际应用中面临的主要障碍。而光合细菌可以利用太阳能来克服有机酸进一步分解所面临的正自由能堡垒，使有机酸彻底分解，释放出有机酸中所含的氢。另外，由于光合细菌不能直接利用淀粉和纤维素等复杂的有机物，只能利用葡萄糖和小分子有机酸，所以光合细菌直接利用废弃有机资源制备氢气效率同样很低，甚至得不到氢气。利用厌氧细菌几乎可分解所有有机物为小分子有机酸的特点，将原料进行预处理，接着用光合细菌进行产氢，正好做到优势互补。

三、生物质制氢的特点

生物质是植物通过光合作用产生的有机物，而绿色植物的光合作用是地球上最重要、最大规模的太阳能转换和利用过程。地球上每年生长的生物质总量为 1400 亿～1800 亿 t 干物质，相当于目前世界总能耗的 10 倍，取之不尽、用之不竭。生物质资源分布广泛，较少受地域限制。我国是生物质资源丰富的国家，在工农业生产中产生了大量农林残余物、工业生物质废弃物和有机废水，每年可利用的生物质资源量超过 5 亿 t 标准煤。生物质制氢技术能够使这个巨大的资源得到有效利用，产生巨大的经济效益。

（1）生物质既是氢的载体，又是能量的载体。太阳能、风能、水能等可再生能源都是过程性能源，本身不是物质的载体，它们的制氢过程是能量的转换过程，每次转换都伴随着能量的损失。而生物质是通过光合作用生成的有机物，它是能量和氢的双重载体，其中氢元素的质量组分为 6%，相当于每千克生物质含有 $0.672m^3$氢气，占生物质自身能量的 40%以上。生物质自身的能量足以将其含有的氢分解出来，采取科学合理的制氢工艺还可能利用多余能量额外分解一定量的水，得到更多的氢。

（2）生物质具有稳定的可获得性。生物质是唯一一种以实物形式存在的、可储存和运输的可再生能源，在收获以后可全天候使用而不受天气影响。

（3）与常规能源的类似性。生物质的主要组成是碳氢化合物，与常规的石化能源如煤炭、石油同类，其特性和利用方式与矿物燃料相似，因此，可将许多已经发展的较为成熟的常规能源技术经过移植或再创造用于发展生物制氢技术。

四、生物质制氢的工艺类型

（一）生物质热化学转换法制氢

生物质热化学转换法制氢是化学工程过程，通过热化学转换可以从生物质中获得更大量的可用能源，如 H_2、CO 等，热化工过程易于控制，并可在生物质气化反应器固定床和流化床中进行大规模的生产，提高生物质在能源领域的利用比例。生物质和煤炭在组成结构上不同（生物质由纤维素、半纤维素、木质素、惰性灰和一些提取物组成，具有独特的晶格结构和组织，含氧量高，挥发分含量高，其焦炭的活化性强），与煤炭相比，生物质在本质上具有更高的活性，更适合热化学转换制氢。生物质气化产生的气体成分主要包括 H_2、CO、CH_4、CO_2 等，要得到有应用价值的 H_2 还需对混合气体进行提纯分离。

1. 生物质气化催化制氢工艺

生物质气化催化制氢是加入水蒸气的部分氧化反应，类似于煤炭气化的水煤气反应。生物质气化催化制氢得到的可燃气主要成分是 H_2、CO 和少量的 CO_2，然后借助水-气转化反应生成更多的氢气，最后分离提纯。该方法源于以煤炭为原料的制氢工艺，但生物质的特性与煤炭相差较大，需进行重新设计和改进。此过程会产生较多的焦油，一般在气化后采用催化裂解的方法来降低焦油含量并提高燃气中氢的含量。生物质气化催化制氢工艺流程如图 10-8 所示。

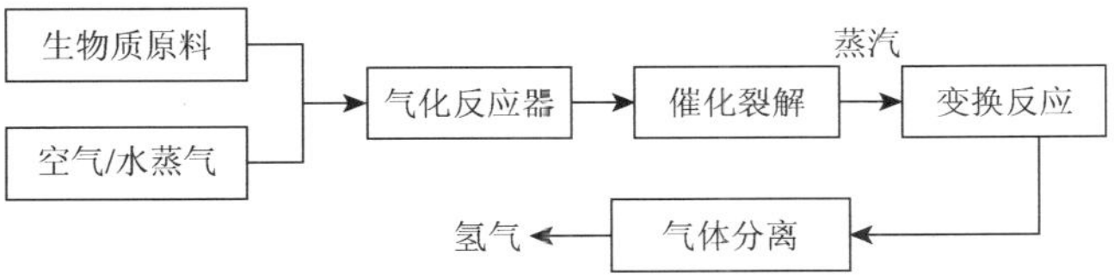

图 10-8　生物质气化催化制氢工艺流程

在气化过程中，生物质在空气或氧气及高温条件下被转化成燃料气。根据气化介质的不同或生物质气化反应器的不同，工艺流程也不相同。对于生物质气化产氢，按气化介质分，生物质气化技术主要有空气气化、纯氧气化、蒸汽-空气气化和干馏气化等多种气化工艺。生物质气化过程中常用的气化剂是空气、氧气、蒸汽或氧气和蒸汽的混合气，生物质气化一般得到的可燃气为混合气体。采用不同的气化剂，生成的可燃气体的成分及焦油含量不同。空气作气化剂，得到的合成气热值低，为 4～7MJ/m^3，且燃气中含有大量的氮，导致氢气提纯过程较难。使用 O_2 和蒸汽的混合气作为气化剂得到的合成气热值较高，可达 10～18MJ/m^3，蒸汽更有利于富氢的产生。

2. 生物质热裂解制氢工艺

生物质隔绝空气或供给少量空气的热裂解过程通过不同的反应条件可得到高品质的气体产物，可通过控制裂解温度和物料的停留时间等热裂解条件制取氢气。热解反应类似于煤炭的干馏，工艺条件温和，其工艺流程如图 10-9 所示。在隔绝空气条件下，生物质热裂解制氢具有很多优势：反应过程中不用大量加入空气，避免了氮气对气体的稀释，气体的能流密度提高，分离难度降低，减少了设备的体积和造价；生物质在常压下进行热解和二次裂解，避免了苛刻的工艺条件；以生物质原料自身能量平衡为基础，不需要用常规能源提供额外的热量；有相当宽广的原料适应性。

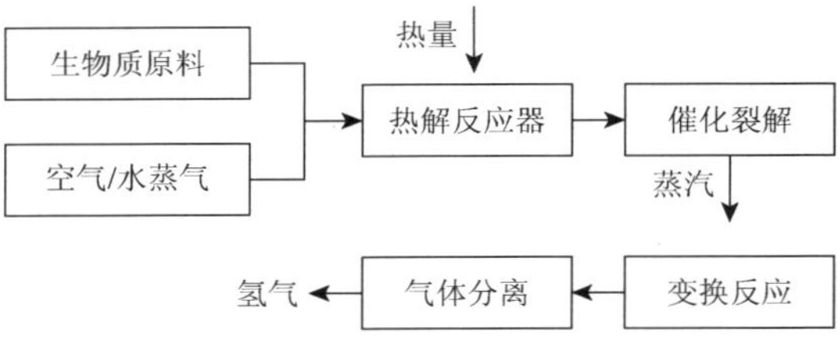

图 10-9　生物质热裂解制氢的工艺流程

因此，生物质热裂解制氢工艺受到世界各国的广泛重视，美国相关研究团队对煤炭和生物质的高温热解过程进行了长期的研究，并制取了 H_2、CH_3OH 及烃类。美国 NREL 实验室开发的生物质热裂解制氢工艺流程经过变压吸附（PSA）装置后的 H_2 的回收率达 70%，H_2 产量达 10.19kg/d。Chittick 设计的生物质热裂解反应器由于安装了红外辐射防护层，可大大降低热裂解过程中的热量损失，使裂解在 800～1000℃即可进行，且产物中基本没有木炭和焦油存在。

3. 其他热化学转换制氢工艺

超临界状态下水的介电常数较低、黏度小和扩散系数高，具有很好的扩散性与传递性，能够降低传质阻力，溶解大部分气体和有机成分，使热化学转换制氢反应达到均相，加速反应进程。但生物质超临界转换制氢的反应条件要求高，对设备和材料的工艺条件较苛刻。图 10-10 是生物质超临界转换制氢工艺流程。我国对超临界水催化气化制氢进行了系统的理论与实验研究并取得了一定进展，有的已得到了含氢较高的气体，几乎不生成残炭。

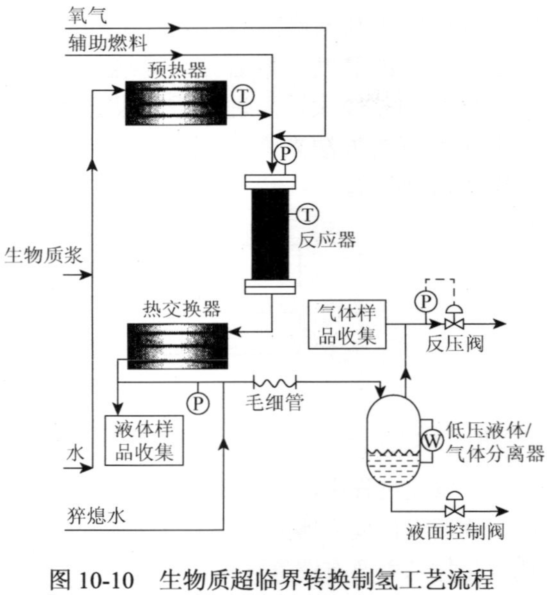

图 10-10　生物质超临界转换制氢工艺流程

T. 温度表；P. 压力表；W. 液位计

目前生物质快速热解制取燃料油的技术和工艺也为生物质制氢提供了新的途径，水蒸气催化重整生物质热裂解油制氢技术是可行的，但目前尚还处在实验室研究探索阶段，如何改善催化剂的性能、确定最佳工艺条件及其他因素还需深入研究。

虽然，生物质热化学转化制氢在技术上是最具有规模化前景的工艺方法，但是还有一些难以解决的问题。关键在于：其一，生物质种类繁多，结构不同，不能简单地采用单一的进料方式；其二，生物质气化相比煤气化来说，虽然气体中粉尘、S、N 的含量少，但是焦油的含量却高得多。生物质的体积庞大、能量密度低，在储存、运输等方面都有不便之处，因此可以考虑将生物质液化，再进行气化裂解，通过水蒸气催化重整得到氢气的两步制氢工艺，生物质热解油的水蒸气重整制氢就是这方面的研究应用。生物质热解油的水蒸气重整制氢是指利用水蒸气重整催化生物质热裂解油制取氢气的过程，这种制氢方法具有以下优点：作为制氢原料的生物质热裂解油不仅易于存储运输，而且在气化过程中不存在排灰除焦油等问题；生物质气化制氢难在进料方面，而生物质热裂解油没有这个问题，通过油泵和喷嘴可以实现生物质热裂解油的带压进料；采用生物质热裂解油为原料制氢，也是一条新的热裂解油后续加工途径。生物质快速裂解油制氢，在原料上有保障。生物质热裂解油重整制氢工艺流程如图 10-11 所示。

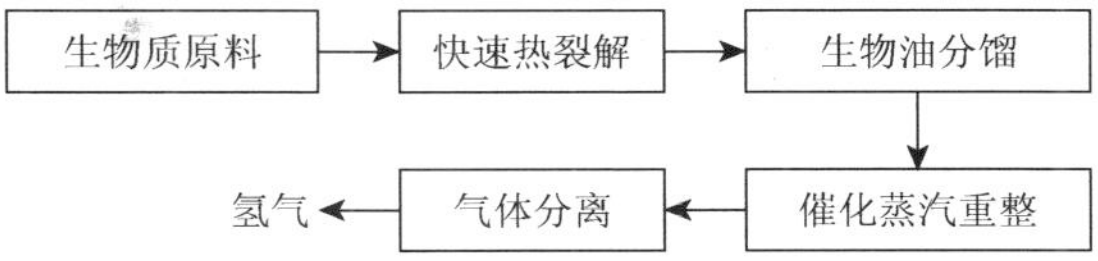

图 10-11　生物质热裂解油重整制氢工艺流程

甲醇和乙醇的水蒸气重整制氢工艺的反应途径大致可分为 3 类：甲醇与水蒸气反应同时生成 CO_2、CO 及 H_2，即属于平行反应；甲醇首先分解生成 CO 及 H_2，然后 CO 部分与水蒸气继续进行变换反应，生成 CO_2 和 H_2，即属于串联反应；甲醇与水蒸气反应首先生成 CO_2 和 H_2，然后 CO_2 部分和氢反应生成 CO 及 H_2O，即逆变换反应。乙醇水蒸气重整反应系统中的产物主要为：H_2、CO_2、CO、CH_4 和 C_2H_4O 等。甲烷重整制氢工艺在原理上与生物质热裂解油重整制氢，以及甲醇和乙醇的水蒸气重整制氢相似，催化剂的改进及如何减少氢气中一氧化碳的含量是提高转化率的有效途径。

（二）微生物法制氢工艺

目前开展的微生物法制氢研究主要集中在厌氧微生物法制氢、光合微生物法制氢与厌氧细菌和光合细菌联合产氢等技术领域。

1. 厌氧微生物法制氢工艺

厌氧微生物法制氢工艺主要是以有机废水为原料，利用驯化厌氧微生物菌群的产酸发酵作用生产氢气，形成了集生物制氢和高浓度有机废水处理为一体的综合工艺，厌氧微生物发酵方式大多是连续发酵，也有间歇发酵，两相厌氧处理工艺产氢的工艺流程见图 10-12。

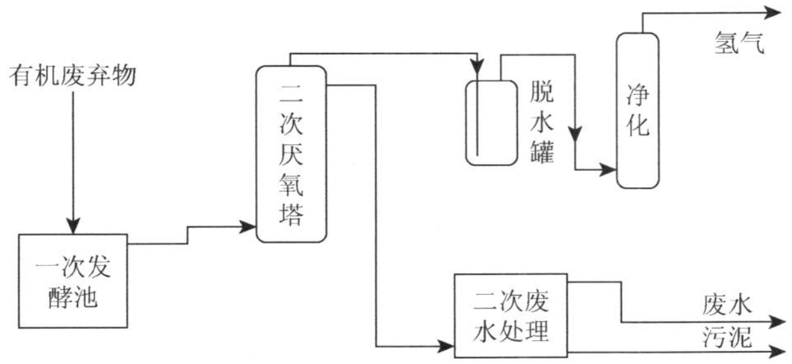

图 10-12　两相厌氧处理工艺产氢的工艺流程

目前，对厌氧微生物法制氢的研究主要集中在产氢菌株和变异菌株的筛选和探索、使用 N_2 或 H_2 进行气体抽提及氢气发酵产气速度的提高等方面。

在这类异养微生物群体中，由于缺乏典型的细胞色素系统和氧化磷酸化途径，厌氧生长环境中的细胞面临着产能氧化反应造成电子积累的特殊问题，当细胞生理活动所需要的还原力仅依赖于一种有机物的相对大量分解时，电子积累的问题尤为严重，因此，需要特殊的调控机制来调节新陈代谢中的电子流动，通过产生氢气消耗多余的电子就是调节机制中的一种。目前对于许多厌氧产氢细菌的生理学、还原剂产生途径、新陈代谢过程电子传递的分子生物学和生物化学等已经基本探明。

大多数厌氧细菌产氢来自各种有机物分解所产生的丙酮酸的厌氧代谢，丙酮酸分解有甲酸裂解酶催化和丙酮酸铁氧还蛋白（黄素氧还蛋白）氧化还原酶（PFOR）两种途径，产氢量较低。1mol 丙酮酸产生 1～2mol 的 H_2，理论上只有将 1mol 葡萄糖中 12mol 的氢全部释放出来，厌氧发酵产氢才具有大规模应用的价值。厌氧产氢量低的原因主要有两个：第一，是自然进化的结果，从细胞生存角度看，丙酮酸酵解主要用以合成细胞自身物质，而不是用于形成氢气；第二，所产氢气的一部分在吸氢酶的催化下被重新分解利用。通过新陈代谢工程及控制工艺条件使电子流动尽可能用于产氢是提高发酵细菌产氢的主要途径。

2. 光合微生物法制氢工艺

光合微生物法制氢的原料主要为藻类和光合细菌。微藻属于光合自养型微生物，包括蓝藻、绿藻、红藻和褐藻等，目前研究较多的主要是绿藻。光合细菌属于光合异养型微生物，目前研究较多的有深红红螺菌、球形红假单胞菌、深红红假单胞菌、荚膜红假单胞菌、球类红微菌、液泡外硫红螺菌等。

1）微藻光合生物制氢　微藻光合生物制氢是通过微藻光合作用系统及其特有的氢酶系把水分解为氢气和氧气，以太阳能为能源、水为原料，能量消耗小，生产过程清洁。微藻光合生物制氢有直接光解产氢和间接光解产氢两种途径。直接光解产氢途径中，光合器官捕获光子，产生的激活能分解水产生低氧化还原电位还原剂，该还原剂进一步还原氢酶形成氢气，见图 10-13。这种途径是蓝细菌和绿藻所固有的一种很有意义的反应，能够利用地球上充足的水资源在不产生任何污染的条件下获得 H_2 和 O_2。Greenbaum 等研究表明：在低光强度和极低氧分压的条件下，即在消除了光饱和效应和氧气抑制效应的条件下，绿藻（*Chlamydomonos reinhardtii*）的太阳能转化效率为 10%。由于催化这一反应的铁氢酶对氧气极其敏感，所以必须在反应器中通入高纯度惰性气体，形成一个氢分压和氧分压极低的环境，才能实现连续产氢。

间接光解有机物产氢途径中，为了克服氧气对氢酶的抑制效应，使蓝细菌和绿藻产氢连续进行，氢气和氧气在不同阶段或不同空间进行光分解蓝、绿藻生物质产氢，其具体产氢途径见图 10-14。间接光解有机物产氢途径由以下几个阶段组成：在一敞口池子中培养蓝、绿藻，储存碳水化合物；将所获得的碳水化合物（蓝、绿藻细胞）浓缩，转入另一池子中；蓝、绿藻进行黑暗条件下的厌氧发酵，产生少量 H_2 和小分子有机酸，该阶段与发酵细菌的作用原理和效果相似，1mol 葡萄糖在理论上可以生成 4mol H_2 和 2mol 乙酸；将暗发酵产物转入光合反应器，蓝、绿藻进行光照条件下的厌氧发酵（类似光合细菌）继续将乙酸彻底分解为 H_2。

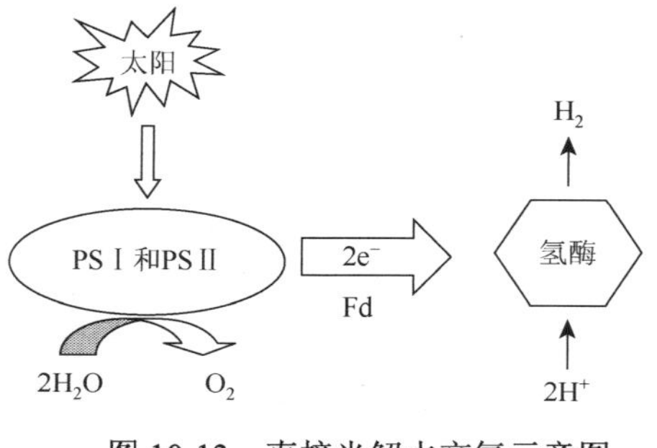

图 10-13　直接光解水产氢示意图

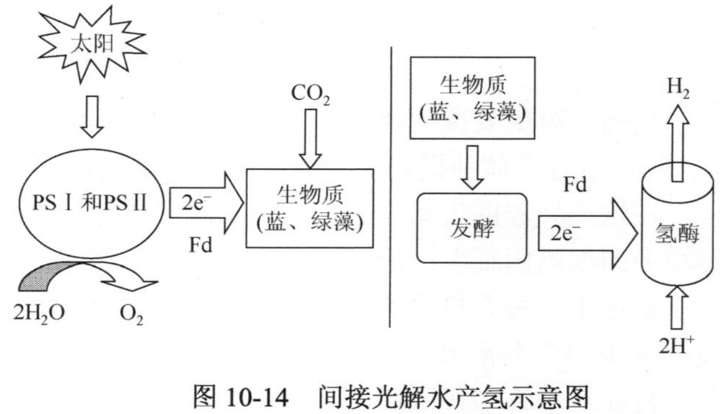

图 10-14　间接光解水产氢示意图

2）光合细菌产氢　光合细菌产氢又称为光发酵产氢，分为批次产氢和连续产氢两种形式。光合细菌批次产氢工艺流程的实验装置如图 10-15 所示。将底物进行简单预处理后，加入产氢培养基，接种光合菌群后密封，将反应瓶置于光照生化培养箱内，提供恒温光照环境，用排水法对气体进行收集。

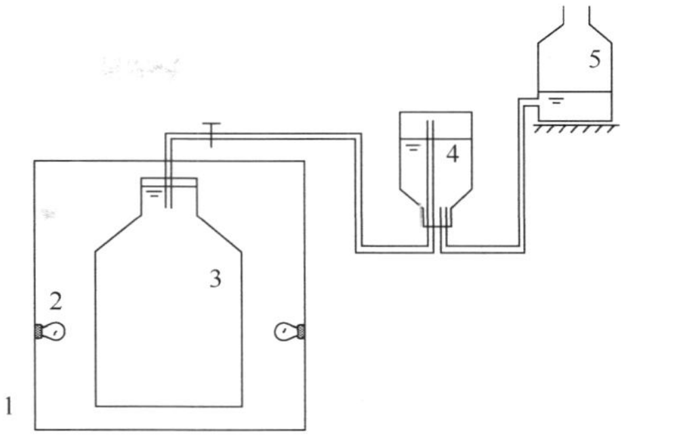

图 10-15　光合细菌批次产氢工艺流程的实验装置

1. 恒温箱；2. 光源；3. 反应瓶；4. 集气瓶；5. 平衡瓶

光合细菌连续产氢工艺流程如图 10-16 所示，主要由部分循环折流型光合微生物反应器本体、太阳能聚光传输装置、光热转换及换热器、光伏转换和照明装置、氢气收集储存装置 5 部分组成。采用太阳能聚集、传输与光合生物制氢等技术，使光合细菌在密闭光照条件下利用畜禽粪便有机物作供氢体兼碳源，完成高效率规模化的连续代谢放氢过程，实现可再生的氢能源生产和工农业有机废弃物的清洁化利用。

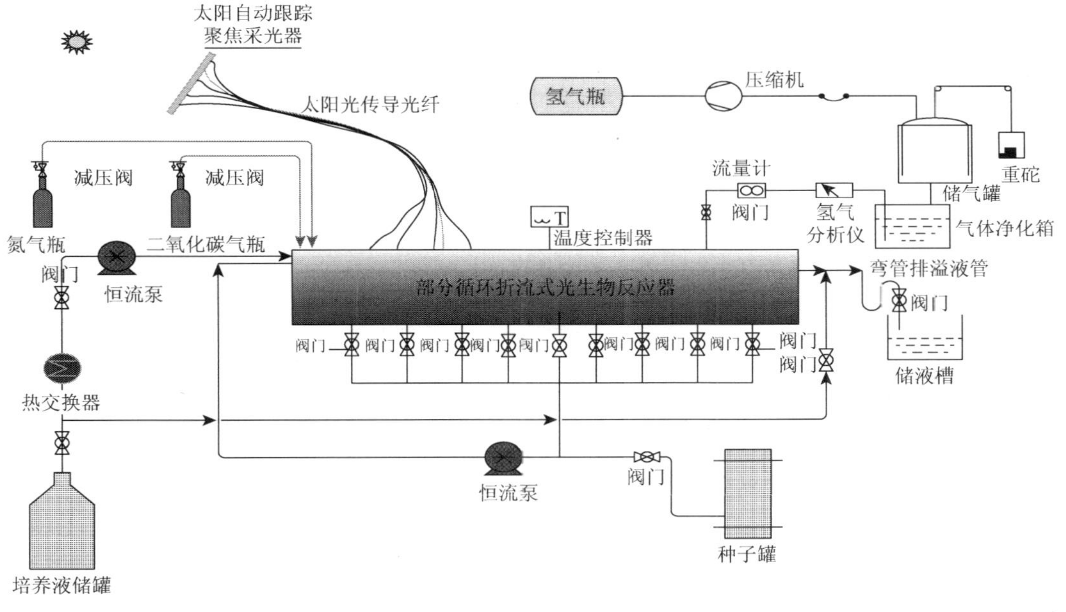

图 10-16　光合细菌连续产氢工艺流程

3. 厌氧细菌和光合细菌联合产氢工艺

由于不同菌体利用底物的高度特异性，其所能分解的底物成分是不同的，光合微生物与发酵性细菌可利用城市中的工业有机废水和垃圾为产氢底物，但要实现底物的彻底分解并制取大量的氢气，应考虑不同菌种的共同培养。图 10-17 为厌氧细菌和光合细菌联合产氢工艺流程示意图。

一般来说，微生物体内的产氢系统（主要是氢化酶）很不稳定，只有进行细胞固定化才可能实现持续产氢，但固定化细胞技术会使颗粒内部传质阻力增大，出现反馈抑制，占据反应器有效空间，使制氢成本增高，因此，固定化细胞技术仍需深入研究。

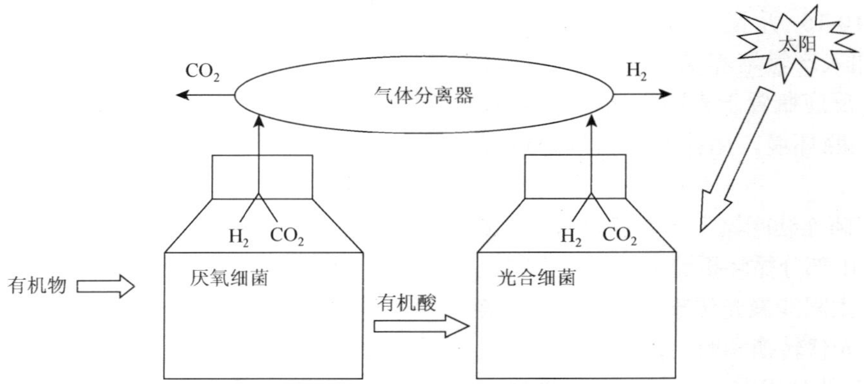

图 10-17　厌氧细菌和光合细菌联合产氢工艺流程示意图

五、生物质制氢装置

（一）生物质气化催化制氢装置

生物质气化催化制氢装置以流化床式生物质反应器最为常用，包括循环流化床和鼓泡流化床，催化剂为镍基催化剂或较为便宜的白云石或石灰石等。生物质气化催化制氢装置如图 10-18 所示。

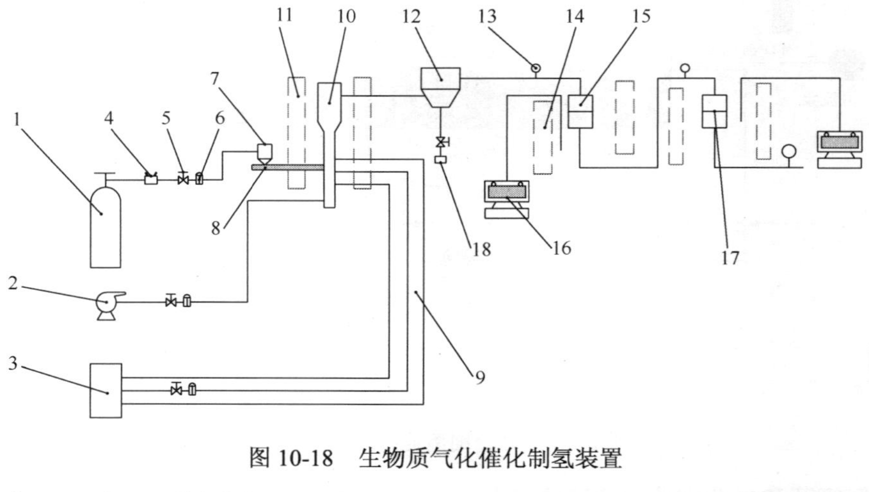

图 10-18　生物质气化催化制氢装置

1. 氮气瓶；2. 风机；3. 蒸汽发生器；4. 减压阀；5. 闸阀；6. 气体流量计；7. 给料斗；8. 螺旋给料机；9. 热蒸汽管；10. 流化床；11. 电炉；12. 旋风分离器；13. 取样口；14. 电炉；15. 接触反应固定床反应器；16. 温度自控器；17. 接触反应固定床反应器；18. 集灰器

生物质在流化床反应器的气化段经催化气化反应生成含氢的燃气，燃气中的 CO、焦油及少量固态碳在流化床的另外一区段与水蒸气分别进行催化反应，以提高转化率和氢气产率，之后产物气进入固体床焦油裂解器，在高活性催化剂上完成焦油裂解反应，再经变压吸附得到高纯度氢气。

（二）生物质热裂解制氢装置

生物质热裂解制氢装置如图10-19所示。生物质由布料器进入热裂解反应器中，在下吸式反应器中进行热裂解，分解为可燃气体和烃类物质，由出气口进入到反应器中进行第二次催化裂解，使烃类物质继续裂解，气体中氢含量增加，再经过变换反应得到更多的氢气，然后进行气体的分离提纯。

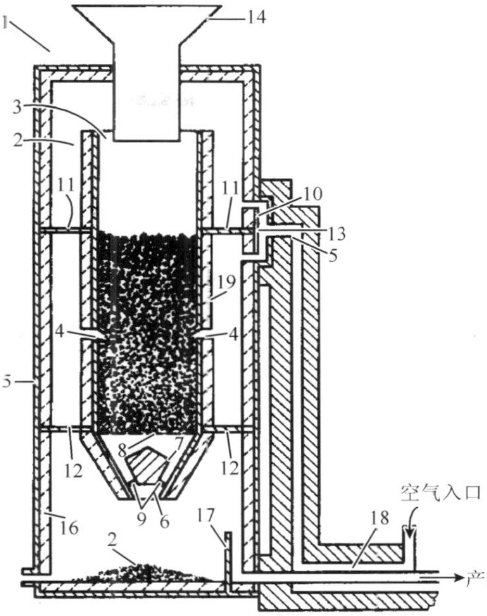

图 10-19　生物质热裂解制氢装置

1. 反应器；2. 下吸式反应室；3～5. 空气入口；6. 气体出口；7. 红外辐射收集器；8. 屏栅；9. 载体；10. 导管；11，12. 隔板；13. 空气分布阀门；14. 布料器；15. 外套；16. 红外辐射防护层；17. 凸缘；18. 热交换器；19. 木炭床

（三）厌氧微生物制氢反应器

典型的厌氧微生物制氢反应器如图10-20所示。

厌氧微生物制氢一般以有机废水等为原料，加入厌氧细菌培养液，反应器在厌氧环境下进行发酵产氢，反应装置置于生化培养箱内，为反应过程提供恒温环境。装置中设有pH控制器，对反应过程中的pH进行监测，并用NaOH溶液调节酸碱度。气体采用排水法收集，废液进入废液储槽进行储存。

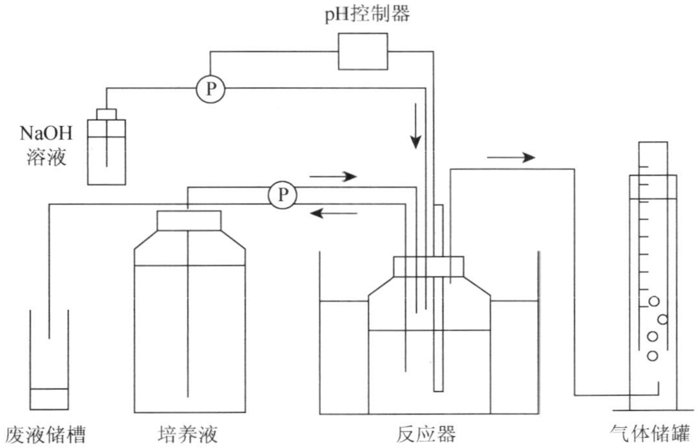

图 10-20　典型的厌氧微生物制氢反应器

P. 自控阀

（四）光合微生物制氢反应器

光合微生物制氢反应器是光合细菌在外界环境下，进行自身繁殖和代谢产氢的场所。由于光合细菌产氢需要在光照及厌氧的条件下进行，因此光合微生物制氢反应器不仅是一个相对密闭的容器，而且其结构形式还要满足光照的要求。目前光合微生物制氢反应器按照结构

形式可分为管式、板式、箱式、螺旋管式和柱式等几种；按照光源的分布形式，可分为内置光源和外置光源两种。

1. 管式光合制氢反应器

管式光合制氢反应器（管式反应器）是最早开发的光合微生物制氢反应器，也是结构最简单的反应器之一，一般由一支或多支尺寸相等的透光管组成，为了最大限度增加采光面积，反应器一般采用圆管形式。目前已研制有单管式、列管式、正弦波浪管式等形状的光合细菌制氢反应器。

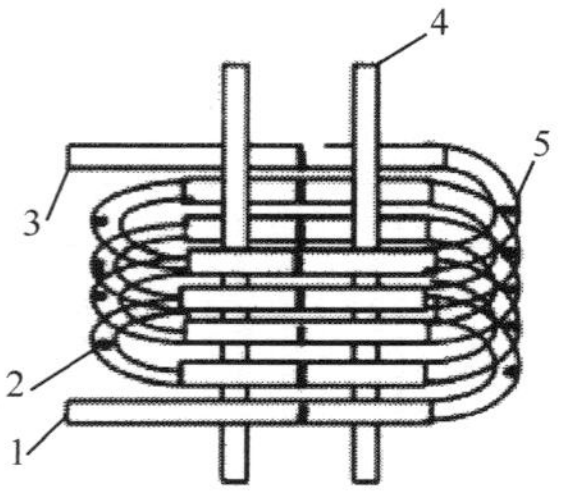

图 10-21　盘绕管光合制氢反应器

1. 菌液入口；2. 连接弯头；3. 菌液出口；4. 光源；5. 气体收集口

图 10-21 是一种内布光式的盘绕管光合制氢反应器，柔性反应管沿固定框架绕成一个桶形结构，将光源置于反应管所绕成的空间内可以实现光能的多方位利用，减少了外布光所造成的光损失，提高了光能利用率。

对于管式反应器来说，反应器的单位体积产氢率与管径具有负相关性，其主要原因在于光线沿管内半径方向传递时，由于管壁和反应液对光线的吸收、折射和散射等作用，容易造成管径中心出现光照暗区。但缩小管径又不利于反应液的流动和产气排出，容易形成气阻，因此管式反应器的管径一般控制在 10cm 左右。管式反应器的主要缺点有：①管径尺寸受限，占地面积大；②反应液在管内的流动阻力大，动力消耗增加；③采光面同时作为散热面，不易控温；④加工材料要求严格，只能采用透光性能优良的柔性材料；⑤转化效率低；⑥色素积累及材料老化等外界因素影响反应器寿命。

2. 板（箱）式光合制氢反应器

板（箱）式光合制氢反应器[板（箱）式反应器]在设计上针对管式反应器的主要缺点进行了工艺改进，一般采用硬性材料作骨架，采光面使用透光材料，非采光面使用强度较高的材料，同时还可以进行保温处理，通过减少反应器厚度和采用双侧光照提高反应器采光面积与容积比。目前已有单板式、多板叠合式、嵌槽式、网格板式等多种形式的反应器。图 10-22 是爱尔兰 Semastiaan Hoekema 研制的一种带气体循环搅拌的板式光合制氢反应器，该反应器采用不锈钢框架，采光面采用三聚碳酸酯材料。结构设计为双层夹室结构，中间为反应室，夹层为保温室，通过外部水流循环加热保持内部温度恒定，并采用气体内部循环的方式来实现对反应液的搅拌。

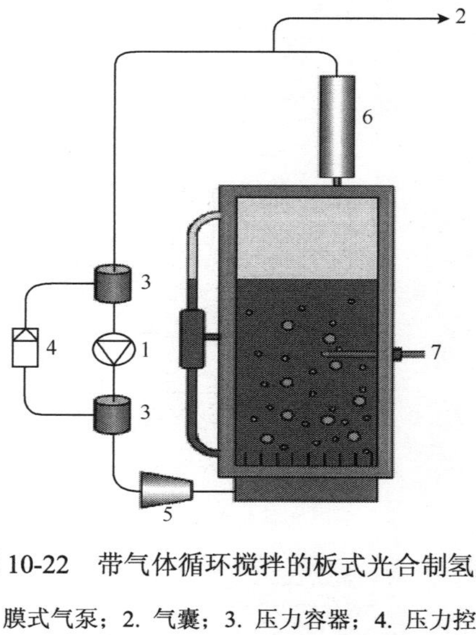

图 10-22　带气体循环搅拌的板式光合制氢反应器

1. 膜式气泵；2. 气囊；3. 压力容器；4. 压力控制阀；5. 流量控制器；6. 冷凝器；7. pH/氧化还原电位探针

板（箱）式反应器主要缺点是：①由于对光线透过性的考虑，反应器厚度不能太大，造成反应器容积受限；②不易实现温度控制；③光能利用率和光能转化率低；④反应器内溶液混合性差。目前板式反应器的研制重点在于通过不同形式的组合实现光能最大利用，同时通过对板内结构优化实现反应液的混合搅拌。为了增大有效采光面积和提高光能利用效率，在单板式反应器基础上研制了多板重合的竖形反应器、弯曲屋顶形反应器、浮床形反应器。

3. 内置光源的光合细菌制氢反应器

使用人工光源时，光能利用率低是各类外置光源反应器主要技术缺陷，其主要原因在于反应器只能利用光源某个特定方向上的光能辐射，这样就造成了不必要的光能浪费。内置光源形式使光源向四周的辐射光能都能被利用，提高了反应器的光能利用率。张全国、Chun-Yen等研制出多种内置光源的光合生物制氢反应器，这类反应器一般直接采用人工光源供光或通过使用光导纤维导入自然光和设置石英发光体为反应器提供光源。图 10-23 是一种典型的内置光源的罐式反应器，通过在反应器中心增加一个透光性的柱体密封空腔结构，将一个 60W 钨灯放入空腔内实现内部布光，解决了反应中心光线不足的问题，同时又在反应器外部设置了光源，实现双面布光，该反应器有效工作容积为 1.5L，并配置了磁力搅拌装置。

内置光源反应器存在的主要问题有：①反应器结构复杂；②工作容积小；③人工热辐射光源的使用易引起局部高温和光饱和效应。

从上述各类反应器的设计中可以看出，目前光合细菌制氢反应器的设计还主要集中在如何增大反应器的采光面积和实现系统的温度控制，在现有的反应器设计中都采用人工光源和附加温度控制以实现较高的产氢效率。

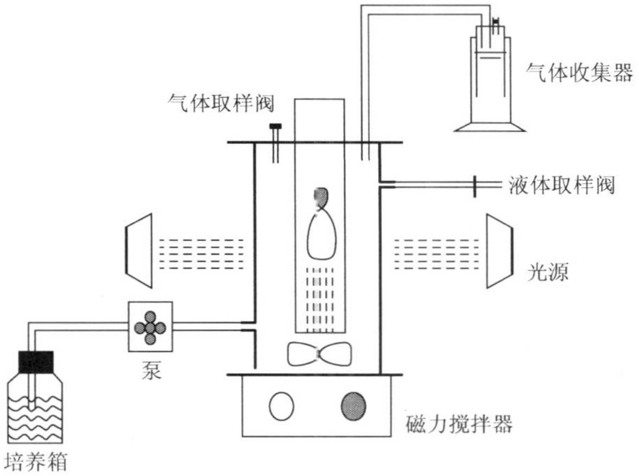

图 10-23　内置光源的罐式反应器

第二节　生物柴油技术

一、生物柴油技术概述

（一）生物柴油的定义

生物柴油是指以油料作物、野生油料植物和工程微藻等水生植物油脂，以及动物油脂、餐饮油等为原料油通过酯交换工艺制成的脂肪酸甲酯或脂肪酸乙酯燃料，这种燃料可供内燃机使用。德国工程师 Dr. RudolfDiesel 于 1895 年就提出了生物柴油的概念，但当时的石化柴油非常廉价，在成本上比植物油更具优势，随着化石能源大规模开采使用带来的环境污染、能源枯竭等一系列问题的涌现，世界各国对清洁能源日益关注，生物柴油技术得到了长足的发展。1983 年，美国科学家 Craham Quick 等将亚麻籽油的甲酯定义为生物柴油（biodiesel），也就是狭义上所说的生物柴油。之后，德国、美国、英国等的科学家对采用脂肪酸甲酯或乙酯代替柴油作燃料进行了深入系统的研究，提出了现代的生物柴油定义，即生物柴油是以油料作物、野生油料作物和工程微生物等水生植物油脂、动物油脂、废餐饮油等为原料，通过酯交换工艺制成的可供内燃机使用的甲酯或乙酯燃料。生物柴油主要由C、H、O三种元素组成，分子式为 $RCOOCH_3$ 或 $RCOOC_2H_5$（R：$C_{12\sim24}$），主要成分是高级脂肪酸的低级醇脂，包括软脂酸、硬脂酸、油酸、亚油酸等长链饱和或不饱和脂肪酸同甲醇或乙醇等醇类物质所形成的脂类化合物。

（二）生物柴油的原料

生物柴油的原料来源广泛，主要包括各类水生植物油脂、动物油脂、废餐饮油等原料，虽然现阶段利用这些原料生产生物柴油时仍存在生产成本过高等缺点，但是通过优化工艺和科学研究进行合理开发利用，可以有效缓解石化柴油供应紧张的局面。常见的生物柴油原料主要有以下几种。

1. 植物油

目前世界上超过95%的生物柴油制备是以植物油为原料。植物油是从植物的种子或果肉等压榨提取的油，包括亚麻油、大豆油、橡胶籽油、棕榈油、蓖麻油、棉籽油、葵花籽油、油菜油等，基本上任何种类的植物油都可用于生产生物柴油，而实际上大量使用的是菜籽油和葵花籽油，分别占到84%和13%，而大豆油、棕榈油和其他油则各占1%。

2. 微藻

微藻是光合效率最高的原始植物之一，单位面积产率可高出农作物数十倍，喜生长于海洋，富含酯类和甘油，可用于提炼液体燃料，生长周期为20天左右，含油量远高于油菜籽、花生、玉米，且不占用耕地，适合在沿海区域和盐碱地区使用开放池、光生物反应器等方式培养。微藻生物柴油技术首先包括微藻的筛选和培育，获得性状优良的高含油量藻种，然后在光生物反应器中吸收阳光、CO_2等，生成微藻生物质，最后经过采收加工，转化为微藻生物柴油。微藻生产生物柴油的原理是利用光合作用，将化工生产过程中产生的 CO_2 转化为微藻自身的生物质从而固定了碳元素，再通过诱导反应使微藻自身的碳物质转化为油脂，然后利用物理或化学方法把微藻细胞内的油脂转化到细胞外，再进行提炼加工，从而生产出生物柴油。即通过藻类的光合作用，将废水中的营养物质和空气中的 CO_2 转化为生物燃料、蛋白质。当用海水作为天然培养基时，微藻生产能力较高，且单产油脂比陆生植物要高出几十倍，对海洋微藻进行基因工程改造，缩短生长周期，提高产油量是生物柴油技术的又一发展方向。据报道，美国已运用现代生物技术开发出海洋工程微藻，实验室条件下脂质含量超过60%，户外生产达40%以上，每 $667m^2$ 年产1～2.5t生物柴油，而一般自然状态下微藻的脂质含量为5%～20%。“工程微藻”中脂质含量的提高主要由于乙酰辅酶A羧化酶（ACC）的基因在微藻细胞中的高效表达，在控制脂质积累水平方面起到了重要作用。目前，正在研究选择合适的分子载体，使 *ACC* 基因在细菌、酵母和植物中充分表达，还进一步将修饰的 *ACC* 基因引入微藻中以获得更高效表达。在石油供应紧张、粮食短缺等问题日渐突出的今天，利用我国广阔的沿海和内地水域大规模种植工程高油藻类，发展富含油质的微藻或者“工程微藻”是生产生物柴油的主要趋势，具有广阔的发展前景。

3. 麻疯树

麻疯树是国际上研究较多的用来生产生物柴油的能源植物之一，被公认是最有可能成为未来替代化石能源的具有巨大开发潜力的能源树种。野生麻疯树主要分布于我国的广东、广西、海南、云南、贵州、四川等省区，在非洲的莫桑比克、赞比亚等国，澳大利亚的昆士兰及北澳，美国佛罗里达的奥兰多、夏威夷群岛等地区也有分布。近年来，以麻疯树为原料制取生物柴油的研究逐渐增多，在洛克菲勒基金和德国政府支持下，巴西、尼泊尔、津巴布韦等国从 1995 年就开始了对麻疯树油用作柴油机替代燃料的研发，印度于 2002 年专门成立了国家生物燃料领导小组，起草了印度生物柴油发展规划。我国从 1984 年起，就开展了野生麻疯树资源调查、野生麻疯树驯化及人工种植试验与示范、麻疯树油加工工艺、麻疯树油燃烧特性及其应用等研究，认为野生植物麻疯树油含有油酸、亚油酸、棕榈油酸等不饱和脂肪酸，流动性较好，燃烧性能优于国内零号柴油，可用于各种柴油机的燃烧，若将 20%的轻柴油掺入麻疯树油内混烧，还能改善燃烧性能，降低燃油消耗率 8%左右。

4. 其他原料

1）*黄连木* 黄连木称为石油植物新秀。黄连木原产我国，分布很广，北自河北、山东，南至广东、广西，东到台湾，西南至四川、云南，都有野生和栽培的黄连木，其中以河北、河南、山西、陕西等省最多。黄连木果壳含油量 3.28%，种子含油量 35.05%，种仁含油量 56.5%，对黄连木进行定向选育，从野生及栽培种群中筛选出含油量更高的品系是具有积极意义的，而且由于黄连木是优良的海防林造林树种，在加快我国海防林建设的同时，加快对黄连木种子的研究及对黄连木进行定向选育，兼顾黄连木的生态和生态效益尤为重要。

2）*光皮树* 光皮树是一种理想的多用途油料树种，广泛分布于黄河以南地区，集中分布于长江流域至西南各地的石灰岩区，以湖南、江西、湖北等省最多，垂直分布在海拔 1000m 以下。湖南省林业科学院“十五”期间选育出的早实、高产光皮树优良无性系湘林 1～8 号，其果实千粒重为 62～89g，平均 70g，其果实（带果皮）含油率 33%～36%，盛果期平均每株产油 15kg 以上。作为生物柴油原料油，光皮树油有两大突出特点：一是光皮树全果含油酸和亚油酸高达 77.68%，其中油酸 38.3%、亚油酸 38.85%，所生产的生物柴油的冷凝点和冷滤点等理化性质优；二是可利用果实作为原料直接进行冷榨或浸提加工制取原料油，加工成本低廉，得油率高。以光皮树油为原料生产的生物柴油与零号石化柴油燃烧性能相似，是一种安全、洁净的生物质燃料油。另外，光皮树油饼是优质肥料，花是养蜂蜜源，光皮树喜钙耐碱、耐干旱瘠薄、萌芽力强，可成为造林绿化难度大的石灰岩山地造林绿化理想新树种，其枝叶茂密、树姿优美、树冠舒展，是优秀的行道树和庭荫树。随着光皮树油制取生物柴油的相关研究的开展，光皮树作为重要的生物柴油原料得到广泛关注，如湖南、江西、广东、广西等地石灰岩山地总面积就达 2200 万 hm^2，其中按 10%面积栽植光皮树，可年产光皮树油 3000 万 t，在我国发展光皮树生物柴油的潜力很大。

3）*动物油脂和回收性废弃油脂* 动物油脂制成的生物柴油的凝固点和冷滤点都较高，冷滤点在 10℃左右，但是热值比植物油制成的生物柴油高。而回收性废弃油脂主要包括地沟油、植物油泥等，我国年产废油 400～800 万 t，包括煎炸食品后留下的煎炸废油、从剩饭菜中经油水分离得到的油脂、餐具洗涤过程中流入下水道中的油品（俗称为地沟油）、油脂加工企业产生的酸油及造酒行业产生的酒糟油等。利用废弃油脂生产生物柴油的基本原理是通过脂肪酸和中性油的混合物与甲醇同时进行酯交换和酯化反应后，经过分离和蒸馏，得到生物柴油、甘油和水。各种类型的废弃油脂产生生物柴油的转化率差别较大，而植物油的不饱和程度低，得到的生物柴油凝点适中，植物油脂产生生物柴油的转化率高达 90%；动物油脂的转化率为 50%～80%。一般来说，40～60kg 废弃油脂可以生产出 32～50kg 车用生物柴油和 8～10kg 黏度比较大的油品，高黏度油品不适合作车用生物柴油，但可以作为锅炉燃料，替代燃料油。在生物柴油原料的选择上，各个国家根据本国国情有所不同。美国、欧盟等国家土地资源丰富，主要以大豆油、菜籽油等食用油为原料生产生物柴油；日本主要以废弃油脂为原料；我国人口多，餐饮业发达，可以利用废弃油脂生产生物柴油，也可利用广大的山区、沙区栽种乔灌木油料植物来生产生物柴油。

（三）生物柴油的特点

生物柴油燃烧性能与石化柴油相接近，还具有石化柴油无法比拟的诸多性能，如闪点高、硫含量低、无毒、可再生、易降解等，虽黏度偏高，但其流动性较好，可改善发动机的润滑性。

生产生物柴油的能耗仅为石化柴油的 25%，可显著减少燃烧污染排放；生物柴油无毒，生物降解率高达 98%，降解速率是石化柴油的 2 倍；生产生物柴油适用的植物可以改善土壤，保护生态，减少水土流失；利用餐饮废油脂生产生物柴油，可以减少废油直接进入环境或重新进入食用油系统，有较大的环境价值和社会价值；由于生物柴油燃烧时排放的 CO_2 远低于该植物生长过程中所吸收的 CO_2，因此可改善全球变暖这一威胁人类的重大环境问题。生物柴油突出的环保性和可再生性，引起了世界发达国家尤其是资源贫乏国家的高度重视。2011 年世界生物柴油总产量约 2050 万 t，其中欧盟占 51%，南美地区（巴西为主）占 24%，亚洲占 13%，中北美占 11%，其他地区占 1%。德国已将生物柴油应用在奔驰、宝马、大众、奥迪等轿车上，已有 900 多家生物柴油加油站，美国、印度等其他发达国家和发展中国家都在积极发展生物柴油产业。

1. 生物柴油的性能和优点

（1）原料来源广泛，可利用各种动植物油作原料，并且可得到经济价值较高的副产品甘油以供化工品、医药品等市场使用。

（2）密度比水小，相对密度为 0.7424～0.8886。

（3）稳定性好，长期保存不会变质。

（4）环保特性优良，硫含量低，二氧化硫和硫化物的排放低，生物降解性高达 98%，降解速率是石化柴油的 2 倍，可大大减轻意外泄漏时对环境的污染。

（5）生物柴油不含对环境造成污染的芳香族烷烃，因而废气对人体损害低于石化柴油。

（6）低温发动机启动性能较好，无需添加剂冷滤点达到−13℃。

（7）燃料性能良好。十六烷值较高，大于 49（石化柴油为 45），抗爆性能优于石化柴油，含氧量高于石化柴油，可达 11%，在燃烧过程中所需的氧气量较石化柴油少，燃烧、点火性能优于石化柴油，不含芳香族烃类成分而不具致癌性，并不含硫、铅、卤素等有害物质，燃烧残留物呈微酸性，能延长催化剂和柴油机机油的使用寿命。

（8）生物柴油作为柴油代用品使用时无需改动柴油机或更换零件、添加设备，可直接添加使用，无须对人员进行特殊技术训练。

（9）含水率较高，最大可达 30%～45%。水分有利于降低油的黏度、提高稳定性，但降低了生物柴油的热值。

（10）pH 稍低，呈酸性，故储存装置最好是抗酸腐蚀的材料。

（11）具有“老化”倾向，加热不宜超过 80℃，宜避光、避免与空气接触保存。

（12）闪点高，运输、储存、使用方面安全性能较好。

（13）良好的润滑性能可使柴油机喷油泵、缸体和连杆的磨损率低，使用寿命长。

2. 生物柴油的局限性

（1）生物柴油黏度大。菜籽油为 4.2mm²/s（40℃）；豆油为 4.0mm²/s（40℃）；石化柴油为 1.2～3.5mm²/s（40℃）。冬季来临时变浓变厚，流动性变差，目前还不能使用 B100 纯生物柴油，只能使用 B20 生化柴油。

（2）动力降低 8%～10%。生物柴油热值与石化柴油热值相比为：32.8∶35.7=0.92，即在相同质量下，生物柴油动力约为石化柴油的 92%。

（3）生物柴油对柴油机橡胶部件有腐蚀作用，但 B20 生化柴油未发现腐蚀橡胶部件。

（4）因生物柴油的分子较大，黏度较高，因而影响喷射时程，导致喷射效果不佳。

（5）应用范围小。目前生物柴油在全球的市场尚不及石化柴油，应用范围有限。在美国，其生化柴油仅在为了环保规则、环保友善时而以某些特殊价格出售，其（B20 生化柴油）主要使用范围包括联邦或州政府车队、都市公车、卡车、海运公园、矿区等。

（6）生物柴油价格高。目前国外生物柴油行业严重依赖政府的政策支持和价格补贴。

（四）生物柴油的质量指标

世界上许多国家都制定了自己的生物柴油标准。

DIN 51606-1994：德国的生物柴油标准，被认为是世界上最严格的标准，所有的汽车制造商都认可此标准。

EN590-2000：2000 年开始在欧盟的 12 个国家适用，如冰岛、捷克、挪威、瑞士、法国等。

EN14214-2003：基于 DIN 51606-1994 设立的欧盟新标准。

ASTM D7398-2007：是美国标准，通过气相色谱法测定沸点 100～615℃脂肪酸甲酯（FAME）沸点范围分布的标准方法。

我国关于生物柴油先后制定了 GB/T25199-2010《生物柴油调和燃料（B5）》、GB/T20828-2007《柴油机燃料调和用生物柴油（BD100）》等国家标准。

（五）生物柴油的发展现状

目前，欧美等国的生物柴油生产技术已比较成熟，有很多公司提供生物柴油技术转让服务。

常见的比较成熟的生物柴油生产工艺有鲁奇（Lurgi）公司的两级连续醇解工艺、斯科特（Scott）公司的连续脱甘油醇解工艺、汉高（Henkel）公司的碱催化连续高压醇解工艺、美国生物柴油工业公司的模块化生产装置（MPU）等。

法国石油研究院开发出 Esterfip-H 工艺生产生物柴油。Esterfip-H 工艺用尖晶石结构的固体碱作催化剂，用多相催化反应来制备生物柴油。与以氢氧化钠或甲醇钠为催化剂的液相反应相比，新工艺中不使用酸碱中和步骤与洗涤步骤，废水和废渣排放较少。同时，副产品甘油纯度很高，超过 98%，而均相催化反应得到的甘油纯度仅为 80%左右。在该工艺中，酯交换温度比均相反应高，加入过量甲醇，采用两段连续反应法。植物油和甲醇经过第一段固定床反应器后，部分闪蒸甲醇，并进行甘油沉降和分离，上层粗酯和补充的甲醇一起进入第二段固定床反应器，然后再闪蒸甲醇，进行甘油沉降和分离，对上层粗酯进行减压蒸馏脱甘油，最后得到纯度超过 99%的生物柴油，油脂转化率接近 100%。法国 Diester Lndustrie 公司正是利用这项技术建设了一套 16 万 t/年的生产设备。

加拿大多伦多大学开发出采用酸催化步骤使含游离脂肪酸高达 30%的任意原料转化为生物柴油的工艺（BIOX 工艺）。在传统液相工艺中，油脂与甲醇在反应的初级阶段并不互溶，而是分成两相，导致反应速率比较慢，而 BIOX 工艺在酯交换反应中引入了惰性助溶剂，使油脂和甲醇成为一相，从而大大加快了反应速度。该工艺包含了酸催化和碱催化两个过程，可以处理高酸值的动植物油，油脂中游离脂肪酸含量可以高达 30%。而且，该工艺原料适应性好，可以采用废弃动植物油和地沟油等。目前，加拿大 BIOX 公司已将该工艺推向工业化，投资 2400 万美元，于 2005 年投产一座 52 万 t/年的生物柴油工厂。

日本 Yonemoto 科研组开发出的生物柴油生产工艺，可以避免使用碱性催化剂产生的难分离和废水处理问题。新工艺中，动植物油脂与甲醇或乙醇混合，进入充填有阳离子交换树脂的流化床反应器，阳离子交换树脂作为使游离脂肪酸酯化的催化剂，产品用泵送至填充有阴离子交换树脂的第二流化床反应器，阴离子交换树脂使三甘油酯反酯化催化。酯交换在两台反应器中的一台进行，另一台反应器作为催化剂再生容器。被甘油污染的催化剂先用有机酸溶液、再用碱溶液清洗再生。

目前，我国生物柴油年产量接近 200 万 t，生物柴油生产示范项目已近百个。如果 2020 年生物柴油的替代比例按 2%计算，我国对生物柴油的需求量就达 420 万 t，生物柴油市场前景广阔。

二、生物柴油生产技术

生物柴油生产技术主要有直接混合法、微乳化法、热裂解法和酯交换法。由于生物柴油黏度高和不易挥发性，前两种方法易导致柴油机喷嘴不同程度结焦、活塞环卡死和碳沉积等问题。植物油和动物脂肪热裂解的缺点是在高温下进行需要催化剂，且反应难以控制，设备昂贵；酯交换法主要通过酯基转移将高黏度植物油或动物油脂转化成低黏度脂肪酸酯，采用酯交换法制备生物柴油具有黏度低，无需消耗大量能源等显著特点。

（一）直接混合法

直接混合法是将天然油脂与石化柴油、化学溶剂或醇类直接混合燃用。将柴油机供油提前并调整喷油压力后，直接燃用棕榈油、葵花籽油、棉籽油、大豆油、小桐子油等植物油与柴油混合油，可获得良好的动力性，达到标定功率。但使用植物油存在冷启动困难，容易出现燃烧室积碳、活塞环黏结、润滑油增稠等问题。

（二）微乳化法

微乳化法是利用乳化剂，使植物油分散到黏度较低的溶剂中，从而将植物油稀释，降低黏度，以满足作为燃料使用要求。微乳液是由两种不相溶液体与其他两性分子混合形成的胶体分散系统，透明、热力学稳定、且各向同性，分散相粒径为 1～150nm，微乳液组分中含有低沸点成分，因此可以改善雾化特性。但柴油机长期使用植物油乳化燃料会出现积碳和润滑油黏度增加等问题。

（三）热裂解法

热裂解是一种物质在催化剂作用下，由热能引起化学键断裂生成小分子物质的过程。植物油分子质量较大，热裂解使分子质量减小，从而达到降低黏度的目的。从高分子有机结构转化为结构简单的碳氢化合物，其碳数分布及低温启动性能与石油、柴油类似，但稳定性稍差。热裂解工艺复杂，设备庞大，造成产品成本过高，不能达到工业化生产及使用程度。

（四）酯交换法

酯交换反应是动植物油脂在催化剂存在或超临界条件下，与低链醇类发生醇解反应生成脂肪酸单酯的反应过程。酯交换反应过程中很多因素会影响生物柴油的生产工艺和生物柴油的质量，如原料脂肪酸的组成、脂肪酸的含量、催化剂的种类和用量、低链醇的类别和用量、原料中水含量、反应温度、反应时间、搅拌等。酯交换反应由于催化剂选择的不同主要有酸碱催化法、酶催化法、超临界法。

酸碱催化酯交换法分为均相催化酯交换法和非均相催化酯交换法。均相催化主要包括酸催化和碱催化，常用的酸碱催化剂有 H_2SO_4、HCl、NaOH、KOH、CH_3ONa 和 CH_3OK 等，各种碱催化剂催化活性中心都是 CH_3O^-，CH_3O^-可以由甲醇盐解离得到，也可以由 NaOH、KOH 等碱与甲醇反应得到，CH_3O^-一旦形成，可以作为亲核试剂进攻甘油酯中的酰基部分生成甲酯。传统均相催化酯交换法存在副反应多、乳液多、污染严重等问题，而非均相催化酯交换法可以较好地解决催化剂与产物分离的问题，还可以减少废催化剂及水洗废液对环境的污染。因此，非均相催化酯交换法研究成为近年来生物柴油研究的一个新方向，其中研究热点是寻找性能优良的非均相催化剂。目前用于生物柴油研究生产的非均相固体催化剂主要有树脂、黏土、分子筛、复合氧化物、硫酸盐、碳酸盐等，根据催化剂的酸碱性可以分为固体碱催化剂和固体酸催化剂。

酯交换（transesterification）是指油脂中的脂肪酸与醇发生的酯基交换反应。反应需要在酸、碱、烷氧负离子等催化剂的催化作用下进行。这是一个可逆的反应，通常采用将生成物从反应体系中取走的方法使反应向需要的方向进行。生物柴油生产中使用甘油三酸酯（油脂主要成分）和甲醇进行酯交换反应，生成甘油和脂肪酸甲酯（生物柴油）。反应式见图 10-24。

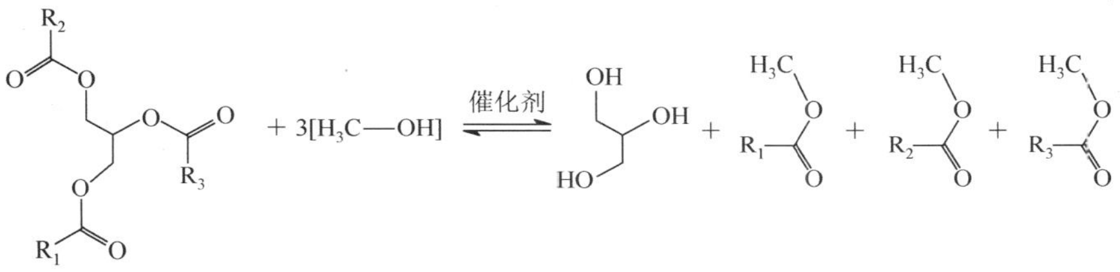

图 10-24 酯交换反应式

酶催化酯交换法是指用脂肪酶为催化剂，将醇与植物油进行酯交换反应生成脂肪酸酯的过程，生物柴油可以通过脂肪酶催化的酯交换反应来制备。由于生物酶催化反应条件温和、专一性好、效率高，因而生物酶催化酯交换反应在生物柴油生产技术中受到高度重视。脂肪酶来源广泛，具有底物与功能团专一性，在非水相中能发生催化水解、酯合成、酯交换等多种反应，且反应条件温和，无需辅助因子。以脂肪酶为催化剂制备生物柴油，反应过程不受原料中水和游离脂肪酸影响，只需加入理论甲醇量就可使反应顺利进行，且催化剂也易与产物分离。根据使用脂肪酶方法的不同，可以分为游离脂肪酶、固定化脂肪酶和全细胞脂肪酶催化。酶催化法具有油脂原料适用性较广、反应条件温和（30～40℃）、醇用量小、脂肪酸酯收率较高、产品易于收集和无污染等优点，近年来越来越受到人们的关注。

超临界甲醇酯交换法（supercritical methanol，SCMeOH）是近年来提出的新方法，其突出优势在于反应速度快、转化率高、产品单纯、原料要求不高，但高温、高压的操作要求是它的缺点。超临界甲醇酯交换法制备生物柴油时，为了控制酯交换反应的操作参数，实验过程和实际生产中都需要知道甲醇-油脂混合体系的临界参数。由于高温、高压条件下实验测定临界参数有很多困难，因此需要采用必要的方法对混合系统临界参数进行估算。超临界反应是在超临界流体参与下的化学反应，在反应中，超临界流体既可作为反应介质，也可以直接参与反应。它不同于常规的气相或液相反应，是一种新型的化学反应过程。超临界流体在密度、黏度、对物质的溶解度及其他方面所具有的独特性质，使得超临界流体在化学反应中表现出很多气相或液相反应所不具有的优异性能，如溶质溶解度大、反应物质间接触容易、扩散速率快等，这些特点对于改善反应产率、选择性及反应速率有积极的作用。

11 第十一章 风能工程

本章主要介绍风资源的相关知识，风力机的工作原理，风轮的基本理论，以及风能的相关应用。

第一节 风能的基本知识

一、风的形成

风是由于空气流动形成的。在地球上，风的成因主要是大气环流、季风环流和局地环流。

（一）大气环流

大气环流是指在全球范围内空气沿封闭轨迹的流动。这种流动是由于地球绕太阳运转过程中日地距离和方位不同，地球上各纬度所接受的太阳辐射强度不同造成的。赤道和低纬地区比极地和高纬地区太阳辐射强度强，地面和大气接受的热量多，因而温度高。这种温差使北半球等压面向北倾斜，高空空气向北流动（以下均以北半球为例说明）。

地球在自转，使水平运动的空气受到偏向的力，称为地转偏向力，又称为科里奥利力（Coriolis force），简称偏向力或科氏力。这种力使北半球气流向右偏转，所以地球大气运动除受温度影响外，还要受地转偏向力的影响。气流真实运动是这两个因素综合作用的结果。

地转偏向力在赤道为零，随着纬度的增高而增大，在极地达到最大。当空气由赤道两侧上升向极地流动时，开始因地转偏向力很小，空气基本受温度影响，在北半球，高空气流由南向北流动，随着纬度的增加，地转偏向力逐渐加大，空气运动也就逐渐向右偏转，也就是逐渐转向东方。在北纬 30°附近，偏角到达 90°，地转偏向力与温度影响作用力相当，空气运动方向与纬圈平行，所以在北纬 30°附近上空，赤道来的气流受到阻塞而聚积下沉，造成这一地区地面气压升高，就是所谓的副热带高压。

副热带高压下沉气流分为两支。一支从副热带高压区向南流动，指向赤道。在地转偏向力的作用下，北半球吹东北风，风速稳定且不大，有 3～4 级，这是所谓的信风，所以从赤道至北纬 30°的地带称为信风带。这一支气流补充了赤道上升气流，构成了一个闭合的环流圈，称为哈德来（Hadley）环流，也称为正环流圈。此环流圈南面上升，北面下沉。

另一支从副热带高压区向北流动的气流，受地转偏向力的作用，在北半球形成西风，且风速较大，这就是所谓的西风带。在北纬 60°附近西风带遇到了由极地向南流来的冷空气，被迫沿冷空气上面爬升，在北纬 60°地面出现一个副极地低压带。

副极地低压带的上升气流，到了高空又分成两股，一股向南，一股向北。向南的一股气流在副热带地区下沉，构成一个中纬度闭合圈，正好与哈德来环流流向相反，此环流圈北面上升、南面下沉，所以称为反环流圈，也称费雷尔（Ferrel）环流圈；向北的一股气流，从高空到达极地后冷却下沉，形成极地高压带，这股气流补偿了地面流向副极地带的气流，而且形成了一个闭合圈，此环流圈南面上升、北面下沉，是与哈德来环流流向类似的环流圈，因此也称为正环流圈。在北半球，此气流由北向南，受地转偏向力的作用，吹偏东风，在北纬60°～90°，形成了极地东风带。

综上所述，在地球上，由于地球表面受热不均，引起大气层中空气压力不均衡，因此形成地面与高空的大气环流。各环流圈的高度，以热带最高，中纬度次之，极地最低，这主要是由于地球表面增热程度随纬度增高而降低的缘故。这种环流在地球地转偏向力的作用下，形成了赤道到北纬30°环流圈（哈德来环流）、北纬30°～60°环流圈和北纬60°～90°环流圈，这便是著名的“三圈环流”，三圈环流在北半球地面上形成的低纬东北信风带、中纬西风带和高纬东北风带又称为“行星风带”，如图11-1所示。南半球的风向与北半球关于赤道对称。

当然，所谓“三圈环流”乃是一种理论的环流模型。由于地球上海陆分布不均匀，因此，实际的环流比上述情况要复杂得多。

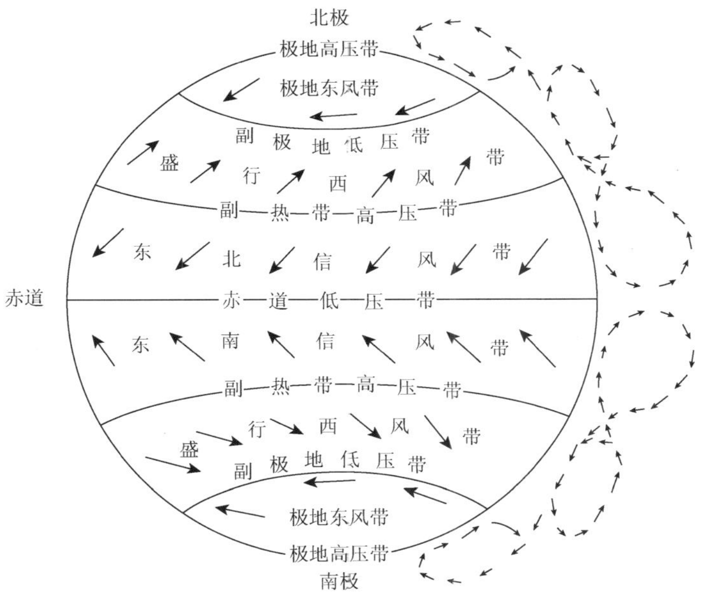

图11-1 三圈环流示意图

（二）季风环流

在一个大范围地区内，它的盛行风向或气压系统有明显的季节变化，这种在一年内随着季节不同，有规律转变风向的风，称为季风。季风盛行地区的气候又称为季风气候。

季风程度可用一个定量的参数来表示，称为季风指数（I）。当地面冬夏盛行风向之间的夹角为120°～180°，认为是属季风，然后用1月和7月盛行风向出现的频率相加除以2，即$I=(F_1+F_7)/2$为季风指数，当$I<40\%$为季风区（1区），$I=40\%\sim60\%$为较明显季风区（2区），$I>60\%$为明显季风区（3区）。全球明显季风区主要在亚洲的东部和南部，东非的索马里和西非的几内亚。季风区有澳大利亚的北部和东南部，北美的东南岸和南美的巴西东岸等地。

亚洲东部的季风区主要包括我国的东部和朝鲜、日本等地区；亚洲南部的季风，以印度半岛最为显著，这是世界闻名的印度季风。我国位于亚洲的东南部，所以东亚季风和南亚季风对我国气候变化都有很大影响。形成我国季风环流的因素很多，主要是由于海陆差异、行星风带的季节转换及地形特征等综合形成的。

1. 海陆分布对我国季风的作用

海洋的热容量比陆地大得多，冬季陆地比海洋冷，大陆气压高于海洋，气压力自大陆指向海洋，风从大陆吹向海洋；夏季则相反，陆地很快变暖，海洋相对较冷，陆地气压低于海洋气压，气压力由海洋指向大陆，风从海洋吹向大陆（图 11-2）。我国东临太平洋，南临印度洋，冬夏的海陆温差大，所以季风明显。

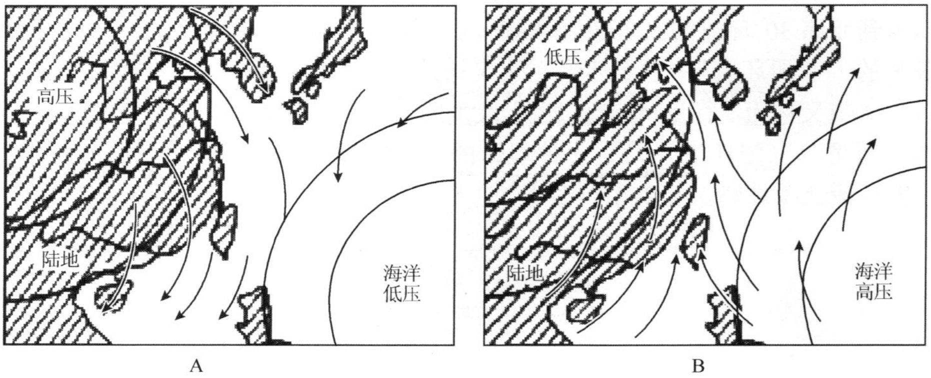

图 11-2　海陆热力差异引起的季风示意图

A. 冬季；B. 夏季

2. 行星风带位置季节转换对我国季风的作用

地球上存在着 5 个风带。从图 11-1 可以看出，信风带、盛行西风带、极地东风带在南半球和北半球是对称分布的。这 5 个风带，在北半球的夏季都向北移动，而冬季则向南移动。这样冬季西风带的南缘地带，夏季可以变成东北风带。因此，冬夏盛行风就会发生 180°的变化。冬季我国主要在西风带影响下，强大的西伯利亚高压影响我国，盛行偏北气流。夏季西风带北移，我国在大陆热低压控制之下，副热带高压也北移，盛行偏南风。

3. 青藏高原对我国季风的作用

青藏高原占我国陆地的 1/4，平均海拔在 4000m 以上，对应于周围地区具有热力作用。在冬季，高原上温度较低，周围大气温度较高，这样形成下沉气流，从而加强了地面高压系统，使冬季风增强；在夏季，高原相对于周围自由大气是一个热源，加强了高原周围地区的低压系统，使夏季风得到加强。另外，在夏季，西南季风由孟加拉湾向北推进时，沿着青藏高原东部南北走向的横断山脉流向我国的西南地区。

（三）局地环流

1. 海陆风

海陆风的形成与季风相同，也是由大陆与海洋之间的温度差异的变化引起的。不过海陆风的范围小，以日为周期，势力也薄弱。

由于海陆物理属性的差异，造成海陆受热不均，白天陆上增温较海洋快，空气上升，而海洋上空气温度相对较低，使地面有风自海洋吹向大陆，补充大陆地区上升气流，而陆上的上升气流流向海洋上空而下沉，补充海上吹向大陆气流，形成一个完整的热力环流；

夜间环流的方向正好相反，所以风从陆地吹向海洋。将这种白天风从海洋吹向大陆称为海风，夜间风从陆地吹向海洋称为陆风，所以，将在一天中海陆之间的周期性环流总称为海陆风（图 11-3）。

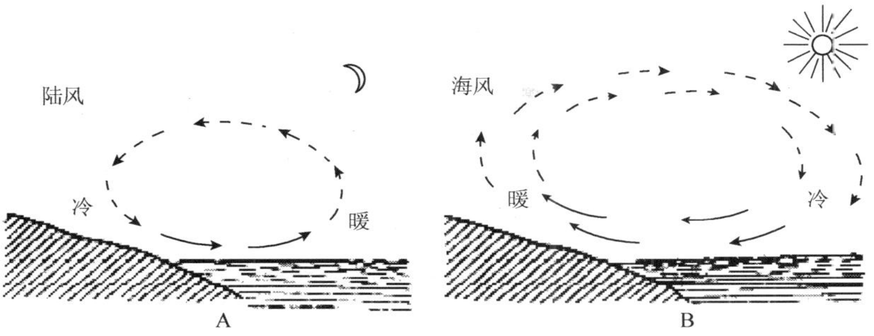

图 11-3　海陆风形成示意图

A. 夜间；B. 白天

海陆风的强度在海岸最大，随着离岸的距离增大而减弱，一般影响距离为 20～50km。海风的风速比陆风大，在典型的情况下，风速可达 4～7m/s，而陆风一般仅 2m/s 左右。海陆风最强烈的地区，发生在温度日变化最大及昼夜海陆温差最大的地区。低纬度日照强，所以海陆风较为明显，尤以夏季为甚。

此外，在大湖附近与海岸类似，日间有风自湖面吹向陆地称为湖风，夜间自陆地吹向湖面称为陆风，合称湖陆风。

2. 山谷风

山谷风的形成原理和海陆风是类似的。白天，山坡接受太阳光热较多，空气增温较多；而山谷上空，同高度上的空气因离地较远，增温较少。于是山坡上的暖空气不断上升，并从山坡上空流向谷底上空，谷底的空气则沿山坡向山顶补充，这样便在山坡与山谷之间形成一个热力环流。下层风由谷底吹向山坡，称为谷风。到了夜间，山坡上的空气受山坡辐射冷却影响，空气降温较多；而谷地上空，同高度的空气因离地面较远，降温较少。于是山坡上的冷空气因密度大，顺山坡流入谷底，谷底的空气汇合上升，并从上面向山顶上空流去，形成与白天相反的热力环流。下层风由山坡吹向谷底，称为山风。山风和谷风又总称为山谷风（图 11-4）。

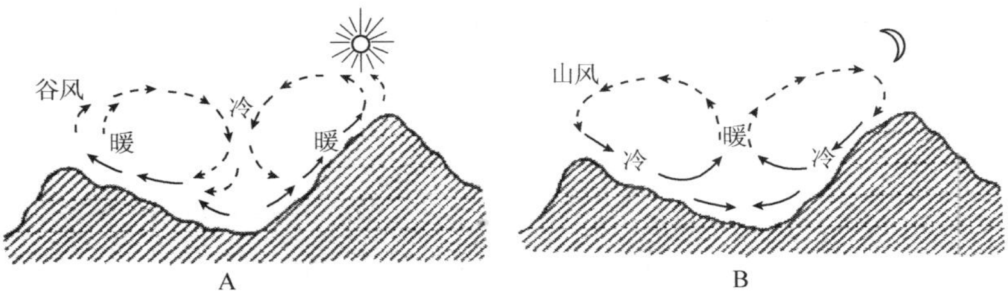

图 11-4　山谷风形成示意图

A. 白天；B. 夜间

山谷风风速一般较弱，谷风比山风大一些，谷风一般为 2～4m/s，有时可达 6～7m/s。谷风通过山隘时，风速加大。山风一般仅 1～2m/s，但在峡谷中，风力还能增大一些。

二、风 力 等 级

（一）风级的划分

风力等级（简称风级）是根据风速大小来划分的。国际上采用的风力等级是英国人蒲福（Francis Beaufort，1774～1859 年）于 1805 年所拟定的，故又称“蒲福风级”。从静风到飓风分为 13 级。自 1946 年以来风力等级又作了一些修订，由 13 级变为 17 级，见表 11-1。

表 11-1　蒲福风力等级表

风力等级	名称	相当于平地 10m 高处的风速/（m/s）		陆上地物征象	海面和渔船征象	海面大概的浪高/m	
		范围	中数			一般	最高
0	静风	0.0～0.2	0	静、烟直上	海面平静	—	—
1	软风	0.3～1.5	1	烟能表示风向，树叶略有摇动	微波如鱼鳞状，没有浪花。一般渔船正好能使舵	0.1	0.1
2	轻风	1.6～3.3	2	人面感觉有风，树叶有微响，旗子开始飘动，高的草开始摇动	小波，波长尚短，但波形显著，波峰光亮但不破裂。渔船张帆时，可随风移行每小时 1～2n mile（海里）	0.2	0.3
3	微风	3.4～5.4	4	树叶及小枝摇动不息，旗子展开，高的草摇动不息	小波加大，波峰开始破裂；浪沫光亮，有时可有散见的白浪花，渔船开始簸动，张帆随风移行每小时 3～4n mile	0.6	1.0
4	和风	5.5～7.9	7	能吹起地面灰尘和纸张，树枝动摇。高的草呈波浪起伏	小浪，波长变长；白浪成群出现。渔船满帆的，可使船身倾于一侧	1.0	1.5
5	清劲风	8.0～10.7	9	有叶的小树摇摆，内陆的水面有小波，高的草波浪起伏明显	中浪，具有较显著的长波形状；许多白浪形成（偶有飞沫）。渔船需缩帆一部分	2.0	2.5
6	强风	10.8～13.8	12	大树枝摇动，电线呼呼有声，撑伞困难，高的草不时倾伏于地	轻度大浪开始形成；到处都有更大的白沫峰（有时有些飞沫）。渔船缩帆大部分，并注意风险	3.0	4.0
7	疾风	13.9～17.1	16	全树摇动，大树枝弯下来，迎风步行感觉不便	轻度大浪，碎浪而成白沫沿风向呈条状，渔船不再出港，在海者下锚	4.0	5.5
8	大风	17.2～20.7	19	可折毁小树枝，人迎风前行感觉阻力甚大	有中度的大浪，波长较长，波峰边缘开始破碎成飞沫片；白沫沿风向有明显的条带。所有近海渔船都要靠港，停留不出	5.5	7.5
9	烈风	20.8～24.4	23	草房遭受破坏，屋瓦被掀起，大树枝可折断	狂浪，沿风向白沫呈浓密的条带状，波峰开始翻滚，飞沫可影响能见度。机帆船航行困难	7.0	10.0
10	狂风	24.5～28.4	26	树木可被吹倒，一般建筑物遭破坏	狂涛，波峰长而翻卷；白沫成片出现，沿风向呈白色浓密条带；整个海面呈白色；海面颠簸加大的震动感，能见度受影响。机帆船航行颇危险	9.0	12.5
11	暴风	28.5～32.6	31	大树可被吹倒，一般建筑物遭严重破坏	异常狂涛（中小船只可一时隐没在浪后）；海面完全被沿风向吹出的白沫片所掩盖；波浪到处破成泡沫，能见度受影响。机帆船遇之极危险	11.5	16.0

续表

风力等级	名称	相当于平地 10m 高处的风速/（m/s）		陆上地物征象	海面和渔船征象	海面大概的浪高/m	
		范围	中数			一般	最高
12	飓风	＞32.6	＞33	陆上少见，其摧毁力极大	空中充满了白色的浪花和飞沫；海面完全变白，能见度严重地受到影响	14.0	—
13		37.0～41.4					
14		41.5～46.1					
15		46.2～50.9					
16		51.0～56.0					
17		56.1～61.2					

注：13～17 级风力是当风速可以用仪器测定时使用，故未列特征

（二）风速与风级的关系

除查表 11-1 外，还可以通过风级来计算风速，风速与风级的关系式见式（11-1）。

$$\overline{v}_N = 0.1 + 0.824N^{1.505} \tag{11-1}$$

式中，N 为风的级数；$\overline{v}_N$ 为 N 级风的平均风速，m/s。

如已知风的级数 N，即可算出平均风速 $\overline{v}_N$。

N 级风的最大风速：

$$\overline{v}_{N\max} = 0.2 + 0.824N^{1.505} + 0.5N^{0.56} \tag{11-2}$$

N 级风的最小风速：

$$\overline{v}_{N\min} = 0.824N^{1.505} - 0.56 \tag{11-3}$$

三、风的物理特性

（一）风廓线

由于地面对风的摩擦力，风速随距地面高度有显著的变化。风廓线是表示风速随距地面高度变化的曲线，如图 11-5 所示。图 11-5 的横坐标为某高度处的平均风速 $\overline{v}$ 与风力机轮毂中心处平均风速 $\overline{v}_0$ 的比值，纵坐标为某高度 h 与风力机轮毂中心高度 h_0 的比值。z_0 为粗糙度长度，它是衡量地面的摩擦力大小的指标。

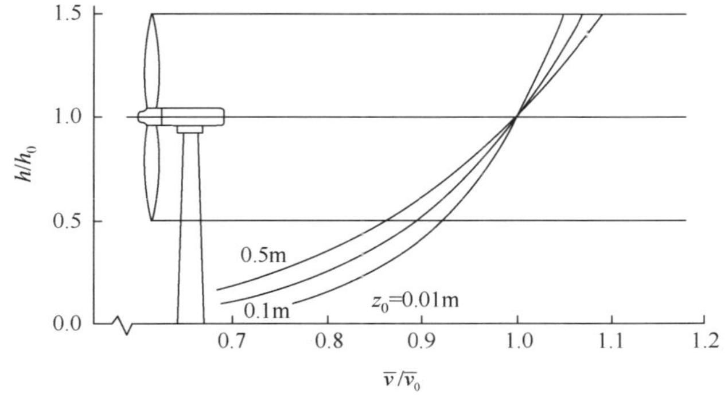

图 11-5 不同粗糙度长度的风廓线

风廓线通常有两种描述方法，一种应用自然对数描述。

$$\frac{v_2}{v_1}=\frac{\ln(h_2-d)-\ln z_0}{\ln(h_1-d)-\ln z_0} \qquad (11\text{-}4)$$

式中，v_1 为 h_1 高度上的风速，m/s；v_2 为 h_2 高度上的风速，m/s；d 为地面廓线的影响系数，当地面上障碍物比较离散和低矮时，d 选为零，否则，d 采用障碍物高度的 70%～80%。

式（11-4）在 30～50m 的高度对风廓线拟合得最好。

风廓线还可以应用指数公式描述。

$$\frac{v_2}{v_1}=\left(\frac{h_2}{h_1}\right)^{\alpha} \qquad (11\text{-}5)$$

式中，α 为风切变指数。

式（11-5）适用于 d 等于零的场合，但适用的高度范围大于式（11-4）。

α 值大表示风速随高度增加得快；α 值小表示风速随高度增加得慢。

α 值的变化与地面粗糙度有关。α 与 z_0 的关系为

$$\alpha=0.04\ln z_0+0.003(\ln z_0)^2+0.24$$

不同地表的粗糙度长度如表 11-2 所示。风速随距地面高度变化的特性可能造成风力机叶片的振动。

表 11-2　不同地表的粗糙度 z_0 和 α 值

地面类型	z_0 /m	α
光滑（水面、沙、雪）	0.001～0.02	0.10～0.13
较粗糙（短草、农作物、乡村地区）	0.02～0.30	0.13～0.20
粗糙（树林、城市郊区）	0.30～2	0.20～0.27
非常粗糙（城市、高大建筑）	2～10	0.27～0.40

（二）风频特性

1. 风向频率

在一定时间内各种风向出现的次数占所观测总次数的百分比称为风向频率，即

$$风向频率=\frac{该风向出现的次数}{风向总观测次数}\times 100\% \qquad (11\text{-}6)$$

2. 风速频率

风速频率反映风的重复性，指在一个月或一年的周期中发生相同风速的时数占这段时间刮风总时数的百分比。

3. 风玫瑰图

参照图 11-6A 将风向分为若干方位，根据各方向风出现的频率按相应的比例长度绘制在图上，称为风向玫瑰图（图 11-6B）。在风向玫瑰图中可以获得如下信息。

（1）盛行风向：指根据当地多年观测资料绘制的年风向玫瑰图中，风向频率较大方向。以季度绘制的可以有四季的盛行风向。

（2）风向旋转方向：指风向随着季节旋转。在季风区，一年中风向由偏北逐渐过渡到偏南，再由偏南逐渐过渡到偏北。有些地区风向不是逐步过渡而是直接交替的，这时风向旋转就不存在了。

（3）最小风向频率：指两个盛行风向对应轴大致垂直两侧风向频率最小的方向。当盛行风向有季节风向旋转性质时，最小风向频率应该在旋转方向的另一侧。

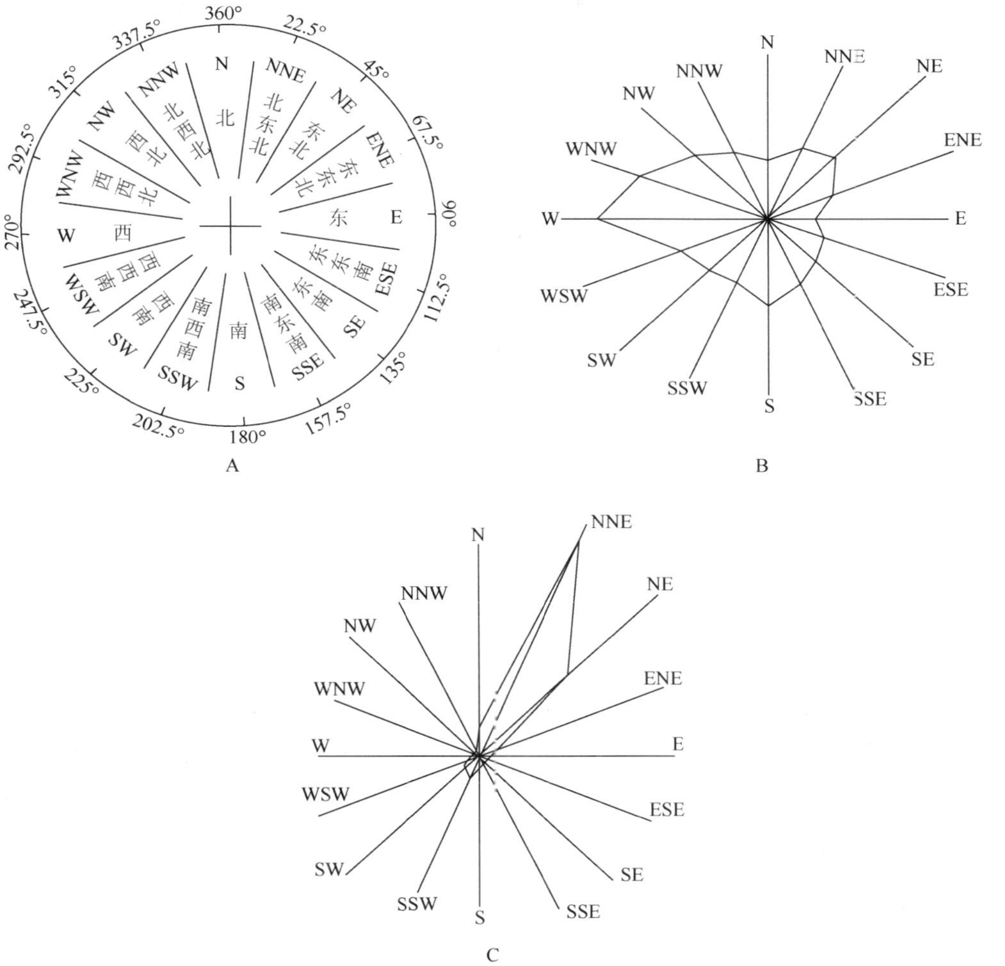

图 11-6　风玫瑰图

A. 风向 16 方位图；B. 风向玫瑰图；C. 风能玫瑰图

同样也可以用这种方法表示各方向的平均风速，称为风速玫瑰图。

图 11-6C 所示为某地的风能玫瑰图。它同时含有风向和风速的信息，反映风能资源的特性。图 11-6C 中每一条辐射线的方向代表风的方向，长度表示该风向频率与平均风速立方的乘积。

（三）风功率及风功率密度

1. 风功率及风功率密度定义

风功率是指单位时间内，以速度 v 垂直流过截面 A 的气流所具有的动能。因此在 t 时间

内，以速度 v 垂直流过截面 A 的气流所具有的动能为

$$W=\frac{1}{2}mv^2=\frac{1}{2}(\rho Avt)v^2=\frac{1}{2}\rho Av^3t \tag{11-7}$$

式中，W 为风能，J；m 为空气动能；ρ 为空气密度，kg/m^3；v 为来流速度，m/s；A 为面积，m^2；t 为时间，s。

所以，风功率 P_{w} 为

$$P_{\text{w}}=W/t=\frac{1}{2}\rho Av^3 \tag{11-8}$$

风功率密度 p_{w} 是气流垂直通过单位面积的风功率。它是表征一个地方风能资源多少的指标，即

$$p_{\text{w}}=P_{\text{w}}/A=\frac{1}{2}\rho v^3 \tag{11-9}$$

2. 平均风功率密度

衡量某一地区风能大小，要视常年平均风能的多少而定。由于风速是一个随机性很大的量，必须通过较长时间的观测来了解它的平均状况。因此，在一段时间（如一年）内的平均风功率密度为

$$\overline{p}_{\text{w}}=\frac{1}{t_{总}}\sum\frac{1}{2}\rho v_{\text{i}}^3\Delta t_{\text{i}} \tag{11-10}$$

式中，$\overline{p}_{\text{w}}$ 为平均风功率密度，W/m^2；v_{i} 为风速，m/s；Δt_{i} 为 v_i 的时数，h；$t_{总}$ 为总时数，h。

（四）湍流

湍流是指短时间内（一般小于 10min）的风速波动。可以认为风是长时间作用的平均风速与短时间作用的湍流之和，可能在长时间内湍流矢量和为零，但在短时间内会引起风速的突然变化。

湍流生成的原因有两个：一是环境的粗糙度，不同的地形特性，如山谷、丘陵等地面障碍物引起气流的改变；二是热效应引起的空气密度的改变。

湍流的产生是一个相当复杂的过程，不能用简单的确定性的数学模型来表达，目前仍采用统计学规律来描述。

湍流过大会减少风力机的输出功率、引起系统的振动和荷载的不均匀。

（五）空气密度

从风功率公式可知，空气密度 ρ 的大小直接关系到风能的多少，特别是在海拔高的地区，影响更突出。表 11-3 是海平面空气密度表，在 15℃，干燥空气密度为 1.225kg/m^3，通常作为标准空气密度。湿度增加，空气密度会有一些降低。冷空气通常比暖空气密度大。

表 11-3 海平面空气密度表

温度/℃	温度/℉	干燥空气密度/（kg/m^3）	最大水分含量/（kg/m^3）
−25	−13	1.423	
−20	−4	1.395	

续表

温度/℃	温度/℉	干燥空气密度/（kg/m³）	最大水分含量/（kg/m³）
–15	5	1.368	
–10	14	1.342	
–5	23	1.317	
0	32	1.292	0.005
5	41	1.269	0.007
10	50	1.247	0.009
15	59	1.225	0.013
20	68	1.204	0.017
25	77	1.184	0.023
30	86	1.165	0.030
35	95	1.146	0.039
40	104	1.127	0.051

随着各地海拔、气温、气压不同，空气密度也有所不同，在不同的气压、气温和水汽压情况下，空气密度计算公式为

$$\rho = \frac{1.276}{1+0.00366T} \times \frac{(p-0.378e)}{1000} \tag{11-11}$$

式中，p 为气压，hPa；T 为气温，℃；e 为水汽压，hPa。

计算空气密度随高度变化的经验公式为

$$\rho = 1.225e^{-0.0001h} \tag{11-12}$$

式中，ρ 为对应海拔 h 的空气密度。

四、风能可利用区的划分

评价风资源的潜力和特征，一般都用年有效风功率密度和可利用风速年累积小时数。我国宏观上常划分为 4 类区域，见表 11-4。

表 11-4 风资源等级

指标	丰富区	较丰富区	可利用区	贫乏区
年有效风功率密度/（W/m²）	＞200	150～200	50～150	＜50
风速 3～20m/s 年累积小时数	＞5000	4000～5000	2000～4000	＜2000
风速 6～20m/s 年累积小时数	＞2200	1500～2200	350～1500	＜350
风速 8～20m/s 年累积小时数	＞1000	500～1000	50～500	＜50
占全国面积的百分比	8	18	50	24

第二节 风力机的结构及工作原理

一、风力机的分类

风力机是用来捕获风能的旋转机械。它的种类很多。风力机组可以从两个方面来分类，

一方面是按功率大小来分，另一方面是按结构形式来分。

（一）按功率分

按额定功率大小，风力机可分为：①微型，0.1～1kW；②小型，1～100kW；③中型，100～1000kW；④大型，1000kW 以上。

（二）按结构分

图 11-7 所示为风力机按结构形式分类。

按转轴方向分，可以分为水平轴风力机和垂直轴风力机。水平轴风力机的风轮轴基本上平行于地面；垂直轴风力机是风轮轴垂直于地面的风力机（图 11-8）。

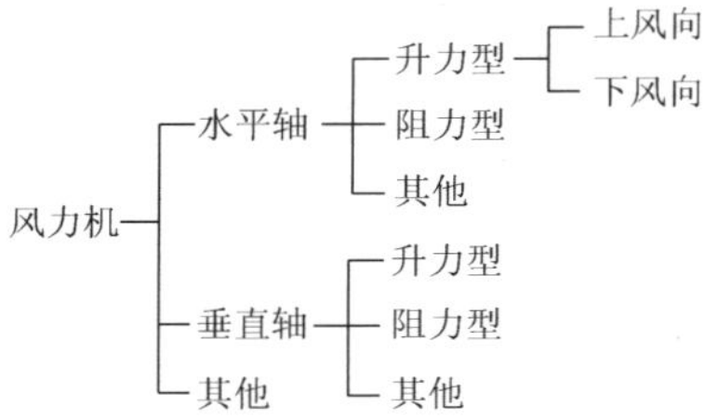

图 11-7　风力机按结构形式分类

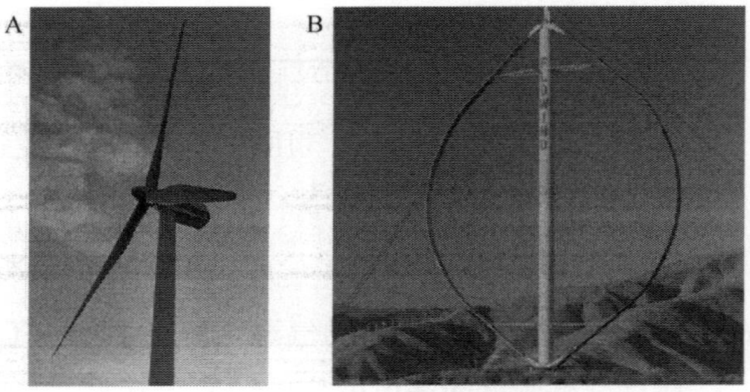

图 11-8　风力机实物照片

A. 水平轴；B. 垂直轴

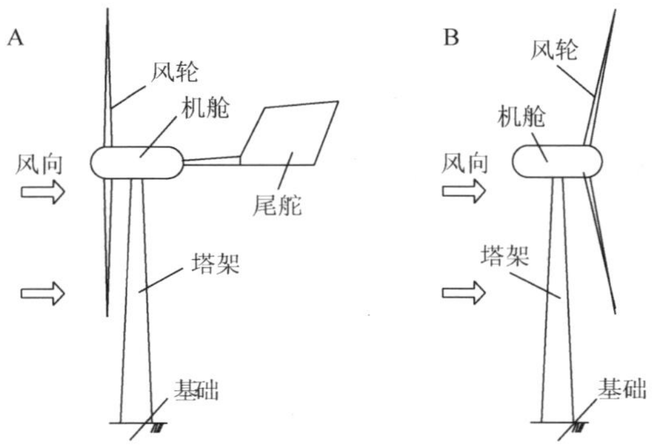

图 11-9　风力机与风向

A. 上风向；B. 下风向

按驱动原理分，可以分为升力型风力机和阻力型风力机。升力型风力机风轮旋转是由叶片所受的升力作用引起的；阻力型风力机风轮旋转是由叶片所受的阻力作用引起的。

升力型水平轴风力机按风轮与塔架相对位置分，可以分为上风向风力机与下风向风力机（图 11-9）。风轮在塔架的前面迎风旋转，称为上风向风力机；风轮安装在塔架后面，风先经过塔架，再到风轮，则称为下风向风力机。上风向风力机必须有某种调向装置来保持风轮迎风。而下风向风力机则能够自动对准风向，从而免去了调向装置。但对于下风向风力机，由于一部分空气通过塔架后再吹向风轮，影响风力机的出力，使性能有所降低。

目前，应用最多的是大型水平轴升力型风力机，这里拟作较详细的介绍。风力机的核心部件是风轮，风轮由叶片和轮毂组成。叶片用于捕获风能，轮毂用来连接叶片和传递动力。此外还有相关的控制结构。

二、叶　片

（一）叶片的基本几何定义（图 11-10）

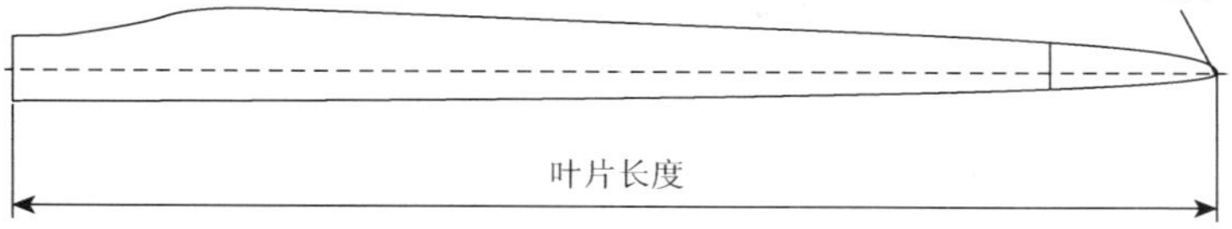

图 11-10　叶片

1. 叶尖

水平轴和斜轴风力机的叶片距离风轮回转轴线的最远点。

2. 叶根

叶片与轮毂连接点。

3. 叶片长度

叶尖与叶根之间的距离。

4. 叶片投影面积

叶片在风轮扫掠面上投影的面积。

5. 叶片翼型

翼型也称叶片剖面，它是指用垂直于叶片长度方向的平面去截叶片而得到的截面形状。目前的资料对翼型有 4 种说法：①“轮廓线”；②“平面形状”；③“微元”；④“单位长度翼型”。JB/T7878-1995 定义：叶片展向长度趋于无穷小时称翼型，因为后面要讨论翼型受力，故采用“微元”说。翼型的长度趋于无限小，其几何特征见图 11-11。

1）中弧线　　翼型表面内切圆圆心光滑连接起来的曲线（图 11-11 中的虚线）。

2）前缘　　翼型中弧线的最前点（A 点）。

3）后缘　　翼型中弧线的最后点（B 点）。

4）几何弦　　连接前缘与后缘的直线。其长度为几何弦长，通常用 c 表示。

5）平均几何弦长　　叶片投影面积与叶片长度的比值。

6）气动弦线　　通过后缘使翼型升力为零的直线。

7）厚度　　几何弦上各点垂直于几何弦的直线被翼型周线所截取的长度，用 δ 表示。最大厚度就是厚度最大值 δ_{max}，通常以它作为翼型厚度的代表。最大厚度点离前缘的距离用 x_δ 表示，通常采用其相对值 $\overline{x}_\delta = x_\delta / c$。

8）相对厚度　　厚度的最大值与几何弦长的比值（$\overline{\delta} = \delta_{max}/c$）。它通常取值为 3%～20%（风轮最常用 10%～15%）。

9）弯度　　中弧线到几何弦的距离。显然，它也有一个最大值 f_{max}。

6. 叶片扭角

叶片尖部几何弦与根部几何弦夹角的绝对值，如图 11-12 所示。

7. 叶片几何攻角

翼型上合成气流方向与翼型几何弦的夹角，用 α 表示。

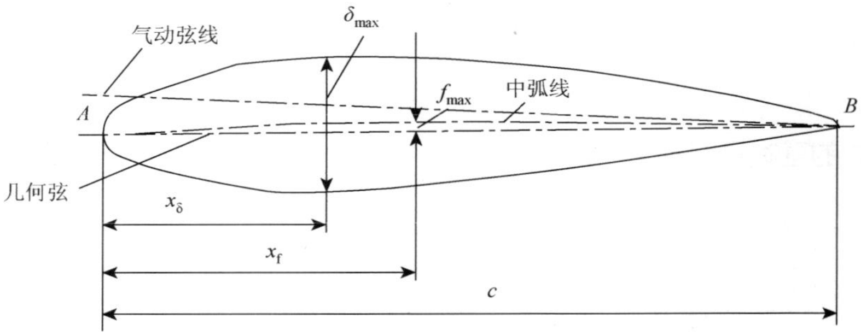

图 11-11　叶片翼型的几何定义

x_f. 最大弯度点到前缘的距离

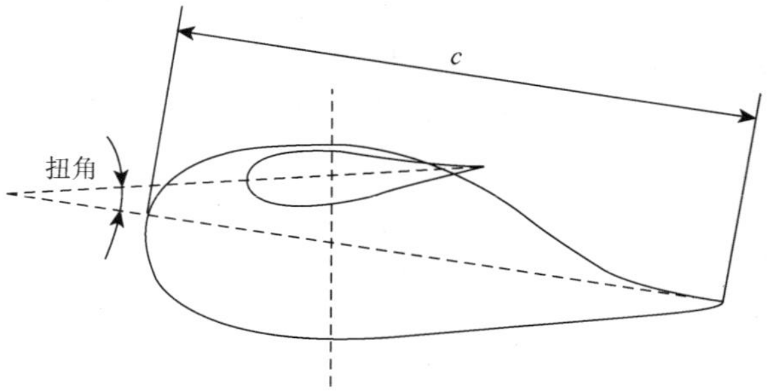

图 11-12　叶片扭角

（二）作用在叶片上的空气动力

假设翼型与大气存在图 11-13A 所示的相对运动。由于翼型周围存在绕流，翼型外表面的空气压力是不均匀的。下表面压力较上表面大，叶片翼型将受到一个合力 δQ 。δQ 在垂直来流方向的分量 δL 称为升力，而平行来流方向的分量 δD 称为阻力（图 11-13B）。此外，合力 δQ 对于前缘 *A* 将有一个力矩 δM ，称为气动俯仰力矩。

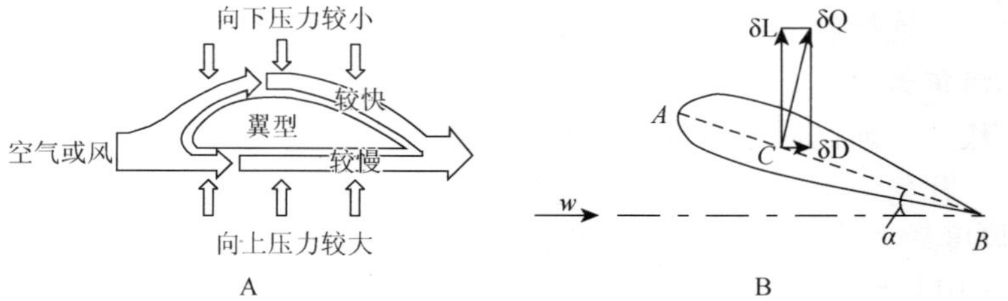

图 11-13　作用于翼型上的空气动力

A. 翼型与大气的相对运动；B. 空气动力

翼型上的升力为

$$\delta L = \frac{1}{2}\rho w^2 c C_l \delta z \qquad (11\text{-}13)$$

式中，ρ 为空气的密度，kg/m³；w 为相对速度，m/s；c 为几何弦长，m；C_l 为翼型升力特征系数；δz 为翼型的长度，m。

翼型上的阻力为

$$\delta D = \frac{1}{2}\rho w^2 c C_d \delta z \tag{11-14}$$

式中，C_d 为翼型阻力特征系数。

气动俯仰力矩为

$$\delta M = \frac{1}{2}\rho w^2 c^2 C_m \delta z \tag{11-15}$$

式中，C_m 为气动俯仰力矩系数。

对于某一特定攻角翼型总对应地有一特殊点 C（图 11-13B），空气动力 δQ 对这个点的力矩为零，将该点称为压力中心点。空气动力在翼型剖面上产生的影响可由单独作用于该点的升力和阻力来表示。

翼型升力特征系数 C_l、阻力特征系数 C_d 都与翼型的形状及攻角 α 有关。C_l 与 α 的关系曲线如图 11-14 所示。在实用范围内，它基本上成一直线，但在较大攻角时，略向下弯曲。当攻角增大到 α_{cr} 时，C_l 达到其最大值 C_{lmax}，其后则突然下降，这一现象称为失速。它与翼型上表面气流在前缘附近发生分离的现象有关（图 11-15），攻角 α_{cr} 称为临界攻角。失速发生时，风力机的输出功率显著减小。

对一般的翼型而言，临界攻角 α_{cr} 为 10°～20°。这时的最大升力系数 C_{lmax} 为 1.2～1.5。

C_d 与 α 的关系曲线也如图 11-14 所示。它的形状有些与抛物线相近，一般在某一不大的负攻角时，有最小值 C_{dmin}。此后随着攻角的增加，阻力增加得很快，在到达临界攻角以后，增长率更为显著。

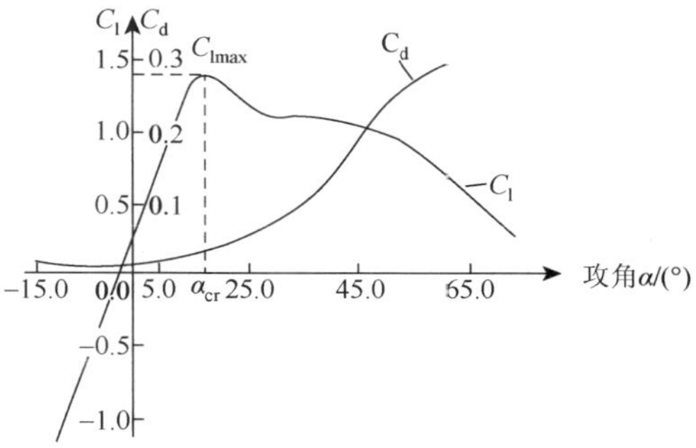

图 11-14 C_l、C_d 与 α 的关系

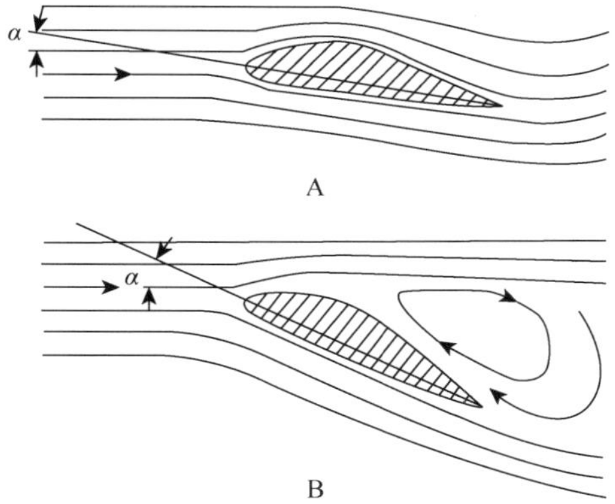

图 11-15 叶片的失速

A. 小攻角；B. 大攻角（失速）

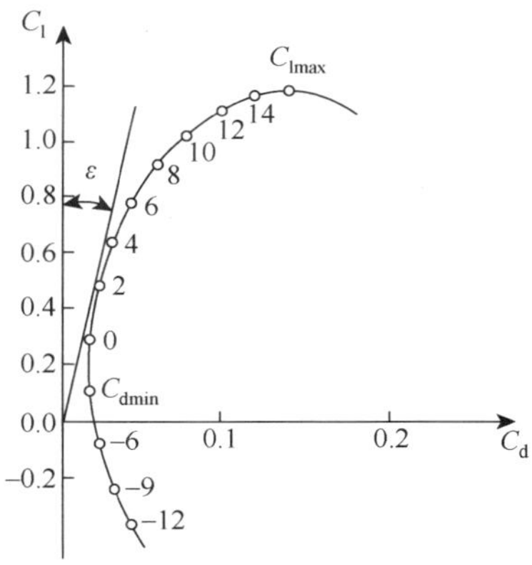

图 11-16 C_l 与 C_d 的关系

C_l 与 C_d 的关系曲线也可以表示为极曲线，以 C_d 为横坐标，C_l 为纵坐标，对应于每一

个攻角 α，有一对 C_d、C_l 值，在图 11-16 上可确定一点，并在其旁标注出相应的攻角，连接所有各点即成极曲线。该曲线包括了图 11-14 中两条曲线的全部内容。因升力与阻力本是作用于叶片上的合力在与相对速度 w 垂直和平行方向上的两个分量，所以从原点到曲线上任一点的矢径，就表示了在该对应攻角下的总气动力系数的大小和方向。该矢径弦的斜率，就是在这一攻角下的升力与阻力之比，简称升阻比，又称气动力效率。过坐标原点作极曲线的切线，就得到叶片的最大升阻比 $\cot\varepsilon = C_l / C_d$。显然，这是风力机叶片最佳的运行状态。

三、轮　　毂

轮毂是将叶片和叶片组固定到转轴上的装置，它将风轮的力和力矩传递到主传动结构中去。轮毂有固定式和铰链式两种。固定式轮毂最为常用。

固定式轮毂的制造成本低、维护少、没有磨损。三叶片风轮大部分采用固定式轮毂。常见的固定式轮毂的结构如图 11-17 所示。

A

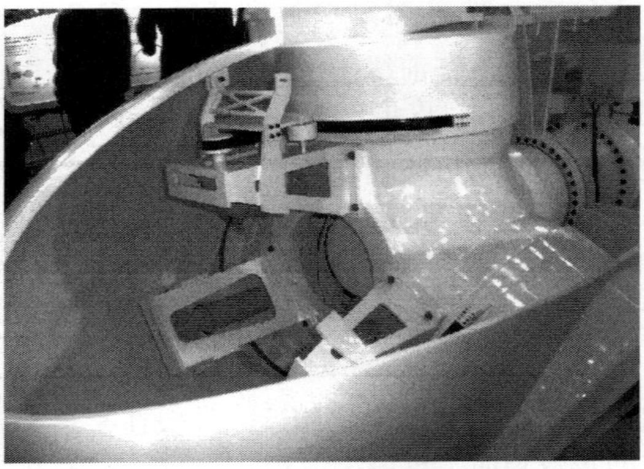

B

图 11-17　常见的固定式轮毂的结构

A. 球形；B. 三圆柱形

四、风　　轮

（一）几何定义

多个叶片固定在轮毂上就构成了风轮。这里首先给出它的一些几何定义与相关参数（图 11-18）。

1. 风轮直径

叶尖旋转圆的直径，用 D 表示。

2. 风轮扫掠面积

风轮旋转时，叶片的回转面积。

3. 风轮偏角

风轮轴线与气流方向的夹角在水平面的投影角。

4. 风轮实度

风轮叶片投影面积的总和与风轮扫掠面积的比值。

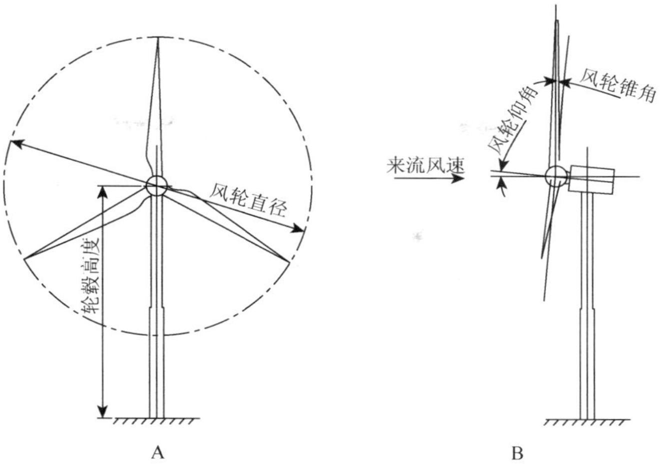

图 11-18 风轮几何定义

A. 直径和轮毂高度；B. 风轮锥角和风轮仰角

5. 桨距角

叶片几何弦线与风轮旋转面间的夹角。

6. 风轮锥角

风轮锥角是叶片与旋转轴垂直的平面的夹角。

7. 风轮仰角

风轮仰角是风轮旋转轴与水平面的夹角。仰角的作用是防止叶尖与塔架碰撞。

（二）物理参数

1. 风轮转速

风轮在风的作用下绕其轴旋转的速度，通常用角速度 Ω（rad/s）表示；在输出额定功率时，风轮的转速称为额定转速；风力机处于正常状态下（空载或负载），风轮允许的最大转速称为最高转速。

2. 叶尖速度比（简称尖速比）

风轮叶片叶尖线速度与风轮前的风速之比，用 λ 表示。

$$\lambda = \frac{\Omega R}{v_{\infty}} \tag{11-16}$$

式中，Ω 为风轮转动角速度，rad/s；R 为风轮半径，m。

（三）额定功率调节

当风力机达到额定功率时，必须采用有效措施，使其功率不再增加，否则将造成“飞车”，使风力机受损。图 11-19 为额定功率控制的方式。

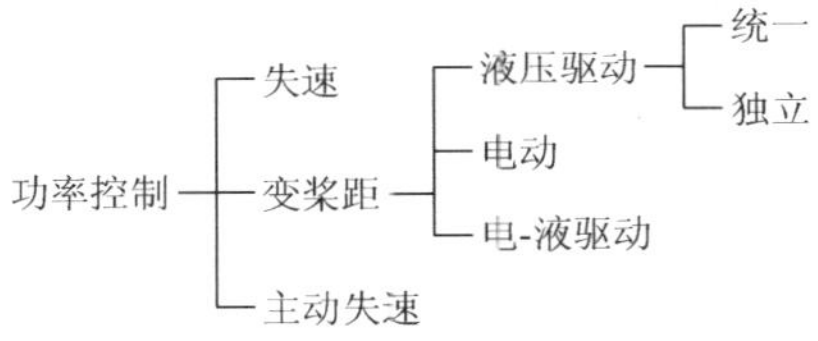

图 11-19 额定功率控制的方式

1. 失速调节

定桨距风力机采用失速效应进行额定功率的控制。定桨距风力机的主要结构特点是叶片与轮毂的连接是固定的，即当风速变化时，叶片的迎风角度不能随之变化。叶片的失速调节原理如图 11-20 所示。图中 F 为作用在叶片上的气动合力，该力可以分解成 F_t、F_n 两部分；F_t 与风速垂直，为驱动力，使叶片转动；F_n 与风速平行，为轴向推力，通过塔架作用到地面上。当叶片的安装角不变，随着风速的增加，攻角增大，达到临界攻角时，升力系数开始减小，阻力系数不断增大，造成叶片失速。失速调节叶片的攻角沿轴向由根部向叶尖逐渐减少，因而根部叶面先进入失速，随风速增大，失速部分向叶尖处扩展，原先已失速的部分，失速程度加深，未失速的部分逐渐进入失速区。失速部分使功率减少，未失速部分仍有功率增加，从而使输入功率保持在额定功率附近。

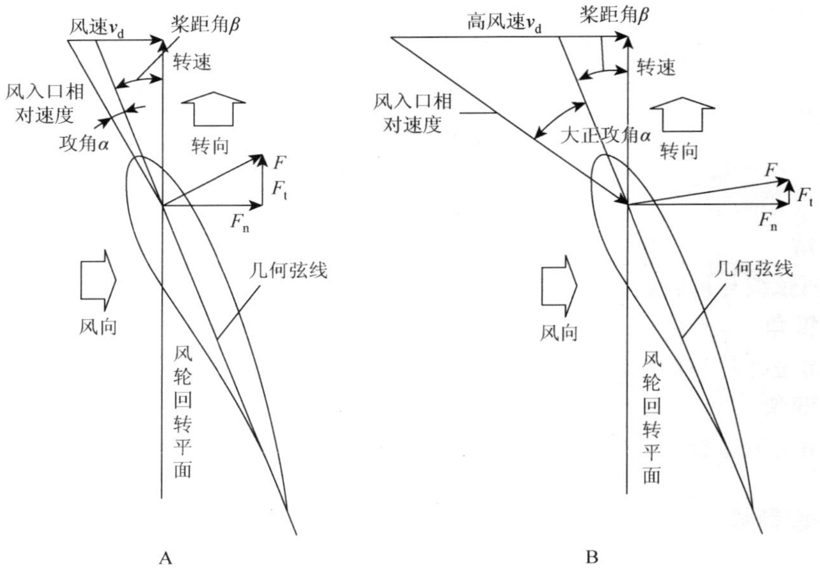

图 11-20　失速调节原理

A. 小风速；B. 大风速

失速控制型风力机的优点是叶片和轮毂之间无运动部件，轮毂结构简单，费用低；没有功率调节系统的维护费；在失速后功率的波动相对小。失速控制型风力机的缺点是气动制动系统可靠性设计和制造要求高；叶片、机舱和塔架上的动态载荷高；由于常需要制动过程，在叶片和传动系统中产生很高的机械载荷；启动性差；机组承受的风载荷大；在低空气密度地区难于达到额定功率。

2. 变桨距调节

变桨距风力机与定桨距风力机相比，具有在额定功率点以上输出功率平稳的特点。变桨距风力机的功率调节不完全依靠叶片的气动性能。当功率在额定功率以下时，控制器将桨距角置于 0°附近，不作变化，可认为等于定桨距风力机，发电机的功率根据叶片的气动性能随风速的变化而变化。

当功率超过额定功率时，变桨距结构开始工作，调整桨距角，使叶片攻角不变，将发电机的输出功率限制在额定值附近，如图 11-21 所示。

与定桨距控制相比，变桨距控制的优点是启动性好；制动结构简单，叶片顺桨后风轮转速可以逐渐下降；额定点以后的输出功率平滑；风轮叶根承受的静、动载荷小。变桨距控制风力机的缺点是由于有叶片变距结构，轮毂较复杂，可靠性设计要求高，维护费用高；功率调节系统复杂，费用较高。大型风力机多采用变桨距形式。

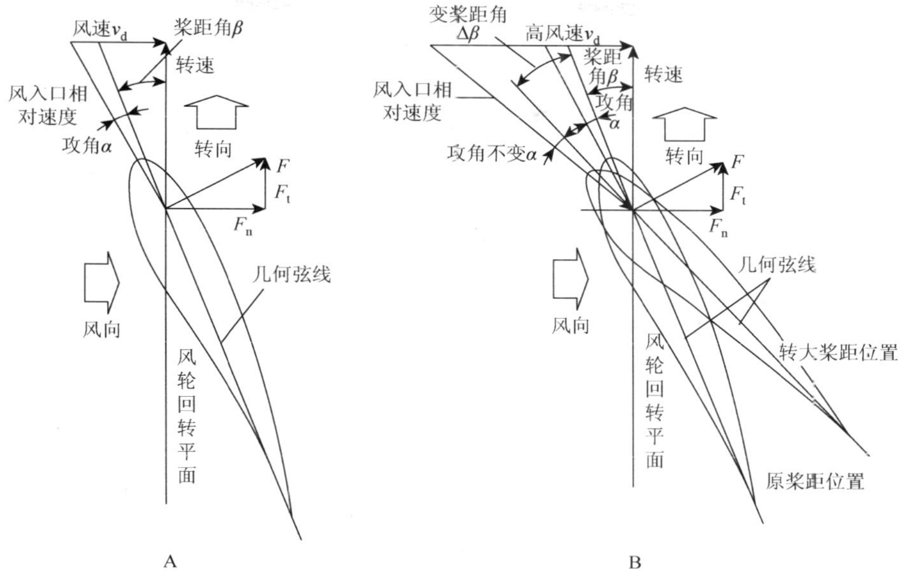

图 11-21　变桨距调节

A. 小风速；B. 大风速

但是，随着风力机容量的增大，单个叶片已重达数吨，对操纵如此巨大的惯性体，并且响应速度要能跟得上风速的变化是相当困难的。事实上，如果没有其他措施的话，变桨距风力机的功率调节对高频风速变化仍然是无能为力的。因此，近年来生产的变桨距风力机，除了对桨距角进行控制以外，还通过控制发电机转子电流来控制发电机转差率，使得发电机转速在一定范围内能够快速响应风速的变化，以吸收瞬变的风能，使输出的功率曲线更加平稳。

图 11-22 为定桨距风力机和变桨距风力机功率曲线的比较。

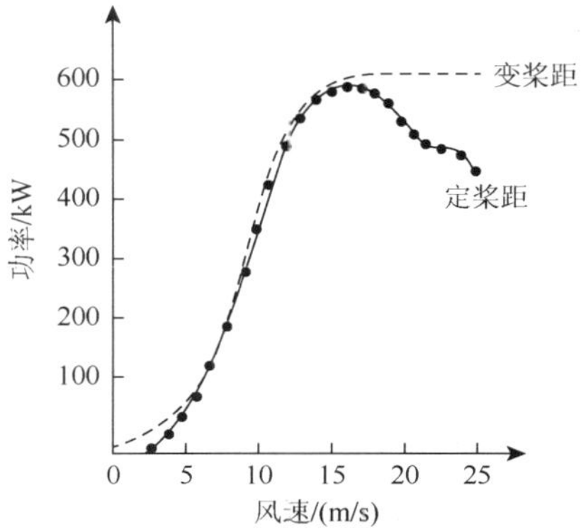

图 11-22　功率曲线比较

（四）偏航

水平轴风力机风轮轴绕垂直轴的旋转称为偏航。偏航系统可以分为被动偏航系统和主动偏航系统。被动偏航系统偏航力矩由风力产生，下风向风力机和安装尾翼的上风向风力机的偏航属于被动偏航。主动偏航系统应用液压结构或者电动机和齿轮结构来使风力机迎风，大型风力机多采用主动偏航。

由于风向经常改变，如果风轮扫掠面和风向不垂直，不但功率输出减少，而且承受的载荷更加恶劣。偏航系统的功能就是跟踪风向的变化，驱动机舱围绕塔架中心线旋转，使风轮扫掠面与风向保持垂直。

机舱在反复调整方向的过程中，有可能发生沿着同一方向累计转了许多圈，造成机舱与塔底之间的电缆扭绞，因此偏航系统应具备解缆功能。偏航轴承分为滑动型和滚动型，无论何种形式都应设置偏航运动的阻尼以使机舱平稳转动。

也有的风力机利用偏航进行功率调节。

第三节　风轮的基本理论

一、贝 兹 极 限

贝兹极限是由德国的空气动力学家贝兹（Albert Betz）提出的。假定风轮是理想的，即①风轮可以简化成一个平面桨盘，没有轮毂，而叶片数无穷多，这个平面桨盘称为致动盘；②风轮叶片旋转时不受摩擦阻力，是一个不产生损耗的能量转换器；③风轮前、风轮扫掠面、风轮后气流都是均匀的定常流，气流流动模型可简化成图 11-23 所示的流束；④风轮前未受扰动的气流静压和风轮后远方的气流静压相等；⑤作用在风轮上的推力是均匀的；⑥不考虑风轮后的旋转尾流。

此时，空气流过致动盘的瞬时能量转换可由图 11-23 表达。致动盘前部的远方来流通过致动盘时，受风轮阻挡被向外挤压，绕过致动盘的空气能量未被利用。只有通过致动盘截面的气流释放所携带的部分动能。致动盘上游流束的横截面积比致动盘面积小，而下游的则比致动盘面积大。流束膨胀是因为要保证每处的质量流量相等。

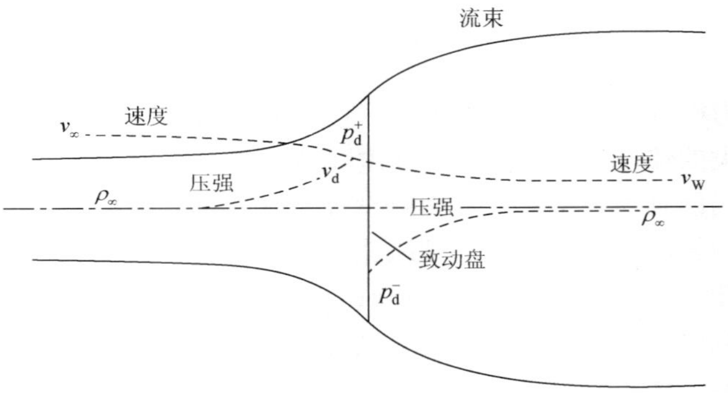

图 11-23　流经致动盘的流束

由于风速远小于当地空气的声速，即运动气流的马赫数 Ma≪1，空气的压缩性可被忽略。

单位时间内通过特定截面的空气质量是 ρAv，其中 ρ 为空气密度（kg/m^3），A 为横截面积（m^2），v 为流体速度（m/s）。沿流束方向的质量流量处处相等，可得

$$\rho A_\infty v_\infty = \rho A_d v_d = \rho A_w v_w \tag{11-17}$$

式中，∞ 为上游无穷远处的参数；d 为致动盘处的参数；w 为尾流远端的参数。

致动盘导致气流速度发生变化，该速度变化将叠加到自由流速率上。该诱导气流在气流方向的分量为 $-av_\infty$，其中 a 为轴向气流诱导因子。所以在致动盘上，气流方向的净速度为

$$v_d = v_\infty(1-a) \tag{11-18}$$

由此，在致动盘面处，轴向气流诱导因子为

$$a = \frac{v_\infty - v_d}{v_\infty} \tag{11-19}$$

气流在经过致动盘时速度发生变化，总变化量为$(v_\infty - v_w)$，根据动量定理，气流所受的作用力等于动量变化率，动量变化率等于速度的变化乘以质量流量，即

$$F=(v_\infty - v_{\rm w})\rho A_{\rm d} v_{\rm d} \tag{11-20}$$

式中，F为气流所受的作用力，N。

引起动量变化的力完全来自于致动盘前后静压力的改变，所以有

$$(p_{\rm d}^+ - p_{\rm d}^-)A_{\rm d}=(v_\infty - v_{\rm w})\rho A_{\rm d} v_\infty (1-a) \tag{11-21}$$

式中，$p_{\rm d}^+$为致动盘前气流静压，Pa；$p_{\rm d}^-$为致动盘后气流静压，Pa。

对流束的上风向和下风向分别使用伯努利方程，可以求得压力差$(p_{\rm d}^+ - p_{\rm d}^-)$。对上风向气流有

$$\frac{1}{2}\rho_\infty v_\infty^2 + p_\infty + \rho_\infty g h_\infty = \frac{1}{2}\rho_{\rm d} v_{\rm d}^2 + p_{\rm d}^+ + \rho_{\rm d} g h_{\rm d} \tag{11-22}$$

由于假设气体不可压缩，$\rho_\infty = \rho_{\rm d}$，并且流束处于水平方向，高度$h_\infty = h_{\rm d}$，那么有

$$\frac{1}{2}\rho v_\infty^2 + p_\infty = \frac{1}{2}\rho v_{\rm d}^2 + p_{\rm d}^+ \tag{11-23}$$

同样下风向气流有

$$\frac{1}{2}\rho v_{\rm w}^2 + p_\infty = \frac{1}{2}\rho v_{\rm d}^2 + p_{\rm d}^- \tag{11-24}$$

式（11-23）和式（11-24）相减，得

$$(p_{\rm d}^+ - p_{\rm d}^-)=\frac{1}{2}\rho(v_\infty^2 - v_{\rm w}^2) \tag{11-25}$$

把式（11-25）代入式（11-21），得

$$\frac{1}{2}\rho(v_\infty^2 - v_{\rm w}^2)A_{\rm d}=(v_\infty - v_{\rm w})\rho A_{\rm d} v_\infty (1-a) \tag{11-26}$$

因此

$$v_{\rm w}=(1-2a)v_\infty \tag{11-27}$$

致动盘作用在气流上的力，可由式（11-27）代入式（11-20）导出。

$$F=(p_{\rm d}^+ - p_{\rm d}^-)A_{\rm d}=2\rho A_{\rm d} v_\infty^2 a(1-a) \tag{11-28}$$

这个力在数值上等于气流对制动盘的反作用力，因此气体输出功率为

$$P=F v_{\rm d}=2\rho A_{\rm d} v_\infty^3 a(1-a)^2 \tag{11-29}$$

定义风能利用系数为

$$C_{\rm P}=\frac{P}{\frac{1}{2}\rho v_\infty^3 A_{\rm d}} \tag{11-30}$$

其中分母表示横截面积为$A_{\rm d}$的自由流束所具有的风功率。将式（11-29）代入式（11-30），得

$$C_{\rm P}=4a(1-a)^2 \tag{11-31}$$

可以求出，当$a=\frac{1}{3}$时，$C_{\rm P}$的值最大。将$a=\frac{1}{3}$代入式（11-31），得

$$C_{\rm Pmax}=\frac{16}{27}=0.593 \tag{11-32}$$

这个值称为贝兹极限。它是水平轴风力机的风能利用系数的最大值。

由压力降产生的作用于致动盘的力T与致动盘作用在气流上的力大小相等，所以T可以由式（11-28）求得。定义无量纲的推力系数为

$$C_T = \frac{T}{\frac{1}{2}\rho v_\infty^2 A_d} \tag{11-33}$$

将式（11-28）代入式（11-33），得

$$C_T = 4a(1-a) \tag{11-34}$$

尾流速度为 $(1-2a)v_\infty$ ，当 $a \geqslant 1/2$ 时，将出现尾流速度变成零，甚至变成负数的问题。在这种情况下，上述模型将不再适用。

风能利用系数和推力系数随 a 的变化曲线如图 11-24 所示。

二、旋转尾流模型

贝兹极限所讨论的气流模型只考虑轴向流动，这里将进一步考虑旋转尾流问题。仍然沿用致动盘的基本假设，但更为具体地将致动盘描述为多个叶片扫过的区域，或称为风轮圆盘。

气流通过风轮圆盘时，圆盘所受转矩与作用在空气上的转矩大小相等、方向相反。反转矩作用的结果会导致空气逆着风轮转向旋转，从而获得角动量，这样会使风轮圆盘尾流的空气微粒在旋转面的切线方向和轴向上都获得了速度分量（图 11-25）。

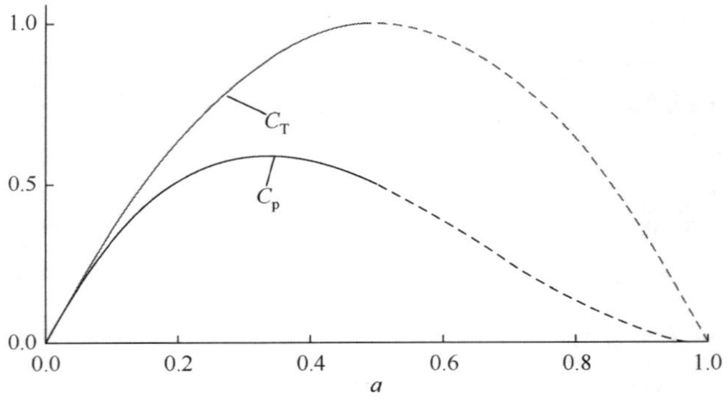

图 11-24　C_P、C_T 随 a 的变化曲线

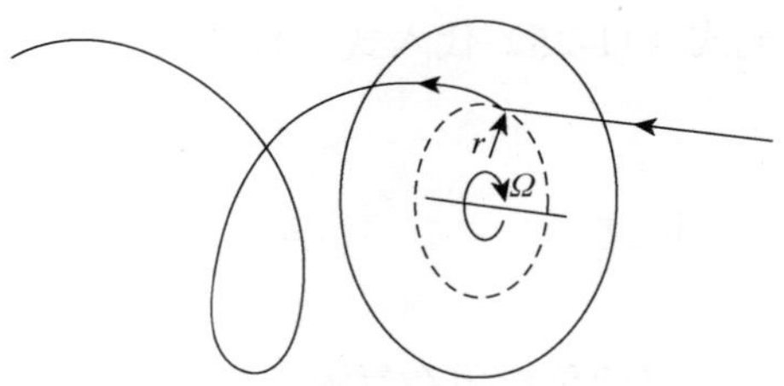

图 11-25　空气微粒经过风轮圆盘的运动轨迹

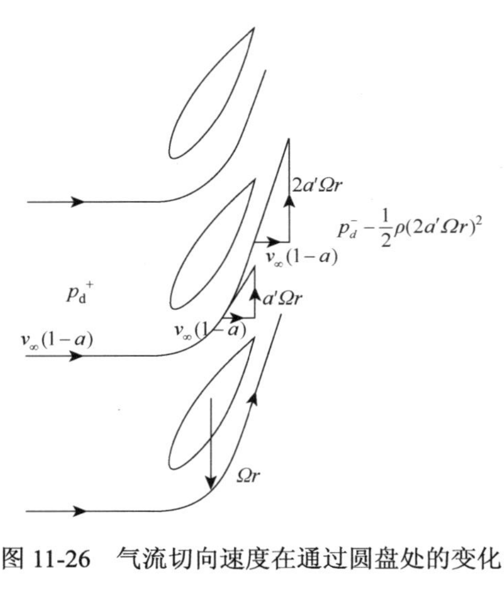

图 11-26　气流切向速度在通过圆盘处的变化

进入圆盘的气流无任何转动，而离开圆盘的气流是旋转的。转动传递发生在整个圆盘的厚度处，如图 11-26 所示。切向速度的变化用切向气流诱导因子 a' 表示。圆盘上游气流的切向速度为零。设风轮旋转角速度为 Ω，圆盘下游在距旋转轴径向距离为 r 的地方气流切向速度为 $2\Omega ra'$ 。在圆盘厚度中部，切向诱导速度为 $\Omega ra'$ 。

在所有的各个径向位置上，切向速度是不同的，轴向诱导速度也不一样。为了讨论圆盘的动力学特性，截取半径为 r 、径向宽度为 δr 的圆环，整个圆盘由多个圆环组成，并且假定每个环的作用力相互独立。

圆环反作用于空气的转矩，将使空气产生切向速度分量，而作用在圆环上的轴向力将会使空气轴

向速度降低。

作用在圆环上的转矩与圆环反作用于空气的转矩大小相等，而作用于空气的转矩等于通过此环形区的空气的角动量的变化率，即

$$dM = 2\Omega ra'rd\dot{m}$$

式中，$d\dot{m}$ 为流经圆环上的空气质量流量。

$$d\dot{m} = \rho v_\infty(1-a)dA_d \tag{11-35}$$

考虑到圆环的面积 $dA_d = 2\pi rdr$，可得作用在圆环上的转矩为

$$dM = 4\pi\rho\Omega v_\infty(1-a)a'r^3dr \tag{11-36}$$

所以风轮转轴输出的功率增量为

$$dP = \Omega dM \tag{11-37}$$

风速降低所输出的功率由式（11-29）给出，即

$$dP = 2\rho v_\infty^3 a(1-a)^2 dA_d \tag{11-38}$$

因此，由式（11-36）～式（11-38）有

$$2\rho v_\infty^3 a(1-a)^2 dA_d = \rho v_\infty(1-a)2\Omega^2 a'r^2 dA_d$$

和

$$v_\infty^2 a(1-a) = \Omega^2 r^2 a' \tag{11-39}$$

其中，Ωr 为旋转圆环的切向速度，所以 $\lambda_r = \Omega r / v_\infty$ 称为当地速度比。在圆盘 $r = R$ 的边缘处，$\lambda = \Omega R / v_\infty$ 称为叶尖速度比。因此

$$a(1-a) = \lambda_r^2 a' \tag{11-40}$$

从式（11-36）、式（11-37）中可以得出

$$dP = \Omega dM = (\frac{1}{2}\rho v_\infty^3 2\pi r\delta r)4a'(1-a)\lambda_r^2 \tag{11-41}$$

式（11-41）右边括号里的部分表示通过圆环的功率流量，括号外的部分称为捕获功率时叶片单元效率，即

$$\eta_r = 4a'(1-a)\lambda_r^2 \tag{11-42}$$

将式（11-40）代入式（11-42），得

$$\eta_r = 4a(1-a)^2 \tag{11-43}$$

风能利用系数变化率可表示为

$$\frac{d}{dr}C_p = \frac{4\pi\rho v_\infty^3(1-a)a'\lambda_r^2 r}{\frac{1}{2}\rho v_\infty^3 \pi R^2} = \frac{8(1-a)a'\lambda_r^2 r}{R^2}$$

即

$$\frac{dC_p}{d\mu} = 8(1-a)a'\lambda^2\mu^3 \tag{11-44}$$

其中，$\mu = r / R$。

如果知道 a 和 a' 沿径向的变化规律，那么对于给定的叶尖速度比 λ，通过对式（11-44）进行积分可以确定总的风能利用系数。

能提供最大可能效率的 a 和 a' 值是通过求式（11-42）对 a' 的导数，并令其结果等于零而得到的。由此

$$\frac{\mathrm{d}a}{\mathrm{d}a'}=\frac{1-a}{a'}$$

对于式（11-40）求导也有

$$\frac{\mathrm{d}a}{\mathrm{d}a'}=\frac{\lambda_{\mathrm{r}}^2}{1-2a}$$

得到

$$a'\lambda_{\mathrm{r}}^2=(1-a)(1-2a) \tag{11-45}$$

联立式（11-40）和式（11-45），可以求出使风能利用系数最大的 a 和 a' 的值为

$$a=\frac{1}{3}$$

$$a'=\frac{a(1-a)}{\lambda^2\mu^2} \tag{11-46}$$

最大功率输出的轴流诱导因子也与非旋转尾流的情况一样，都是 $a=1/3$，并且在整个圆盘上都是一致的。a' 却随着径向位置的变化而变化。

从式（11-44）可以得到最大功率系数为

$$C_{\mathrm{p\,max}}=\int_0^1 8(1-a)a'\lambda^2\mu^3\,\mathrm{d}\,\mu \tag{11-47}$$

将式（11-46）代入式（11-47），得

$$C_{\mathrm{p\,max}}=\int_0^1 8(1-a)\frac{a(1-a)}{\lambda^2\mu^2}\lambda^2\mu^3\,\mathrm{d}\,\mu=4a(1-a)^2=\frac{16}{27} \tag{11-48}$$

这与非旋转尾流的模型正好吻合。

传递给尾流的角动量增加了尾流的动能，但该能量被静压损失所平衡，即

$$\Delta p_{\mathrm{r}}=\frac{1}{2}\rho(2\Omega a'r)^2 \tag{11-49}$$

将式（11-46）代入式（11-49），得

$$\Delta p_{\mathrm{r}}=\frac{1}{2}\rho v_\infty^2[2\frac{a(1-a)}{\lambda\mu}]^2$$

三、叶素-动量定理

在叶片上，取半径为 r、长度为 δr 的微元，称为叶素（图 11-27）。在风轮旋转过程中，叶素将扫掠出一个圆环。

对于一个叶片数为 N、风轮半径为 R、几何弦长为 c、叶素桨距角（叶素几何弦线与风轮旋转面间的夹角）为 β 的风力机，几何弦长和桨距角都沿着桨叶轴线变化。令风轮的旋转角速度为 Ω，风速为 v_∞。同时考虑到尾流旋转，圆盘下游在距旋转轴径向距离为 r 的地方气流以 $2a'\Omega r$（a' 为切向气流诱导因子）的切向速度旋转。叶素的切向速度 Ωr 与圆盘厚度中部气流的切向速度 $a'\Omega r$ 之和为经过叶素的净切向流速度 $(1+a')\Omega r$。图 11-28 示出了在半径为 r 处叶素上的速度和作用力。

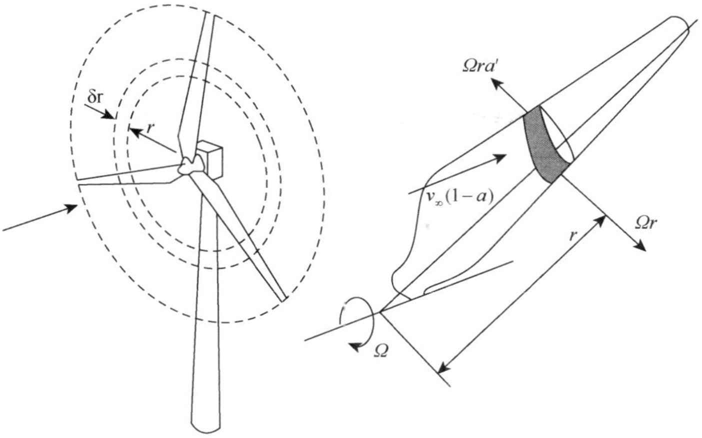

图 11-27 叶素扫出的圆环

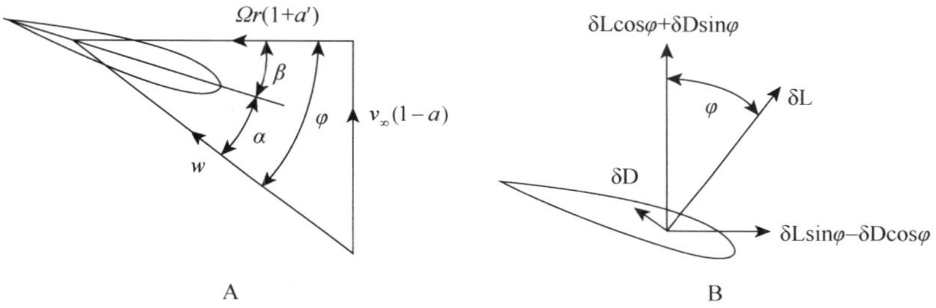

图 11-28 叶素上的速度和作用力

A. 速度；B. 作用力

从图 11-28 中得到的叶片上的相对合速度为

$$w=\sqrt{v_\infty^2(1-a)^2+\Omega^2r^2(1+a')^2} \tag{11-50}$$

相对合速度与旋转面之间的夹角（气流倾角）是φ，则

$$\sin\varphi=\frac{v_\infty(1-a)}{w} \tag{11-51}$$

$$\cos\varphi=\frac{\Omega r(1+a')}{w} \tag{11-52}$$

攻角α为

$$\alpha=\varphi-\beta \tag{11-53}$$

每个叶片在顺翼展方向长度为δr 的升力为

$$\delta \mathrm{L}=\frac{1}{2}\rho w^2cC_1\delta \mathrm{r} \tag{11-54}$$

式中，ρ为空气密度，$\mathrm{kg/m^3}$；w为相对风速，m/s；c为几何弦长，m；C_1为翼型升力特征系数。

平行于w的阻力为

$$\delta \mathrm{D}=\frac{1}{2}\rho w^2cC_\mathrm{d}\delta \mathrm{r} \tag{11-55}$$

式中，C_d为翼型阻力特征系数。

假定作用于叶素上的力仅与通过叶素扫过的圆环的气体的动量变化有关。而通过邻近圆环的气流之间不发生径向相互作用。

N 个叶素上的空气动力分量在轴向上分解为

$$N(\delta \mathrm{L}\cos\varphi+\delta \mathrm{D}\sin\varphi)=\frac{1}{2}\rho w^2 Nc(C_{\mathrm{l}}\cos\varphi+C_{\mathrm{d}}\sin\varphi)\delta \mathrm{r} \tag{11-56}$$

通过扫掠圆环面积的轴向动量变化率为

$$2av_{\infty}\rho v_{\infty}(1-a)2\pi \mathrm{r}\delta \mathrm{r}=4\pi\rho v_{\infty}^2 a(1-a)r\delta \mathrm{r} \tag{11-57}$$

尾流旋转导致的尾流压力下降等于动力压头的增加，因此，在圆环上附加的轴向力为

$$\delta \mathrm{F}_{\mathrm{r}}=\frac{1}{2}\rho(2a'\Omega r)^2 2\pi r\delta \mathrm{r} \tag{11-58}$$

气流对扫掠圆环的作用力数值上等于圆环的反作用力，根据动量定理，这个反作用力等于气流动量的变化率。从式（11-56）～式（11-58）可得

$$\frac{1}{2}\rho w^2 Nc(C_{\mathrm{l}}\cos\varphi+C_{\mathrm{d}}\sin\varphi)\delta \mathrm{r}=4\pi\rho[v_{\infty}^2 a(1-a)+(a'\Omega r)^2]r\delta \mathrm{r} \tag{11-59}$$

化简为

$$\frac{w^2}{v_{\infty}^2}N\frac{c}{R}(C_{\mathrm{l}}\cos\varphi+C_{\mathrm{d}}\sin\varphi)=8\pi[a(1-a)+(a'\lambda\mu)^2]\mu \tag{11-60}$$

其中，$\mu=r/R$，$\lambda=\Omega R/v_{\infty}$。

N 个叶素上空气动力产生的风轮轴向转矩为

$$N(\delta \mathrm{L}\sin\varphi-\delta \mathrm{D}\cos\varphi)r=\frac{1}{2}\rho w^2 Nc(C_{\mathrm{l}}\sin\varphi-C_{\mathrm{d}}\cos\varphi)r\delta \mathrm{r} \tag{11-61}$$

通过圆环的空气角动量变化率为

$$2a'\Omega r^2\rho v_{\infty}(1-a)2\pi r\delta \mathrm{r}=4\pi\rho v_{\infty}(\Omega r)a'(1-a)r^2\delta \mathrm{r} \tag{11-62}$$

根据动量定理，轴向转矩与角动量变化率相等，从式（11-61）和式（11-62）可得

$$\frac{1}{2}\rho w^2 Nc(C_{\mathrm{l}}\sin\varphi-C_{\mathrm{d}}\cos\varphi)r\delta \mathrm{r}=4\pi\rho v_{\infty}(\Omega r)a'(1-a)r^2\delta \mathrm{r} \tag{11-63}$$

化简为

$$\frac{w^2}{v_{\infty}^2}N\frac{c}{R}(C_{\mathrm{l}}\sin\varphi-C_{\mathrm{d}}\cos\varphi)=8\pi\lambda\mu^2 a'(1-a) \tag{11-64}$$

设

$$C_{\mathrm{l}}\cos\varphi+C_{\mathrm{d}}\sin\varphi=C_{\mathrm{x}} \tag{11-65}$$

$$C_{\mathrm{l}}\sin\varphi-C_{\mathrm{d}}\cos\varphi=C_{\mathrm{y}} \tag{11-66}$$

由式（11-60）和式（11-64）可以得出气流诱导因子 a 和 a'。利用二维翼型特性求解 a 和 a' 是需要有迭代过程的。迭代方程如下。

$$\frac{a}{1-a}=\frac{\sigma_{\mathrm{r}}}{4\sin^2\varphi}[C_{\mathrm{x}}-\frac{\sigma_{\mathrm{r}}}{4\sin^2\varphi}C_{\mathrm{y}}^2] \tag{11-67}$$

$$\frac{a'}{1+a'}=\frac{\sigma_{\mathrm{r}}C_{\mathrm{y}}}{4\sin\varphi\cos\varphi} \tag{11-68}$$

式中，σ_r 为弦长实度。

σ_r 为给定半径下的总叶片弦长除以该半径的周长，即

$$\sigma_r = \frac{N}{2\pi}\frac{c}{r} = \frac{N}{2\pi\mu}\frac{c}{R} \tag{11-69}$$

从式（11-62）可以得到展向长度为 δr 的叶素产生的转矩为

$$\delta M = 4\pi\rho v_\infty(\Omega r)a'(1-a)r^2\delta r \tag{11-70}$$

因此，整个转子产生的总转矩为

$$M = 4\pi\rho v_\infty\Omega\int_0^R a'(1-a)r^3\delta r \tag{11-71}$$

风轮产生的功率 $P = M\Omega$，风能利用系数是

$$C_P = \frac{P}{\frac{1}{2}\rho v_\infty^3\pi R^2} \tag{11-72}$$

叶素-动量定理说明了运动中叶片运动速度和受力的规律，即风轮的工作原理。

四、风力机转矩计算流程

风力机转矩可以由上述各公式计算获得，其流程如图 11-29 所示。

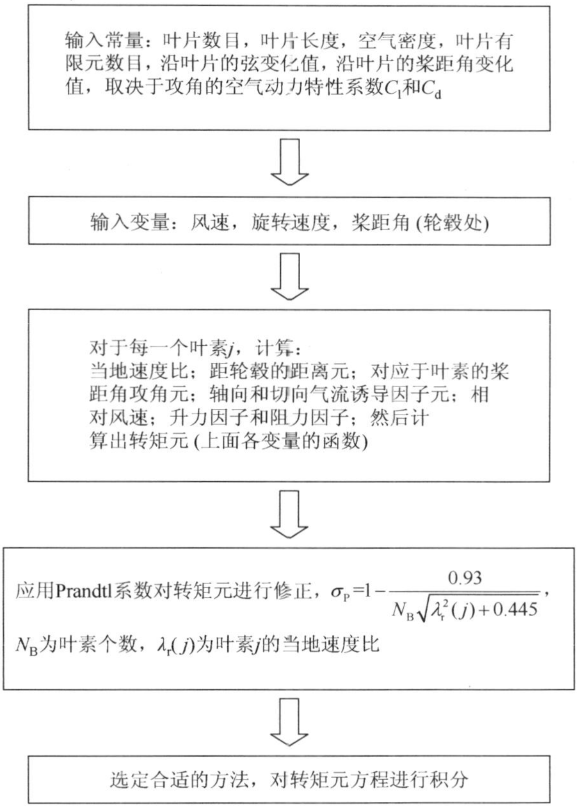

图 11-29　风力机转矩计算流程

图 11-29 中的 Prandtl 系数 σ_p 是考虑到在计算中叶素的个数是有限的，从而引入的一个修正系数。

第四节　风能的应用

人类利用风能已有数千年历史，在蒸汽机发明以前风能曾经作为重要的动力，用于船舶航行、提水饮用和灌溉、排水造田、碾米、磨面和锯木等。目前，风能主要应用于发电，特别是并网发电。

一、风力发电

人类从 19 世纪末开始应用风力发电，到 20 世纪 30 年代初小容量机组在技术上逐渐成熟，并得到一定的推广和应用；从 20 世纪 30 年代初到 60 年代初期，对大、中型风力发电机组进行研制；从 20 世纪 70 年代初开始，风力发电从单机运行到并网发电，建设大规模风电场，风力发电实现了产业化。

1984 年中国研制出了 200kW 风电机组，同期开始了风电场建设。特别是 2003 年以后，国内风电产业和市场进入到一个高速发展阶段。引进国外技术和自主开发相结合，风电设备制造能力明显提高，先后生产了 1MW、1.5MW、3MW、5MW 风力发电机组。风电场建设从内地到海上，2009 年装机容量为 10^5kW 的上海东海大桥海上风电场建设完成，并网发电。到 2010 年我国已成为世界上风电总装机最多和设备制造能力最强的国家。

（一）并网发电

1. 并网发电风电机组的工作原理

并网发电风电机组的工作原理如图 11-30 所示。

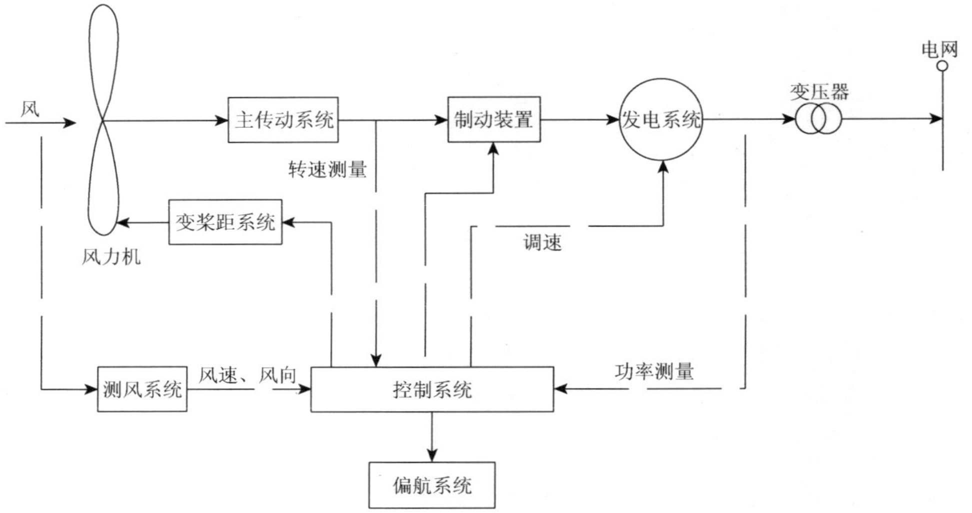

图 11-30　并网发电风电机组的工作原理

当风以一定的速度吹向风力机时，在风轮上产生的力矩驱动风轮转动。将风的动能变成风轮旋转的动能。风轮的输出功率通过主传动系统传递。主传动系统可能使扭矩和转速发生变化。主传动系统将动力传递给发电系统，发电机把机械能变为电能。对于并网型风电机组，发电系统输出的交流电经过变压器升压后，既可输入电网。

控制系统的功能是过程控制和安全保护。过程控制包括启动、运行、暂停、停止等。在出现恶劣的外部环境和机组零部件突然失效时应该紧急关机。风速、风向、风力机的转速、发电功率等物理量通过传感器变成电信号传给控制系统，它们是控制系统的输入信息。控制系统随时对输入信息进行分析和比较，及时地发出控制指令，这些指令是控制系统的输出信息。

对于变桨距风电机组，当风速大于额定风速时，控制系统发出变桨距指令，通过变桨距系统改变风轮叶片的桨距角，从而控制风电机组输出功率。在启动和停止的过程中，也需要改变叶片的桨距角。

对于变速型风电机组，当风速小于额定风速时，控制系统可以根据风的大小发出改变发电机转速的指令，以便使风力机最大限度捕获风能。

当风轮的轴向与风向偏离时，控制系统发出偏航指令，通过偏航系统校正风轮轴的指向，使风轮始终对准来风方向。当需要停机时，控制系统发出停机指令，除了借助变桨距制动外，还可以通过安装在传动轴上的制动装置实现制动。

应该指出，由于各种风电机组结构的不同，其工作原理也有差异，这里介绍的是比较典型的情况。

2. 风电机组的构成

从整体上看，风电机组可分为风轮、机舱、塔架和基础几个部分。风轮由叶片和轮毂组成。叶片具有空气动力外形，在气流作用下产生力矩驱动风轮转动，通过轮毂将扭矩输入到主传动系统。机舱由底盘、导流罩和机舱罩组成，底盘上安装除主控制器以外的主要部件。机舱罩后部的上方装有风速和风向传感器，舱壁上有隔音和通风装置等，底部与塔架连接。塔架支撑机舱达到所需要的高度，其上安置发电机和主控制器之间的动力电缆、控制和通信电缆，还装有供操作人员上下机舱的扶梯，大型机组还设有升降梯。基础为钢筋混凝土结构，根据当地地质情况设计成不同的形式。基础中心预置与塔架连接的金属结构件，保证将风力发电机组牢牢固定在基础上，基础周围还要设置预防雷击的接地装置。

图 11-31 所示为一种变桨距、变速型的双馈式风电机组机舱内部结构。它由以下基本部分组成。

（1）变桨距系统：设在轮毂之中。以电驱动变桨距系统为例，包括变距电机、变距控制器、电池盒等。

（2）发电系统：包括发电机、变流器等。变流器可以改变交流电的频率，在风力机转速不断变化的情况下实现恒压恒频。

（3）主传动系统：包括主轴及主轴承、齿轮箱、高速轴和联轴器等。

（4）偏航系统：由电动机、减速器、偏航轴承、制动结构等组成。

（5）控制系统：包括传感器、电气设备、计算机控制系统和相应软件。

此外，还设有液压系统，为高速轴上设置的制动装置、偏航制动装置提供液压动力。液压系统包括液压站、输油管和执行机构。为了实现齿轮箱、发电机、变流器的温度控制，设有循环油冷却风扇和加热器。

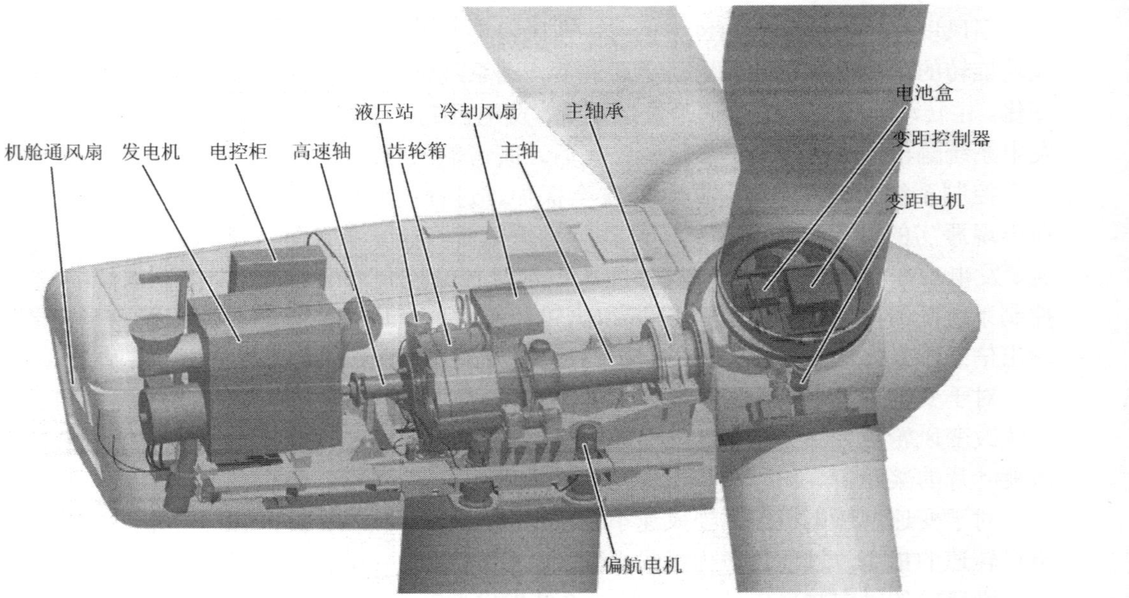

图 11-31　双馈式风电机组机舱内部结构

图 11-32 为直驱式全功率变流型风电机组。这两种机型是目前市场上的主导机型。

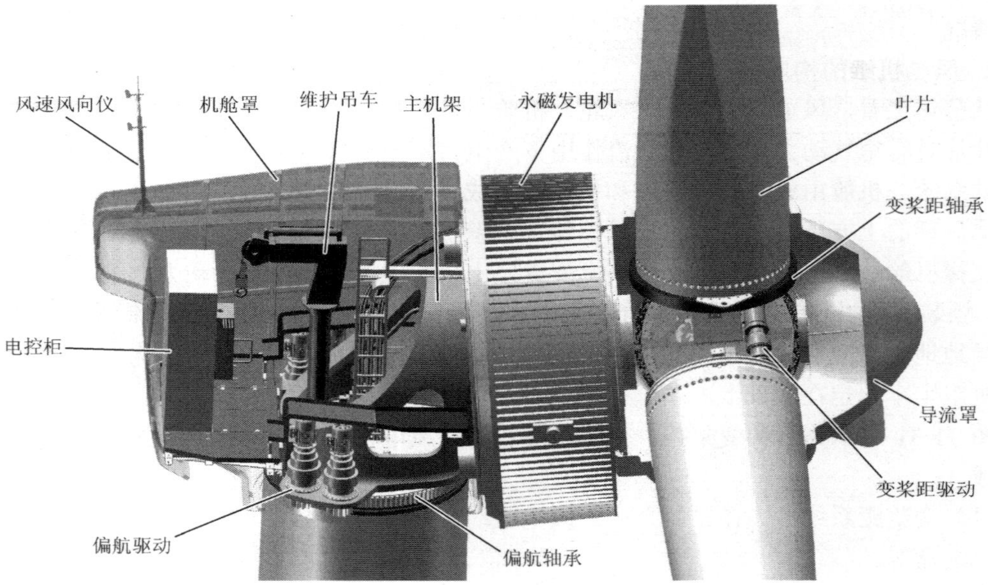

图 11-32　直驱式全功率变流型风电机组

（二）离网发电

图 11-33 为用于离网发电的小型风电机组，由风轮、发电机（包括传动装置）、调向器（尾翼）、塔架、限速调速装置和储能装置等构件组成。

1. 风轮

小型风电机组由于用途不同，叶片数也不同。用于发电的高速风轮多为三叶片结构。

2. 发电机

小功率风力发电机多采用同步或异步交流发电机，发出的交流电通过整流装置转换成直流电。与异步发电机相比，同步发电机的优点是效率高，而且在低风速下比异步发电机发出的电能多，能适应比较宽的风速范围。永磁同步发电机能自行提供动磁场，但成本较高。

3. 控制系统

（1）调速控制：用于发电的小型风电机组，要求有转速控制结构。当风速很大时，调速系统可以用来限制功率并减少叶片上的作用力，防止风轮超速或飞车的发生。调速控制对于风力机的结构和寿命十分重要。

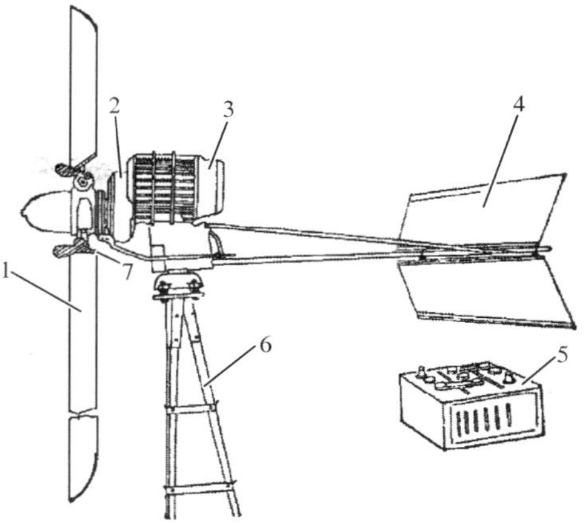

图 11-33 离网发电的小型风电机组

1. 风轮；2. 传动装置；3. 发电机；4. 尾翼；5. 蓄电池；6. 塔架；7. 限速调速装置

（2）方向控制：为了得到较高的效率，水平轴风电机组应使其风轮经常对准来风，因而大多数小型风电机组都有方向控制装置。图 11-33 中的尾翼就是一种方向控制装置。尾翼一般都设在发电机的后部，处在风轮的尾流区里。只有个别风力发电机的尾翼安装在比较高的位置上，这样可以减小风轮尾流对它的影响。尾翼的材料通常采用镀锌薄钢板。

（3）安全控制：风电机组必须备有安全控制结构（防强风结构），小型风电机组常和调速结构相关联或一致。停机控制使风电机组在发生故障或需要进行维修时，使风力机停止运转。

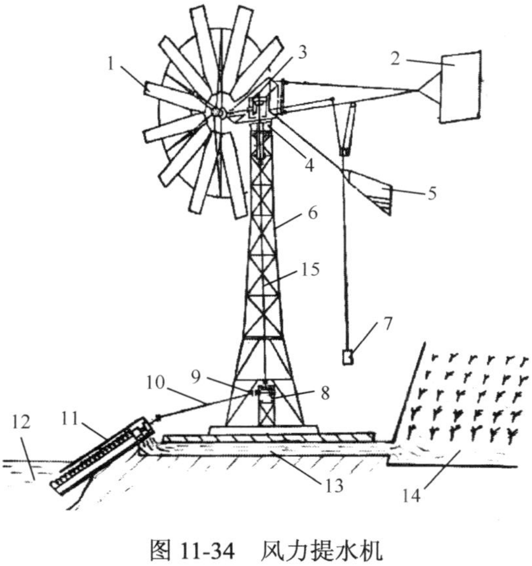

图 11-34 风力提水机

1. 风轮；2. 尾翼；3. 上变速箱；4. 机头座及回转体；5. 侧翼；6. 塔架；7. 重砣；8. 下变速箱；9. 万向节；10. 倾斜传动轴；11. 螺旋泵；12. 水源；13. 渠道；14. 水田；15. 纵传动轴

4. 塔架

塔架是风电机组的支撑结构。考虑到便于搬迁、降低成本等因素，百瓦级小型风电机组通常采用管式塔架。管式塔架以钢管为主体，在 4 个方向上安置张紧索。稍大的风电机组塔架一般采用由角钢或圆钢组成的桁架结构。

二、风力提水

风力提水机组也是早期人们广泛使用的风力机械。大约在 10 世纪，中国就出现了风力提水机械。这种风力机用苇席做成“帆”，在苇席转回来时（迎风），翻转造成不对称产生驱动力。优点是任何方向来风都可运行。10 世纪，伊斯兰人也利用风车提水。

从 20 世纪后期至现在，我国的现代风力提水技术发展比较成熟，基本上有三大类型：一是提取地下水的高扬程小流量风力提水机；二是提取地表水的低扬程大流量风力提水机；三是既可提取地下水又可提取地表水的中扬程风力提水机组。

现介绍一种低扬程大流量的风力提水机（图 11-34）。

传动系统由上、下两个变速箱和传动轴组成。上变速箱中的一对锥形齿轮把风轮的水平轴旋转运动，经变速后转换为纵传动轴的垂直旋转运动；下变速箱中的一对锥形齿轮又把纵传动轴的垂直旋转运动转换成动力输出轴的水平旋转运动，进而驱动水泵工作。

风轮的限速结构是侧翼式的，并用配重装置代替了回位弹簧。桁架式的塔架用钢材制成。风力提水机配套的提水设备是螺旋泵，也可以配套钢管链条式水车或龙骨水车。

当风轮在风的作用下转动起来后，它产生的动力由传动系统传递给下变速箱的动力输出轴，再经万向节和倾斜传动轴将动力传给螺旋泵，泵轴带动螺旋叶片旋转，将水从河流或引水渠中源源不断地提上来，供农田灌溉和生活使用。

三、风力制热

风力制热是一个后发的风能应用领域。从 20 世纪 70 年代开始，世界各国先后开展了风力制热的研究和应用。这里介绍一种风力挤压液体制热装置，如图 11-35 所示。

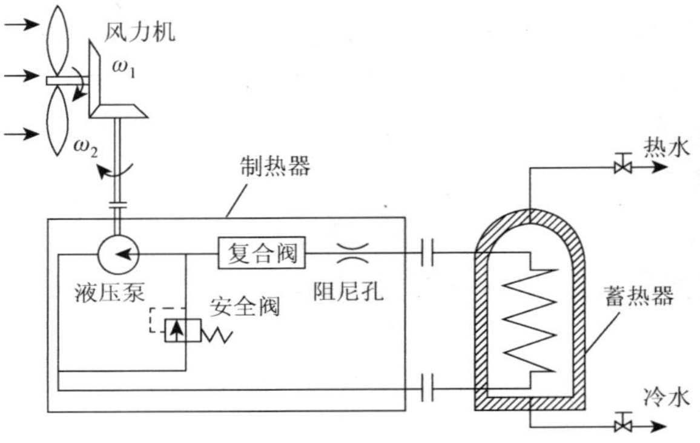

图 11-35　风力挤压液体制热装置

挤压液体式致热是一种利用液压泵和阻尼孔相配合获得能量的方式。风力机的动力由传动结构输至液压泵，向工作液体（如液压油）加压，把机械能转换为油的压力能，随后使受压的油从狭细的阻尼孔高速喷出，液体的压力能在瞬间转换为液体动能，由于阻尼孔的尾流管中也充满着油，高速喷出的油与尾流管中低速的油相冲击，高速的油和低速的油混合后，恢复到管内的正常流速。在这个过程中，液体的动能通过液体之间的冲击和摩擦转换成热能，使油的温度升高。

在循环流动过程中，温度升高的油通过热交换管将保温箱中的冷水加热成热水。风能还有其他方面的应用，如风帆助航、风筝传递信息、用风清选谷物等。

12 第十二章 水能、地热能及海洋能技术

第一节 水 能

一、概 述

水是自然界中一种宝贵的物质，是生命的摇篮。地球上的水不仅孕育了人类和一切生物，还为人类提供了各种资源和文明发展的物质基础。不仅如此，水也是重要的动力资源。水能是指水体（通常是指河川径流）相对某一基准面具有的势能，是大自然赋予人类的一种再生、清洁、廉价的能源。水能利用的主要形式是利用水能生产电能，因此，水能利用一般指水力发电。

中国、埃及和印度是世界上利用水能最早的几个国家。早在 3000 多年前，黄河沿岸就出现了水车、水磨、水碓和水碾，这些古老的水能利用设备，至今还有流传。但是，利用水能产生电能是近代才开始的。1878 年，德国建成了世界上第一座水电站，成功地把水能转变成了电能，从而为水能利用开辟了广阔前景。我国第一座水电站——云南石龙坝水电站建成于 1912 年，比德国晚了半个多世纪。开发利用水能资源，可以代替大量的煤炭、石油、天然气等化石能源，水能资源可以循环利用、物美价廉，水电设备简单，运行和工作人员较少，所以发电成本低、效率高；可以避免燃烧矿物燃料而产生的对环境的污染；水力发电可以借助于建修的水库，调节蓄储水能，提高供电的灵活性和经济性；利用水库还可以综合解决防洪、灌溉、发电、供水、航运等部门之间的用水矛盾和需求，所以其综合利用效益高；水能转换为电能，输送方便；建设水电站还可同时带动当地的交通运输、原材料工业乃至文化、教育、卫生事业的发展，成为振兴地区经济的前导。

但水力发电也存在一些不足之处，在洪枯流量相当悬殊的河流上，为了综合利用，需建高坝大库进行径流调节，往往淹没和浸没损失较大，需大量移民；土建工程量大，使得一次投资较大、工期较长；水力发电受地形、地质等条件的限制；河流泥沙、天然径流变化等对其影响比较大等；大型水利工程有可能导致生态环境的破坏，水土流失、水质污染等问题也是不容忽视的。因此，开发水电要选择合适的坝址，要进行环境影响评价，对移民安置、土地损失、水土流失、水质、水陆生物、人体健康、上下游水文条件、水库综合利用、文化遗产等方面的影响进行分析研究，并要进行详细的环境保护和水土保持方案的设计。

水力发电以其成本低廉、运行的高可靠性等得到广泛认可并得以迅猛发展，对国民经济发展起着巨大的推动作用，所以优先开发水电，加快水电建设，是客观必需的，也是世界各国开发利用能源的重要经验。

二、水能资源

我国地域辽阔，江河众多，径流丰沛，落差巨大，蕴藏着极为丰富的水能资源。流域面积在 100km^2 以上的河流有 5 万多条，还有大量天然湖泊，河流总长度超过 42 万 km。我国水资源总量丰富，年降水总量为 61 889 亿 m^3，多年平均年地表水资源量（即河川径流量）为 27 115 亿 m^3，平均年地下水资源量为 8288 亿 m^3，扣除重复计算量以后，全国平均年水资源总量为 28 124 亿 m^3，居世界第六位。但是，我国人口众多，人均年占有水资源量仅有 2185m^3，只有世界平均水平的 1/4，已被联合国列为 13 个贫水国家之一。如果从单位耕地面积水量来看，也远远小于世界的平均水平。

我国农村小水电资源点多、面广，遍及全国 30 个省（自治区、直辖市）1600 多个县（市），主要集中在西部地区。我国水能资源分布极不均匀，但能源分布比较有利，西南、中南地区缺煤炭、少油，但水能丰富；东北、华北地区水能资源虽少，但煤炭、石油较多；西北地区煤炭、油资源丰富，水能储量适中；华东地区缺煤炭，水能资源不多，但近海石油、潮汐能源丰富。

我国水能资源除总量丰富，居世界首位外，还具有以下鲜明的特点。

（1）水能资源在地域分布上极不均衡。从总体来看，呈现西多东少的局势，水能资源相对集中在西南地区，而经济发达、能源需求量大的东部地区水能资源量极少。因此，西部水能资源开发除了满足西部电力市场自身需求以外，更重要的是要考虑东部市场，实施“西电东送”战略，实现全国电力平衡。

（2）水能资源时间分布不均。大多数河流年内、年际径流分布不均，丰、枯季节流量相差较大，需要建设调节性能好的水库，对径流进行调节，缓解水电供应的丰枯矛盾，提高水电的总体供电质量。

（3）水能资源集中于大江大河干流。水能资源主要富集于金沙江、雅砻江、大渡河、澜沧江、乌江、长江上游、南盘江红水河、黄河上游、湘西、闽浙赣、东北、黄河北干流及怒江等水电基地，其总装机容量约占全国技术可开发量的 51%，占经济可开发量的 60%，有利于集中开发和“西电东送”。

（4）大型水电站装机容量比例大。技术可开发 300MW 以上的大型水电站虽然只有 263 座＋国际界河 10 座，但占比例为 71.76%。其中，1000MW 以上特大型水电站有 111 座＋国际界河电站 10 座，占 50%。

三、水　电　站

（一）水力发电原理

根据物体从高处落下，可以做功，产生一定能量这个道理，推知水从高处下流，同样具有能量，可以做功。水位越高，流量越大，产生的能量也越大。让水流通过水轮机把水的能量转化为机械能，再由水轮机带动发电机把机械能转化为电能，这就是水力发电。

水力发电站是把水能转化为电能的工厂。为把水能转化为电能，需修建一系列水工建筑物，在厂房内安装水轮机、发电机和附属机电设备。水工建筑物和机电设备的总和称为水力发电站，简称为水电站。

水力发电有两个要素，即水头和流量。下面介绍水电站的水头、流量和水电站的功率。

1. 水头

水头是指水流集中起来的落差，即水电站上、下游水位之间的高度差，现用 $H_{总}$ 表示，单位是 m。水电站水头示意图如图 12-1 所示。而作用在水电站水轮机的工作水头（净水头，$H_{净}$）还要从总水头 $H_{总}$ 中扣除水流进入水闸、拦污栅、管道、弯头和闸阀等所造成的水头损失 h_1，以及从水轮机出来，与下游接驳的水位降 h_2，即可表示为式（12-1）。

$$H_{净}=H_{总}-h_1-h_2 \tag{12-1}$$

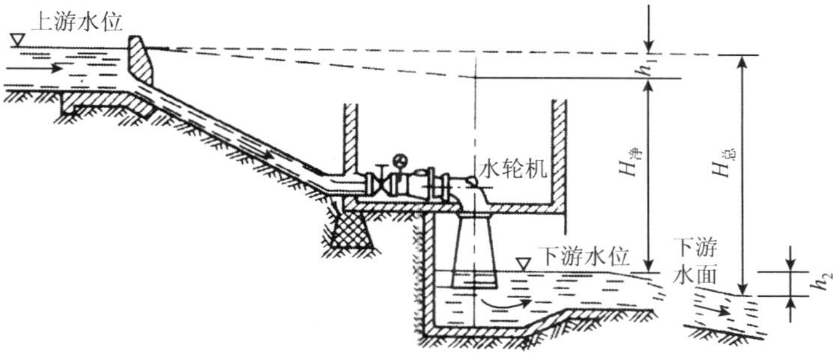

图 12-1　水电站水头示意图

2. 流量

流量是指单位时间通过某断面的水量，单位是 m^3/s，常用 Q 表示。一般取枯水季节流量的 1～2 倍作为河道电站的设计流量。

3. 水电站的功率

水电站的功率（也称出力）理论值（N'），等于每秒通过水轮机的水的质量与水轮的工作水头的乘积，可由式（12-2）计算。

$$N'(\mathrm{W})=\gamma QH \tag{12-2}$$

式中，γ 为水的重度，以 N/m^3 计，$\gamma=9810N/m^3$；Q 为水轮机的水流量，m^3/s；H 为水轮机的工作水头，m。

于是，水电站的理论功率值可表示为式（12-3）。

$$N'(\mathrm{kW})=9.81QH \tag{12-3}$$

实际上，水流通过水轮机并带动发电机发电的过程中，还要有一系列的能量损失，如水轮机叶轮的转动损失、发电机的转动损失、传动装置的损失等，这些要损失掉水流本身所具有功率的 20%～40%，剩下的能量才用于发电。因此，水电站的实际功率（N）可由式（12-4）计算。

$$N(\mathrm{kW})=9.81\eta QH \tag{12-4}$$

式中，N 为水电站的实际功率（出力）；η 为机组效率，等于水轮机效率 η_L、发电机效率 η_k、传动效率 η_i 三者乘积。一般小型水电站的 $\eta=0.6\sim0.8$。为了简化，把式（12-4）中的 9.81η 用出力系数 A 代表，于是式（12-4）可改写成式（12-5）。

$$N(\mathrm{kW})=AQH \tag{12-5}$$

出力系数 A 值可参考表 12-1 选取。

如果水电站一年中运行小时数为 T，则年发电量 E 可按式（12-6）估算。

$$E(\mathrm{kW\cdot h})=NT=AQHT \tag{12-6}$$

表 12-1　出力系数 *A* 值

水轮机与发电机的传动方式	*A* 值
水轮机轴与发电机轴直接连接	7.0～8.0
三角皮带传动	6.5～7.5
平皮带传动	6.5～7.0
齿轮传动	6.3～6.5
两次传动	5.5～6.0

（二）水电站类型

水电站是水能利用中的主要设施。由于河道地形、地址、水文等条件不同，水电站集中落差、调节流量、引水发电的情况也不相同。水电站的分类方式很多，如按工作水头分为低水头水电站、中水头水电站和高水头水电站；按水库的调节能力分为无调节（径流式）水电站和有调节（日调节、年调节和多年调节）水电站；按在电力系统中的作用分为基荷水电站、腰荷水电站及峰荷水电站等；按集中河道落差的方式，可以分为坝式水电站、引水式水电站、混合式水电站和抽水蓄能式水电站 4 种基本类型。

1. 坝式水电站

在河道上修建拦河坝（或闸），抬高水位，形成落差，用输水管或隧洞把水库里的水引至厂房，通过水轮发电机组发电，这种水电站称为坝式水电站。坝式水电站的水头取决于坝高，显然坝愈高，水电站的水头也愈大。但坝高常常受地形、地质、水库淹没、生态环境、工程投资等条件的限制，所以与其他开发方式相比，坝式水电站的水头相对较小。目前，世界上坝式水电站的最大水头已接近 300m。坝式水电站按照集中落差的大小和水电站厂房布置的特点又可分为坝后式水电站（图 12-2）和河床式水电站（图 12-3）两种。

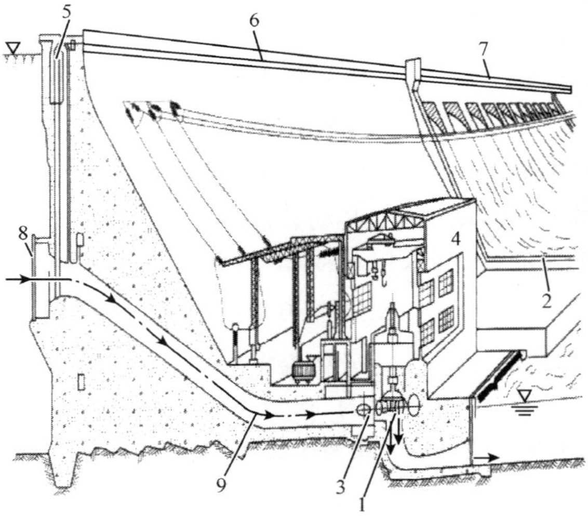

图 12-2　坝后式水电站

1. 水轮机；2. 导流墙；3. 主阀；4. 厂房；5. 闸门；6. 拦河坝；7. 溢流坝；8. 拦污栅；9. 压力管道

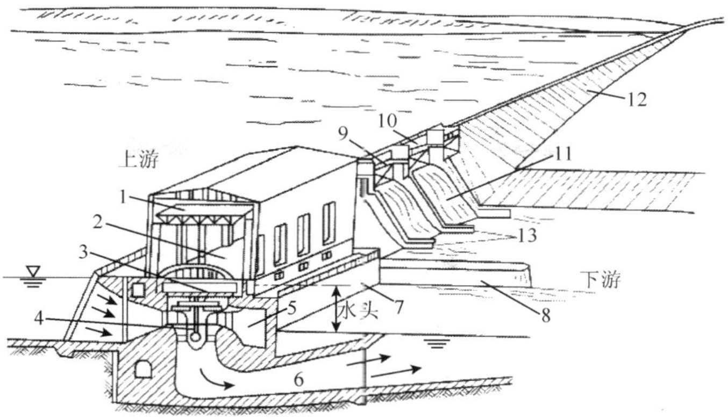

图 12-3　河床式水电站

1. 桥式吊车；2. 主厂房；3. 发电机；4. 水轮机；5. 蜗壳；6. 尾水管；7. 水电站厂房；8. 尾水导墙；9. 闸门；10. 工作桥；11. 溢流坝；12. 拦河坝；13. 闸墩

水头较高的坝式水电站，其厂房布置在坝的下游，不挡水，故称坝后式水电站。坝后式水电站一般特点是水头较高，厂房本身不承受上游水压，与挡水坝分开。我国已建成很多大、中型坝后式水电站，如龙羊峡、安康、东江、丹江口等水电站。

在平原河段上，有时因地形、地质及淹没损失等条件不允许建高坝，此时可建低坝或闸坝式水电站。由于水头不高，通常将厂房和坝或闸一起建在河床中，成为挡水建筑物的一个组成部分，厂房本身能承受上游水压力，起挡水作用，故称河床式水电站。长江葛洲坝是我国目前最大的河床式水电站，年发电量达 157 亿 kW·h。

坝式开发由于建坝形成水库，可用以调节流量，故坝式水电站引用流量大、电站规模也大，水能利用较充分；坝式水电站因有水库，综合利用效益高，可同时解决防洪和其他部门的水利问题。但由于坝的工程量较大，尤其是形成水库会带来淹没、破坏生态环境等问题，造成库区土地、森林、矿产等的淹没损失和城镇居民搬迁安置工作的困难，要花费大量的移民安置费、淹没损失费等。所以，坝式水电站一般投资较大、工期较长、单价较贵。坝式开发适用于河道坡降较缓、流量较大、有筑坝建库条件的河段。

2. 引水式水电站

引水式水电站是在地势险峻、水流湍急的河流中上游，或坡度较陡的河段上，采用人工修建引水建筑物（明渠、隧洞、管道等），引水以集中落差发电。这种水电站不存在淹没，不仅可沿河引水，甚至可以利用两条河流的高程差进行跨河引水发电。例如，我国川滇交界处，金沙江和以礼河高程相差 1400m，两河最近点相距仅 12km，完全可以实现跨河引水发电。引水式水电站多建在山区河道上，受天然径流的影响，发电引用流量不会太大，故多为中、小型水电站。

按引水建筑物中水流流态的不同，引水式水电站又可分为无压引水式水电站（图 12-4）和有压引水式水电站（图 12-5）两种。

采用无压引水建筑物（如明渠、无压隧洞），用明流的方式引水以集中落差的水电站称为无压引水式水电站。这种引水道式开发是依靠引水道的坡降小于原河道的坡降，因而随着引水道的增长，逐渐集中水头。显然，引水道的坡降愈小，引水道愈长，集中的水头也愈大。当然，引水道的坡降不宜太小，否则引水流速过小，引取一定流量时就要求很大的过水断面，从而造成引水道造价的不经济。无压引水式水电站一般水头较小、规模不大，如我国北京模式口和陕西程家川等无压引水式水电站。

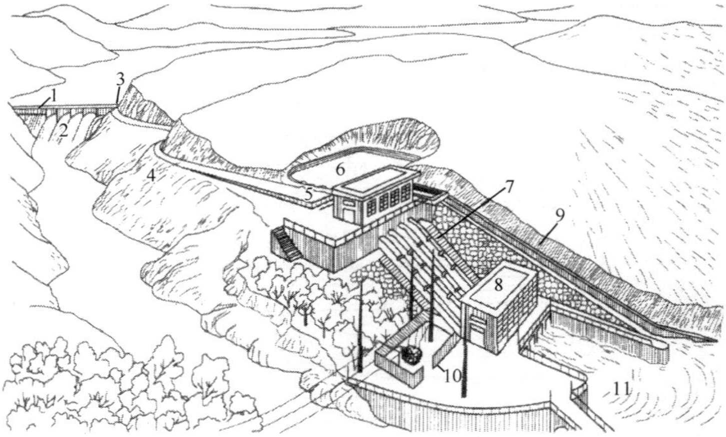

图 12-4　无压引水式水电站

1. 拦河坝；2. 溢流坝；3. 进水闸；4. 引水渠道；5. 压力前池；6. 日调节池；7. 压力钢管；8. 厂房；9. 泄水道；10. 开关站；11. 尾水渠

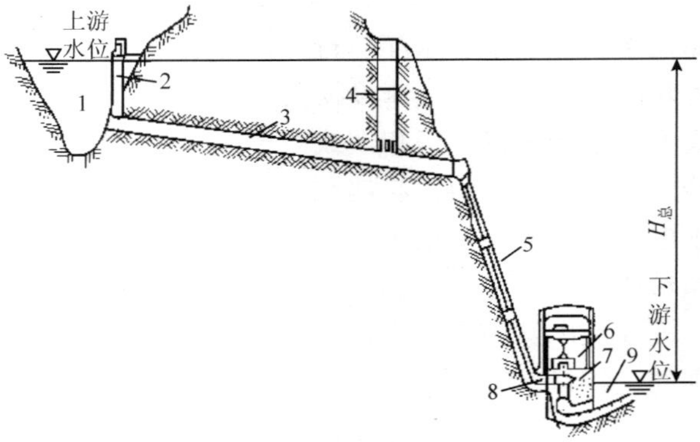

图 12-5　有压引水式水电站

1. 水库；2. 进水建筑物；3. 引水隧洞；4. 调压室；5. 压力管道；6. 发电机；7. 水轮机；8. 主阀；9. 尾水渠

采用有压引水建筑物（如压力隧洞、压力水管），用压力流的方式引水以集中落差的水电站称为有压引水式水电站。当压力引水道很长时，为了减少其中的水击压力和改善机组运行条件，还需在靠近厂房处修建调压室。这种型式的水电站可以集中很高的水头，如我国云南以礼河第三级盐水沟和第四级小江水电站；目前世界上最大水头达 2030m，是意大利劳累斯有压引水式水电站。我国西藏雅鲁藏布江大河弯（河弯直线距离 35km），用截弯取直引水式可集中水头达 2350m，将可能成为世界之最。

3. 混合式水电站

在一个河段上，同时用坝和有压引水道结合起来共同集中落差的开发方式称为混合式开发。坝集中一部分落差后，再通过有压引水道（隧洞）集中坝下河段的另一部分落差，形成电站总水头。这种开发方式的水电站称为混合式水电站，如图 12-6 所示。

混合式开发因有蓄水库，可调节流量，它兼有坝式开发和引水式开发的优点，但必须具备合适的条件。一般来说，河段上游有筑坝建库的条件，下游具备引水式开发的地形条件，宜用混合式开发。例如，四川狮子滩、毛尖山、鲁布格等水电站都属混合式水电站。

4. 抽水蓄能式水电站

抽水蓄能式开发是水能开发利用的一种特殊形式，其目的不是为了开发水能资源向电力系统提供更多电量，而是以水体为蓄能介质，充分发挥水力发电运行灵活等优势，起调节电能、改善电力系统运行条件的作用。

抽水蓄能式水电站必须有高低两个水池（或水库），与有压引水建筑物相连，蓄能电站厂房位于下池处，如图 12-7 所示。当夜间用电负荷低落、系统内火电站等出力有多余时，该电站就吸收系统低谷的剩余电量，带动水泵，将低水池中的水抽送到高水池，以水的势能形式储存起来（抽水蓄能过程）；等到系统高峰负荷时，将高水池中的水放入低池，推动水轮机发电（放水发电过程）。显然，由于能量转换经过了电能到水能再到电能的往复过程，存在电能损失。所以，抽水蓄能电站消耗的系统电能大于它所发出的电能，其总效率是比较低的，一般为 0.6～0.7。既然抽水蓄能式水电站消耗的电能大于所发出的电能，为什么还要修建它呢？这是因为它消耗的是系统多余的低价电能，提供的是电力系统急需的峰荷高价电能，两者的作用和价值很不相同。抽水蓄能式水电站有许多作用，其中对系统起到调峰填谷的双重作用最为重要。随着电力行业的改革，实行负荷高峰高电价、负荷低谷低电价后，抽水蓄能式水电站的经济效益将是显著的。

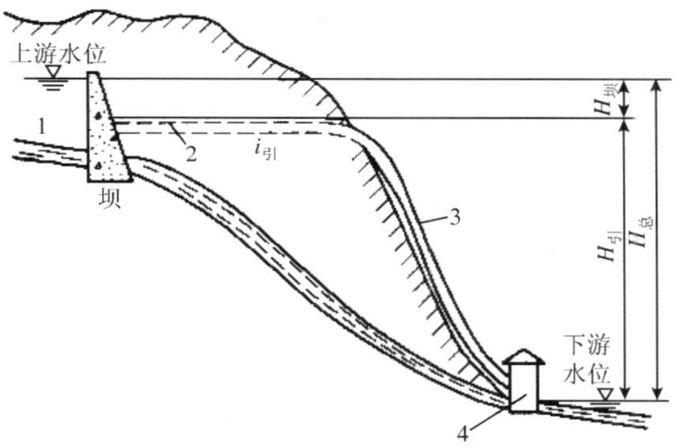

图 12-6　混合式水电站示意图

1. 水库；2. 引水隧洞；3. 压力管道；4. 厂房；$H_{总}$. 混合式水电站的总水头；$H_{引}$. 引水道集中的水头；$H_{坝}$. 大坝集中的水头；$i_{引}$. 引水隧洞的坡率

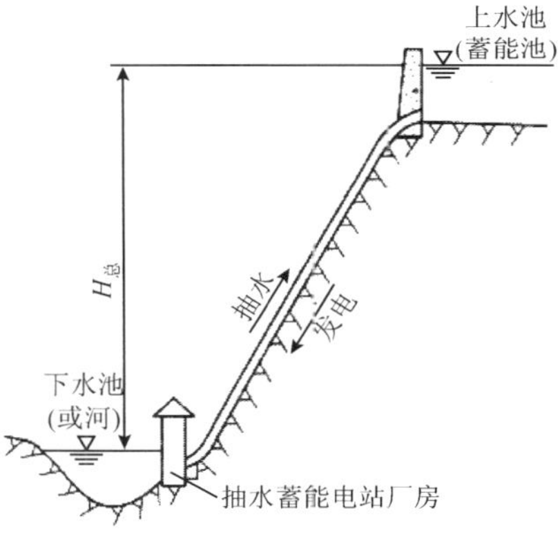

图 12-7　抽水蓄能式水电站示意图

抽水蓄能式水电站根据利用水量的情况可分为两类。

（1）纯抽水蓄能式水电站：纯抽水蓄能式水电站是指上水池无天然的径流量，全凭动力从下水池抽取水量。水在上下水池之间循环使用，但由于蒸发与渗漏要损失水量，所以下水池必须有径流补充。纯抽水蓄能式水电站纯粹是为了满足电力系统调峰填谷的需要而兴建的，其特点是：站址选择自由，要求靠近用电负荷中心或电源点，水头高，水源充沛，地质条件优越；相应的水工建筑物及引水系统规模小，造价低，投资少。它以日、周调节为主。

（2）混合式抽水蓄能式水电站：在混合式抽水蓄能式水电站内通常装有一定容量的抽水蓄能机组，发电用水来源一部分靠径流，一部分靠抽储的水量。它在电力系统中兼有常规水电站和纯抽水蓄能式水电站的双重功能，对于解决发电用水与其他季节性用水之间的矛盾特别有用。利用抽水蓄能，可以使某些只能在雨季发电的电站也能全年发电。

5. 无调节水电站和有调节水电站

无调节水电站没有水库，或虽有水库却不能用来调节天然径流。当天然流量小于电站能够引用的最大流量时，电站的引用流量就等于或小于该时刻的天然流量；当天然流量超过电站能够引用的最大流量时，电站最多也只能利用它所能引用的最大流量，超出的那部分天然流量只好弃水。

凡是具有水库，能在一定限度内按照负荷的需要对天然径流进行调节的水电站，统称为有调节水电站。根据调节周期的长短，有调节水电站可分为日调节水电站、年调节水电站及多年调节水电站等，视水库的调节库容与河流多年平均年径流量的比值（称为库容系数）而定。无调节水电站和日调节水电站又称径流式水电站。具有比日调节能力大的水库的水电站又称蓄水式水电站。

在上述的水电站中，坝后式水电站和混合式水电站一般都是有调节的；河床式水电站和引水式水电站则常是无调节的，或者只具有较小的调节能力，如日调节。

（三）河流的梯级开发和梯级水电站

一条长数百千米或数千千米的河流，其落差通常达数百米或数千米，不可能将所有的落差都集中在一个水电站上。因此必须根据河流的地形、地貌和地质条件，合理地分段进行开发利用，即河段上的开发工程自上而下，一个接一个，如同一级级的阶梯。这种梯级开发的水电站又称为梯级电站。同一河流的多个梯级电站之间在水资源和水能的利用上是互相制约的，在进行梯级开发时，必须做好规划，运行时也要根据来水和用水的情况做好各级电站之间的协调工作，以发挥总体效益。

河流梯级水电站开发的原则是：①在地形、地质和淹没限制等条件许可时，尽可能使各枢纽首尾衔接，以充分利用落差；②不允许淹没的河段，尽可能采用低坝河床式或引水式开发；③最上游一级最好是有较大的水库，以提高其调节控制性能；④优先建设比较关键且开发条件较优的工程。河流中上游有修较大水库的条件时，最好首先建设，这样对下游工程施工及运行管理有利。

（四）水电站建筑物

为了控制水流，实现水力发电而修建的一系列水工程建筑物，称为水电站建筑物。水电站枢纽一般由以下建筑物组成。

1）挡水建筑物　用以拦截河流、集中落差、形成水库的拦河坝、闸或河床式水电站的厂房等水工建筑物，如混凝土重力坝、拱坝、土石坝、堆石坝及拦河闸等。

2）泄水建筑物　用以宣泄洪水、供下游用水、放空水库的建筑物，如开敞式河岸溢洪道、溢流坝、泄洪洞及放水底孔等。

3）进水建筑物　用以按水电站的要求将水引入引水道，如有压进水口或无压进水口。

4）引水及尾水建筑物　分别用以将发电用水自水库输送给水轮发电机组及把发电用过的水排入下游河道，引水式水电站的引水道还用来集中落差，形成水头。常见的建筑物为渠道、隧洞、管道等，也包括渡槽、涵洞、倒虹吸等交叉建筑物。

5）平水建筑物　用以平稳由于水电站负荷变化在引水或尾水系统中引起的流量及压力的变化，保证水电站调节稳定的建筑物，如有压引水式水电站的调压塔或调压井，无压引水式水电站渠道末端的压力前池。

6）发电、变电和配电建筑物　包括安装水轮发电机组及其控制、辅助设备的厂房，安装变压器的变压器场及安装高压配电装置的高压开关站。它们常集中在一起，统称为厂房枢纽。

7）过坝建筑物　用以通船、过木、过鱼、拦沙、冲沙等的建筑物，如船闸等。

第二节　地　热　能

一、概　　述

（一）开发地热能的意义

地热能是来自地球深处的热能，源于地球的熔融岩浆和放射性物质的衰变。地热能已成为继煤炭、石油之后重要的替代能源之一，也是太阳能、风能、生物质能等可再生能源家族中的重要成员，是一种无污染或极少污染的清洁绿色能源。地热资源集热、矿、水为一体，除可以用于地热发电以外，还可以直接用于供暖、洗浴、医疗保健、休闲疗养、养殖、农业养殖、纺织印染、食品加工等方面。此外，地热资源的开发利用可带动地热资源勘查、地热井施工、地面开发利用工程设计施工、地热装备生产、水处理、环境工程及餐饮、旅游度假等产业的发展，是一个新兴的产业，可大量增加社会就业，促进经济发展，提高人民生活质量。地热探查方法也多种多样，如航空探测、电磁、重力及地震探测等。因此，世界上有地热资源的国家均将其作为优先开发的新能源，培植各具特色的地热产业，在缓解常规能源供应紧张和改善生态环境等方面发挥了明显作用。我国地热资源丰富，开发地热这种新的清洁能源刻不容缓。

（二）地热能资源的成因

地球是一个巨大的实心椭球体，其表面积约为 $5.11\times10^{8}km^{2}$，体积约为 $1.08\times10^{12}km^{3}$，赤道半径为 6378km，极半径为 6357km。地球的构造可分为 3 层：地壳、地幔和地核，内部构造如图 12-8 所示。地球的最外面一层称地壳，地壳由土层和坚硬的岩石组成，它的厚度很不均匀，为 10～70km，陆地上平均为 30～40km，高山底下可达 60～70km，海底下仅为 10km 左右；地幔是地球的中间层，大部分是熔融状态的岩浆，厚度约为 2900km，并分为上地幔和下地幔，由硅镁物质组成，温度在 1000℃以上；地球的中心即地核，其温度在 2000～5000℃，外核深 2900～5100km，内核深 5100km 以下至地心，一般认为是由铁、镍等重金属组成的。

地球每一层次的温度状况是迥然不同的。在地壳的常温带以下，地热温度随深度增加而不断升高，越深越热。这种沿地下等温面的法线向地球中心方向上单位距离内温度增加的数值，称地温梯度，也称地热增温率，其单位通常采用℃/km。地球各层次的地热增温率差别是很大的。按照地热增温率的差别，把陆地上的不同地区划分为地热正常区和地热异常区。除地热增温率外，大地热流值也是衡量地热正常区和地热异常区的重要指标。大地热流值是指单位时间内通过地球表面单位面积所散失的热量，用符号 HFU 表示热流单位 [$1HFU=4.1868\times10^{-7}J/（cm^{2}\cdot s）$]。从全球来看，地表大地平均热流值为 1.4～1.5 热流单位 [$5.9\sim6.3\mu J/（cm^{2}\cdot s）$]，地表平均地温梯度为 1.5～3.0℃/km。凡接近上述平均热流值和地温梯度的地区，均称为地热正常区；凡热流值和地温梯度超过上述平均值的地区，称为地热异常区。在地热正常区，较高温度的热水和蒸汽埋藏在地壳的较深处；在地热异常区，由于地热增温率较大，较高温度的热水或蒸汽埋藏在地壳的较浅部位，有的甚至露出地表。一般把那些天然露出的地下热水和蒸汽称为温泉，温泉是在当前技术水平下最容易利用的一种地热资源。在地热异常区，除温泉外，人们也较容易通过钻井等人工方法把地下热水或蒸汽引导到地面上来并加以利用。

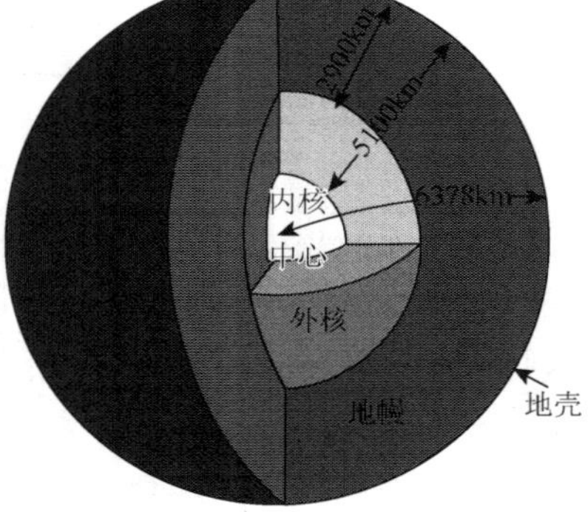

图 12-8　地球内部构造示意图

地球的内部是一个高温、高压的世界，是一个巨大的热库，蕴藏着无比巨大的热能。地球内部蕴藏的热量有多大？假定地球的平均温度为 2000℃，地球的质量为 6×10^{27}g，地球内部的比热容为 1.045J/（g·℃），那么整个地球内部的热含量大约为 1.25×10^{31}J。即便是地球表层 10km 厚这样薄薄的一层，所储存的热量也有 10^{25}J。地球通过火山爆发、间歇喷泉和温泉等途径，源源不断地把它内部的热能通过传导、对流和辐射的方式传导到地面上来。据估计，全世界地热资源的总量大约为 1.45×10^{26}J，相当于 4.948×10^{15}t 标准煤燃烧时所放出的热量。如果把地球上储存的全部煤炭燃烧时所放出的热量作为标准来计算，那么，石油的储存量约为煤炭的 3%，目前可利用的核燃料的储存量约为煤炭的 15%，而地热能的总储存量则为煤炭的 1.7 亿倍。可见，地球是一个名副其实的巨大热库，人们居住的地球实际上是一个庞大的热球。

二、地 热 资 源

地热资源是可开采的能源，最终的可回采量将依赖于所采用的技术。如果将水（传热介质）重新注回到含水层中，使含水层不枯竭，可以不断地得到补充和再生。

根据地下热能储存形式的不同，地质学上常把地热资源分为蒸汽型、热水型、地压型、干热岩型和岩浆型五大类。

1. 蒸汽型

蒸汽型是指以温度较高的干热蒸汽或过热蒸汽形式存在的地下储热。蒸汽型地热田是最理想的地热资源。形成这种地热田要有特殊的地质结构，即储热流体上部被大片蒸汽覆盖，而蒸汽又被不透水的岩层封闭包围。蒸汽温度高于 150℃，且焓值高。生产层的压力约为 3.3MPa。这类地热能比较容易开发利用，但储量不多，仅占已探明的地热资源总量的 0.5%左右。世界上正在开发的意大利拉德瑞罗、美国盖瑟尔斯、印度尼西亚卡瓦卡马江，以及我国西藏羊八井、云南热海、台湾大屯等地热田都属这种类型。这类地热田的形成一般都与火山或岩浆活动有关，有强大的热源补给，而地下水的补给适中。其天然状态下含有的不流动或微流动的水，就是热储蒸汽的补给源，即天然状态下有上升的蒸汽流和下降的水流（蒸汽凝结水）。

2. 热水型

热水型是指以水为主体的对流水热系统，通常既包括温度低于当地气压下饱和温度的热水和温度高于沸点的有压力的热水，又包括湿蒸汽。这类资源分布较广，约占已探明的地热资源的 10%；其温度范围也很广，从接近于室温到高达 390℃。90℃以下称为低温热水田；90～150℃称为中温热水田；150℃以上称为高温热水田。中、低温热水田分布广，储量大，我国已发现的地热田大多属这种类型。

3. 地压型

地压型是指在高压下由深部地层提取含有可溶性甲烷（沼气）的高盐分热水。其储存于地表以下 2～3km 的深部沉积盆地中，并被不透水的页岩所封闭，它的温度为 150～260℃。其储量较大，约占已探明的地热资源的 20%。地压型地热能的开发利用目前尚处于研究探索阶段。

4. 干热岩型

干热岩型是指地层深处普遍存在的不含水分（或含有少量蒸汽）的岩石。它的温度范围很广，为 150～650℃；其储量十分丰富，约占已探明的地热资源总量的 30%。目前，干热型资源是专指埋深较浅、温度较高的有开发经济价值的热岩。提取干热岩中的热量，需要有特殊的办法，技术难度大。利用钻井穿入这种岩体，并设法使井间岩体破碎，然后注入流体形成人工环流通道，并通过环流取出该系统的热能量。美国新墨西哥州的赫梅斯山脉区的芬顿小山上已钻成两口 3000m 深的孔井，温度为 200℃。两孔井一灌一抽循环，用热功率为 10MW 的装置进行试验。英国西南康沃尔郡从 6436m 深的孔内注水，获 204℃的高温蒸汽。

5. 岩浆型

岩浆型是指埋藏部位最深的一种完全熔融的高熔岩（即岩浆），其温度高达 650～1500℃。熔岩储存的热能比其他几种都多，约占已探明的地热资源总量的 40%，其储存深度为 3～10km。在开采这种地热能时，需要在火山地区打几千米深的钻孔，所冒的风险很大，因此这种地热能目前尚未得到实际开发利用。

上述 5 类地热资源中，目前应用最广的是热水型和蒸汽型，地压型和干热岩型两大类尚处于试验阶段，开发利用很少。地热资源的储量较大，仅按目前可供开采的地下 3km 范围内的地热资源来计算，就相当于 2.9×10^{12}t 煤炭燃烧所发出的热量。虽然至今尚难准确计算地热资源的储量，但它仍是地球上能源资源的重要组成部分。据估计，能量最大的为干热岩地热，其次是地压型地热和煤炭，再次为热水型地热，最后才是石油和天然气。可见地热作为能源将会对人类的生活起着重要的作用。随着科学技术的不断发展，地热能的开发深度还会逐渐增加，为人类提供的热量将会更大。

根据《地热勘察国家标准》（GB11615-1989）规定，地热资源按温度分为高温、中温、低温 3 级，按地热田规模分为大、中、小 3 类（表 12-2，表 12-3）。

表 12-2　地热资源温度分级表

温度分级		温度 t 界限/℃	主要用途
高温		$t\geq150$	发电、干燥
中温		$90\leq t<150$	工业利用、干燥、发电、制冷
低温	热水	$60\leq t<90$	采暖、工艺流程
	温热水	$40\leq t<60$	医疗、洗浴、温室
	温水	$25\leq t<40$	农业灌溉、养殖、土壤加工

表 12-3　地热资源规模分类表

规模	高温地热田		中、低温地热田	
	电能/MW	能利用年限（计算年限）	电能/MW	能利用年限（计算年限）
大型	＞50	30	＞50	100
中型	10～50	30	10～50	100
小型	＜10	30	＜10	100

在一定地质条件下的地热系统和具有勘探开发价值的地热田都有它的发生、发展和衰亡过程，绝对不是只要往深处打钻，到处都可发现地热。作为地热资源的概念，它也和其他矿产资源一样，有数量和品位的问题。地热分布于世界各地。就全球来说，地热资源的分布是不平衡的。环球性的地热带主要有下列 4 个。

1）环太平洋地热带　　它是世界最大的太平洋板块与美洲、欧亚、印度板块的碰撞边界。世界许多著名的地热田，如美国的盖瑟尔斯、长谷、罗斯福，墨西哥的塞罗、普列托，新西兰的怀腊开，中国的台湾马槽，日本的松川、大岳等均在这一带。

2）地中海-喜马拉雅地热带　　它是欧亚板块与非洲板块和印度板块的碰撞边界。世界第一座地热发电站——意大利的拉德瑞罗地热田就位于这个地热带中，中国的西藏羊八井及云南腾冲地热田也在这个地热带中。

3）大西洋中脊地热带　　这是大西洋海洋板块开裂部位。冰岛的克拉夫拉、纳马菲亚尔和亚速尔群岛等一些地热田就位于这个地热带。

4）红海-亚丁湾-东非裂谷地热带　　它包括吉布提、埃塞俄比亚、肯尼亚等国的地热田。除了在板块边界部位形成地壳高热流区而出现高温地热田外，在板块内部靠近板块边界部位，在一定地质条件下也可形成相对的高热流区，如我国东部的胶辽半岛、华北平原及东南沿海等地。

我国处于全球欧亚板块的东南边缘，在东部和南部分别于太平洋板块和印度洋板块连接，是地热资源较丰富的国家之一。两个高温地带或温泉密布地带就分别位于上述两个板块边缘的碰撞带上，而中、低温泉密布带则多集中于板块内的区域构造边界的断层带上。近年来，我国的地质普查和勘探结果表明，全国有 19 个省、市、区具有较好的地热资源，发现的地热点有 3000 多处，已进行勘查的地热田 50 多个，查明的地热储量相当于 31.6 亿 t 标准煤，推测储量 116.6 亿 t 标准煤，远景储量约相当于 1353.5 亿 t 标准煤。其中，地热资源特别丰富的为西藏、云南、台湾的高温地热；广东、海南、福建、江西、湖南、湖北、山东、河北、辽宁、北京、天津等地的中、低温地热分布较广；内蒙古、新疆、四川、重庆、陕西等地也有一些地热点分布。西藏发现的热水活动区就有 600 多处，其中高温热水系统 110 个，发电潜力 100 万 kW。云南西部高温热水系统 55 个，有的热储温度高达 260℃。台湾的地热温度高达 244℃。我国的地热资源比较丰富，目前除中、低温地热直接利用较多外，高温地热尚待开发。

三、地热能利用

人类很早以前就开始利用地热能。例如，利用温泉沐浴、医疗，利用地下热水取暖、建造农作物温室、水产养殖及烘干谷物等。但真正认识地热资源并进行较大规模的开发利用，却是始于 20 世纪中叶。地热资源的开发利用可分为地热发电和地热直接利用两大类。为了提高地热利用率，常采用梯级开发和综合利用的方法，如热电联产联供、热电冷三联产、先供暖后养殖等。

（一）地热发电

地热发电是利用地下热水和蒸汽为动力源的一种新型发电技术，它涉及地质学、地球化学、钻探技术、材料科学和发电工程等多种现代科学技术。地热发电和火力发电的基本原理相同，都是将蒸汽的热能经过汽轮机转变为机械能，然后带动发电机发电。所不同的是，地热发电不像火力发电那样要备有庞大的锅炉，也不需要消耗燃料，它所用的能源就是地热能。地热发电的过程，就是把地下热能首先转变为机械能，然后再把机械能转变为电能的过程。地热发电示意图如图 12-9 所示。

要利用地热能，首先需要由载热体把地下的热能带到地面上来。目前能够被地热电站利用的载热体，主要是地下的天然蒸汽和热水。按照载热体类型、温度、压力和其他特性的不同，可把地热发电的方式划分为地热蒸汽发电和地下热水发电两大类。此外，还有正在研究试验的干热岩和岩浆发电。

1. 地热蒸汽发电

地热蒸汽发电是把蒸汽田中的干蒸汽直接引入汽轮发电机组发电，但在引入发电机组前应把蒸汽中所含的岩屑和水滴分离出去。这种发电方式最为简单，但蒸汽地热资源十分有限，且多存于较深的地层，开采技术难度大，故发展受到限制。地热蒸汽发电主要有背压式和凝汽式两种发电系统。

1）背压式汽轮机地热蒸汽发电系统　其工作原理如图 12-10 所示，首先把干蒸汽从蒸汽井中引出，先加以净化，经过分离器分离出所含的固体杂质，然后把蒸汽通入汽轮机做功，驱动发电机发电。做功后的蒸汽，可直接排入大气，也可用于工业生产中的加热过程。这种系统大多用于地热蒸汽中不凝结气体含量很高的场合，或者综合利用于工农业生产和生活热水。

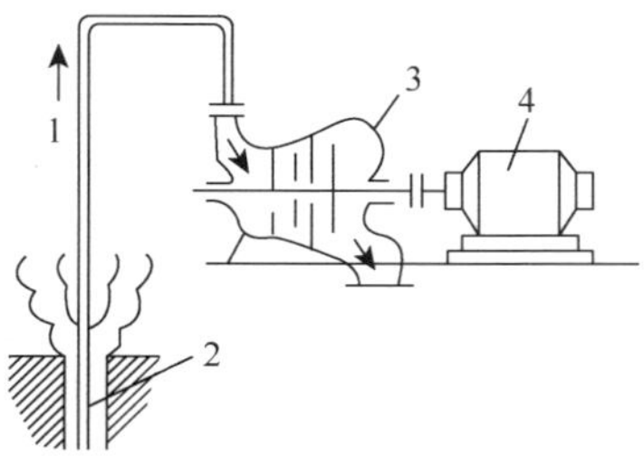

图 12-9　地热发电示意图

1. 地热蒸汽；2. 地热蒸汽井；3. 汽轮机；4. 发电机

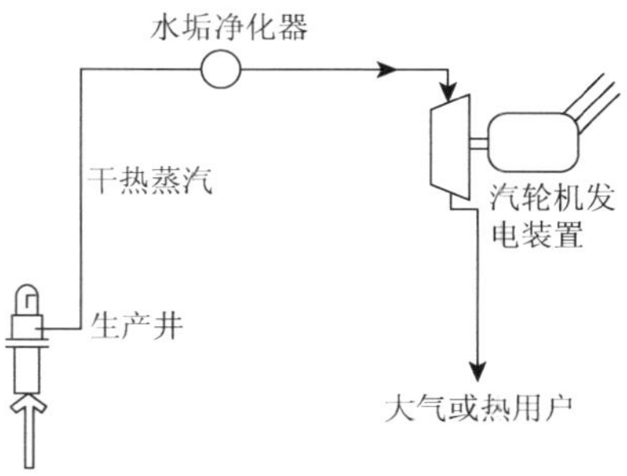

图 12-10　背压式汽轮机地热蒸汽发电系统示意图

2）凝汽式汽轮机地热蒸汽发电系统　为提高地热电站的机组出力和发电效率，通常采用凝汽式汽轮机地热蒸汽发电系统（图 12-11）。在该系统中，由于蒸汽在汽轮机中能膨胀到很低的压力，因而能作出更多的功。做功后的蒸汽排入混合式凝汽器，并在其中被循环水泵打入冷却水所冷却而凝结成水，然后排走。在凝汽器中，为保持很低的冷凝压力，即真空状态，设有两台带有冷却器的射汽抽气器来抽气，把由地热蒸汽带来的各种不凝结气体和外界漏入系统中的空气从凝汽器中抽走。

2. 地下热水发电

地下热水发电有两种方式：一种是直接利用地下热水所产生的蒸汽进入汽轮机工作，称闪蒸地热发电系统；另一种是利用地下热水加热某种低沸点工质，使其产生蒸汽进入汽轮机工作，称双循环地热发电系统。

1）*闪蒸地热发电系统*　在这种方式下，不论地热资源是湿蒸汽田还是热水田，都是直接利用地下热水所产生的蒸汽来推动汽轮机做功。将地下热水转变为蒸汽来供汽轮机做功，就需要了解在沸腾和蒸发时水的压力和温度之间的关系。水的沸点和气压有关，在101.325kPa下，水的沸点是100℃。如果气压降低，水的沸点也相应地降低。50.663kPa时，水的沸点降到81℃；20.265kPa时，水的沸点为60℃；而在3.04kPa时，水在24℃就沸腾了。

根据水的沸点和压力之间的关系，可以把100℃以下的地下热水送入一个密封的容器中进行抽气降压，使温度不太高的地下热水因气压降低而沸腾，变成蒸汽。由于热水降压蒸发的速度很快，是一种闪急蒸发过程，同时，热水蒸发产生蒸汽时，它的体积要迅速扩大，所以这个容器就称闪蒸器或扩容器。用这种方法来产生蒸汽的发电系统，称闪蒸法地热发电系统，也称减压扩容地热发电系统。它又可以分为单级闪蒸地热发电系统、两级闪蒸地热发电系统和全流法地热发电系统等（图12-12～图12-14）。

（1）单级闪蒸地热发电系统（图12-12）。由热水井出来的地热水先进入闪蒸器（也称降压扩容器）降压闪蒸，生产出一部分低压饱和蒸汽及饱和水，然后蒸汽进入凝汽式汽轮发电机组将其热能转变为机械能及电能，残留的饱和水则回灌地下。美国加州的East Mesa地热电站属于此类型。

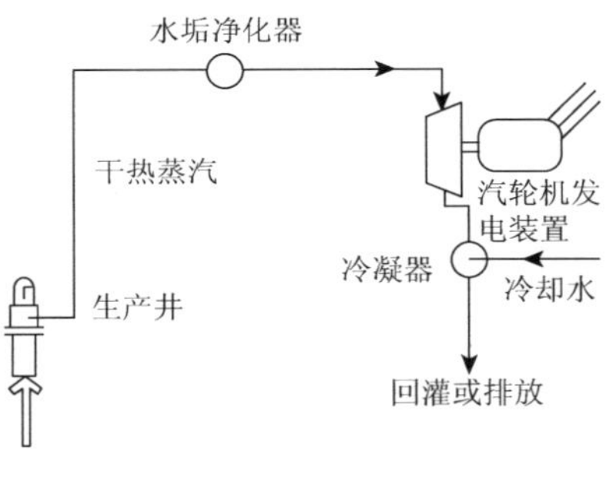

图12-11　凝汽式汽轮机地热蒸汽发电系统

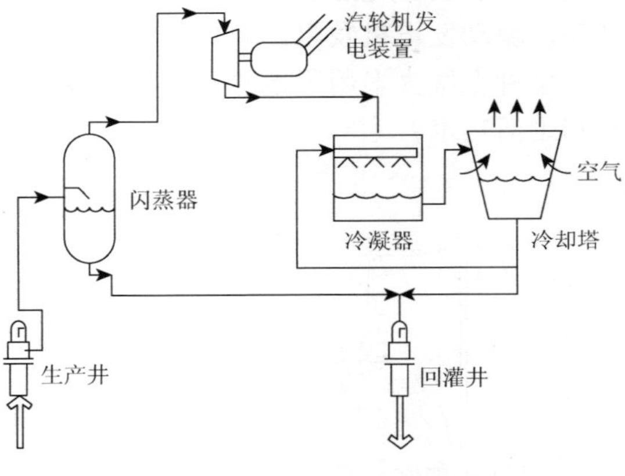

图12-12　单级闪蒸地热发电系统

（2）两级闪蒸地热发电系统。两级闪蒸地热发电系统（图12-13），即第一次闪蒸器中剩下来汽化的热水，又进入第二次压力进一步降低的闪蒸器，产生压力更低的蒸汽再进入汽轮机做功。它的发电量可比单级闪蒸地热发电系统增加15%～20%。我国羊八井地热电站有的机组就是采用这种发电系统。

（3）全流法地热发电系统（图12-14）。全流法地热发电系统是把地热井口的全部流体，包括蒸汽、热水、不凝气体及化学物质等，不经处理直接送进全流动力机械中膨胀做功，而后排出或收集到凝汽器中，这样可充分利用地热流体的全部能量。该系统由螺杆膨胀器、汽轮发电机组和冷凝器等组成。它的单位净输出功率可比单级闪蒸和两级闪蒸地热发电系统的单位净输出功率分别提高60%和30%左右，但技术上有一定的难度。

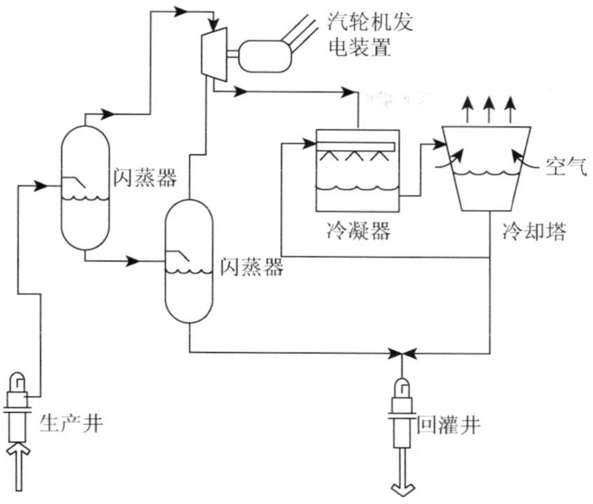

图 12-13 两级闪蒸地热发电系统

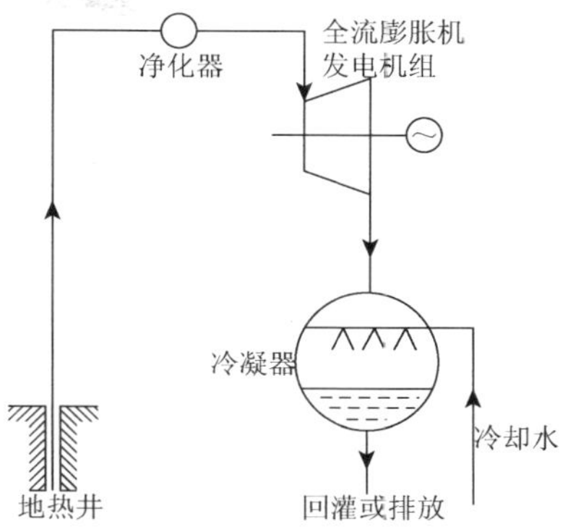

图 12-14 全流法地热发电系统发电原理

2）双循环地热发电系统 双循环地热发电系统也称低沸点工质地热发电或中间介质法地热发电，又称热交换法地热发电。这是 20 世纪 60 年代以来在国际上兴起的一种地热发电新技术。这种发电方式，不是直接利用地下热水所产生的蒸汽进入汽轮机做功，而是通过热交换器利用地下热水来加热某种低沸点的工质，使之变为蒸汽，然后以此蒸汽去推动汽轮机，并带动发电机发电；汽轮机排出的乏汽经冷凝器冷凝成液体，使工质再回到蒸发器重新受热，循环使用，如图 12-15 所示。在这种发电系统中，低沸点介质常采用两种流体，一种是采用地热流体作热源；另一种是采用低沸点工质流体作为一种工作介质来完成将地下热水的热能转变为机械能。所谓双循环地热发电系统即由此得名。常用的低沸点工质有氯乙烷、正丁烷、异丁烷、氟利昂-11、氟利昂-12 等。

在常压下，水的沸点为 100℃，而低沸点的工质在常压下的沸点要比水的沸点低得多。这些低沸点工质的沸点与压力之间存在着严格的对应关系。例如，异丁烷的沸点在 425.565kPa 时为 32℃，在 911.925kPa 时为 60.9℃；氯乙烷的沸点在 101.325kPa 时为 12.4℃，162.12kPa 时为 25℃，354.638kPa 时为 50℃，445.83kPa 时为 60℃。根据低沸点工质的这种特点，就可以用 100℃以下的地下热水加热低沸点工质，使它产生具有较高压力的蒸汽来推动汽轮机做功。这些蒸汽在冷凝器中凝结后，用泵把低沸点工质重新打回热交换器循环使用。这种发电方法的优点是，利用低温位热能的热效率较高；设备紧凑，汽轮机的尺寸小；易于适应化学成分比较复杂的地下热水。缺点是不像扩容法那样可以方便地使用混合式蒸发器和冷凝器；大部分低沸点工质传热性都比水差，采用此方式需有相当大的金属换热面积；低沸点工质价格较高，来源不广，有些低沸点工质还有易燃、易爆、有毒、不稳定、对金属有腐蚀等特性。

3. 干热岩地热发电

干热岩是在地壳中蕴藏的一种不存在水或蒸汽的高温岩体，其中距地表 4～6km 岩体温度为 200℃的干热岩具有较高的开采和利用价值。利用干热岩地热发电与传统热电站发电的区别主要是采热方式不同，如图 12-16 所示。干热岩地热发电的流程为：注水井将低温水输入热储水库中，经过高温岩体加热后，在临界状态下以高温水、汽的形式通过生产井回收发电。发电后将冷却水排至注入井中，重新循环，反复利用。在此闭合回流系统中不排放废水、废物、废气，对环境没有影响。

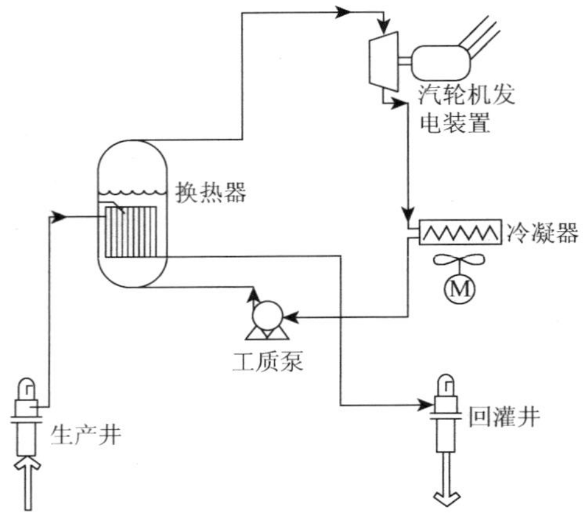

图 12-15　双循环地热发电系统

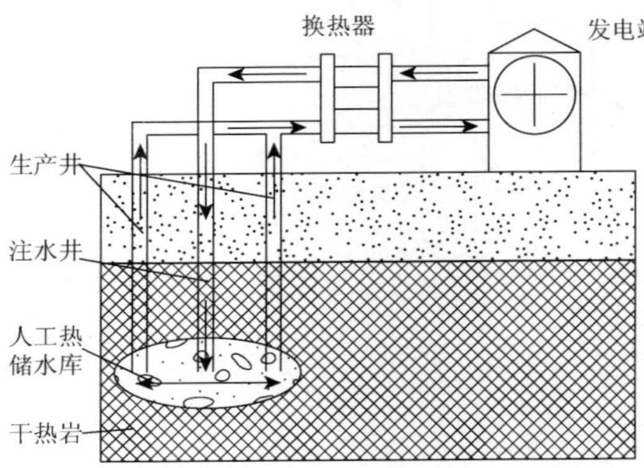

图 12-16　干热岩地热发电系统

天然的干热岩没有热储水库，需要在岩体内部形成网裂缝，以使注入的冷水能够被干热岩体加热形成一定容量的人工热储水库。人工网裂缝热储水库可采用水压法、化学法或定向微爆法形成。其中，水压法应用最广，它是向注水井高压注入低温水，然后经过干热岩加热产生许多裂缝。若岩体中本来就有少量天然节理，则高压水会先向天然节理中运移，形成更大的裂缝，其裂缝方向受地应力系统的影响。随着低温水的不断注入，裂缝持续增加、扩大，并相互连通，最终形成面状的人工热储水库，而其外围仍然保持原来的状态。由于人工热储水库在地面以下，可利用微震监测系统、化学示踪剂、声发射测量等方法监测，并反演出人工热储水库构造的空间三维分布。从生产井提取高温水、蒸汽等中间介质后，即可采用常规地热发电的方式进行发电。

利用地下干热岩体发电的设想，是美国人莫顿和史密斯于 1970 年提出的。1972 年，他们在新墨西哥北部打了两口约 4000m 的深斜井，从一口井将冷水注入干热岩体中，从另一口井取出自岩体加热产生的蒸汽，功率达 2.3MW。

进行干热岩发电研究的还有日本、英国、法国、德国和俄罗斯。从 1985 年开始，日本新能源与工业技术开发组织（NEDO）在 Hijiori 实验站开始了对干热岩发电的钻探、水压人工裂石、裂隙构图、人工热储水库等关键技术的研究。1991 年，该试验站通过一个注水井和 3 个生产井，将地下 1800m 温度为 250℃的热水和蒸汽抽出，其中，渗漏的水大约占注入水的 20%，其余的经生产井回收，热水和蒸汽输出的功率约 8MW。

干热岩地热发电与传统能源发电相比，可大幅降低温室效应和酸雨对环境的影响；干热岩地热发电与核能、太阳能或其他可再生能源发电相比，尽管目前技术尚未成熟，但作为重要的潜在能源，已具备了一定的商业价值。在采用先进的钻井和人工热储水库技术条件下，干热岩地热发电比传统火力、水力发电更具有电价竞争力，届时干热岩地热资源将成为全球的主导能源之一。

4. 岩浆地热发电

岩浆地热发电就是把井钻到岩浆囊，直接获取那里的热量进行发电。1975 年美国在圣地亚研究所进行了技术的可行性研究，到目前为止，仅在夏威夷用喷水式钻头钻探到温度为 1020～1170℃的岩浆囊中（进入岩浆囊 29m）。

（二）地热直接利用

1. 地源热泵

地源热泵的概念最早出现在1912年瑞士的一份专利文献中，20世纪50年代就已在一些北欧国家的供热中得到实际应用。由于石油危机的影响，地源热泵在20世纪70年代得到较大的发展。地源热泵也称为地热热泵，是利用地源能（土壤、地下水或地表水）进行冷热交换来作为热泵的冷热源，冬季把地能中的热量“取”出来，供给室内采暖，此时地能为“热源”；夏季把室内热量取出来，释放到地下水、土壤或地表水中，此时地能为“冷源”。由于较深的地层中在未受干扰的情况下常年保持恒定的温度，远高于冬季的室外温度，又低于夏季的室外温度。因此，地源热泵可克服空气源热泵的技术障碍，大大提高了系统效率，有着显著的节能效果，成为近年来世界可再生能源利用及建筑节能领域中增长最快的产业之一。

地源热泵系统主要由3部分组成：室外地源换热系统、水源热泵机组和室内采暖空调末端系统，其循环原理如图12-17所示。室外地源换热系统可分为土壤埋管、水循环（地下水和地表水），见图12-18。其中水源热泵机组主要有两种形式：水-水式和水-空气式。3个系统之间靠水或空气换热介质进行热量的传递，水源热泵与地能之间换热介质为水，与建筑物采暖空调末端换热介质可以是水或空气。根据冷凝器出水温度的不同，水源热泵又可分为常温型和高温型两种。

图12-17 地源热泵系统循环原理示意

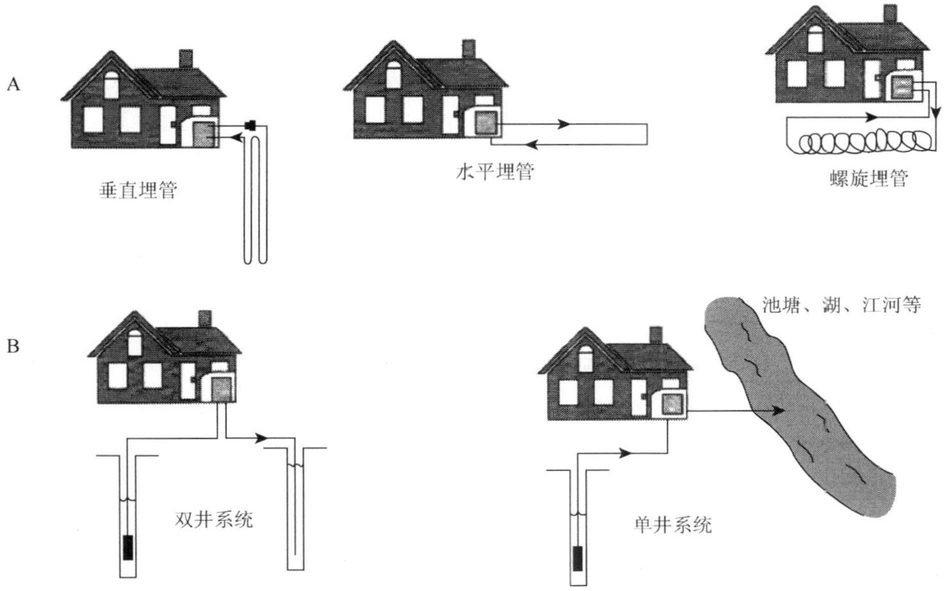

C

图 12-18　地源热泵室外换热系统

A. 土壤埋盘管（闭环系统）；B. 地下水系统（开环系统）；C. 地表水系统

如果建筑物附近有可利用的海、湖或水池，而且水温合适（10～20℃），利用地表水系统是最节能、最经济的。夏季冷凝器吸热后的冷却水经密封的管道系统流入湖或池中，利用温度稳定的池水或湖水散热。冬季吸取湖水或池水的热量并将热量传递给热泵机组工质，最后传递至室内。

地下水系统一般采用开放的循环系统。冷却水经热交换器后向地下深井水放热（冬季吸热），从水井中抽取的地下水进入热交换器吸热（冬季放热）后，从回灌井进入地下。如果水质良好，也可省去热交换器，抽井水的地下水可直接进入热泵机组的换热器进行放热（或吸热）。地下水系统适用于地下水源丰富的地区。地下水的温度长年非常稳定，不受外界气温影响，所以热泵机组可以高效运行。

对于地表水和地下水缺乏及地下水开采受限制的地区，土壤埋管系统将是最佳的选择。管道埋于地下浅层土壤中，循环水经水管壁直接与土壤进行热交换。夏季循环水将制冷机组吸收的热量向土壤放热，冬季从土壤中吸热并将热量经热泵机组传递至室内。常见的有水平埋管方式和垂直埋管方式。水平埋管通常采用浅层埋设，开挖技术要求不高，但换热能力低于垂直埋管，而且占地面积大，开挖工程量大；垂直埋管通常有 U 形管和套管两种方式，常用的方式是 U 形埋管换热器，虽然套管式换热器的换热能力优于 U 形管换热器，但投资大，工程实际应用较少。

2. 地热干燥

中、低温地热水在工业上有广泛的应用。特别是轻纺、食品、造纸、木材等行业多有烘干工序，地热水是难得的稳定热源，烘干质量好，可以避免过热而损坏产品。另外，在酿造业和大型沼气工程中，也可采用地热水保温，使微生物繁育旺盛，提高产出率。

地热烘干与脱水可能是目前地热能在工业中最主要的应用。地热干燥是以地热水为热源，通过“水-气”空气加热器将空气加热，然后用风机将热风送入烘道，上限可达 160～170℃。利用地热给工厂供热，如用作干燥谷物和食品的热源，用作硅藻土生产、木材、造纸、制革、纺织、酿酒、制糖等生产过程的热源也是大有前途的。地热干燥在地热资源丰富的国家，如美国、日本、冰岛和匈牙利等国早已开展，并已达到较高水平。在美国内华达州布雷迪温泉地区，设有一座利用地热能的蔬菜脱水工厂，用被地热水加热的空气作干燥流体，进行洋葱、芹菜和胡萝卜等蔬菜的脱水。另外，在冰岛还将地热用于硅藻土干燥，在日本用地热水干燥香菇，匈牙利则通过地热水加热空气进行农副产品的脱水等。

3. 地热制冷

利用地热提供空调所需冷量或为生产工艺提供所需的低温冷水是地热能直接利用的一种有效途径。地热制冷是以一定温度的地热水驱动吸收式制冷系统，制取温度高于 7℃的冷冻水，用于空调或生产。吸收式制冷系统一般要求地热水温度在 65℃以上。用于地热制冷的制冷机有两种：一种是以水为制冷剂、溴化锂溶液为吸收剂的溴化锂吸收式制冷机；另一种是以氨为制冷剂、水为吸收剂的氨水吸收式制冷机。

4. 地热行医

地热在医疗领域的应用有诱人的前景，目前热矿水就被视为一种宝贵的资源，世界各国都很珍惜。由于地热水从很深的地下提取到地面，除温度较高外，常含有一些特殊的化学元素，从而使它具有一定的医疗效果。如含碳酸的矿泉水供饮用，可调节胃酸、平衡人体酸碱度；含铁矿泉水饮用后，可治疗缺铁贫血症；氢泉、硫化氢泉洗浴可治疗神经衰弱、关节炎和皮肤病等。由于温泉医疗作用及伴随温泉出现的特殊的地质、地貌条件，使温泉常常成为旅游胜地，吸引大批疗养者和旅游者。在日本就有1500多个温泉疗养院，每年吸引1亿人到这些疗养院休养。我国利用地热治疗疾病历史悠久，含有各种矿物元素的温泉众多，因此充分发挥地热的行医作用，发展温泉疗养行业已成为某些地区一项新型的经济支柱产业。

5. 地热务农

地热是一种复合型资源，非常适合生物的反季节、异地养殖与种植。在我国，地热水在农业上应用很早，唐代时就已经用地热水浇灌瓜果了。不过，地热水大面积地用于农副业生产，造福于人民，仅仅是近半个世纪的事。尤其是近20多年来，利用地热水培育农作物新品种的科学实验，已经取得了可喜成果。

在地热的农业利用方面，我国主要有地热蔬菜、花卉温室、地热养殖、养鱼等。

1）*地热温室*　利用地热水作为温室采暖热源，温室内安装暖风机、圆翼型散热器或在地表土壤下敷设塑料管加热土壤。配合温室阳光采暖，目前在北京小汤山、天津东郊都已建成一批大规模全光地热现代温室，河北张家口和雄县等地区都有地热简易温室在使用。另外，利用土壤地表面放热的温室，如辽宁辽阳、兴城，河北平山、隆化和西藏地区。河北隆化县有30hm^2以上的放热地面，10～20cm深处的地温最高可达20～25℃，冬季种植蔬菜效果良好。

2）*地热养鱼*　利用低温地热养殖、保护不耐低温不能越冬的种鱼的安全越冬，帮助提早产卵和孵化。常用于养殖罗非鱼、鳗鱼、鳖鱼等，从北方到南方都有，以福建省占首位。在地热的农业利用中以养鱼发展较快，主要因为简易养鱼池造价较低，市场经济效益较好。

此外，部分地热水还可提取工业原料，如腾冲热海硫磺塘采用淘洗法取磺，洱源县九台温泉区挖取芒硝和自然硫，台湾自明清以来就已经在大屯火山温泉区开采自然硫等。不少低温地热水因其源于深部，未受人为污染并含有一些有益于人体健康的微量元素，可作为饮用天然矿泉水开发利用，我国近年来开发的一些饮用天然矿泉水中，就有相当一部分是低温地热水。华北油田利用封存的油井深部奥陶系（奥陶系指奥陶纪形成的地层）进行地热水伴热输油，取得了明显的经济、社会效益。

总之，我国地热资源的直接利用方式各具特色。例如，北京温泉旅游业新秀辈出，带动了房地产业发展；天津地热区域供暖成为我国的典范，也使京津冀地热区域供热已形成规模产业，正在带动着北方地热区域供热的发展；广东等地推出的“中国温泉之乡”品牌吸引了国内外游客。同时，我国建立了静海县、雄县、新郑县和福州市4处地热水梯级利用的农业利用示范点，取得了显著综合效益，并在全国得到推广。同时，地热农业利用示范，其地热能的广泛利用活跃了农村经济，也带动了全国县乡及少数民族地区的经济发展。

四、地热开发对环境的影响

地热相对于常规能源是一种环境友好，且清洁和廉价的新能源。但是，随着地热资源的大规模开采利用，以及人们环保意识的提高和环境法规的日益严格，在地热能的利用中仍然要重视环保问题。

（一）地面沉降

当地热水的抽取量超过天然补给量时就可能发生地面沉降，其沉降量取决于抽出的地热水水量和热储中岩石的强度。对于大多数地热田，地面沉降看来是比较缓慢的，但不进行长期的细致测量，一旦由量变转为质变，将造成严重后果。1956 年，新西兰的怀拉开地热区从建成试验井以后就开始了地面沉降的观测工作。统计结果表明，1964～1974 年的地面沉降量最大，大约为 4.5m，影响范围达 65km^2，并且产生水平运动，最大水平移动达 0.4m。

（二）地热排放过程中的化学污染问题

地热利用涉及的范围极广，利用后的地热尾水如何排放、能否排放到附近河道、排放的水质是否符合标准等问题，都需要评价与分析。从环境保护的角度来说，评价主要是依据《地面水环境质量标准》（GB3838-2002）与《污水综合排放标准》（GB8978-1996），判断地热水排放后对河流及周围环境的影响。地热水中的有害物质，一般都低于污水综合排放标准。但在个别地区的地热水中，特别是高温地热田的地热流体，有些项目可能会超标。由于地热水排放量大，一旦有超标项目，便会造成一定危害。

（三）诱发地震

地热能多产生于地热异常地区，其多处于现代火山、近代岩浆活动地区或近代地壳构造运动活跃地区。这意味着地热资源开发一般发生在自然断裂通道和活断层上，即地热资源开发大部分在区域地震活动性强的地区内进行。事实上，当前开发的地热资源一般都位于地震活动区。在世界上许多主要的地热田附近都已观测到轻微地震（低于里氏 4 级）。

为了防止地面沉降，延长热储寿命和减轻地热水的环境污染，应将地热弃水回灌。但据国外资料报道，回灌也可能诱发地震，其原因可能是由于存在潜在的活动断层，当开采或注入大量流体时，一旦抽汲力或注入力超过了启动断层运动所需的临界力，地震就可能发生，这个问题也要引起足够的重视。

（四）对环境的热污染

目前我国许多地区地下热水的热能利用率很低，排放的尾水温度高。例如，天津、河北雄县尾水温度高达 40℃，尾水中热量的释放使局部地区的空气和水体温度升高，改变了生态环境，影响作物的生长；在福州市温泉密集的地方，排放热水的下水道中长年蚊、蝇、虫聚居，影响附近居民的生活，甚至以这些害虫为媒介传染各种疾病。为解决地热尾水排放温度高、资源利用率低与环境污染问题，目前逐步开发了地热资源梯级利用技术，多级次地从地热水中提取热能，多层次地利用地热能。

第三节　海　洋　能

一、概　述

地球的表面积约为 $5.1\times10^8km^2$，其中海洋面积为 $3.61\times10^8km^2$，占整个地球表面积的70.8%；陆地面积为 $1.49\times10^8km^2$，占地球表面积的29.2%。以海平面计，全部陆地的平均海拔约为840m，而海洋的平均深度却为3800m，整个海水的容积高达 $1.37\times10^9km^3$。一望无际的汪洋大海，不仅为人类提供航运、水产和丰富的矿藏，而且还蕴藏着巨大的能量。

海洋能指蕴藏于海水中的各种可再生能源，主要包括潮汐能、波浪能、海流能、海水温差能和盐差能等。更广义的海洋能还包括海洋上空的风能、海洋表面的太阳能及海洋生物质能等。究其成因，潮汐能和海流能来源于太阳和月球对地球的引力变化，其他均源于太阳辐射。海洋能按储存形式又可分为机械能、热能和化学能。其中，潮汐能、海流能和波浪能为机械能，海水温差能为热能，海水盐差能为化学能。

海洋能具有如下特点。

（1）蕴藏量巨大。

（2）可再生性。海洋能来源于太阳辐射能与天体间的万有引力，只要太阳、月球等天体与地球共存，这种能源就会再生，就会取之不尽，用之不竭。

（3）能流分布不均、密度低。单位体积、单位面积、单位长度所拥有的能量较小。因此，要想得到很多的能量，就得从大量的海水中获得。

（4）能量不稳定。海洋能有较稳定与不稳定能源之分，较稳定的为温度差能、盐度差能和海流能，不稳定能源分为变化有规律与变化无规律两种。属于不稳定但变化有规律的有潮汐能与潮流能。既不稳定又无规律的是波浪能。

（5）属于清洁能源。海洋能一旦开发后，其本身对环境污染影响很小。

我国大陆海岸线长达18 000多千米，有大小岛屿6960多个，海岛总面积 $6700km^2$，有人居住的岛屿有430多个，总人口450多万人的沿海和海岛既是外向型经济的基地，又是海洋运输和开发海洋的前哨，并且在巩固国防、维护祖国权益上占有重要地位。随着沿海经济的发展，能源短缺日益严重，海岛开发迫在眉睫。外商和华侨因海岛能源缺乏，不愿投资；驻岛部队用电困难，不利于国防建设；特别是西沙、南沙等远离大陆的岛屿，依靠大陆供应能源，因供应线过长，有诸多不便。为了保证沿海与海岛经济持久快速发展及人民生活水平不断提高，寻求解决能源供应紧张的途径已刻不容缓。

我国海洋能开发已有近40年的历史，迄今已建成潮汐电站8座。20世纪80年代以来，浙江、福建等地为建设若干个大中型潮汐电站，进行了考察、勘测和规划设计、可行性研究等大量的前期准备工作。总之，我国的海洋能发电技术已有较好的基础和丰富的经验，小型潮汐发电技术基本成熟，已具备开发中型潮汐电站的技术条件。但是现有潮汐电站整体规模和单位容量还很小，单位千瓦造价高于常规水电站，水工建筑物的施工还比较落后，水轮发电机组尚未定型标准化。这些均是我国潮汐能开发中存在的问题。其中，关键问题是中型潮汐电站水轮发电机组技术问题没有完全解决，电站造价亟待降低。

我国波力发电技术研究始于20世纪70年代，80年代以来获得较快发展，航标灯浮用微型潮汐发电装置已趋商品化，现已生产数百台，在沿海海域航标和大型灯船上推广应用。与日本合作研制的后弯管型浮标发电装置，已向国外出口，该技术属国际领先水平。在珠江口大万山岛上研建的岸边固定式波力电站，第一台装机容量 3kW 的装置，1990 年已试发电成功。总装机容量 20kW 的岸边波力试验电站和 8kW 摆式波力试验电站，均已试建成功。总之，我国波力发电虽起步较晚，但发展很快。微型波力发电技术已经成熟，小型岸式波力发电技术已进入世界先进行列。但我国波浪能开发的规模远小于挪威和英国，小型波浪发电距实用化尚有一定的距离。

海洋被认为是地球上最后的资源宝库，也称为能量之海。21 世纪海洋将在为人类提供生存空间、食品、矿物、能源及水资源等方面发挥重要作用，而海洋能也将扮演重要角色。从技术及经济上的可行性，可持续发展的能源资源及地球环境的生态平衡等方面分析，海洋能中的潮汐能作为成熟的技术将得到更大规模的利用；波浪能将逐步发展成为新行业，近期主要是固定式，但大规模利用要发展漂浮式；可作为战略能源的海洋温差能将得到更进一步的发展，并将与开发海洋综合实施，建立海上独立生存空间和工业基地相结合；潮流能也将在局部地区得到规模化应用。

我国的海洋能利用，近期应重点发展百千瓦级的波浪、海流能机组及设备的产业化；结合工程项目发展万千瓦级潮汐电站；加强对温差能综合利用的技术研究，中、长期可以考虑的是，万千瓦级温差能综合海上生存空间系统，中、大型海洋生物牧场。然而，必须强调的是，海洋能的利用是和能源、海洋、国防和国土开发都紧密相关的领域，应当以发展和全局的观点来全面考虑。

二、各种海洋能的定义

（一）潮汐能

潮汐是海水受太阳、月球和地球引力相互作用后所发生的周期性涨落现象。潮汐能是指海水潮涨和潮落形成的水的动能与势能，这种能量是永恒的、无污染的能量。海洋的潮汐能极为丰富，涨潮和落潮的水位差越大，所具有的能量就越大。潮汐能的利用方式主要是潮汐发电。潮汐发电是利用海湾、河口等有利地形，建筑水堤，形成水库，以便于大量蓄积海水，并在坝中或坝旁建造水力发电厂房，通过水轮发电机组进行发电。只有出现大潮，能量集中时，并且在地理条件适于建造潮汐电站的地方，从潮汐中提取能量才有可能。虽然这样的场所并不是到处都有，但世界各国已选定了相当数量的适宜开发潮汐能的站址。

（二）波浪能

波浪能是指海洋表面波浪所具有的动能和势能，它是由风把能量传递给海洋而产生的，是海洋能的一个主要的能源种类，也是海洋能中能量最不稳定的一种能源。波浪能利用的主要方式是波浪发电，还可以用于抽水、供热、海水淡化及制氢等。波浪能利用装置的种类繁多，但这些装置大多源于几种基本原理，即利用物体在波浪作用下的振荡和摇摆运动；利用波浪压力的变化；利用波浪的沿岸爬升将波浪能转换成水的势能等。经过 20 世纪 70 年代对多种波能装置进行的实验室研究和 20 世纪 80 年代进行的海况试验及应用示范研究，波浪发电技术已逐步接近实用化水平。

（三）海流能

太阳是地球上风的根源，而风又使海洋中出现流系。大洋水体有规则的运动为海流。风吹水动，某处海水溜走了，邻近的海水马上补充过来，连续不断就形成了海流。这种由风直接产生的海流称风海流。海洋里除了风海流外，还有其他原因引起的海流，如由于海水密度分布不均而产生海水流动的密度流；海水涨落潮时发生水平运动的潮流等。实际上，单一原因产生的海流是极少见的，海流往往是多种原因综合作用的结果。海流一旦产生，又会受到海水深度、地形变化等因素的影响。按照成因，将海流分为风海流、潮流、密度流等，按所处位置又分成沿岸流、赤道流和极地流等，按海流的深度分，又有表层流、底层流之分；人们还根据海流的温度与流经海域的水温相比较，将其分为暖流或寒流。海流中还有能上能下的上升流和下降流。因此海流一般为 3 种：由海水密度不同而产生的海水运动为梯度流；在海风作用下，由风的“拉力”作用而使海水产生运动为风海流；由于长波运动产生的海流，包括潮汐、内波、假潮、海啸等产生的海水运动为长波潮流。

海流能是海水流动所具有的动能。海水流动会产生巨大能量，据估计，世界大洋中所有海流的总功率达 50 亿 kW 左右，是海洋能中蕴藏量最大的一种。海流能的利用方式主要是发电，其原理和风力发电相似，几乎任何一个风力发电装置都可以改造成海流发电装置。利用海流发电比陆地上的河流发电优越得多，既不受洪水的威胁，又不受枯水季节的影响，常年水量和流速不变，完全可成为人类可靠的能源。但由于海水的密度约为空气的 1000 倍，且装置必须放置于水下，故海流发电存在着一系列的关键技术问题，如安装维护、电力输送、防腐、海洋环境中的载荷与安全性能等。

（四）温差能

海洋温差能是海水吸收和储存的太阳辐射能，也称为海洋热能。太阳辐射能随纬度的不同而变化，纬度越低，水温越高；纬度越高，水温越低。海水温度随深度不同也发生变化，表层因吸收大量的太阳辐射热，温度较高，随着海水深度加大，水温逐渐降低。南纬 20°至北纬 20°，海水表层（130m 左右深）的温度通常是 25～29℃。红海的表层水温高达 35℃，而深达 500m 层的水温则保持在 5～7℃。海水温差发电是指利用海水表层与深层之间的温差能发电，海水表层和底层之间形成的 20℃温度差可使低沸点的工质通过蒸发及冷凝的热力过程（如用氨作工质），从而推动汽轮机发电。按发电站的位置，温差发电可分为海岸式海水温差发电站、海洋式海水温差发电站、冰洋发电站。

除了发电之外，海洋温差能利用装置还可以同时获得淡水、深处海水、进行空调并可以与深海采矿系统中的扬矿系统相结合。因此，基于温差能装置可以建立海上独立生存空间并作为海上发电厂、海水淡化厂或海洋采矿、海上城市或海洋牧场的支持系统。温差能也被国际社会公认为是最具有开发潜力的海水资源，已受到有关国家的高度重视。

（五）盐差能

盐差能是指海水和淡水之间或两种含盐浓度不同的海水之间的化学电位差能，主要存在于河海交接处。同时，淡水丰富地区的盐湖和地下盐矿也可以利用盐差能。盐差能是海洋能中能量密度最大的一种可再生能源。通常，海水（3.5%盐度）和河水之间的化学电位差有相当于 240m 水头差的能量密度，这种位差可以利用半渗透膜（水能通过，盐不能通过）在盐水和淡水交接处实现。利用这一水位差就可以直接由水轮发电机发电。我国的盐差能估计为 1.1×10^8kW，主要集中在各大江河的出海处。同时，我国青海省等地还有不少内陆盐湖可以利用。

参考文献

艾德生，高喆. 2009. 新能源材料——基础与应用[M]. 北京：化学工业出版社

曹龙奎. 2005. 生物柴油制备技术及应用前景[J]. 农产品加工，（3）：67-70

陈滨. 2012. 村镇被动式太阳房研发应用及存在问题[J]. 建设科技，（9）：36-38

陈冠益，方梦祥，Andries J，等. 2003. 生物质热解制煤气的动力学研究[J]. 太阳能学报，24（3）：380-385

陈洪章. 2005. 纤维素生物技术[M]. 北京：化学工业出版社

陈洪章. 2006. 秸秆资源生态高值化理论与应用[M]. 北京：化学工业出版社

陈建平，欧阳思洁，张会章，等. 2008. 太阳能集热干燥技术的研究[J]. 湖南文理学院学报（自然科学版），20（4）：71-74

褚同金. 2005. 海洋能资源开发利用[M]. 北京：化学工业出版社

崔海山. 2012. 农村太阳房节能优化[J]. 山西建筑，38（34）：221-222

代彦军，王如竹. 2003. 一种具有强化通风效果的太阳能空调房[J]. 太阳能学报，24（3）：283-289

戴锅生. 1999. 传热学[M]. 北京：高等教育出版社

董良杰. 1997. 生物质热裂解技术及反应动力学研究[D]. 沈阳：沈阳农业大学博士学位论文

董勤. 2012. 全球气候变化背景与中国水能资源法律地位[J]. 河北学刊，32（1）：146-149

董晓燕，卢琳彬. 2005. 太阳房的分析[J]. 广西城镇建设，（9）：19-20

樊军庆，张宝珍. 2008. 太阳能在农产品中干燥中的应用[J]. 世界农业，（7）：68-70

冯飞，张蕾. 2011. 新能源技术与应用概论[M]. 北京：化学工业出版社

高秀清，胡霞，屈殿银. 2011. 新能源应用技术[M]. 北京：化学工业出版社

葛新石，龚堡，陆维德，等. 1988. 太阳能工程——原理和应用[M]. 北京：学术期刊出版社

龚旌. 2007. 废动植物油脂工业化生产生物柴油的研究[J]. 中国油脂，（10）：72-76

航旺. 2012. 2012 年美国地热能发展趋势[J]. 地热能，（5）：26

何晓峰，雷廷宙，李在峰. 2006. 生物质颗粒燃料冷成型技术试验研究[J]. 太阳能学报，27（9）：937-941

侯才水，胡天舒. 2005. 水电站[M]. 北京：中国水利水电出版社

胡成春，刘鹤守，张国成. 1986. 新能源利用[M]. 北京：能源出版社

黄强. 2009. 水能利用[M]. 北京：中国水利水电出版社

黄素逸，高伟. 2004. 能源概论[M]. 北京：高等教育出版社

黄元森，扬虚杰. 2004. 光合作用机理的寻觅者[M]. 济南：山东科学技术出版社

黄岳海. 2002. 被动式太阳房简介[J]. 新农业，（5）：57-58

冀星. 2011. 利用餐厨垃圾中的油脂生产生物柴油技术与政策问题研究[J]. 中国能源，（9）：36-45

贾树彪，李盛贤，吴国峰. 2004. 新编酒精工艺学[M]. 北京：化学工业出版社

姜成林，徐丽华. 2001. 微生物资源开发利用[M]. 北京：中国轻工业出版社

蒋剑春，刘石彩，戴伟娣，等. 1999. 林业剩余物制造颗粒成型燃料技术研究[J]. 林产化学与工业，19（3）：25-30

蒋挺大. 2001. 木质素[M]. 北京：化学工业出版社

康德孚，孟庆兰. 1994. 生物质物料热压成型工艺参数的探讨[J]. 农业工程学报，10（3）：121-126

黎大爵. 2003. 亟待开发的甜高粱酒精燃料[J]. 中国农业科技导报，5（4）：48-51

黎哲宏，黄俊鹏. 2011. 太阳能建筑一体化工程安装指南[M]. 北京：中国建筑工业出版社

李安桂，李海明，赵志安，等. 2012. 村镇太阳能及住宅设备标准化设计技术[M]. 北京：中国建筑工业出版社

李传统. 2005. 新能源与可再生能源技术[M]. 南京：东南大学出版社

李方正. 2007. 新能源[M]. 北京：化学工业出版社

李刚. 2009. 太阳能光合细菌连续制氢试验系统研究[D]. 郑州：河南农业大学博士学位论文

李刚，岳建芝，周雪花，等. 2010. 反应器顶部气体成分对光合细菌生长和产氢量的影响[J]. 河南农业大学学报，44（1）：69-73

李明，季旭. 2011. 槽式聚光太阳能系统的热电能量转换与利用[M]. 北京：科学出版社

李鹏鹏. 2006. 光合生物制氢过程中的固定化细胞技术实验研究[D]. 郑州：河南农业大学硕士学位论文

李翔宇，蒋剑春，李科，等. 2011. 酯交换法制备生物柴油反应机理和影响因素分析[J]. 太阳能学报，（5）：742-745

李燕城. 2000. 水处理实验技术[M]. 北京：中国建筑工业出版社

梁盼，刘圣勇，孙兵兵，等. 2011. 主动式太阳房的设计与试验[J]. 河南农业大学学报，45（2）：201-203
林聪，周长吉，王九臣. 2007. 沼气技术理论与工程[M]. 北京：化学工业出版社
林聪，周孟津，张榕林，等. 2010. 养殖场沼气工程实用技术. 北京：化学工业出版社
蔺文静，刘志明，王婉丽，等. 2013. 中国地热资源及其潜力评估[J]. 中国地质，（1）：312-321
刘达. 2007. 发展太阳房节约有限能源[J]. 建筑节能，193（3）：9-10
刘德昌. 1999. 流化床燃烧技术的工业应用[M]. 北京：中国电力出版社
刘共青. 2011. 太阳能热水器安装与维修[M]. 香港：中国文化出版社
刘广青. 2009. 生物质能源转化技术[M]. 北京：化学工业出版社
刘加平. 1993. 被动式太阳房评价指标[J]. 西安冶金建筑学院学报，25（增刊）：20-23
刘鉴民. 2010. 太阳能利用：原理·技术·工程[M]. 北京：电子工业出版社
刘启钊，胡明. 2010. 水电站[M]. 4 版. 北京：中国水利水电出版社
刘荣厚. 1997. 生物质热裂解特性及闪速热裂解试验研究[D]. 沈阳：沈阳农业大学博士学位论文
刘荣厚. 1999. 综合能源实用技术[M]. 沈阳：辽宁科学技术出版社
刘荣厚. 2006. 新能源工程[M]. 北京：中国农业出版社
刘荣厚. 2009. 生物质能工程[M]. 北京：化学工业出版社
刘荣厚，李金霞，沈飞，等. 2005a. 甜高粱茎秆汁液固定化酵母酒精发酵的研究[J]. 农业工程学报，21（9）：137-140
刘荣厚，梅晓岩，颜涌捷. 2007. 燃料乙醇的制取工艺与实例[M]. 北京：化学工业出版社
刘荣厚，牛卫生，张大雷. 2005b. 生物质热化学转换技术[M]. 北京：化学工业出版社
刘荣厚，许强，武丽娟. 1999. 太阳房、热水器及太阳能利用[M]. 哈尔滨：东北林业大学出版社
刘荣厚，张春梅. 2004. 我国生物质热解液化技术的现状[J]. 可再生能源，3：11-14
刘时彬. 2005. 地热资源及其开发利用和保护[M]. 北京：化学工业出版社
刘双江，杨惠芳，周培瑾，等. 2002. 固定化光合细菌处理豆制品厂废水产氢研究[J]. 环境科学，16（1）：42-44
刘叶瑞，张学东. 2007. 被动式太阳房技术及应用前景[J]. 新能源产业，（2）：34-37
刘一星. 2005. 木质废弃物再生循环利用技术[M]. 北京：化学工业出版社
龙敏南，张风章，许良树. 2000. 光合细菌可溶性氢酶小亚基克隆[J]. 厦门大学学报（自然科学版），39（2）：247-252
芦潮，唐汝宁. 2005. 高寒地区附加阳光间式太阳房的节能分析[J]. 节能，276（7）：28-30
鲁楠. 1997. 新能源概论[M]. 北京：中国农业出版社
吕鹏梅. 2003. 生物质在流化床中的空气-水蒸气气化研究[J]. 燃料化学学报，31（4）：305-310
马隆龙，吴创之. 2003. 生物质气化技术及其应用[M]. 北京：化学工业出版社
马赞华. 2003. 酒精高效清洁生产新工艺[M]. 北京：化学工业出版社
毛宗强. 2005. 氢能——21 世纪的绿色能源[M]. 北京：化学工业出版社
农业部人事劳动司. 2004a. 沼气生产工（上册）[M]. 北京：中国农业出版社
农业部人事劳动司. 2004b. 沼气生产工（下册）[M]. 北京：中国农业出版社
裴福，李卫军，郝改红. 2002. 浅谈太阳能建筑[J]. 山西建筑，23（6）：234-235
钱伯章. 2005. 生物柴油生产现状及技术进展[J]. 产业透视，（9）：49-50
钱伯章. 2010. 生物乙醇与生物丁醇及生物柴油技术与应用[M]. 北京：科学出版社
秦建光. 2009. 秸秆类生物质流态化燃烧特性研究[D]. 杭州：浙江大学博士学位论文
秦耀宗. 2003. 酒精工艺学[M]. 北京：中国轻工业出版社
日本能源学会. 2007. 生物质和生物能源手册[M]. 史仲平，华兆哲，译. 北京：化学工业出版社
沈晨杰. 2011. 生物油理化性质及其稳定性研究[D]. 上海：上海交通大学硕士学位论文
沈德昌. 2015. 我国大型风电机组技术发展情况[J]. 太阳能，（2）：11-14
沈飞. 2006. 甜高粱茎秆汁液发酵制取乙醇的试验研究[D]. 沈阳：沈阳农业大学硕士学位论文
沈飞，刘荣厚. 2007. 固定化酵母粒子强化及其对甜高粱茎秆汁液乙醇发酵的影响[J]. 农业工程学报，23（5）：180-184
沈辉，曾祖勤. 2005. 太阳能光伏发电技术[M]. 北京：化学工业出版社
盛奎川，吴杰. 2004. 生物质成型燃料的物理品质和成型机理的研究进展[J]. 农业工程学报，20（2）：242-245
盛奎川，蒋成球，钟建立. 1996. 生物质压缩成型技术研究综述[J]. 能源工程，（3）：8-11
盛奎川，El-Behery A，Gomaa H. 1999. 棉秆切碎及压缩成型的试验研究[J]. 农业工程学报，15（4）：221-225

师玉忠. 2008. 光合细菌连续产氢工艺及其相关机理[D]. 郑州：河南农业大学博士学位论文
师玉忠，张全国，王毅，等. 2008. 生物质制氢的光合细菌连续培养技术实验研究[J]. 农业工程学报，24（6）：184-187
施伟勇，王传崑，沈家法. 2011. 中国的海洋能资源及其开发前景展望[J]. 太阳能学报，32（6）：913-923
施钰川. 2009. 太阳能原理与技术[M]. 西安：西安交通大学出版社
史立山. 2004. 中国能源现状分析[J]. 可再生能源，（5）：1-4
宋吉彬，银建中，张礼鸣，等. 2007. 生物柴油制备技术研究进展[J]. 化工技术与开发，（9）：22-27
宋佳秀，任南琪，邢德峰. 2007. 木质纤维素生物转化氢气技术及前景[J]. 太阳能学报，28（1）：97-102
苏红兵，张天明. 2008. 太阳房节能效果综合评价研究[J]. 节能技术，26（6）：499-501
苏文佳，左然，张志强，等. 2008. 太阳能平板集热/储热系统[J]. 太阳能学报，29（4）：449-453
苏亚欣，毛玉如，赵敬德. 2006. 新能源与可再生能源概论[M]. 北京：化学工业出版社
孙尚德. 2007. 生物柴油研究与开发进展[J]. 粮食与油脂，（4）：8-13
孙振钧. 2004. 中国生物质产业及发展取向[J]. 农业工程学报，20（5）：1-5
田宜水，赵立欣，孟海波，等. 2007. 欧盟固体生物质燃料标准技术进展[J]. 可再生能源，25（4）：61-64
汪集暘，马伟斌，龚宇烈. 2004. 地热利用技术[M]. 北京：化学工业出版社
汪彤彤. 2006. 防腐剂对甜高粱茎秆汁液贮存及酒精发酵影响的试验研究[D]. 沈阳：沈阳农业大学硕士学位论文
汪彤彤，刘荣厚，沈飞. 2006. 防腐剂对甜高粱茎秆汁液贮藏及酒精发酵的影响[J]. 江苏农业科学，（3）：159-161
王长贵. 2009. 太阳能光伏发电实用技术[M]. 北京：化学工业出版社
王长贵，喜文华. 1986. 中国新能源的开发与利用[M]. 北京：能源出版社
王崇杰，薛一冰. 2007. 太阳能建筑设计[M]. 北京：中国建筑工业出版社
王春光，杨明韶，童淑敏，等. 1999. 高密度压捆时牧草在压缩室内的受力与变形研究[J]. 农业工程学报，15（4）：55-59
王凡强，许平. 2006. 产乙醇工程菌研究进展[J]. 微生物学，46（4）：673-675
王革华，艾德生. 2006. 新能源概论[M]. 北京：化学工业出版社
王革华，段茂盛，许敏. 1999. 秸秆气化集中供气技术产业化发展评价及其市场前景分析[J]. 农业工程学报，15（3）：23-28
王君一，徐任学. 2008. 太阳能利用技术[M]. 北京：金盾出版社
王民，郭康权，朱文荣. 1993. 秸秆制作成型燃料的试验研究[J]. 农业工程学报，9（1）：99-103
王荣光，沈天行. 2004. 可再生能源利用与建筑节能[M]. 北京：机械工业出版社
王素兰. 2007. 光合产氢菌群生长动力学与系统温度场特性研究[D]. 郑州：河南农业大学博士学位论文
王素兰，张全国，周雪花. 2007. 光合生物制氢过程中系统温度变化实验研究[J]. 太阳能学报，28（11）：1253-1255
王新坤，李红. 2010. 我国温室的研究现状与发展趋势[J]. 排灌机械工程学报，28（2）：179-184
王艳锦. 2004. 畜禽粪便污水光合细菌制氢技术研究[D]. 郑州：河南农业大学硕士学位论文
王燕霞. 2012. 地热能开发中存在的问题及对策[J]. 中国石化，（12）：39-41
王宇欣，段红平. 2008. 设施园艺工程与栽培技术[M]. 北京：化学工业出版社
王智微，唐松涛. 2002. 流化床中生物质热解气化的模型研究[J]. 燃料化学学报，30（4）：342-346
闻斌，薛彦广，张芳苒，等. 2013. 中国海波浪能资源分析[J]. 海洋预报，30（2）：36-41
吴创之，马隆龙. 2003. 生物质能现代化利用技术[M]. 北京：化学工业出版社
吴创之，周肇秋，马隆龙，等. 2009. 生物质气化发电项目经济性分析[J]. 太阳能学报，30（3）：368-373
吴萌，张大顺. 2012. 新时期河流水能资源开发条件的探讨[J]. 小水电，（4）：16-18
吴庆余. 2006. 产油藻类发酵制备生物柴油技术[C]. 中国生物柴油行业发展与技术交流研讨会，（3）：501-504
吴湘淦，鲁楠. 1988. 农村能源[M]. 北京：中国农业出版社
吴新宪. 2010. 太阳能和风能在船舶上的应用分析[D]. 武汉：武汉理工大学
喜文华. 2006. 被动式太阳房的设计与建造[M]. 北京：化学工业出版社
肖敏，银建中. 2006. 超临界甲醇法制备生物柴油[J]. 现代化工，（26）：301-303
徐耀兵，王敏，潘军，等. 2013. 地热资源发电技术特点及发展方向[J]. 地热能，（2）：13-18
许家胜，阴翔宇，张杰，等. 2010. 生物柴油制备新工艺的研究进展[J]. 可再生能源，（3）：107-111
杨金焕，于化丛，葛亮. 2009. 太阳能光伏发电应用技术[M]. 北京：电子工业出版社
杨素萍，张肇铭，赵春贵. 1995. 绿硫红假单胞菌和绿色红假单胞菌的分离与鉴定[J]. 微生物学报，35（2）：91-96
杨扬. 2008. 被动式太阳房——绿色节能与建筑艺术的完美结合[J]. 广西城镇建设，（3）：103

杨振强，谢文磊，李海涛，等. 2006. 酸催化油脂酯交换反应研究进展[J]. 粮食与油脂，(3)：13-15
姚汝华，赵继伦. 1999. 酒精发酵工艺学[M]. 广州：华南理工大学出版社
姚向君，田宜水. 2004. 生物质能资源清洁转化利用技术[M]. 北京：化学工业出版社
姚兴佳. 2013. 风力发电机组理论与设计[M]. 北京：机械工业出版社
姚兴佳，宋俊. 2011. 风力发电机组原理与应用[M]. 2 版. 北京：机械工业出版社
姚燕. 2003. 利用畜禽粪便为原料的优质厌氧发酵液生产工艺条件研究[D]. 郑州：河南农业大学硕士学位论文
姚宗路，赵立欣，Ronnback M，等. 2010. 生物质颗粒燃料特性及其对燃烧的影响分析[J]. 农业机械学报，41（10）：97-102
尤伟静，刘延锋，郭明晶. 2013. 地热资源开发利用过程中的主要环境问题[J]. 安全与环境工程，20（2）：24-28
尤希凤. 2005. 光合产氢菌群的筛选及其利用猪粪污水产氢因素的研究[D]. 郑州：河南农业大学硕士学位论文
尤希凤，张全国，杨群发，等. 2006. 天然混合产氢红螺菌培养条件[J]. 太阳能学报，27（4）：331-334
尤希凤，周静懿，张全国，等. 2005. 红假单胞菌利用畜禽粪便产氢能力实验研究[J]. 河南农业大学学报，39（2）：215-217
原玉丰. 2006. 利用畜禽粪便产氢的高效光合菌群筛选及其产氢过程初步研究[D]. 郑州：河南农业大学硕士学位论文
袁传敏，颜涌捷. 2002. 生物质制氢气的研究[J]. 煤炭转化，25（1）：18-21
袁家普. 2009. 太阳能热水系统手册[M]. 北京：化学工业出版社
袁振宏，吴创之，马隆龙. 2005. 生物质能利用原理与技术[M]. 北京：化学工业出版社
翟秀静，刘奎仁，韩静. 2005. 新能源技术[M]. 北京：化学工业出版社
张百良. 1999. 农村能源工程学[M]. 北京：中国农业出版社
张百良. 2012. 生物质成型燃料技术与工程化[M]. 北京：科学出版社
张琛，马伟. 2012. 合理开发水能资源走低碳经济发展道路[J]. 西北水电，(5)：4-8
张春梅. 2003. 生物质热裂解液化物质平衡分析及液体产物精制的试验研究[D]. 沈阳：沈阳农业大学硕士学位论文
张春阳. 2009. 太阳能利用培训丛书/太阳能热利用技术. 杭州：浙江科学技术出版社
张代芬，康云川. 1993. 甘蔗糖蜜酒精工艺学[M]. 昆明：云南教育出版社
张国伟，龚光彩，吴治. 2007. 风能利用的现状及展望[J]. 节能技术，25（1）：71-76
张健，周文和，丁世文. 2007. 被动式太阳房供暖实验研究[J]. 太阳能学报，28（8）：861-864
张军合，张全国，师玉忠，等. 2006. 光合细菌高效产氢菌群在猪粪污水中产氢量的研究[J]. 河南农业大学学报，40（2）：177-180
张军合，张全国，杨群发，等. 2005. 光照度对猪粪污水条件下红假单胞菌光合产氢的影响[J]. 农业工程学报，21（9）：134-136
张梅凤，邵诚，张全国，等. 2006. 基于神经网络和遗传算法的光合细菌制氢发酵技术研究[J]. 太阳能学报，27（9）：942-945
张梅凤，邵诚，张全国，等. 2007. 基于人工鱼群算法的生物制氢工艺优化研究[J]. 太阳能学报，28（7）：793-797
张全国，安静，王毅，等. 2010. 可见光谱对混合光合细菌产氢和生长特性的影响[J]. 太阳能学报，31（3）：391-395
张全国，范振山，王艳锦，等. 2004a. 猪粪污水光合细菌制氢的影响因素[J]. 化工学报，55（10）：85-90
张全国，荆艳艳，李鹏鹏，等. 2008. 包埋法固定光合细菌技术对光合产氢能力的影响[J]. 农业工程学报，24（4）：190-193
张全国，雷廷宙，尤希凤. 2005. 影响天然混合红螺菌产氢因素的实验研究[J]. 太阳能学报，26（2）：248-252
张全国，雷廷宙. 2007. 农业废弃物气化技术[M]. 北京：化学工业出版社
张全国，李刚. 2007. 生物制氢技术现状及其发展潜力[J]. 农业工程技术（新能源产业），(4)：17-22
张全国，王素兰，尤希凤. 2006. 光合菌群产氢量影响因素的研究[J]. 农业工程学报，22（10）：182-185
张全国，王毅. 2013. 光合细菌生物制氢技术研究进展[J]. 农业机械学报，44（6）：156-161
张全国，尤希凤，雷廷宙，等. 2004b. 太阳能光合生物制氢光转化效率的影响因素研究[J]. 河南农业大学学报，38（1）：96-99
张全国，尤希凤，张军合. 2003. 生物制氢技术研究现状及其进展[J]. 生物质化学工程，40（1）：27-31
张全国，周汝雁，尤希凤. 2007. 猪粪预处理方法对光合菌群生物产氢的影响[J]. 太阳能学报，28（1）：81-85
张伟成. 2012. 浅析太阳房的结构与原理[J]. 黑龙江科技信息，(25)：292
张学敏，张永亮，姚宗路，等. 2014. 不同进料方式燃烧器对生物质燃料颗粒物排放特性的影响[J]. 农业工程学报，30（12）：200-207
张以祥，曹湘洪，史济春. 2004. 燃料乙醇与车用乙醇汽油[M]. 北京：中国石化出版社
张银刚，朴树明. 2012. 承德水能资源开发与农村水电可持续发展的思考[J]. 中国水能及电气化，(8)：54-59
张志勤. 2013. 欧盟地热资源技术研发及未来发展趋势[J]. 全球科技经济瞭望，(2)：21-26
章克昌. 1989. 酒精工业手册[M]. 北京：中国轻工业出版社
章克昌. 1995. 酒精与蒸馏酒工艺学[M]. 北京：中国轻工业出版社
赵宗保. 2005. 中国如何突破生物柴油产业的原料瓶颈[J]. 中国生物工程杂志，(11)：1-6

郑瑞澄. 2011. 民用建筑太阳能热水系统工程技术手册[M]. 北京：化学工业出版社

中国科学技术协会. 1994. 新能源[M]. 上海：上海科学技术出版社

中国可再生能源学会风能专业委员会. 2015. 2014 年中国风电装机容量统计[J]. 风能，(2)：36-49

中华人民共和国农业部. 2000. 中国农业统计资料[M]. 北京：中国农业出版社

周大地. 1999. 可持续发展与经济结构[M]. 北京：科学出版社

周凤起，周大地. 1999. 中国长期能源战略[M]. 北京：中国计划出版社

周孟津，张榕林，蔺金印. 2004. 沼气实用技术[M]. 北京：化学工业出版社

周汝雁. 2007. 环流罐式光合生物制氢反应器及能量传输过程研究[D]. 郑州：河南农业大学博士学位论文

周汝雁，尤希凤，张全国. 2006. 光合微生物制氢技术的研究进展[J]. 中国沼气，24 (2)：31-34

周鑫发，杨启岳. 2011. 农村可再生能源技术与应用[M]. 杭州：浙江大学出版社

周燕，谢军龙，沈国民. 2003. 主动式太阳房的应用技术[J]. 建筑热能通风空调，1：17-19

朱核光，赵琦琳，史家梁. 1997. 光合细菌 *Rhodopseudomonas* 产氢的影响因子实验研究[J]. 应用生态学报，8 (2)：1911-1918

朱家玲. 2006. 地热能开发与应用技术[M]. 北京：化学工业出版社

朱清时. 2002. 生物质洁净能源[M]. 北京：化学工业出版社

朱锡锋. 2006. 生物质热解原理与技术[M]. 合肥：中国科学技术大学出版社

朱章玉，俞吉安，林志新，等. 1991. 光合细菌的研究及其应用[M]. 上海：上海交通大学出版社

邹原东. 2010. 太阳能利用技术速学快用[M]. 北京：化学工业出版社

琼斯 C W. 1986. 细菌的呼吸和光合作用[M]. 陆卫平译. 北京：科学出版社

Bohn C，Lant C. 2009. Welcoming the wind determinants of wind power development among U. S. States[J]. The Professional Geographer，61 (1)：87-100

Boroson ML，Howard JB，Longwell JP，et al. 1989. Product yields and kinetics from the vapor phase cracking of wood pyrolysis tars[J]. AIChE Journal，35：120-128

Bridgwater AV. 1996. Production of high grade fuels and chemicals from catalytic pyrolysis of biomass[J]. Catalysis Today，29 (1-4)：285-295

Bridgwater AV，Peacocke GVC. 2000. Fast pyrolyris process for biomass[J]. Renewable and Sustainable Energy Reviews，(4)：1-73

Collares-Pereira M，Rabl A. 1979. The average distributon of solar radiation—correlations between diffuse and hemispherical and between daily and hourly insolation values[J]. Solar Energy，22 (2)：155-164

Cooper PI. 1969. The absorption of solar radiation in solar stills[J]. Solar Energy，12 (3)：333-346

David E，Marie R，Jessica S，et al. 2004. Optimization of efficiency and emissions in pellet burners[J]. Biomass and Bioenergy，27 (6)：541-546

Deanda K，Zhang M，Eddy C，et al. 1996. Development of an arabinose fermenting *Zymomonas mobilisstrain* by metabolic pathway engineering[J]. Appl Environ Microbiol，62：4465-4470

Demirbas A. 1999. Physical properties of briquettes from waste paper and wheat straw mixtures[J]. Energy Conversion & Management，40：437-445

Dien BS，Cotta MA，Jeffries TW. 2003. Bacteria engineered for fuel ethanol production：current status[J]. Appl Microbiol Biotechnol，63：258-266

Duffie JA，Beckman WA. 2013. Solar engineering of thermal processes[M]. 4th ed. New Jersey (USA)：John Wiley & Sons，Inc

Erbs DG，Klein SA，Duffie JA. 1982. Estimation of the diffuse radiation fraction for hourly，daily，and monthly-average global radiation[J]. Solar Energy，28 (4)：293-302

Fujita Y，Takahashi S，Ueda M，et al. 2002. Direct and efficient production of ethanol from cellulosic material with a yeast strain displaying cellulolytic enzymes[J]. Appl Environ Microbiol，68：5136-5141

Grover PD，Mishra SK. 1996. Biomass Briquetting：Technology and Practice. Bangkok：the FAO Regional Wood Energy Development Programme

Ingram LO，Aldrich HC，Borges ACC，et al. 1999. Enteric bacterial catalysts for fuel ethanol production[J]. Biotechnol Prog，15：855-866

Jeffries TW，Jin YS. 2004. Metabolic engineering for improved fermentation of pentoses by yeasts[J]. Appl Microbial Biotechnol，63：495-509

Kerr RA. 1998. Biomass for renewable energy，fuels，and chemicals[M]. San Diego：Academic Press

Kilzer FJ，Broido A. 1965. Speculations on the nature of cellulose pyrolysis[J]. Pyrodynamics，2：151-163

Lehtikangas P. 2001. Quality properties of pelletished sawdust，logging residues and bark[J]. Biomass and Bioenergy，20（5）：351-360

Liden AG，Berruti F，Scott DS. 1988. A kinetic model for the production of liquids from the flash pyrolysis of biomass[J]. Chemical Engineering Communications，65：207-221

Lindley JA，Vossonghi M. 1989. Physical properties of biomass briquets[J]. Transactions of the ASAE，32（2）：361-366

Liu BYH，Jordan RC. 1960. The interrelationship and characteristic distribution of direct，diffuse and total solar radiation[J]. Solar Energy，4（3）：1-19

Liu RH，Shen F. 2008. Impacts of main factors on bioethanol fermentation from stalk juice of sweet sorghum by immobilized *Saccharomyces cerevisiae*（CICC 1308）[J]. Bioresource Technology，99：847-854

Liu RH，Li JX，Shen F. 2008. Refining bioethanol from stalk juice of sweet sorghum by immobilized yeast fermentation[J]. Renewable Energy，33：1130-1135

Lorenzo F，Marina B. 2013. Effects of inoculum and indigenous microflora on hydrogen production from the organic fraction of municipal solid waste[J]. International Journal of Hydrogen Energy，38（27）：11774-11779

Maschio G，Koufopanos C，Lucchesi A. 1992. Pyrolysis，a promising route for biomass utilization[J]. Bioresource Technology，（42）：219-231

Masona PE，Darvell LI，Jones JM，et al. 2015. Single particle flame-combustion studies on solid biomass fuels[J]. Fuel，（151）：21-30

O'Dogherty MJ. 1989. A review of the mechanical behaviour of straw when compressed to high densities[J]. J Agric Engng Res，44：241-265

O'Dogherty MJ，Hubert JA，Dyson J，et al. 1995. A study of physical and mechanical properties of wheat straw[J]. Agric Engng Res，62：133-142

Scott DS，Piskorz J，Bergougnou M，et al. 1988. The role of temperature in the fast pyrolysis of cellulose and wood[J]. Industrial & Engineering Chemistry Research，27：8-15

Shafizadeh F，Chin PPS. 1977. Thermal deterioration of wood[J]. Wood Technology：Chemical Aspects，43：57-81

Shigechi H，Koh J，Fujita Y，et al. 2004. Direct production of ethanol from raw corn starch via fermentation by use of a novel surface engineered yeast strain codisplaying glucoamylase and alphaamylase[J]. Appl Environ Microbiol，70：5037-5040

Sonderegger M，Schumperli M，Sauer U. 2004. Metabolic engineering of a phosphoketolase pathway for pentose catabolism in *Saccharomyces cerevisiae*[J]. Appl Environ Microbiol，70（5）：2892-2897

Spencer JW. 1971. Fourier series representation of the position of the sun[J]. Search，2（5）：172

van den Aarsen FG. 1985. Fluidized bed wood gasifier performance and modeling[D]. Enschede：Ph. D. dissertation University of Twenty

Viswanathan R，Gothandapani L. 1999. Pressure density relationships and stress relaxation characteristics of coir pith[J]. J Agric Engng Res，73（3）：217-225

Wagenaar BM. 1994. The rotating cone reactor for rapid solids processing[D]. the Netherlands：Ph. D thesis. University of Twente

Wang Y，Yin RZ，Liu RH. 2014. Characterization of biochar from fast pyrolysis and its effect on chemical properties of the tea garden soil[J]. Journal of Analytical and Applied Pyrolysis，110：375-381

Yetis M，Gunduz U，Eroglu I，et al. 2000. Photoproduction of hydrogen from sugar refinery wastewater by *Rhodobacter sphaeroids* O. U. 001[J]. Int J of Hydrogen Energy，25：1053-1041

Zhang L，Liu RH，Yin RZ，et al. 2013. Upgrading of bio-oil from biomass fast pyrolysis in China：A review[J]. Renewable and Sustainable Energy Reviews，24：66-72

Kiser PL, Dreuth M. 1985 ...

Linley JR, Newton BM. 1986 ...

... Engineering Chemistry Research ...

... Energy, ...: ...

O'Doherty M, Huber LA, Lyson ...

Zhang ... , Lin SH, ... et al. 2011 ...

Energy Research, 24: 66-72